金属非金属露天矿山高陡边坡监测预警预报理论及应用

孙华芬　侯克鹏　著

北　京

冶 金 工 业 出 版 社

2021

内 容 提 要

本书主要介绍了露天矿边坡监测技术与边坡失稳预警预报综合研究。具体内容包括变形监测技术、采动应力监测技术、爆破震动监测技术、水文气象监测技术、视频监控技术、边坡监测数据预处理方法、边坡变形时空演化规律分析理论与方法、边坡变形趋势预测模型、边坡失稳预测预报模型、边坡失稳灾害预警判据预报方法、边坡失稳灾害综合预警预报方法、应用实例。

本书可供从事边坡安全监测的工程技术人员阅读,也可作为相关领域高校师生的参考资料。

图书在版编目(CIP)数据

金属非金属露天矿山高陡边坡监测预警预报理论及应用/孙华芬,侯克鹏著 . —北京:冶金工业出版社,2021. 3
ISBN 978-7-5024-8751-5

Ⅰ. ①金… Ⅱ. ①孙… ②侯… Ⅲ. ①露天矿—边坡—变形观测—预警系统 Ⅳ. ①TD804

中国版本图书馆 CIP 数据核字(2021)第 043235 号

出 版 人 苏长永
地　　址 北京市东城区嵩祝院北巷 39 号　邮编　100009　电话　(010)64027926
网　　址 www.cnmip.com.cn　电子信箱　yjcbs@cnmip.com.cn
责任编辑 杨盈园　美术编辑 郑小利　版式设计 禹 蕊
责任校对 王永欣　责任印制 李玉山
ISBN 978-7-5024-8751-5

冶金工业出版社出版发行;各地新华书店经销;北京中恒海德彩色印刷有限公司印刷
2021 年 3 月第 1 版,2021 年 3 月第 1 次印刷
787mm×1092mm　1/16;21. 5 印张;520 千字;331 页
135. 00 元

冶金工业出版社　投稿电话　(010)64027932　投稿信箱　tougao@cnmip.com.cn
冶金工业出版社营销中心　电话　(010)64044283　传真　(010)64027893
冶金工业出版社天猫旗舰店　yjgycbs.tmall.com
(本书如有印装质量问题,本社营销中心负责退换)

前　言

　　"监测"与"预警"是人类认识世界和改造世界的重要任务，开展监测预警预报理论的研究，对有效减少事故隐患、预防和控制重大事故的发生、保障国民经济与社会的可持续发展具有重要的现实意义。因此，监测预警技术是人类生活、生产、科学研究等必不可少的工具和手段。

　　本书以露天矿边坡为主要研究对象，系统阐述了露天矿边坡失稳机理、边坡变形基本理论及技术、边坡监测数据预处理方法、边坡变形时空演化规律分析理论与方法、边坡失稳预测预报模型、边坡失稳灾害预警预报方法、涉及监测技术、预测预报模型、预警技术等。本书内容涉及全面、注重实践，力图给读者一个完整的监测预警预报概念，最终达到让读者学会设计露天矿边坡监测系统，能够对露天矿边坡进行预警预报的目的。

　　本书共分为12章：第1章绪论，介绍了国内外研究现状以及本书的主要讨论内容和技术路线；第2章变形监测技术，重点介绍边坡表面变形监测、边坡内部位移监测和边坡裂缝监测；第3章采动应力监测，重点介绍边坡采动应力监测的技术和方法；第4章爆破振动监测技术；第5章水文气象监测，内容主要包括渗流压力监测、地下水位监测、降雨量监测；第6章视频监控技术；第7章边坡监测数据预处理方法，重点介绍测站点不稳定条件下的监测数据处理方法以及监测数据奇异值检验和监测数据缺失插补方法；第8章边坡变形时空演化规律分析理论与方法，重点对边坡滑移机理进行研究，提出了边坡的变形动态综合分析法；第9章边坡变形趋势预测模型，主要介绍采用灰色系统理论、BP人工神经网络模型和时间序列分析法对边坡的变形趋势进行预测；第10章边坡稳定性预报模型，基于突变理论、分形理论等，开展边坡稳定性预报和失稳时间预测；第11章边坡失稳灾害预警判据预报方法，在研究预报预警判据的基础上，建立多参数预警判据，将预警判据和预测预报模型相结合，提出了综合预警预报方法；第12章云南某露天矿边坡监测预警预报应用实例。

　　与本书密切相关的研究课题有云南省人才陪养项目"露天矿高陡边坡灾害预警预报模型研究"（项目编号：KKSY2015210164）。本书的出版得到了云南省中—德蓝色矿山与特殊地下空间开发利用重点实验室的资助和云南省科技厅和昆明理工大学的大力支持。本书在编写过程中，得到了云南省中—德蓝色矿山与特殊地下空间开发利用重点实验室和昆明理工大学国土资源工程学院孙伟教授的大力支持和帮助；另外，蒋军博士、卢涌峰博士、牛向东博士、郭林宁博士、张凤婷硕士、黄斌硕士、王悦青硕士、腾达硕士、褚占杰硕士、朱志岗硕士等参加了本书的资料整理工作。在此一并向他们表示由衷的感谢。

　　由于作者水平有限，书中不足之处，敬请读者批评指正。

作　者

2020 年 5 月 10 日

目　　录

1 绪 论

1.1 露天矿边坡变形监测预警的意义

边坡既是人类工程活动中最基本的地质环境之一，也是工程建设中最常见的工程形式[1~4]。近年来，随着我国基础建设的迅速发展，交通、水利、矿山等部门都涉及大量的边坡问题，这些边坡的稳定性状态不仅影响工程本身的安全，同时也影响其周围整体环境的安全。因此对边坡的正确认识、合理设计、及时监测、准确预测预报、恰当处置，避免或减小边坡变形失稳破坏所造成的灾害和损失，是工程界技术设计人员必须考虑的问题。我国正处于经济建设快速发展的时期，边坡（滑坡）灾害给交通、水利、矿山等部门的建设带来了巨大的影响和经济损失[5]。

国内外露天开采的矿山占比较大，以我国为例，目前铁矿石露天开采占90%以上，有色金属矿石占50%左右，化工原料约占70%左右，建材原材料近100%都是露天开采[6]。随着经济的快速发展与科学技术的不断进步，矿山露天开采的规模不断扩大，开采的深度不断加深，如果受边坡设计不合理或者受其他自然以及人为因素的影响，露天矿边坡会出现变形，甚至失稳破坏，造成巨大的损失。

在露天矿山开采过程中，一方面，随着开采深度的增加，边坡的高度和角度也逐渐增大，随着高陡边坡的不断形成和发展，边坡的安全稳定性越来越差；另一方面，提高边坡角又是露天矿山充分回收矿产资源、降低剥采成本、增加经济效益的重要手段。因此，提高露天矿山的经济效益的关键问题就是在保证边坡稳定的前提下，最大限度地提高边坡角，这一问题，若处理不好，将会严重影响矿山的经济效益和生产安全。如何妥善解决矿产资源开采过程中的经济性与安全性关系，是目前露天开采的一个主要问题。

边坡安全监测及预测预报是边坡稳定性研究中的核心内容，由于影响边坡稳定性的因素众多且复杂，边坡岩土体的力学参数不仅难以确定，而且也不是一成不变的[7]，因此难以确定边坡所处的稳定性状态，必须依靠建立边坡监测系统对其进行安全监测。安全监测是手段，预警预报是目的。边坡安全监测能够获取边坡体在不同时间的真实状态，已成为评价边坡体稳定状态的重要手段之一[8,9]。露天矿山边坡安全稳定对保障矿山安全生产、维持良好的经济和社会效益具有非常重要的作用。深入开展露天采场高陡边坡稳定性综合监测预警技术研究，对于推动我国未来的边坡监测技术发展、防范高陡边坡诱发的地质灾害、保证矿山安全生产具有重要的理论与实际意义。

1.2 露天矿边坡概述

露天开采具有生产安全可靠、机械化程度高、资源回收率高、开采成本低、矿山开采规模大等优点。

1.2.1　露天矿边坡的相关概念

边坡是在地壳表部的天然地质和工程地质的作用范围内，由露天侧向临空面的地质体，是广泛分布于地表的一种地貌形态。它的存在形式和演变，与经济及工程活动有着极为密切的关系。露天矿边坡又称露天矿边帮，是露天矿场的构成要素之一。它是指露天矿场四周的倾斜表面，即由许多已经结束采掘工作的台阶组成的总斜坡。它与水平面的夹角称为边坡角（slope-wall angle）或最终边坡角（final slope-wall angle）。按边坡与矿体的空间相对位置，可将边坡分为上盘边坡、下盘边坡和端部边坡。边坡与地表的交线称为露天采场的地表境界线，边坡与底平面的交线称为底部境界线。

露天矿边坡相关概念如下：

（1）露天采场。露天开采工程将矿床中部分矿岩采出后，就形成露天采场。

（2）露天矿边坡。露天采场四周由台阶、沟道及其附近土体、岩体组成的斜坡，称为露天矿边坡或露天矿边帮。

（3）工作帮边坡。进行开采作业的边坡，称为工作帮边坡，它的位置是变动的，随着开采工程的推进而达到最终边坡。

（4）台阶边坡。单个台阶的边坡，称为台阶边坡。

（5）露天矿最终边坡。露天采场达到最终境界位置时的边坡，称为露天矿最终边坡。

（6）边坡角。垂直边坡走向，边坡某部分最上一个台阶的坡顶至最下一个台阶的边坡底的连线与水平线之间的夹角，称为该部分边坡的边坡角。

（7）工作帮边坡角。采矿工程上将工作帮台阶底的连线与水平线之间的夹角称为工作帮边坡角。

（8）台阶边坡角。单个台阶的边坡对应的边坡角，称为台阶边坡角。

（9）最终边坡角。露天采场达到最终境界位置时的边坡，相应的边坡角称为露天矿最终边坡角。

露天矿边坡最终边坡通常较陡，工作帮边坡很缓，台阶边坡则较低。因而露天矿采场边坡的稳定性主要涉及的是最终边坡。

1.2.2　露天矿边坡工程的特点

露天矿边坡工程属于矿山工程，其特点主要有如下几个方面。

1.2.2.1　露天矿边坡的高度是动态变化的

露天矿边坡的高度处于动态变化的过程中，随开采的时间增长而增高，最终边坡高度较高。

（1）现状边坡高度分布情况。现状边坡高度小于100m的露天矿边坡占29.30%，现状边坡高度在100~300m的露天矿边坡占55.20%，现状边坡高度大于300m的露天矿边坡占15.50%。

（2）设计边坡高度分布情况。设计边坡高度小于100m的露天矿边坡占10.90%，设计边坡高度在100~300m的露天矿边坡占54.60%，设计边坡高度大于300m的露天矿边坡占34.50%。

1.2.2.2 露天矿边坡的边坡角与采矿效益密切相关

矿山边坡的开挖和形成是以采出矿体为目的进行的,并且追求采矿效益的最大化。这完全不同于水电边坡。

目前国外露天矿的边坡角基本在 45°以上。我国矿山边坡角一般不高于 40°~45°。与国外相比差距很大。

对于大型露天矿山边坡,在无覆盖层的情况下,边坡角度在 30°~60° 的范围每加陡 1°,剥岩量减少 3.43%~3.91%。如果边坡角从 40°加陡到 45°,当采深为 500m 时,每 1000m 采场长度上,上下盘剥离量可减少 4800 万立方米。

1.2.2.3 露天矿边坡的地质条件的不可选择性

矿山生产的目的是为了开采地下各种有用矿物或矿物资源,这些矿物或矿物资源不但是地质作用及地质变迁的产物,而且赋存于特定的地质环境或地质结构之中。露天矿只能在既定的工程地质条件及地质环境中进行施工、开挖,这是露天矿边坡有别于其他边坡的最突出的特点。其他边坡工程如水电站边坡可以从众多的坝址中进行可行性论证和比较,从中选出最佳坝址。而露天矿边坡对地质条件没有选择的余地,只能在矿区建矿,且只能在既定的工程地质条件下进行开挖和施工。

由此可见,露天矿边坡工程地质条件远比其他边坡复杂多变。

由于是资源开采,矿山边坡位置可选性小,常常使得边坡工程涉及的岩石种类多、地质构造复杂,各空间部位的地质条件差异大,岩体完整性差。

1.2.2.4 露天矿边坡的时效性

露天矿边坡的时效性是露天矿边坡不同于其他边坡工程的一个显著的特点,为了减少初期基建开拓工程量及其费用,缩短基建时间,使露天矿尽快投产,以便产生良好的技术经济效益,极少有露天矿在建矿投产时便采用永久性边坡,而是在露天矿坑的开挖范围内采用各种临时性边坡。这种进展性的露天矿边坡随露天矿山开挖而不断发展,直到露天闭坑时才形成最终边坡;除非露天矿的规模极小,且在露天矿的下盘设置永久性运输坑线的情况下,才可能考虑在露天矿下盘采用永久性边坡。既然露天矿的边坡大多属于临时性边坡,其服务年限较短,且服务年限长短不一,因此对稳定性评价的要求也就不尽相同,只要能保证相应期间的生产与安全即可。

露天矿最终边坡是由上而下逐渐形成的,上部和下部的服务年限不同,上部边坡可长达数十年,下部边坡则为十几年或几年,最底下台阶边坡在采矿结束后即可报废,未到界的边坡是临时性的,其服务年限较短。

1.2.2.5 露天矿边坡适度变形或破坏的可接受性

露天矿边坡不但可以允许边坡岩体产生一定的变形,甚至可以允许产生一定的破坏,只要这种变形及破坏不致影响露天矿的安全生产即可。这是露天矿边坡不同于其他边坡的一个显著的特点,这也是露天矿边坡地质工程不同于水电坝址工程及地下硐库工程的一个显著的特点。

矿山边坡工程安全与稳定只需要满足安全采出矿产资源,随着矿山安全开采和特定要求而定。工程稳定性,只要求在生产服务期内稳定即可。

1.2.2.6 露天矿边坡地质工程工作的阶段性及循环性

露天矿边坡地质工程工作的阶段性及循环性不但表现在露天矿的生产发展过程中,亦表现在与之相应的边坡稳定性评价方面。虽然在不同的发展阶段，在边坡稳定性评价方面对工程地质勘察的内容及要求越来越高，但应该注意到，露天矿工程地质勘察研究工作具有阶段性特点。露天矿开挖本身就是一种最有效、最直接的工程揭露与勘察，初期的露天矿工程地质勘察工作做得再详尽，亦不如工程开挖后认识得清楚。为此应尽可能调节不同阶段的工程地质勘察工作的内容与工作量，以便与露天矿的生产及露天矿边坡稳定性评价的不同阶段相适应。总之，初期的工程地质勘察应以"大处着眼"为原则，不宜过细、过分详尽、包罗万象，这样既可节省前期的工程地质工作量及其相应的费用，又不致影响及时提供必要的工程地质勘察资料或信息，为边坡稳定性评价及生产服务。

1.2.2.7　露天矿边坡地质工程是一个动态地质工程问题

众所周知，露天矿是一个复杂的动态地质工程问题，矿山开挖及开采活动贯穿于矿山服务期限的始终，且一旦矿山开挖及开采工作结束，矿山亦就不复存在。显然，露天矿自始至终处于复杂的动态开挖、回采过程之中。

1.2.2.8　露天矿不同部位边坡的稳定性要求不同

边坡上布置有采掘设备、运输线路，下部有采掘作业的边坡要求稳定性较高；而对生产影响不大的或者存在时间较短的边坡要求较低。

1.2.2.9　边坡灾害严重

根据对全国非煤露天矿山调查与详细研究分析，在我国 21 个典型的非煤露天矿山大中型边坡中，出现过变形、破坏的占 42.7%，接近半数；处于险级边坡占 19%，处于病级边坡占 71%，正常边坡仅占 10%。

1.2.3　影响露天矿边坡稳定性的因素

边坡失稳必然要经历变形、局部破坏与整体失稳的动态过程，简单地说，就是边坡岩体随时间推移发生变形破坏的过程。在这一过程中，边坡无时无刻不受到自身条件、所处地质环境及外界工程扰动等多种因素的综合作用，不断寻求着岩体自身变形与强度特性和应力环境之间的平衡。对于露天矿而言，可将边坡稳定性的影响因素归纳为以下 9 种。

1.2.3.1　岩石矿物组成

组成岩石的矿物强度在一定程度上决定了岩石的强度。矿物或颗粒的结构和构造影响岩石的强度。岩体因其岩性和独特结构等导致力学性质特殊，具有弹性、塑性、各向异性等非均质材料各种典型特性，造成各种岩体工程分析和研究困难，通常得不到精确解。与土体一样，岩体的变形不仅取决于荷载的大小，而且还取决于加载的应力路径；不仅产生弹性变形，还会产生不可恢复的塑性变形。边坡岩土类型和性质是决定边坡抗滑能力、稳定性的根本原因。一般来说，岩石中泥质成分越高，其边坡抵抗变形能力越低。岩性还控制着斜坡变形破坏的形式。如，坚硬岩类可以发生崩塌破坏，黄土（垂直节理）可以发生崩塌，沉积岩中软弱夹层可以发生滑坡。

1.2.3.2　岩体结构面的特征

影响边坡稳定性的地质不连续面主要有软弱夹层（黏土层、泥岩层、薄煤层、页岩层等）、岩层面、层理、断层、节理、裂隙、片理、叶理，以及沉寂结构面中的不整合面、假整合面，火成结构面中的岩脉、岩墙、接触面等，统称为结构面。

边坡岩体的稳定性主要受结构面控制。影响边坡稳定性的主要岩体结构因素包含：

（1）软弱夹层的存在。边坡岩体内软弱夹层的存在，是导致岩体滑动的根本原因。软弱夹层（包括断层泥）大多由泥质物（黏土质）构成，具有质软、亲水、易于风化的特点，地下水沿构造裂隙渗入，常使软弱层产生软化和泥化，为岩体滑移创造条件。

（2）结构面的倾向和倾角。通常，结构面倾向和坡面倾向一致的边坡，其稳定性比二者倾向相反的边坡稳定性差。在同向缓倾角边坡中，岩层倾角越陡，稳定性越差。

（3）结构面的走向。结构面走向与边坡走向夹角越大，对边坡的稳定性越有利。

（4）结构面的组数和数量。当边坡受多组相交的结构面切割时，整个边坡岩体自由变形余地大，切割面、滑动面和临空面多，易于形成滑动的块体，而且为地下水活动提供了较好的条件，对边坡稳定不利。同时，结构面的数量直接影响到被切割的块体的大小，它不仅影响边坡的稳定性，也影响边坡变形破坏的形式。岩体严重破碎的边坡，甚至会出现类似土质边坡那样的圆弧滑动破坏。

（5）结构面的不连续性。在边坡稳定性计算中，通常假定结构面是连续的，但实际并非如此。因此，在解决实际工程问题时，认真研究结构面的不连续性具有现实意义。

（6）结构面的起伏和表面差异。结构面的光滑程度对结构面的力学性质影响很大。边坡岩体沿起伏不平的结构面滑动时，可能出现两种情况：如果上覆岩层压力不大，则除了要克服结构面上的摩擦阻力外，还必须克服因表面起伏所带来的爬坡角阻力；当结构面上的正应力过大，在滑动过程中不允许因为爬坡而产生岩体的隆胀时，则出现滑动的条件是必须剪断结构面上相互咬合的起伏岩石，因而结构面的抗剪性能大为提高。

1.2.3.3 水

边坡发生不稳定破坏，如滑坡、崩塌等，往往伴随着降雨过程。降雨是边坡失稳破坏的一个诱发因素。

水对边坡的影响是多方面的。水包括地下水和大气降水两部分。边坡中的水主要以两种方式存在：一种是结合水，另一种是重力水或者称为自由水。实际工程经验表明，自然边坡的失稳破坏和工程边坡的变形破坏大都发生在雨季，尤其是暴雨季节和长时间持续降雨时节，这充分说明了水是影响边坡稳定性的重要因素。

水对边坡的影响主要表现在降低岩土体的强度指标，提供动水压力以及雨水对散落颗粒的冲刷。水会导致坡体岩土体强度的下降。岩土体的黏聚力和内摩擦角是影响土抗剪强度的主要因素，而这两个因素又由于含水量的增加而降低，使得岩土体抗剪强度降低，从而导致边坡稳定性降低。岩土体饱和后，随着岩土体含水量的增加，不但会增加岩土体自重，还会在很大程度上降低岩土体抗剪强度；当含水量增加到一定程度，地下水位的上升，在坡体内部的薄弱层，裂隙会进一步发育，造成有效应力减小，从而减弱坡体稳定性。

一般而言，水对边坡稳定性的影响主要有以下几个作用：

（1）溶蚀、潜蚀作用。渗透水在流动的过程中会将层间错动带可溶物质溶解带走，水流大的情况下还会将一些小颗粒冲走，留下软弱黏土夹层。前者称为溶蚀作用，后者称为潜蚀作用。

地面降水中往往含有很多化学成分，当雨水进入到坡体内部，会与岩石发生化学反应，降低岩石强度。同时雨水会将坡体内部细小颗粒冲刷掉，增加坡体裂隙宽度，诱发裂隙发育最终降低边坡稳定性。

（2）侵蚀冲刷作用。河流的侵蚀冲刷会冲走河谷斜坡的易风化岩层；同时，还会不断冲刷并带走其前沿的堆积物。

（3）软化作用。水对各类岩性的岩体都具有软化作用，但软化作用对岩体的作用影响随岩性的不同有很大的差异。当软岩和软弱结构面浸水以后，存在可溶盐溶解、胶体水解等作用，对边坡的稳定性有着不利的影响。

（4）力学作用。地下水的静水压力和动水压力对坡体岩土体也有重要的影响，动静水压力改变岩体应力分布。

（5）水楔作用。当两个矿物颗粒靠得足够近，有水分子运动到矿物表面，矿物颗粒利用其表面吸力将水分子拉到自己周围，在两个颗粒接触处由于吸着力作用使得水分子向两个矿物颗粒之间的缝隙内挤入，这种现象称为水楔作用。

在降雨过程中，由于雨水的作用，导致某些岩体物理力学性质发生变化。边坡失稳的根本原因在于岩体内部某个面上的剪应力达到它的抗剪强度，稳定平衡遭到破坏。降雨也使地下水位提高，增加静水压力，造成地下渗流场的变化，产生动水压力。降雨诱发地质灾害主要是通过地下水作用间接体现的。实际工程事故表明，很多边坡失稳事故并不是在降雨过程中或降雨过后马上发生，而是在降雨结束后几个小时、几天甚至更长时间后发生。在降雨过程中，边坡的稳定系数随时间不断降低，但并不是在降雨结束时达到最低，在降雨结束后的一段时间内，稳定系数往往继续降低，并在某一时间达到最低值。降雨强度较大时，降雨结束时稳定系数下降幅度较大，且降雨的延迟作用影响时间较长，当降雨强度较小时，降雨结束后稳定系数继续下降的幅度比较小，且降雨的延迟影响时间相对较短。

综上所述，岩质坡体在水的冲刷、侵蚀、水化等作用下，坡体岩石强度降低，使得岩石力学参数发生改变，从而造成坡体在坡脚处发生失稳破坏。

1.2.3.4　爆破震动

露天矿开挖中经常要利用爆破方法，爆破震动对边坡稳定性有一定的影响。爆破震动会产生一种瞬时冲击作用，在这种瞬时冲击波的作用下，爆破岩体中会产生一种由于质点震动加速度传播引起的动荷载，使边坡岩体中的剪应力增加，而爆破震动产生的压缩波传到坡面后，会使坡面产生临空面方向的位移和扩张，这又引导了拉伸波的产生，使岩体受到拉伸作用，原裂隙张开、扩展或产生新的裂隙，使岩体产生变形和破坏。可见，爆破震动作用改变了岩体中的应力状态，使岩体结构和强度受到影响。另外，它还会影响地下水的储存和运动状态，直接或间接影响边坡的稳定。爆破震动的强弱受爆破装药量大小、距爆源距离、当地的地质条件、结构物的状态等许多因素的影响。

对于露天矿边坡，爆破震动频繁，每次爆破的位置、能量各异，除在坡体内产生附加应力外，还造成岩体发生累积疲劳损伤甚至破坏。通常的做法是采用毫秒微差爆破、挤压爆破、预裂爆破和光面爆破等方法降低爆破震动对边坡的影响。

1.2.3.5　构造应力的影响

地应力是控制边坡岩体节理裂隙发育及边坡岩体变形破坏的重要因素之一。边坡内部的地应力主体是自重应力和构造应力。坡体中结构面的存在使边坡内部应力场分布变得复杂，在结构面周边会产生应力集中或应力阻滞现象，当应力集中的量值超过岩体的强度时，边坡岩体便会发生破坏。

地质构造形迹的存在，说明地壳曾经受过巨大的地质构造运动的作用。虽然，目前对于引起地壳运动的力的来源还不清楚，看法还不一致，但是从地应力实测资料来看，这种应力在引起地壳岩体的变形和破坏之后，经过漫长的地质年代它们还没有消失。事实上，现在的地壳岩体中，仍然或大或小存在着地质构造应力，在某些地区岩体中，这种地质构造应力可以比岩体自重应力大好多倍，其作用方向基本上是水平的。越来越多的工程实践证明，这种应力也是影响岩质边坡稳定性的重要因素之一。

地壳岩体中地质构造应力的分布是不均匀的。当岩质边坡处于强烈的地质构造应力场中时，必须充分考虑其应力的数值大小和作用方向对岩质边坡稳定性的影响。由于边坡开挖导致地质构造应力不均匀释放，可能使边坡岩体向临空面发生回弹变形和膨胀，使原有裂面进一步扩大或产生新的裂面，降低岩体的强度，同时，它在边坡坡脚处的应力集中导致此处应力成倍增加，因此，它对边坡稳定性的影响是严重的。通常可根据现场实测结果或有限单元法计算确定地质构造应力在边坡岩体中的分布规律，从而定量评价其对边坡稳定性的影响程度。地震一方面可以直接触发边坡破坏失稳，如1993年岷江上游叠溪滑坡；另一方面还会使边坡岩体的结构发生破坏或改变，形成特殊的边坡岩体结构。

1.2.3.6 风化作用

严格来说，风化作用是依托区域气象条件的。岩体内部发育着数量、规模、产状不宜的节理裂隙，甚至岩石内部也存在大量的孔隙和裂隙，它们的存在无疑为含有酸性物质的湿气提供了通道，长期暴露的边坡无疑会受到风化作用的影响，除岩体的完整性遭到破坏外，还会改变岩体结构面的厚度、填充物性质。毫无疑问，风化作用对岩体力学性能的下降具有促进作用，进而对边坡稳定性造成不利影响。对于露天矿边坡，不同区段的服务年限与岩性条件不同，遭受风化作用的破坏程度亦有所不同，减少边坡的暴露时间与降低露天矿边坡岩体遭受风化作用是最经济有效的途径。

1.2.3.7 边坡形状的影响

按照观察角度的不同，边坡形态可分为断面形态和平面形态。边坡断面形态参数主要有边坡角、边坡高度与坡面曲率，平面形态参数主要有走向长度与平面曲率。各个断面与平面形态参数均会对边坡稳定性造成一定影响。

（1）台阶高度和平台宽度。台阶高度的选取往往与现场施工、矿区安全生产以及矿区经济效益有直接关系。通过勘察矿区地质条件，合理设计台阶宽度，对于边坡稳定有至关重要的影响。台阶高度越大，平台宽度越小，下滑力会越大，会减小下部台阶对于上部台阶的支撑力。

（2）边坡角度。边坡角对边坡稳定性的影响显而易见，增大边坡角相当于增大了载荷，因而边坡稳定性通常会下降；反之，减小边坡角相当于减小了载荷，边坡稳定性通常会提高。但应注意，当潜在滑面上的内聚力指标接近或等于0kPa时，增大或减小边坡角对于边坡稳定性影响甚微。

边坡坡度的确定往往与矿区岩石性质有关，基于经济效益，现在往往会将平台宽度设置得很小，坡体放坡很大。当边坡坡度一定时，台阶高度越高越不稳定；当台阶高度一定时，边坡坡度越大越不稳定。总体上来讲，台阶高度与坡度越大，其下滑力越大，安全系数越低，破坏区域范围越广，从而露天矿边坡就越不稳定。

（3）边坡高度。边坡高度对边坡稳定性的作用和边坡角类似，即增大边坡高度相当于加载，减小边坡高度相当于减载，但一般边坡高度对边坡稳定性的影响较边坡角要小，尤其在边坡高度较大时。

（4）走向长度。边坡走向长度之所以会影响边坡的稳定性，其根本原因在于边坡稳定性的尺寸效应。以钻孔为例，若把钻孔看作一人工开挖形成的边坡，其边坡角为90°，边坡高度上千米，但钻孔绝不会发生类似于滑坡式的破坏，其原因就是钻孔的平面尺寸太小，各个方向的变形均受到限制。因此，只要能将边坡的走向长度控制在一定范围内，就不会发生滑坡。

（5）坡面曲率。坡面曲率描述的是边坡侧向方向上的坡面形态。一般情况下，在断面上向外凸的边坡稳定性较差，曲率越小稳定性越差；向内凹的边坡稳定性较好，曲率越小稳定性越好。

（6）平面曲率。目前，直线边坡稳定性大于凸形边坡而小于凹形边坡已被人们所公认。这是凹形边坡处于压缩拱受力状态，侧向阻力较大；而凸形边坡没有侧向阻力。对于凸边坡，平面曲率越小，稳定性越差；对于凹边坡，平面曲率越小，稳定性越好。

此外，平台高度、台阶高度以及坡度与开挖卸荷带有很大关系，开挖坡度越大、台阶宽度越窄开挖卸荷带会越窄，形成滑坡破坏的可能性会越大。在实际工程生产中，对于平台高度、台阶高度以及坡度都有严格规定，不能为了经济效益而忽略了现场安全。

1.2.3.8　露天矿存在的年限

边坡存在的时间越长，岩体强度减弱也越显著，随着岩体强度的减弱，边坡的稳定性系数也随之减小。

边坡变形与破坏往往需经历微裂隙的发生、局部裂隙发展、裂隙贯通等阶段，具有明显的时间效应，大多数边坡变形失稳破坏的发生都是经过长期的变形累积导致的。尤其对于层状结构边坡，其变形失稳破坏在很大程度上受地层中的具有显著蠕变特性的软弱夹层影响，因而表现出与软岩时效蠕变相类似的时效特征，导致边坡变形失稳破坏大都是在边坡形成后的很长一段时间后才发生。

若能有效控制露天矿边坡存在时间，可有效提高边坡的稳定性。

1.2.3.9　生产因素

露天开采过程中，施工方式、施工顺序及施工工艺等都会对边坡稳定性产生影响。主要涉及爆破、施工车辆、开采顺序和推进方向等。露天矿往往采用爆破的方式将原有岩石分解，在爆破过程中坡体受到爆破冲击，坡体内部岩石在压缩波的作用下，产生拉应力。在拉应力作用下，岩石中裂隙会迅速扩张发育，甚至产生新的裂缝，从而导致岩体抗剪强度降低。

露天开采过程中，开采顺序和推进方向也对边坡产生一定影响。开采顺序和推进方向应该按照岩石分布合理规划，如果开挖顺序不够合理，推进方向出现错误，就会在矿区形成缺陷，会出现薄弱环节，影响边坡整体形态，从而降低边坡稳定性。

1.2.4　露天矿边坡的变形破坏

露天矿边坡的变形破坏模式主要有剥落、崩落、倾倒、滑动、沉降、屈曲等，其中滑坡按照不同的滑面形态又划分为平面滑动、圆弧滑动和模体滑动。滑动是露天矿边坡，尤其是露天矿层状边坡的最主要和最常见的变形破坏类型。

（1）平面破坏。平面破坏模式又分坡顶面有张拉裂缝和无张拉裂缝两种情况，平面破坏模式产生的条件是有一组通过坡脚软弱结构面，走向与坡面走向近似，倾角小于边坡倾角但大于结构弱面摩擦角。此种破坏模式多发生在坡体中满足上述条件的大型结构控制面的边坡中。在板裂结构岩体中，结构面走向与坡面走向平行或接近平行，结构面倾向与坡面倾向一致或接近一致时，倾角小于边坡角，如果结构面迹线在坡面上出露，则有可能产生这种类型的破坏。

（2）楔体破坏。在块裂结构岩体中，当两组结构面与坡面斜交，切割成楔形结构体，或当两组结构面交线的倾角小于边坡角，并且两结构面交线出露于边坡坡面时，楔形结构体有可能沿结构面组合交线滑动。

（3）圆弧破坏。圆弧滑坡是在表土、废石堆、碎裂或散体结构岩体中常见的破坏类型。破坏面纵横剖面均为圆弧形或近似圆弧形。

（4）倾倒破坏。崩塌是指边坡体上的岩块、土体在重力作用下，发生突然的急剧倾落运动。多发生在大于 60°~70° 的边坡上。其特点是，在崩塌过程中，岩体中无明显滑移面。如既高又陡的岩坡前缘地段，这时大块的岩体与岩坡分离向前倾倒，坡顶岩体由于某种原因脱落翻滚在坡脚下堆积，叫做崩落。

1.3 露天矿边坡监测现状与必要性

1.3.1 露天矿边坡安全监测技术规范要求

为进一步规范金属非金属露天矿山采场边坡安全监测技术，切实加强露天矿山采场边坡的安全生产管理和安全监管，国家安全监管总局 2018 年正式发布了《金属非金属露天矿山采场边坡安全监测技术规范》，作为露天矿山采场边坡安全监测技术的规范要求。规范指出，露天矿山采场边坡安全监测等级由边坡的变形指数和滑坡风险等级共同确定，共分为一、二、三、四级，一级为最高等级并依次降低，并对不同等级的边坡相应提出不同的安全监测基本指标要求，见表 1-1。

表 1-1 边坡安全监测基本指标[10]

监测等级	变形监测			采动应力监测②	爆破震动	水文气象监测			视频监测
	表面位移	内部位移	边坡裂缝①		质点速度	渗透压力③	地下水位	降雨量④	
一级	●	●	○	○	●	○	○	○	●
二级	●	○	○	○	●	○	○	○	●
三级	●	○	○	○	●	○	○	○	●
四级	○	×	○	×	○	×	×	○	●

注：●—强制项，○—推荐项，×—不设项。
①满足一定条件为强制项；
②满足一定工程地质条件为强制项；
③满足一定水文地质条件为强制项；
④应根据天气预报对降雨量进行预警。

该规范从变形监测、采动应力监测、爆破震动监测、水文气象监测和视频监测等多个方面进行了综合阐述，并对不同等级的露天边坡提出了不同的综合监测要求，该规范为露天高陡边坡监测方案的设计和建设指明了发展方向与研究思路。

1.3.2 露天矿边坡监测现状

在边坡变形失稳破坏灾害造成巨大损失之后，人们不断寻求解决方法，边坡（滑坡）监测逐渐得到发展并逐步完善起来。为了预测预报边坡失稳破坏灾害，减少或防止财产损失和人员伤亡，需对边坡进行安全监测，及时掌握边坡变形发展的规律，对边坡失稳破坏进行及时预报，根据预报采取相应的防范补救措施。经过几十年的发展和研究，目前国内外边坡监测方法和技术已具有较高水平。

1.3.2.1 边坡监测技术的发展历程

边坡监测技术经历了三个发展阶段。第一阶段为起步阶段（20 世纪 60 年代前），该阶段主要进行边坡表面位移监测；第二阶段为发展阶段（20 世纪 60 年代~80 年代），该阶段以边坡自动化监测仪器的研制和应用为标志[11]；第三阶段为迅速发展阶段（自 20 世纪 80 年代以来），该阶段研制出了很多新的监测仪器，并开始向边坡自动化监测方向发展。GPS 技术和光纤传感器（TDR）等技术开始得到发展和应用，这些监测技术的监测精度更高，自动化程度更加完备，同时开始具备无线远程监测的能力，标志着边坡安全监测向着无线化、高精度的方向发展。

1981 年美国垦务局在 Monticollo 拱坝上安装了集中式数据采集系统，1982 年起在 Flaming Gorge 等四座拱坝上安装了分布式数据采集系统。GNSS 监测系统[12]和光纤传感器（TDR）[13]等技术的应用开始得到发展，这些监测技术的测量精度更高，自动化程度更加完备，同时开始具备无线远程监测的能力，标志着边坡变形监测向着无线化、高精度的方向发展。目前，边坡监测技术向自动化、高精度及远程系统发展及应用[14~17]。

1.3.2.2 边坡监测的内容

边坡监测内容根据监测对象的不同可分为表面变形监测、地表裂缝监测、内部变形监测、地声监测、水文监测、环境因素监测等，它们分别从不同的侧面反映了边坡的动态信息，以及与边坡变形息息相关的其他信息。

（1）表面变形监测。表面变形监测：设置变形观测点，以两个以上参考点为工作基点，进行精密测量，监测边坡体的表面位移变化情况，监测边坡外部整体变形状态。

监测仪器主要有经纬仪、水准仪、测距仪、全站仪、陆摄经纬仪、GNSS 接收机等。

监测方法主要有大地测量法、近景摄影法、GNSS 技术、测量机器人技术、雷达技术、三维激光扫描技术等。

（2）地表裂缝监测。边坡表面和加固结构上出现裂缝和发展，往往是边坡岩土体失稳破坏的前兆信号，因此这种裂缝一旦出现，必须对其进行监测。裂缝监测主要监测边坡表面及加固结构上的由于变形破坏产生的裂缝，监测裂缝开合度变化和变化速率以及裂缝两端扩展情况。

监测仪器主要有钢卷尺、游标卡尺、裂缝量测仪、伸缩自记仪、测缝仪、位移计等。

监测的主要方法有人工测缝法、自动测缝法。

（3）内部变形监测。边坡深部位移监测是边坡整体变形的重要项目，它可以监测坡体内部的蠕变，预测滑动控制面。

监测仪器主要有钻孔倾斜仪、倾斜计、多点位移计、位错计等。

监测方法主要有仪表观测法、TDR 技术、OTDR 技术、BOTDR 技术等。

（4）地声监测。地声监测是监测边坡体在内外力作用下岩石结构的声发射（acoustic emission，AE）活动，通过地声监测分析边坡体的稳定性状态。

监测仪器主要有声发射仪、声波检测仪、地探测仪等。

监测方法主要有仪表监测法、声发射技术等。

（5）水文监测。水文监测主要是指对地下水位、流量、流速及孔隙水压力等滑坡诱发因素的监测，获取钻孔水位、泉水流量等有关参数的动态变化信息。

监测仪器主要有水位自动记录仪、孔隙水压计、钻孔渗压计、三角堰、量杯、水位标尺等。

监测方法主要有人工读数和自动遥测法。

（6）环境因素监测。环境因素监测包括环境气温和降水量监测、地震监测等，主要监测边坡体环境气温、环境降水量等有关信息的动态变化。对于降雨型滑坡来说，降水量是非常重要的参数，降水量监测可以作为诱发因素监测手段；而环境气温监测通常用于校正有关仪器传感器的温度效应影响。环境因素监测一般作为边坡监测的辅助监测内容。

监测仪器主要有雨量计、温度记录仪、地震检测仪等。

监测方法主要有人工读数和自动遥测法。

边坡监测内容和方法见表 1-2。

表 1-2 边坡监测内容和方法

监测内容	主要监测方法	主要监测仪器	监测方法的特点
表面位移监测	大地测量法（三角交会法、几何水准法、小角法、测距法、视准线法）	经纬仪	投入快、精度高、监测范围大、直观、安全，便于确定滑坡位移方向及变形速率
		水准仪	
		测距仪	
		全自动全站仪	精度高、速度快、自动化程度高、易操作、省人力、可跟踪自动连续观测、监测信息量大
	近景摄影法	陆摄经纬仪等	监测信息量大、省人力、投入快、安全，但精度相对较低
	GNSS 法	GNSS 接收机	精度高、投入快、易操作，可全天候观测，不受地形通视条件限制；目前成本较高，发展前景可观
地表裂缝监测	测缝法（人工测缝法、自动缝法）	钢卷尺、游标卡尺、裂缝量测仪、伸缩自记仪、测缝仪、位移计等	人工、自记测缝法投入快、精度高、测程可调，方法简易直观，资料可靠；遥测法自动化程度高，可全天候观测，安全、速度快、省人力，可自动采集、存储、打印和显示观测值，资料需要用其他监测方法校核后使用
内部位移监测	测斜法	钻孔倾斜仪	精度高、效果好，可远距离测试，易保护，受外界因素干扰少，资料可靠；但测程有限，成本较高、投入慢
		倾斜计等	
	测缝法	多点位移计、位错计等	精度较高、易保护、投入慢、成本高；仪器、传感器易受地下浸湿、锈蚀

监测内容	主要监测方法	主要监测仪器	监测方法的特点
地声监测	地音量测法	声发射仪、声波检测仪	可连续观测，监测信息丰富、灵敏度高、省人力；测定的岩石微破裂声发射信号比位移信息超前 3~7 日
		地探测仪	
水文监测	观测地下水位	水位自动记录仪	精度高，可连续观测，直观、可靠
	观测孔隙水压	孔隙水压计	
		钻孔渗压计	
	测泉流量	三角堰、量杯等	
	测河水位	水位标尺等	
环境因素监测	降雨量	雨量计	精度高，可连续观测，直观、可靠
	地温	温度记录仪	
	地震监测	地震监测仪	

1.3.2.3　边坡安全监测方法和技术

纵观目前国内外采用的边坡安全监测方法和技术主要有传统大地测量法、GNSS 技术、近景摄影测量法、三维激光扫描技术、INSAR 技术、测量机器人技术、声发射技术、时域反射技术（TDR 技术）、光时域反射法（OTDR）、仪器仪表法、远程遥测法等，下面对这几种主要的监测方法及其应用情况进行分析。

A　传统的大地测量法

在 20 世纪 80 年代以前，传统的大地测量法是边坡监测主要采用的方法。传统的大地测量法采用人工定期对边坡体上的控制网点进行大地坐标测量，主要包括水准测量、三角测量、交会测量等方法，该方法具有监测理论和方法成熟、监测数据可靠和监测成本相对较低等优点；但该方法同时也存在工作量大、测量周期长、劳动强度高、无法实现自动化监测等缺点[18]。

B　GNSS 技术

GNSS 观测法是将 GNSS 天线固定于边坡体表面的各监测点处，并且将 GNSS 接收机固定在边坡以外某稳定区域内，通过 GNSS 卫星发送定位信号进行空间后方交汇测量，从而实现对天线所在监测点的三维坐标进行监测的方法[12]。

GNSS 技术具有不受通视条件限制、可全天候监测、自动化程度高等优点，目前广泛应用于交通、水利、矿山等部门的边坡监测中[19,20]，应用研究表明 GNSS 监测技术监测精度高，不受地形通视条件限制，可全天候自动监测，值得在边坡监测中加以推广应用。

C　近景摄影测量技术

近景摄影测量法通常应用于监测表面积较大的边坡体，该方法将两台近景摄影仪（摄影经纬仪或量测相机）固定安置在两个不同位置的测点处，然后对边坡体进行摄像，最后采用立体坐标仪测量相片上各监测点的三维坐标[21]。

近年来，近景摄影测量技术在边坡监测中的应用得到了较大的发展，采用近景摄影测量技术对边坡进行监测，可以全面采集边坡变形的特征信息，具有监测数据全面、监测速度快、直观等特点，近年来在矿山安全监测中得到了成功的应用[22~26]。应用研究表明，近景摄影测量技术适合应用于变形速率较大的边坡（滑坡）。但由于摄影距离不能过远，加上监测精度相对较低，且近景摄影测量技术采用的仪器设备价格昂贵，数据处理复杂，致使该技术在边坡监测中的应用受到了限制。

D 三维激光扫描技术

三维激光扫描技术是按照一定的扫描间距，高密度、高精度测定边坡体表面全部或局部三维坐标数据的方法。

地面三维激光扫描技术具有非接触性、高精度、实时性、动态性、主动性、直观性等优点。目前，地面三维激光扫描技术在边坡监测中得到了初步的研究应用[27~30]。

E 卫星遥测技术

合成孔径雷达技术（SAR 技术）是 20 世纪 50 年代末研制成功的一种微波传感器，也是微波传感器中发展最为迅速和有效的传感器之一。随着 SAR 技术的飞速发展，20 世纪 60 年代末出现了新兴的交叉学科合成孔径雷达干涉技术（InSAR 技术），它是一项可以快速获得数据、经济便捷的空间探测高新技术。

InSAR 技术的监测原理是以波的干涉为基础，使用平行飞行的两个分离雷达天线（双天线方式）获得同一地区的两幅微波图像，或者同一个雷达对同一地区重复飞行两次（重复轨道方式）获得两幅微波图像，对两幅图像进行相位相干处理，然后通过对干涉图像的解译处理，计算得出地面点到雷达的斜距以及地面点的高程。

随着雷达技术的发展，雷达技术在边坡监测中得到了成功的应用[31~34]。应用研究结果表明，InSAR 技术适用于大型边坡的监测，该技术具有广阔的应用前景。目前，世界各国都在积极进行相关理论和应用的研究。

F 测量机器人技术

随着科学技术的进步和电子技术的发展，给测绘技术和各种精密测量仪器的开发提供了有力的支持，变形监测也出现了新的变革和发展。工程测量常规的经纬仪和电磁波测距仪已经逐渐被电子全站仪替代，电脑型全站仪配合丰富的软件向全能型和智能型方向发展，形成了 TPS（Totalstation Position System）系统。带电动马达驱动和程序控制的 TPS 系统结合激光、通信及 CCD 技术，可以实现测量的全自动化，是集自动目标识别、自动照准、自动测角、自动测距、自动跟踪目标、自动记录于一体的测量系统，被称为测量机器人。测量机器人的出现以 1999 年 1 月 1 日瑞士 Leica 集团的 TCA2003 上市为标志。目前测量机器人的制造水平有了更大的进步。测量机器人可自动寻找并精确照准目标，在 1s 内完成一个目标点的观测，像机器人一样对成百上千个目标作持续和重复观测，可以实现施工测量和变形监测全自动化。

测量机器人监测技术是将棱镜固定于边坡体表面的各监测点处，在边坡体外稳定的区域建立监测站，以强制对中方式安置测量机器人（自动全站仪），按照设定的周期对边坡体上变形监测点的三维坐标进行自动观测。

针对不同的监测对象和要求，测量机器人可采用以下的监测方式。

（1）移动式监测方式。该监测方式是利用短通信电缆（1~2m）将便携计算机与全站仪连接，由便携机自动控制全站仪进行测量；或者直接将控制软件安装在自动全站仪内部，控制全站仪测量。

（2）固定式持续监测系统。将全站仪长期固定在测站上，如在野外需在测站上建立监测房，通过供电通信系统，与控制机房内的控制计算机相连，实现无人值守、全天候的连续监测、自动数据处理、自动报警、远程监控等，该类系统主要包括单台极坐标在线模式、多台空间前方交会在线模式、多台网络模式等。

1）单台极坐标持续监测方式，配置简单，设备利用率高，但监测范围较小，无法组网测量，要达到亚毫米级精度必须采取合理的测量方案和数据处理方法。特别适用于小区域（约 $1km^2$ 内），需实时自动化监测的变形体的测量。

2）空间前方交会主要采用距离空间前方交会，以三边或多边交会法确定监测点的三维坐标，采用此模式的主要意图是利用高精度的边长，获取高精度的点位。三边交会系统已应用在五强溪大坝监测中。该系统为提高测距精度，配置了计算机控制的自动可自校准高精度光电测距仪频率校准仪、高精度温度计、气压计与湿度计。此类系统的优点是测量精度高，可达亚毫米级；但系统配置过于庞大，成本较高，设备利用率较低，同时由于受几何图形结构限制，较平坦的地面监测不宜采用。

3）多台网络模式是将多台测量机器人（全自动全站仪）和多台或一台计算机通过网络、通信供电电缆连接起来，组成监测网络系统。其主要技术手段、管理方式和单台极坐标在线模式一致。由于单台测量机器人（全自动全站仪）受通视条件和最大目标识别距离的限制，因此对于变形区域较大、通视条件较差、测量环境狭窄（如地铁隧道）等监测对象，需利用多台测量机器人（全自动全站仪）组成监测网络系统，通过组网解算各测站点的坐标，然后利用基准点和各测站坐标对变形点观测数据进行统一差分处理，解算各变形点的坐标及变形量。该类系统的优点，可以组网测量，实现控制网测量、变形点测量的完全自动化，可以将控制网测量数据与监测数据自动进行联合处理，不需要人工干预，非常适合较大区域内，尤其是地铁结构的变形监测。

测量机器人技术在我国边坡监测中应用广泛，我国学者张正禄等人[35]在对测量机器人的特点进行分析的基础上，构建了测量机器人自动监测系统，并对三峡库区典型滑坡进行应用研究。应用研究结果表明，单台极坐标监测方式的测量机器人监测系统具有结构简单、操作简便、维护及运行成本低、监测效率高、实时性强等特点，特别适用于小区域（约 $1km^2$）的边坡自动监测。最近这几年一些学者采用测量机器人技术监测边坡变形[36~38]，结果表明，测量机器人技术具有监测效率高、精度高、自动化程度高等优点。

G　声发射技术

材料或结构发生变形和破坏时快速释放能量产生瞬态弹性波的现象称为声发射（AE，Acoustic Emission）[39]，用仪器检测、记录、分析声发射信号和利用声发射信号进行与材料或结构相关研究的技术称为声发射技术（AE 技术）[40]。

声发射技术从 20 世纪 30 年代末的硬岩矿山进行声波试验研究开始，至今已有 90 年了。60 年代末 70 年代，利用 AE 技术预测在边坡稳定性方面取得显著进展和成效，例如美国矿山局 Paulsen 利用 AE 技术研究加州一个露天矿的边坡稳定性，成功监测预报了露天矿边坡的破坏过程。在国内，武汉安全环保研究院利用 AE 技术对长江三峡大坝一些关键部位的岩石活动情况进行了监测，为三峡大坝的建设提供了重要依据。由于检测设备、环境条件、边坡岩体结构、性质等多方面复杂原因，使 AE 技术的实际应用效果受到影响[41]。

H 时域反射技术

时域反射技术（TDR 技术）是一种电子测量技术，该技术是将同轴电缆埋入边坡体内部的监测钻孔内，与监测设备连接。监测设备实时监测同轴电缆中的反射波信号，把测试信号与反射信号进行比较，根据二者的异常情况判别同轴电缆的状态（断路、短路以及变形等），由此推断出同轴电缆发生变化的位置，然后推算出该位置的变形位移量。

TDR 技术应用于边坡监测具有成本低、不易损坏、安装简单、观测简便、经济实用、连续观测等优点。但是与传统的监测仪器相比，TDR 系统也存在不足之处。首先，TDR 系统不能用于需要监测倾斜情况但不存在无剪切作用的区域；其次，它无法确定边坡滑移量和滑移方向。

I 光时域反射技术

用于光纤测量的时域反射法，称为光时域反射法（OTDR）。OTDR 监测系统有一个发射脉冲的光源和一个探测头。光源向光纤发出脉冲，探测头用来记录和观察从光纤中反射回来的光。传感器输出信号反映了被测参数在空间上的变化情况，考虑光波的传输速度，即可确定光源到被测点的距离。光时域反射技术可以快速确定滑坡中变形、应力的大小以及失效面的位置。

最近这几年一些学者在边坡变形监测中采用 OTDR 技术[42~44]，结果表明该方法适合于边坡内部应力和位移的安全监测。

J 仪器观测法

仪表观测法是采用精密仪器仪表对边坡体的表面和内部位移、倾斜，裂缝的相对张、闭、错开变化，以及地声、应力应变等参数进行监测的方法。

K 远程遥测法

随着计算机技术、通信技术、网络技术等高新技术发展及应用，边坡自动遥控监测系统相继问世。远程遥测法最基本的特点是监测数据的远距离无线传输。由于远程遥测法具有自动化程度高，可全天候连续观测，省时、省力和安全等优点，成为当前和今后一个时期边坡监测发展的方向。

边坡监测技术的发展趋势：新的监测技术不断出现，监测精度不断提高，实现远程监测控制，监测数据自动采集、传输和处理，监测结果图示化显示，实现灾害快速自动预警。

边坡安全监测的目的在于通过监测获取边坡体变形信息，根据变形信息分析边坡的动态变形演化规律和时空变形特征，进而对边坡失稳破坏进行预测预报研究，达到防灾减灾的目的。由于影响边坡稳定性的因素众多，不同类型的边坡其失稳机理不同，监测的技术和方法也不尽相同。故需对现有各种监测方法的特点及适用性进行分析评价，具体分析结果见表 1-3。

目前，监测工作已成为边坡工程施工的重要环节，大多数重要的边坡工程都设计有监测系统。监测工作对正确评估边坡的安全状态、指导施工、反馈和修改设计、改进边坡设计方法等多方面具有非常重要的意义，监测技术的引入使边坡工程的设计和施工在安全稳定和经济合理的协调统一中起到了不可或缺的桥梁作用。

表 1-3 各种监测方法的特点以及适用性评价

监测方法	特 点	适用性评价
传统大地测量法	（1）投入快；（2）费时费力；（3）受地形通视和气候限制；（4）不能自动监测	适用于不同变形阶段的位移监测，不能连续观测
GNSS 技术	（1）不受地形通视条件限制；（2）自动化程度高；（3）目前监测成本较高，发展前景可观；（4）能实时、动态、自动监测	适用于边坡体不同变形阶段地表三维位移监测，连续观测
近景摄影测量法	（1）监测信息量大；（2）技术含量较高，投入使用的设备较昂贵；（3）精度相对较低	是一种非接触性量测手段，特别适合于危险地形以及变形速率较大的边坡水平位移及危岩陡壁裂缝变化监测
三维激光扫描技术	（1）测量速度快；（2）点密度高；（3）精度相对较低；（4）操作简单	适合于大变形边坡的表面三维位移监测
InSAR 技术	（1）监测范围大；（2）可全天候监测；（3）分辨率高	只适合大型边坡监测
测量机器人技术	（1）效率高；（2）精度高；（3）自动化程度高；（4）受地形通视条件限制；（5）能实时、动态、自动监测	适合于通视条件好，边坡体不同变形阶段的三维表面位移自动监测
声发射技术	（1）监测信息丰富；（2）灵敏度高；（3）可连续观测；（4）劳动强度低	适合于边坡内部的地音监测
TDR 技术	（1）监测成本低；（2）经济实用；（3）连续观测	适合于边坡内部滑动面监测
光时域反射法	（1）灵敏度高；（2）空间分辨率高；（3）能同时获取受力点的压力值和位移值	适合于边坡内部应力和位移的安全监测
仪器仪表法	（1）监测内容丰富；（2）精度高；（3）仪器便于携带	精度高的仪表适用于滑坡体初期变形监测，精度相对而言低的仪表适合于速变及临滑状态时的监测

1.3.2.4 边坡监测技术的发展趋势

现代科学技术的飞速发展，促进了边坡监测技术手段的更新换代。以测量机器人技术、地面三维激光扫描技术为代表的现代地上监测技术，改变了经纬仪、全站仪等人工观测技术，实现了监测自动化；以测斜仪、沉降仪、应变计等为代表的地下监测技术，正实现数字化、自动化、网络化；以 GNSS 技术、合成孔径雷达干涉差分技术和机载激光雷达技术为代表的空间对地观测技术，正逐步得到发展和应用。同时，有线网络通信、无线移动通信、卫星通信等多种通信网络技术的发展，为边坡监测信息的实时远程传输、系统集成提供了可靠的通信保障，现代边坡监测正逐步实现多层次、多视角、多技术、自动化的立体监测体系。总之，现代边坡监测技术发展趋势有以下几个方面的特征：

（1）多种传感器、数字近景摄影、全自动跟踪全站仪和 GNSS 的应用，将向实时、连续、高效率、自动化、动态监测系统的方向发展。

（2）监测的时空采样率得到大大提高，监测自动化为变形分析提供了极为丰富的数据信息。

（3）高度可靠、实用、先进的监测仪器和自动化系统，要求在恶劣环境下长期稳定可靠运行。

（4）实现远程在线实时监测控制，监测数据自动采集、传输和处理，监测结果图示化显示，实现灾害快速自动预警[45]。

1.3.3 露天矿边坡监测的必要性

《国务院安委会办公室关于印发标本兼治遏制重特大事故工作指南的通知》（安委办〔2016〕3号）要求边坡高度200m以上的露天矿山高陡边坡、堆置高度200m以上的排土场、三等及以上等级的尾矿库，必须进行在线监测，定期进行稳定性专项分析。

1.4 边坡灾害预警预报的研究进展

边坡失稳破坏灾害的预测预报是边坡稳定性控制的重要组成部分，是当今国际边坡工程研究的前沿课题，也是难度最大的课题，现已成为边坡工程研究中的一个热门课题。因此相关的研究也较多。边坡变形趋势的精确预测和失稳时间的准确预报，可以为边坡工程的施工和运行安全提供重要保证，为边坡工程采取合理、有效的处置措施赢得时间，从而避免边坡灾害事故的发生。

边坡失稳预测预报研究至今已有50多年的历史，预测预报的理论、方法和技术都有较大的发展，总体而言，边坡失稳预测预报的研究工作的发展过程，大致可分为以下四个阶段。

1.4.1 现象预报和经验式预报阶段（20世纪60~70年代）

现象预测法是最早采用的边坡失稳预测预报方法，它是根据地表变形、地表裂缝、地面沉陷、地下水异常、动物表现失常等边坡失稳的前兆，对边坡失稳进行直接判断[46]。如我国须家河滑坡[47]、挪威的Vaerdalen滑坡[48]等都采用此法进行了成功的预报。现象预测法是对边坡失稳前兆现象的经验积累的一种预测预报方法，是一种定性的预测预报方法，其预测预报精度不高，但它是一种简单易行的预测预报方法。

经验预报方法是根据边坡变形监测资料，建立边坡变形与时间之间的数学关系。最早提出该方法的是日本学者斋藤迪孝[49,50]，其通过大量室内试验研究和现场位移监测资料分析，提出了一个预测预报滑坡的经验公式及图解，即著名的"斋藤法"；随后，他又提出蠕变破坏三阶段理论，建立了加速蠕变的微分方程，并利用该模型对1970年日本的高汤山滑坡进行了成功的预测预报。之后，日本学者Kawamuran采用差分法及最小二乘法改进了斋藤公式[51]。日本学者福囿[52]经过多次试验后，发现了土体表面位移加速度的对数与表面位移速度的对数之间的正比例关系。E. Hoek等人[53]根据智利Chuqicamata矿边坡1969年的监测资料，提出了根据滑坡变形监测曲线的形态和趋势进行外延并推求出滑动时间的外延法（作图法），其预报的理论依据与斋藤法相同。B. A. Kennedy[54]通过拟合边坡位移曲线进行边坡滑动时间预测，提出了曲线拟合预测预报思路。B. Voight[55,56]在试验的基础上建立了适用于宏观破坏的变形加速度和变形速率的关系。经验预报方法是以经验为主导思想，缺乏理论依据，预报实际效果并不理想，在实际工程的应用中受到一定限制。

1.4.2 统计分析预测预报阶段（20 世纪 80 年代）

此阶段主要是运用各种数理统计方法和模型，对边坡失稳破坏做外推预测预报。随着概率论、数理统计等数理力学理论引入边坡失稳预测预报研究，国内外学者提出了多种边坡失稳预测预报模型。

晏同珍根据边坡的变形过程特征与生物的生长过程具有一定的相似性，将生物学家Vehrulst 的生物生长模型引入滑坡时间预测研究，并用该模型后验预报了 Vajont 滑坡，得出的滑坡失稳时间比实际破坏时间仅提前了 2.443 天，并取得了初步成功[57]；李天斌根据斜坡变形破坏的位移量化曲线接近 Verhulst 反函数特性，提出了 Vehrulst 反函数预测模型[58]；张悼元、黄润秋等人通过对十余个具有完整系统状态历时曲线滑坡实例的分析研究，认为系统非稳定变形阶段的历时是线性平稳阶段历时的 0.618 倍，具有相对的不变性，提出了适合滑坡中长期预报的黄金分割法[59]；缪卫东等人根据区域降雨量与滑坡发生时间之间的规律，应用卡尔曼滤波分析法对白鹿源区滑坡进行了中长期预测[60]；刘铁良采用降雨时间序列的谐波分析方法预测了苏联滑坡的活跃期[61]；魏星等人将岩体边坡系统视为一个灰色系统，利用灰色理论建立了一种基于表征边坡稳定复合指标的灰色系统类比预测模型[62]；此外，还有不少学者[63~66]在边坡失稳预测中引入了正交多项式最佳逼近模型、马尔科夫预报、梯度正弦模型等，这些预报方法的提出，使得边坡失稳预报从定性分析向定量分析迈进了一大步。

受统计分析方法的基本假定所限，预测不可外推时间过长，再者要用最新的监测资料才能得出较为准确的预测模型，这使得统计分析方法在边坡失稳中长期预测中的应用受到了一定的限制。

1.4.3 非线性理论预测预报阶段（20 世纪 90 年代）

20 世纪 90 年代以来，由于非线性理论的发展及在各领域中的广泛应用，人们对边坡的认识进一步深化。开始认识到边坡变形的时空演变过程是一个复杂的开放系统，是一个确定性与随机性、渐变与突变、平衡与非平衡、有序与无序的对立统一的混沌体系。因此，许多学者引入非线性科学理论研究边坡失稳预报问题。易顺民应用分形理论研究了区域性滑坡活动的自相似结构特征，发现滑坡活动的高潮期到来前具有明显的降维现象[67]；秦四清以非线性动力学理论为基础，提出边坡失稳预测预报的非线性动力学模型，进而预报滑坡发生时间[68]；郑明新等人最先采用分形理论，利用黄茨滑坡和新滩滑坡监测资料，提出了滑坡动态位移分维和位移速度分维接近 1 时，滑坡进入加速阶段并预示着滑坡即将发生[69]；黄润秋认为斜坡从出现断续的结构面到形成贯通以及最后发生滑坡，在整个演化过程中各子系统之间的运动会出现一种合作和协同效应，并遵从非线性系统的演变规律，故运用协同理论提出了描述斜坡体系发展的演化方程[70]；张飞等人用混沌动力学能使重构系统的相空间具有与实际动力系统相同的几何性质和信息性质这一特点，建立了重构相空间边坡失稳预测模型[71]；张英等人利用灰色系统理论和混沌动力学，结合新滩的实例构建了滑坡时间预测的非线性反演模型[72]；陈益峰等人依据边坡变形的历史数据，利用重构相空间理论，提出了改进 Lyapunov 指数算法的边坡变形预测模型[73]；之后一些学者[74]对边坡非线性预测理论进行了研究并应用。

1.4.4 系统综合和实时跟踪动态预测预报阶段（20世纪90年代末至今）

随着系统科学、智能学的发展，边坡失稳预测预报从单一的方法研究进入了系统的理论方法总结和发展阶段，边坡失稳预测预报逐步向系统化和智能化方向发展。由于边坡安全监测的重要性已得到了普遍的重视，越来越多的边坡工程建立了监测系统，对施工期、运行期的边坡安全进行长期监测，得到了大量的监测数据。如何应用先进的计算机技术对海量的监测数据进行有效利用，分析边坡的安全稳定性并进行边坡的失稳预测预报，成为新阶段边坡失稳预测预报的发展方向，此阶段的研究特点可归纳为3个方面。

1.4.4.1 多种预测预报方法的综合研究与应用

许强、黄润秋（1994）等人提出了滑坡综合信息预测预报技术路线框图[75]。1995年12月，钟荫乾根据黄蜡石滑坡，选择能反映滑坡活动状态的各种预报因子，并确定这些因子在滑坡活动过程中所占的地位或权重以及各因子显示的状态，通过危险度的计算，进行滑坡危险状态的判定，达到了滑坡综合信息动态预测的目的[76]。付冰清、何述东建立了以多位地质学家、滑坡专家等多专家支持的专家系统，并预测了三峡工程蓄水后豆芽棚滑体的状态，预测的结果与实际状态吻合，为人工智能组合专家系统的应用开辟了广阔的前景[77]。吴承祯提出了滑坡预报的BP-GA混合算法[78]。高玮和吴益平等人基于灰色理论和人工神经网络模型的优缺点，提出了滑坡灰色-神经网络预测模型[79,80]。尹光志等人以实际监测数据为基础，把指数平滑法与非线性回归分析法结合起来；以滑坡的变形值和变形速率为判据，对滑坡进行时间失稳的动态跟踪预报[81]。高文华、黄自永综合非线性动力学和回归分析的优缺点，提出了基于非线性动力学和回归分析相结合的滑坡预测方法[82]。李喜盼等人采用遗传算法和BP神经网络模型进行混合建模；实验表明，利用改进的混合模型可以提高预测精度，缩短收敛时间[83]。崔巍、王新民采用基于灰色预测法、Verhulst模型预测法以及协同预测法的变权组合预测方法进行预测，结果表明，利用变权组合预测方法，比单纯运用某一种预测方法，预测精度更高[84]。刘清山、汤俊利用最小二乘支持向量机（LSSVM）建立综合预测模型，结果表明，LSSVM模型具有较高的精度，是科学可行的[85]。

1.4.4.2 更高层次的现代数理科学新理论应用于滑坡预测预报理论的研究

黄润秋于2004年6月提出了GMD地质（G）-力学机理（H）-变形耦合（D）数值预报模型[86]。陆付民等人应用泰勒级数建立滑坡变形与时间的函数关系，并将泰勒级数的余项及时间变化的2次方及3次方的系数变化量看作数学期望为零的动态噪声，建立卡尔曼滤波模型，应用于滑坡变形的预测预报，计算结果表明卡尔曼滤波模型的拟合效果和预测效果良好[87]。宫清华、黄光庆将人工神经元网络BP模型应用到滑坡稳定性的评价预测中，借助Matlab的人工神经元网络工具箱，以国道G324上的86个滑坡数据为训练和预测样本对模型进行了实验和验证，结果表明，所建立的滑坡稳定性预测方法具有较高的预测精度[88]。

1.4.4.3 滑坡预测预报信息系统研究

目前，边坡失稳预报已逐步向实用化、系统化迈进。李小根[89]开发研制了基于GIS

的滑坡地质灾害预警预测系统，实现了地质灾害有关数据的统一管理和预测；构建完成的滑坡地质灾害三维模型能够准确反映灾害发生地的地质地貌情况；该系统为实现地质灾害网络地理信息系统（WebGIS）进行资源共享打下了坚实的基础。关朝阳等人开发了基于GIS的滑坡地质灾害预警预测系统，通过预警预测系统的建设，可及时有效地存储、查询、处理滑坡区域空间数据，并通过建立空间数据模型，实时预警滑坡地质灾害信息，以地质灾害的主动防治形式，降低其造成的损害[90]。王佳佳、殷坤龙等人开发了基于WEBGIS和四库一体技术的滑坡灾害预测预报系统。该系统主要包括区域滑坡灾害危险性评价、单体滑坡灾害时间预报、滑坡涌浪计算、灾情评估以及信息实时发布等功能模块，集成了20多种适应于库区地质环境规律和滑坡灾害发育特点的模型[91]。卓云等人开发了基于RIA的WebGIS地质灾害快速预警系统，通过分析位移监测数据，实现了相应的模型算法，判定滑坡形变阶段，并将其作为单体滑坡预报依据，成功实现了单体预警功能[92]。殷坤龙等人研制了基于互联网和GIS的Web GIS滑坡灾害空间预测预报系统[93]。陈悦丽等人将数值天气预报模式GRAPES与滑坡预测模型TRIGRS进行单向耦合，建立了动力数值预报预警系统[94]。曹洪洋等人构建了基于GIS分析获取的易发指数+BP型神经网络时空预报模型[95]。欧敏在研究了元胞自动机模拟滑坡的理论和方法的基础上，建立了CA-Landslide模型，结合GIS技术，采用Avenue、VB. NET与Matlab程序解释语言混合编程技术，开发了基于GIS的滑坡灾变预测智能集成系统，并将预测系统应用于万州区铁峰乡滑坡实际，将预测结果和神经网络方法得到的结果进行对比，得到比较可靠的结论[96]。王旭春[97]基于GIS三维可视化技术，构建了三维工程地质模型与地表三维位移矢量场模型，将点-面状滑坡预测预报模型或在三维模型的基础上进行叠置分析，完成了滑坡灾害监测数据的处理、分析及发布，为用户提供了便捷、人性化的服务。

目前，国内外学者提出了十余种用于判断滑坡处于临界失稳状态的预报判据[98~108]，如稳定性系数、可靠概率、变形速率及位移加速度等，具体见表1-4。

表 1-4　滑坡典型预报判据

判据名称	判据值或范围	适用条件	备　注
稳定性系数 K	$K \leqslant 1$	长期预报	A_0 为岩土破坏时声发射记数最大值，A 为实际观测值
可靠概率 P_S	$P_S \leqslant 95\%$	长期预报	
声发射参数	$K = A_0/A \leqslant 1$	长期预报	
塑性应变（率）ε_i^p	$\varepsilon_i^p \rightarrow \infty$	小变形滑坡、中长期预报	滑面或滑带上所有点的塑性应变（率）均趋于无穷大
变形速率	$v_f \rightarrow v_{cr}$	中长期预报	临界变形速率 v_{cr} 从 0.1mm/d 到 1000mm/d 不等
位移加速度	$\alpha \geqslant 0$	临滑预报	加速度值应取一段时间的持续值
蠕变曲线切线角（α_i）	$\alpha_i \geqslant 85°$	临滑预报	黄土滑坡 α 在 89°~89.5° 位移滑坡发生危险段
库水位下降速率	2m/d	库水诱发型滑坡	即将发生的滑坡 0.5~1.0m/d
分维值	1	中长期预报	D 趋近于 1 意味着滑坡发生
临界降雨强度	因地区而异	暴雨诱发型滑坡	

	判据名称	判据值或范围	适用条件	备　注
符合判据	蠕变曲线切线角和位移矢量角	位移矢量角突然增大或减小	临滑预报	新滩滑坡变形曲线的斜率为74°，位移矢量角显著变化，锐减至5°
	位移速率和位移矢量角	位移速率不断增大或超过临界值，位移矢量角显著变化	堆积层滑坡，临滑预报	

尽管已有众多的学者在边坡监测及预测预报研究方面开展了大量的研究工作，并有许多成功应用实例，但仍然存在如下问题：

（1）人们对山体边坡和大坝的研究较多，而对露天矿边坡的研究相对较少，还未形成一套系统完善的监测及预测预报理论体系，至今对边坡失稳破坏灾害预测预报的准确性不高。随着经济的快速发展与科学技术的不断进步，矿山露天开采的规模不断扩大，且开采深度不断加深，露天矿高边坡将会逐渐增多，如何建立安全的监测系统，准确预测预报，实现防灾减灾的目的，仍然是今后边坡工程领域中研究的重点。

（2）我国对于露天矿开采监测工作还不够重视，往往是在露天矿边坡出现险情时，或者是在露天开采过程中才开始考虑安全监测，监测数据不连续，导致预测预报精度不高。安全监测应贯穿于整个露天开采的全过程。只有在矿山开采过程中，获取一整套完备的监测数据资料，才能对矿山安全生产进行有效、动态的监测和及时、科学的预测预报研究。

（3）长期以来，众多学者积累了大量的现场边坡监测数据，如何应用先进的计算机技术对海量的监测数据进行快速、有效的分析边坡的安全性并进行动态综合预测预报，仍是今后边坡监测及预测预报研究的重点。

（4）由于边坡变形失稳破坏具有随机性、复杂性、不确定性、非线性等特性，准确预测预报边坡失稳破坏灾害仍十分困难。而且边坡变形预报研究多是对方法的探讨，对与边坡失稳密切相关的一些基本问题重视不够，如边坡监测与预报的关系，监测信息有效利用、预警模式等。此外，已有的预报方法和理论还没有实现系统化和实用化。

（5）在边坡变形分析和预测预报中，主要是针对单个监测点的变形分析与预测预报，边坡整体变形分析与预测预报的研究不多。

（6）边坡失稳灾害预报的核心是预测预报方法和预报判据。现阶段虽然有较多的预报参数和判据，如位移量、位移速率角、速度、加速度等，但这些判据在滑坡的实际预报中存在着一些明显的缺点或不足，并未真正揭示滑坡变形的本质，是不充分的，很有必要改进或寻找新的判据。

参 考 文 献

[1] 谷德振. 岩体工程地质力学基础 [M]. 北京：科学技术出版社，1979.

[2] 张倬元，王士天，王兰生. 工程地质分析原理 [M]. 北京：地质出版社，1990.

[3] 孙广忠. 工程地质与地质工程 [M]. 北京：地震出版社，1993.

[4] 赵明阶，何光春，王多垠. 边坡工程治理技术 [M]. 北京：人民交通出版社，2003.

[5] 祁生文，伍法权，严福章，等. 岩质边坡动力反应分析 [M]. 北京：科学出版社，2007.

[6] 童光煦. 高等硬岩采矿学 [M]. 北京：冶金工业出版社，1995.

[7] 贾娟，汪益敏，林叔忠. 不良地质路堑高边坡的施工模拟与监测分析 [J]. 岩石力学与工程学报，2005，24（22）：4106-4110.

[8] Cheng Min-Yuan, Ko Chien-Ho. Computer-aided decision support system for hillside safety monitoring [J]. Automation in Construction, 2002, 11：453-466.

[9] 刘祖强，张正禄，邹启新，等. 工程变形监测分析预报的理论与实践 [M]. 北京：中国水利水电出版社，2008.

[10] 金属非金属露天矿山高陡边坡安全监测技术规范 [S]. AQ/T 2063—2018.

[11] 孙玉科，等. 中国露天矿边坡稳定性研究 [M]. 北京：中国科学技术出版社，1998.

[12] 何秀凤，桑文刚，贾东振. 基于 GPS 的高边坡形变监测方法 [J]. 水利学报，2006（6）：746-750.

[13] 隋海波，施斌，张丹，等. 边坡工程分布式光纤监测技术研究 [J]. 岩石力学与工程学报，2008，2：3725-3731.

[14] 孟永东，徐卫亚，等. 高边坡工程安全监测在线分析系统研发及应用 [J]. 三峡大学学报（自然科学版），2009，5（31）：20-25.

[15] 齐丹，邓中华，等. 无线传感器网络在边坡监测中的应用 [J]. 自动化与仪表，2010，2：29-31.

[16] 高杰. 激光与 CCD 技术在边坡远程监测中的应用研究 [D]. 杭州：浙江大学建筑工程学院，2010.

[17] 李军才. 鞍钢眼前山铁矿边坡无线监测系统的研究 [J]. 矿业研究与开发，1998，18（10）：36-37.

[18] 罗志强. 边坡工程监测技术分析 [J]. 公路，2002（5）：45-48.

[19] 张清志，郑万模，巴仁基，等. 应用高精度 GPS 系统对四川丹巴哑喀则滑坡进行监测及稳定性分析 [J]. 工程地质学报，2013，21（2）：250-259.

[20] Ashkan Vaziri, Larry Moore, Hosam Ali. Monitoring systems for warning impending failures in slopes and open pit mines [J]. Natural Hazards, 2010, 55：501-512.

[21] 张祖勋，张剑清. 数字摄影测量学 [M]. 武汉：武汉大学出版社，2002.

[22] 钟强. 基于近景摄影测量技术的矿区边坡变形监测及应用 [D]. 赣州：江西理工大学，2012.

[23] Hwang Jae-Yun. Geotechnical Monitoring by Digital Precise Photogrammetry [J]. Geotechnical Engineering, 2004, 8（5）：505-512.

[24] 刘昌华，王成龙，李峰，等. 数字近景摄影测量在山地矿区变形监测中的应用 [J]. 测绘科学，2009，34（4）：197-199.

[25] 刘楚乔. 边坡稳定性摄影监测分析系统研究 [D]. 武汉：武汉理工大学，2008.

[26] 孙久运. 矿区变形监测精密近景摄影测量关键技术研究 [D]. 徐州：中国矿业大学博士学位论文，2010.

[27] 胡大贺，吴侃，陈冉丽. 三维激光扫描用于开采沉陷监测研究 [J]. 煤矿开采，2013，1：20-22.

[28] 邢正全，邓喀中. 三维激光扫描技术应用于边坡位移监测 [J]. 地理空间信息，2011，1：68-70.

[29] Tazio Strozzi, Paolo Farina, Alessandro Corsini, et al. Survey andmonitoring of landslide displacements bymeans of L-band satellite SAR interferometry [J]. Landslides, 2005, 2：193-201.

[30] Rau Jiann-Yeou, Chang Kang-Tsung, Shao Yi-Chen. Semi-automatic shallow landslide detection by the integration of airborne imagery and laser scanning data [J]. Nat Hazards, 2011, 8：69-80.

[31] Lowry B, Gomez F, Zhou W, et al. High resolution displacement monitoring of a slow velocity landslide using ground based radar interferometry [J]. Engineering Geology, 2013, 166（8）：160-169.

[32] Herrera G, Gutiérrez F, García-Davalillo J C, et al. Multi-sensor advanced DInSAR monitoring of very

slow landslides: the tena valley case study [J]. Remote Sensing of Environment, 2013, 128 (21): 31-43.

[33] 王桂杰. D-InSAR 技术在大范围滑坡监测中的应用 [J]. 岩石力学, 2010, 31 (4): 1337-1342.

[34] 张学东. 工矿区地表沉陷 D-InSAR 监测模式与关键技术研究 [D]. 徐州: 中国矿业大学, 2012.

[35] 张正禄. 测量机器人 [J]. 测绘通报, 2001, 5: 17-18.

[36] 潘怡宏. 全站仪滑坡监测数据的远传和处理研究 [J]. 西部探矿工程, 2010, 4: 7-8.

[37] 王洪. TCA 测量机器人在大坝变形监测中的应用 [J]. 测绘与空间地理信息, 2010, 33 (3): 22-25.

[38] 高宏兵. TCA1800 测量机器人变形自动化监测系统的建立与应用研究 [D]. 桂林: 桂林理工大学, 2009.

[39] 张荣堂. 减 P 路径下饱和软黏土应力应变性状的试验研究 [D]. 武汉: 中国科学院武汉岩土力学研究所, 2000.

[40] 刘国彬. 软土卸荷变形特性的试验研究 [D]. 上海: 同济大学, 1993.

[41] 夏开宗, 盛韩微, 江忠潮, 等. 声发射的边坡灾害无线智能监控预警系统 [J]. 中华建设, 2011 (10): 131-133.

[42] 林灿阳, 廖小平. 基于 TDR 技术的边坡自动化监测与预警 [J]. 路基工程, 2013 (1): 120-125.

[43] 隋海波, 施斌, 张丹, 等. 边坡工程分布式光纤监测技术研究 [J]. 岩石力学与工程学报, 2008, 27 (s2): 3721-3725.

[44] Wang Bao-jun, Li Ke, Shi Bin, et al. Test on application of distributed fiber optic sensing technique into soil slope monitoring [J]. Landslides, 2009, 6 (1): 61-68.

[45] 樊棠怀, 肖贤建. 基于无线传感器网络边坡监测系统的硬件设计 [J]. 南昌工程学院学报, 2008 (4): 28-31.

[46] 晏同珍, 杨顺安, 方云, 等. 滑坡学 [M]. 武汉: 中国地质大学出版社, 2000.

[47] 文宝萍. 黄土地区典型滑坡预测预报及减灾对策研究 [M]. 北京: 地质出版社, 1997.

[48] Kevin Burke, Peter France, Gordon Wells. Importance of the geological in understanding global change [J]. Global and Planetary Change, 1990, 3 (3): 193-205.

[49] Saito M. Forecasting the time of slope failure [C] // Proceedings of the 6th International Conference on Soil Mechanics and Foundation Engineering, 1965, 2: 537-539.

[50] Saito M, Yamada G. Forecasting and Result in Case of Landslide at Takabayama [C] // Proceedings of the 8th International Conference on Soil Mechanics and Foundation Engineering, 1965, 1978: 667-682.

[51] Kawamura Kimihira, Nakamura Yoshimitsu, Sugiwara Tadahiro. Application of Reinforces Earth Works [J]. Civil Engineering Technology Information, 1992, 34 (1): 68-72.

[52] Fukuzono T. Resent studies on time predilection of slope failure [J]. Landslide News, 1990.

[53] Brown E T, Hoek E. Trends in relationships between measured in-situ stresses and depth [J]. International Journal of Rock Mechanics and Mining Sciences & Geomechanics Abstracts, 1978, 15 (4): 211-215.

[54] Kennedy B A. The problem of excavated slopes in open-pit mine [C] // Congress. Discussion. Salt Lake City, USA 11F. Proceed 2 Congress, Internat. Soc. Rock Mech Belgrad, 1971, 4: 551-554.

[55] Voight B. Materials science law applies to time forecasts of slope failure [J]. Landslide News, 1989, 3: 8-11.

[56] Voight B. A method for Prediction of volcanic eruption [J]. Nature, 1988, 332: 125-130.

[57] 晏同珍. 滑坡定量预测研究的进展 [J]. 水文地质工程地质, 1988, 6: 8-15.

[58] 李天斌. 滑坡实时跟踪预报 [M]. 成都: 成都科技大学出版社, 1999.

[59] 张悼元, 黄润秋. 岩体失稳前系统的线性和非线性状态及破坏时间预报的"黄金分割数"法 [C] // 全国第三次工程地质大会论文选集 (下). 成都: 成都科技大学出版社, 1988.

[60] 缪卫东，侯连中. 西安市白鹿源滑坡发生时间预测研究 [J]. 西北地质，2003，36（4）：90-95.

[61] 刘铁良. 时间序列分析在苏联滑坡活跃时期预报中的应用 [M] // 滑坡文集. 北京：中国铁道出版社，1992.

[62] 魏星，虎旭林，郑璐石. 岩体边坡稳定性的灰色系统类比预测 [J]. 宁夏大学学报（自然科学版），2002，23（1）：37-40.

[63] 崔政权. 系统工程地质导论 [M]. 北京：水利电力出版社，1992.

[64] Wang Sijing, et al. Spatial and Time Prediction on Mass Movement of Rock Slope [C] // Proc. If 27th IGC. 1984：667-677.

[65] 李铁锋，丛威青. 基于 Logistic 回归及前期有效降雨量的降雨诱发滑坡预测方法 [J]. 中国地质灾害与防治学报，2006，17（1）：33-35.

[66] 秦四清. 用 Markov 链状预测方法估价岩质边坡变形发展的趋势 [J]. 东北大学学报（自然科学版），1990，11（5）：440-445.

[67] 易顺民，晏同珍. 滑坡定量预测的非线性理论方法 [J]. 地学前缘，1996，3（2）：77-85.

[68] 秦四清，张倬元，王士天，等. 非线性科学导引 [M]. 成都：西南交通大学出版社，1992.

[69] 郑明新，王恭先，王兰生. 分形理论在滑坡预报中的应用研究 [J]. 地质灾害与环境保护，1998，9（2）：18-25.

[70] 黄润秋，许强. 斜坡失稳时间的协同预测模型 [J]. 山地研究，1997，15（1）：321-326.

[71] 张飞，王创业，郑德超. 相空间重构理论在边坡失稳预测中的应用 [J]. 有色金属（矿山部分），2003，55（5）：22-25.

[72] 张英，齐欢，王小平. 新滩滑坡非线性动力学模型方法研究 [J]. 长江科学院院报，2002，19（4）：33-37.

[73] 陈益峰，吕金虎，周创兵. 基于 Lyapunov 指数改进算法的边坡位移预测 [J]. 岩石力学与工程学报，2001，20（5）：671-675.

[74] Yusuf Erzin, Tulin Cetin. The prediction of the critical factor of safety of homogeneous finite slopes using neural networks and multiple regressions [J]. Computers & Geosciences, 2013, 51（2）：305-312.

[75] 许强，黄润秋，等. 斜坡稳定性空间预测的神经网络方法 [J]. 中国地质灾害与防治学报，1994，5（2）：17-21.

[76] 钟荫乾. 黄蜡石滑坡综合信息预报方法研究 [J]. 中国地质灾害与防治报，1995，6（4）：68-74.

[77] 付冰清，何述东. 豆芽棚滑坡预测多专家组合神经网络系统 [J]. 长江科学院院报，1998，15（3）：54-56.

[78] 吴承祯，洪伟. 滑坡预报的 BP-GA 混合算法 [J]. 山地学报，2000，18（4）：212-216.

[79] 高玮，冯夏庭. 基于灰色-进化神经网络的滑坡变形预测研究 [J]. 岩土力学，2004，25（4）：514-518.

[80] 吴益平，滕伟福，李亚伟. 灰色-神经网络模型在滑坡变形预测中的应用 [J]. 岩石力学与工程学报，2007，3：632-636.

[81] 尹光志，张卫中，等. 基于指数平滑法与回归分析相结合的滑坡预测 [J]. 岩土力学，2008，28（8）：1725-1728.

[82] 高文华，黄自永. 基于非线性动力学和回归分析相结合的滑坡预测 [J]. 湖南大学学报（自然科学版），2008，35（11）：158-161.

[83] 李喜盼，刘新侠，等. 遗传神经网络在滑坡灾害预报中的应用研究 [J]. 河北工程大学学报（自然科学版），2009，26（1）：69-71.

[84] 崔巍，王新民，等. 变权组合预测模型在滑坡预测中的应用 [J]. 吉林大学学报（信息科学版），2010，28（2）：172-175.

[85] 刘清山, 汤俊. 基于相空间重构和最小二乘支持向量机的滑坡预测 [J]. 浙江水利水电专科学校学报, 2010, 22 (2): 55-57.

[86] 黄润秋. 论滑坡预报 [J]. 国土资源科技管理, 2004, 21: 15-20.

[87] 陆付民, 王尚庆, 李劲. 离散卡尔曼滤波法在滑坡变形预测中的应用 [J]. 水利水电科技进展, 2009, 29 (4): 7-10.

[88] 宫清华, 黄光庆. 基于人工神经元网络的滑坡稳定性预测评价 [J]. 灾害学, 2009, 24 (3): 61-65.

[89] 李小根, 王安明. 基于 GIS 的滑坡地质灾害预警预测系统研究 [J]. 郑州大学学报 (工学版), 2015, 36 (1): 114-118.

[90] 关朝阳. 基于 GIS 的滑坡地质灾害预警预测系统研究 [J]. 城市地理, 2017 (20): 97.

[91] 王佳佳, 殷坤龙. 基于 WEBGIS 和四库一体技术的三峡库区滑坡灾害预测预报系统研究 [J]. 岩石力学与工程学报, 2014 (5): 1004-1013.

[92] 卓云, 何政伟, 赵银兵, 等. 一种改进切线角单体滑坡预报模型的单体预警系统 [J]. 测绘科学, 2014, 39 (2): 73-75.

[93] 殷坤龙. 滑坡灾害预测预报研究 [M]. 武汉: 中国地质大学出版社, 2005.

[94] 陈悦丽, 陈德辉, 李泽椿, 等. 降雨型滑坡的集合预报模型及其初步应用的试验研究 [J]. 大气科学, 2016, 40 (3): 515-527.

[95] 曹洪洋, 王禹, 满兵. 基于 GIS 的区域群发性降雨型滑坡时空预报研究 [J]. 地理与地理信息科学, 2015, 31 (1): 106-109, 124.

[96] 欧敏. 滑坡演化过程 CA 预测理论研究及应用 [D]. 重庆: 重庆大学博士学位论文, 2006.

[97] 王旭春, 张鹏, 管晓明, 等. 边坡位移-应力耦合监测技术及三维可视化滑坡综合预警系统 [J]. 中国科技成果, 2017, 18 (21): 38-41.

[98] 王珣, 李刚, 刘勇, 等. 基于滑坡等速变形速率的临滑预报判据研究 [J]. 岩土力学, 2017, 38 (12): 3670-3679.

[99] 吴树仁, 金逸民, 石菊松, 等. 滑坡预警判据初步研究——以三峡库区为例 [J]. 吉林大学学报 (地球科学版), 2004, 34 (4): 596-600.

[100] 易武, 孟召平. 岩质边坡声发射特征及失稳预报判据研究 [J]. 岩土力学, 2007, 28 (12): 2529-2535.

[101] 王彬. 堆积层滑坡位移 R/S 分形参数演化特征与失稳判据研究 [D]. 青岛: 青岛理工大学, 2012.

[102] 许强, 曾裕平. 具有蠕变特点滑坡的加速度变化特征及临滑预警指标研究 [J]. 岩石力学与工程学报, 2009, 28 (6): 1099-1106.

[103] 贺可强, 郭栋, 张朋, 等. 降雨型滑坡垂直位移方向率及其位移监测预警判据研究 [J]. 岩土力学, 2017, 38 (12): 3649-3659, 3669.

[104] 裴利剑, 屈本宁, 钱闪光. 有限元强度折减法边坡失稳判据的统一性 [J]. 岩土力学, 2010, 31 (10): 3337-3342.

[105] 乔世范, 刘宝琛. 随机介质变形破坏判据研究 [J]. 随机介质变形破坏判据研究, 2010, 32 (2): 165-171.

[106] 李聪, 姜清辉, 周创兵, 等. 基于实例推理系统的滑坡预警判据研究 [J]. 岩土力学, 2011, 32 (4): 1069-1076.

[107] 郭璐, 贺可强, 贾玉跃. 水库型堆积层滑坡位移方向协调性参数及其失稳判据研究 [J]. 水利学报, 2018, 49 (12): 1532-1540.

[108] 王珣, 刘勇, 李刚, 等. 基于西原模型的蠕变型滑坡预警判据及滑坡智能监测预警系统研究 [J]. 水利水电技术, 2018, 49 (8): 29-38.

2 变形监测技术

边坡在各种因素作用下，变形逐渐增大并最终发展至失稳破坏。这是一个长期的、渐进式的演化过程，在这个过程中，在边坡地表及地下，通常会同时发生一些宏观与微观变形现象，例如地表的位移、地面上裂缝的发生与扩展、地下滑动面的贯通等，边坡位移监测动态数据就是及时掌握边坡宏观与微观特征的有效手段。边坡变形监测是边坡监测的重要技术手段。

2.1 表面位移监测

表面位移监测是监测边坡表面的水平位移和垂直位移。地表大地变形监测是边坡监测中常用而且重要的方法。表面位移监测是在稳定的地段建立测量基准点，在被测量的地段上设置若干个监测点，用仪器定期监测点位的位移变化。这样能够全面的反映出边坡的坡面三维情况，可直观反映边坡的变形位置、变形大小等；而且监测点布设灵活，可根据滑坡变形情况随时增减，成本较低、水平变形测量精度高、控制范围广、技术成熟、成果资料可靠，能有效保证监测效果。

表面位移监测目前常用的方法和技术主要有 GNSS 技术、测量机器人技术、近景摄影测量技术、三维激光扫描技术、雷达技术、激光测距技术等。

2.1.1 GNSS 技术

利用人造地球卫星进行点位测量的技术，被称为卫星定位技术，其发展大致经历了三个阶段。第一个阶段是将卫星作为观测目标，利用卫星建立起卫星三角网。这种测量方法的优越性在于其可以实现远距离的联测，但其受卫星的可见条件影响，且定位精度比较低。第二个阶段是卫星多普勒定位技术阶段。此时，卫星已不仅仅作为观测目标，而是作为动态已知点，通过接收卫星上发射的无线电信号，得到地球表面测站的三维坐标。由于在该阶段卫星数目较少且沿着地球的南北极运行，故无法实现对测站实时、连续定位，且定位精度不高，因此，1973 年，美国的陆海空三军联合研制新的卫星导航系统，即全球卫星导航系统（GPS，Global Positioning System）。这就是卫星定位技术发展的第三个阶段。GPS 技术以其全球性、全天候、连续性、定位精度高等优点，迅速应用到生产生活的各个方面。面对美国对卫星导航系统的垄断及出于军事安全角度的考虑，各国选择了独立发展卫星导航系统的道路。目前，投入使用的除美国的 GPS 外，还有俄罗斯的 GLONASS 及中国的"北斗一代"区域卫星导航系统。同时，欧盟在建的 Galileo 系统及我国在建的"北斗二代"全球卫星导航定位系统，均是全球导航卫星系统（GNSS，Global Navigation Satellite System）的重要组成部分。

GNSS 实际上泛指导航系统，包括全球星座、区域星座及相关的星基增强系统（SBAS）。

其增强系统有美国的 WAAS、欧洲的 EGNOS、俄罗斯的 SDCM、日本的 OZSS 和 MSAS、印度的 IRNSS 和 GAGAN、尼日利亚的 NiComSat-1。星基增强系统就是利用卫星向 GNSS 用户广播 GNSS 完好性和修正信息，提供测距信号增强 GNSS。GNSS 又称天基 PNT（定位、导航、授时）系统。其关键作用是提供时间、空间基准和所有与位置相关的实时动态信息，已经成为国家重大空间和信息化基础设施，也成为体现现代化大国地位和国家综合实力的重要标志。在国家安全和社会经济发展中有着不可替代的重要作用。

2.1.1.1 GNSS 技术的发展

A 美国的全球卫星定位系统（GPS，Global Positioning System）

GPS 定位系统由空间星座部分、地面控制部分、用户设备部分三大部分组成，如图 2-1 所示。

a 空间星座部分

GPS 系统的空间星座部分是在空间运行的多颗按一定的规则组成的 GPS 卫星星座。它位于距地表 20200km 的上空，均匀分布在 6 个轨道面上（每个轨道面 4 颗），轨道倾角为 55°。各个轨道平面之间相距 60°，即轨道的升交点赤经各相差 60°，每个轨道平面内各颗卫星之间的升交角距相差 90°。一轨道平面上的卫星比西边相邻轨道平面上的相应卫星超前 30°。此外，

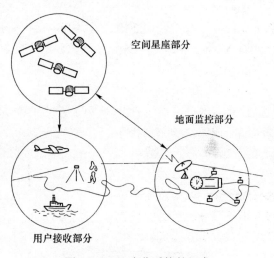

图 2-1 GPS 定位系统的组成

还有 4 颗有源备份卫星在轨运行。卫星的分布使得在全球任何地方、任何时间都可观测到 4 颗以上的卫星，并能保持良好定位解算精度的几何图像，因此提供了在时间上连续的全球导航能力。GPS 卫星产生两组电码：一组称为 C/A 码（Coarse/Acquisition Code，11023MHz）；一组称为 P 码（Precise Code，10123MHz），P 码因频率较高、不易受干扰、定位精度高，因此受美国军方管制，并设有密码，一般民间无法解读，主要为美国军方服务。C/A 码经人为采取措施刻意降低精度后，主要开放给民间使用。

GPS 工作卫星及其星座由 21 颗工作卫星和 3 颗在轨备用卫星组成 GPS 卫星星座，记作（21+3）GPS 星座。

当地球对恒星来说自转一周时，在 2×10^4km 高空的 GPS 卫星绕地球运行 2 周，即绕地球一周的时间为 12 恒星时。这样，对于地面观测者来说，每天将提前 4 分钟见到同一颗 GPS 卫星。位于地平线以上的卫星颗数随着时间和地点的不同而不同，最少可见到 4 颗，最多可见到 11 颗。在用 GPS 信号导航定位时，为了计算测站的三维坐标，必须观测 4 颗 GPS 卫星，这 4 颗卫星称为定位星座。其观测过程中的几何位置分布对定位精度有一定的影响。对于某地某时，甚至不能测得精确的点位坐标，这种时间段叫做"间隙段"。但这种时间间隙段是很短暂的，并不影响全球绝大多数地方的全天候、高精度、连续实时。GPS 工作卫星的编号和试验卫星基本相同。

b 地面监控系统

对于导航定位来说，GPS 卫星是一动态已知点。卫星的位置是依据卫星发射的星历，描述卫星运动及其轨道的参数算得的。每颗 GPS 卫星播发的星历是由地面监控系统提供的。卫星上的各种设备是否正常工作，以及卫星是否一直沿着预定轨道运行，都要由地面设备进行监测和控制。地面监控系统另一重要作用是保持各颗卫星处于同一时间标准——GPS 时间系统。这就需要地面站监测各颗卫星的时间，求出钟差；然后由地面注入站发给卫星，卫星再用导航电文发给用户设备。GPS 工作卫星地面监控系统包括 1 个主控站、3 个注入站和 5 个监测站。

（1）主控站。主控站设在美国本土科罗拉多州斯平士（Colorado Spings）的联合空间执行中心（即 Consolidated Space Operation Center），拥有以大型电子计算机为主体的数据收集、计算、传输、诊断等设备，其主要作用是：

1）收集数据。收集各监测站监测的伪距和积分多普勒观测值、卫星时钟和工作状态数据、气象、监测站自身状态以及参考星历等数据。

2）数据处理。根据收集的前述数据计算各卫星的星历、卫星状态、时钟改正、大气传播改正等，即卫星位置和速度的 6 个轨道参数的摄动，每个卫星的 3 个太阳压力常数，卫星的时钟偏差、漂移和漂移率，各个监测站的时钟偏差、对流层残余偏差及极移偏差等状态数据，并将这些数据按一定格式编制成导航电文，及时传送给注入站。

3）监测与协调。主控站一方面承担控制和协调各监控站与注入站的工作；另一方面还要监测整个地面监控系统是否正常，检验注入卫星的电文是否正确，监控卫星是否按预定状态将电文发送给用户。

4）调度卫星。修正卫星的运行轨道，调用备用卫星接替失效卫星的工作。

（2）监控站。现有的 5 个地面站均具有监控站的功能，除了主控站外，其余 4 个分别设在夏威夷（Hawaii）、阿松森群岛（Ascension）、迭哥加西亚（Diego Garcia）、卡瓦加兰（Kwajalein），这 5 个监控站也称为空军跟踪站（air foce tracing station），监控站的作用是接收卫星信号，监测卫星的工作状态。

监控站是主控站直接控制下的数据自动采集中心。各个监控站均用 GPS 信号接收机对飞越其上空的所有可见 GPS 卫星每 6s 进行一次伪距测量和积分多普勒观测。监控站的主要设备包括 1 台双频接收机、1 台高精度原子钟、1 台电子计算机和若干台环境数据传感器。各监控站根据接收到的卫星扩频信号求出相对于其原子钟的伪距和伪距差，检测出所测卫星的导航定位数据，利用环境传感器测出当地的气象数据，并对它们进行各项改正（如电离层、对流层、天线相位中心、相对论效应等项改正），每 15min 平滑一次观测数据，依此算出每 2min 间隔的观测值，然后将算得的伪距、导航数据、气象数据及卫星状态数据传送给主控站，为主控站编算导航电文提供可靠的数据。地面监控系统的方框图如图 2-2 所示。

（3）注入站。3 个注入站分别设在南大西洋的阿松森群岛（Ascension）、印度洋的迭哥加西亚（Diego Garcia）和太平洋的卡瓦加兰（Kwajalein）的 3 个美国空军基地。注入站的主要设备包括 1 台直径为 3.66m 的抛物面天线，1 台 C 波段发射机和 1 台电子计算机。

注入站的主要作用是将主控站需要传输给卫星的资料以既定的方式注入到卫星存储器中，供 GPS 卫星向用户发送。当某颗 GPS 卫星飞越注入站上空时，它先获取该颗卫星的

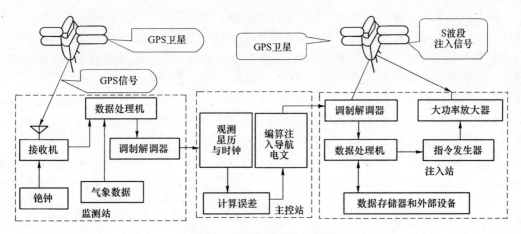

图 2-2 地面监控系统方框图

导航电文，用 10cm(S) 波段的微波作载波，将导航电文注射给该颗卫星。每天注射 1 次，每次将 14 天的星历（因为 Block Ⅱ 型卫星的存储器只能存储 14 天的导航电文，只有 Block Ⅱ A 型卫星的存储器才能存储 180 天的导航电文）存入卫星上的存储器。因此，即使地面监控系统停止注射，卫星仍能继续发送导航电文 14 天。但随着时间的流逝，预报星历的精度越来越差。例如，定位精度从 10cm 降低到 200m。此外，注入站还能每分钟自动向主控站报告一次它的工作状态。

整个 GPS 的地面监控部分，除主控站外均无人值守。各站间用现代化的通信网络联系起来，在原子钟和计算机的驱动和精确控制下，各项工作实现高度的自动化和标准化。

c 用户设备部分

用户设备部分由 GPS 信号接收机、GPS 数据的后处理软件及相应的用户设备组成。其作用是接收、跟踪、变换和测量 GPS 卫星发射的 GPS 信号，以达到导航和定位的目的。

GPS 接收机硬件一般包括主机、天线、控制器和电源，主要功能是接收 GPS 卫星发射的信号，捕获按一定卫星高度截止角选择的待测卫星的信号，并跟踪这些卫星的运行，对接收到的 GPS 信号进行变换、放大和处理，以便测量出 GPS 信号从卫星到接收机天线的传播时间，解译 GPS 卫星发送的导航电文，实时计算出测站的三维位置，甚至三维速度和时间，并经简单数据处理实现实时导航和定位。

静态定位中，GPS 接收机在捕获和跟踪 GPS 卫星的过程中固定不变，接收机高精度地测量 GPS 信号的传播时间，利用 GPS 卫星在轨的已知位置，解算出接收机天线所在位置的三维坐标。动态定位是用 GPS 接收机测定一个运动物体的运行轨迹。GPS 信号接收机所述的运动物体叫做载体（如航行中的船舰、空中的飞机、行走的车辆等），载体上的 GPS 接收机天线在跟踪 GPS 卫星的过程中相对地球而运动，接收机用 GPS 信号实时测得运动载体的状态参数（瞬间三维位置和三维速度）。

数据处理软件是指各种后处理软件包，其主要作用是对观测数据进行精加工，以便获得精密定位结果。

以上这三部分共同组成了一个完整的 GPS 系统。

B 俄罗斯的全球导航卫星系统——GLONASS

俄罗斯的全球导航卫星系统 GLONASS 是 Global Navigation Satellite System（全球导航

卫星系统）的缩写，是苏联从 20 世纪 80 年代初开始建设的与美国 GPS 系统类似的卫星定位系统，现在由俄罗斯空间局管理。GLONASS 全球导航卫星系统的起步比 GPS 晚了 9 年。苏联在全面总结 CICADA 第一代卫星导航系统优缺点的基础上，汲取美国 GPS 系统的成功经验，于 1982 年 10 月 12 日发射第一颗 GLONASS 卫星，到 1996 年全部建成，13 年间历经周折。其间遭遇了苏联的解体，由俄罗斯接替部署，但始终没有终止或中断 GLONASS 卫星的发射。1995 年初只有 16 颗 GLONASS 卫星在轨工作，当年又进行了 3 次成功发射，将 9 颗卫星送入轨道，完成了导航卫星星座的组网工作，它也由 24 颗卫星组成。经过数据加载、调整试验，整个系统于 1996 年 1 月 28 日正常运行。该系统采用了 PZ-90 坐标系。

GLONASS 全球导航卫星系统的组成及工作原理与 GPS 类似，也是由空间卫星星座、地面监控以及用户设备三部分组成。

a　GLONASS 卫星星座

GLONASS 卫星导航系统拥有工作卫星 21 颗，同时还有 3 颗备份卫星。卫星星座的轨道为 3 个等间隔椭圆轨道面，24 颗卫星均布于 3 个轨道。3 个轨道平面的相互夹角按升交点经度计算为 120°，编号按地球自西向东的旋转方向递增，分别为 No.1、No.2、No.3。1~8 号卫星在 No.1 轨道，其余类推。各轨道的卫星编号均按卫星运动的反方向递增。轨道倾角 64.8°±0.3°，轨道偏心率为 ±0.01。卫星距地面高度为 $1.91 \times 10^4 km$，运行周期为 11h15min45s。由于 GLONASS 卫星轨道倾角大于 GPS 卫星的轨道倾角，故在高纬度（50°以上）地区的可视性较好。地面用户每天提前 4.07min 见到同一颗卫星，在中国境内可见到高度角 5°以上的 11 颗 GLONASS 卫星，比能够见到的 GPS 卫星要多 3~4 颗。每颗 GLONASS 卫星上都装有铷原子钟，以产生高稳定的时间标准，并向所有星载设备提供同步信号。星载计算机将从地面控制站接收到的信息进行处理，生成导航电文向地面用户播发。

b　地面控制系统

地面控制系统包括一个系统控制中心（设在莫斯科的 Golisyno-2），一个指令跟踪站（CTS），网络分布在俄罗斯境内。CTS 跟踪 GLONASS 可视卫星，遥测所有卫星，进行测距数据的采集和处理，并向各卫星发送控制指令和导航信息。在地面控制站（GCS）激光测距设备对测距数据作周期修正，因此所有 GLONASS 卫星上都装有激光反射镜。

c　用户设备

GLONASS 接收机接收 GLONASS 卫星信号并测量其伪距和速度，同时从卫星信号中选出并处理导航电文，计算出接收机位置坐标的 3 个分量、速度的 3 个分量和时间。GLONASS 全球导航卫星系统进展较快，但生产接收机的厂家较少，且多为专用型。值得注意，GPDS 和 GLONASS 双系统信号接收机有很多优点：同时可接收的卫星数目约增加 1 倍，可以明显改善被测卫星的几何分布，在一些遮挡物较多的城市或森林地区，可提高定位精度；还可以有效地消除美、俄两国对各自系统的可能控制，提高定位的安全性和可靠性。

C　欧盟伽利略全球导航定位系统——GALILEO

伽利略定位系统（galieo positioning system，GPS），是欧盟一个正在建造中的卫星定位系统，有"欧洲版 GPS"之称，也是继美国现有的"全球定位系统"（GPS）及俄罗斯的 GLONASS 系统外，第三个可供民用的定位系统。伽利略系统的基本服务有导航、定位、授时；特殊服务有搜索与救援；扩展应用服务系统有在飞机导航和着陆系统中的应用、铁路安全运行调度、海上运输系统、陆地车队运输调度、精准农业。系统由两个地面控制中心和30颗卫星组成，其中27颗为工作卫星，3颗为备用卫星。卫星轨道高度约2.4万千米，位于3个倾角为56°的轨道平面内。

a 伽利略计划

1999年初，欧洲正式推出的旨在独立于GPS和GLONASS的全球卫星导航系统。全世界使用的导航定位系统主要是美国的GPS系统，欧洲人认为这并不安全。为了建立欧洲自己控制的民用全球导航定位系统，欧洲人决定实施"伽利略"计划。

伽利略计划分四个阶段：论证阶段（2000~2001年），论证计划的必要性、可行性以及落实具体的实施措施；系统研制和在轨验证阶段（2001~2005年）；星座布设阶段（2006~2007年）；运营阶段（从2008年开始）其任务是系统的保养和维护，提供运营服务，按计划更新卫星等。

伽利略系统的第一颗试验卫星GIOVE-A于2005年12月28日发射，第一颗正式卫星于2011年8月21日发射。该系统计划发射30颗卫星，截至2016年5月，已有14颗卫星发射入轨。伽利略系统于2016年12月15日在布鲁塞尔举行激活仪式，提供早期服务。于2017~2018年提供初步工作服务，最终于2019年具备完全工作能力。

b GALILEO系统

GALILEO系统由30颗卫星（27颗工作+3颗备用）组成。30颗卫星分布在3个中高度圆轨道面上，轨道高度23616km，轨道倾角56°，星座对地面覆盖良好。每颗卫星除了搭载导航设备外，还增加了一台救援收发器，可以接收来自遇险用户的求救信号，并将该信号转发给地面救援协调中心，后者组织和调度对遇险用户的救援行动；并向待援用户通报救援安排，以便遇险用户等待并配合救援。

地面控制设施包括卫星控制（用于卫星轨道改正的遥感和遥测）中心和提供各项服务所必需的地面设施。

种类齐全的GALILEO系统接收机不仅可以接收本系统信号，还可以接收GPS、GALILEO两大系统信号，并且实现导航功能、移动通信功能相结合，与其他飞行导航系统结合。亦即任何人只要装备了GALILEO系统接收机就能接收到GPS、GALILEO系统全球导航卫星系统的信号，享受到2个系统的服务。其服务方式有：公开服务、商业服务和官方服务三个方面。公开服务将与商业和生命安全服务共享两个开放的导航信号。公开服务主要用于道路交通中的个人导航、道路信息和提供路线建议的系统、移动通信的应用领域。商业服务将主要涉及专业用户，如测绘、海关、船舶和车辆管理以及关税征收等领域。商业服务将提供在独立频率上的第三种导航信号的接收服务，并使用户能利用三载波模糊度解算技术（TCAR）来改善精度。政府服务的对象是那些对于精度、信号质量和信号传输的可靠性要求极高的用户，即生命安全服务、搜救服务和政府管理服务领域的用户。

D 我国的卫星导航定位系统——北斗号（COMPASS）

北斗卫星导航系统（BeiDou Navigation Satelite System）（英文简称"COMPASS"，中文音译名称"BD"或者"BeiDou"）是中国自主建设、独立运行，并与世界其他卫星导航系统兼容共用的全球卫星导航系统，包括北斗一号和北斗二号两代导航系统。其中北斗一号用于中国及其周边地区的区域导航系统，北斗二号是类似美国 GPS 的全球卫星导航系统，可在全球范围内全天候、全天时为各类用户提供高精度、高可靠的定位、导航、授时服务，并兼具短报文通信能力。该系统主要服务国民经济建设，旨在为中国的交通运输、气象、石油、海洋、森林防火、灾害预报、通信、公安以及国家安全等诸多领域提供高效的导航定位服务。与美国的 GPS、俄罗斯的 GLONASS、欧洲的 GALILEO 并称为全球四大卫星定位系统。2009 年，北斗三号工程正式启动建设。与北斗二号相比，北斗三号卫星将增加性能更优、与世界其他卫星导航系统兼容性更好的信号 B1C；按照国际标准提供星基增强服务（SBAS）及搜索救援服务（SAR）。同时，还将采用更高性能的铷原子钟和氢原子钟，铷原子钟天稳定度为 E-14 量级，氢原子钟天稳定度为 E-15 量级。2000 年年底建成北斗一号系统，向中国提供服务；2012 年年底建成北斗二号系统，向亚太地区提供服务；2020 年，建成世界一流的北斗三号系统，提供全球服务。

　　a　北斗一号卫星导航定位系统

　　卫星导航定位系统涉及政治、经济、军事等众多领域，对维护国家利益有重大战略意义。我国自 2000 年以来，已经发射了 4 颗北斗导航试验卫星，组成了具有完全自主知识产权的第一代北斗导航定位卫星试验系统——北斗一号。该系统是全天候、全天时提供卫星导航信息的区域导航系统。该系统建成后，主要为公路交通、铁路运输、海上作业等领域提供导航定位服务，将对我国国民经济和国防建设起到有力的推动作用。第一代北斗一号卫星导航定位系统由 3 颗地球静止轨道卫星组成，其中两颗工作，一颗在轨备用。登记的卫星位置为赤道面东经 80°、140°、110.5°（备用）。登记的频段是：上行为 L 频段（1610～1626.5MHz），下行为 S 频段（2483.5～2500MHz）。

　　北斗一号导航定位系统的定位基本原理是空间球面角测量原理。就是以两颗卫星的已知坐标为圆心，各以测定的本星至用户机的距离为半径，形成两个球面，用户机必然位于这两个球面的交线的圆弧上。中心站电子高程地图库提供的是一个以地心为球心，以球心至地球表面高度为半径的非均匀球面，求解圆弧线与地球表面的交点，并已知目标在北半球，即可获得用户的三维位置，如图 2-3 所示。定位过程采用了主动式定位方法，地面中心站通过两颗卫星向用户广播询问信号，根据用户的应答信号，测量并计算出用户到两颗卫星的距离；然后根据地面中心的数字地图，由中心站计算出用户到地心的距离，根据卫星 1、卫星 2 和地面中心站的

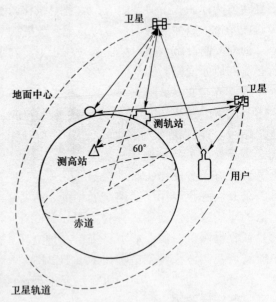

图 2-3　双星定位原理示意图

已知坐标，以及已知用户目标在赤道平面的北侧，中心站便可计算出用户的三维位置，用户的高程由数字地面高程求出。用户的三维位置由卫星加密后播发给用户。北斗导航定位系统有以下三大功能：

（1）快速定位。北斗导航系统可为服务区域内的用户提供全天候、高精度、快速实施定位服务。根据不同的精度要求，利用授时终端，完成与北斗导航系统之间的时间和频率同步，可提供数十纳秒级的时间同步精度。

（2）简短通信。北斗导航系统用户终端具有双向短报文通信能力，可以一次传送超过100个汉字的信息。

（3）精密授时。北斗导航系统具有单向和双向两种授时功能。

b　北斗二号卫星导航定位系统

北斗二号卫星导航系统空间段由5颗静止轨道卫星和30颗非静止轨道卫星组成，提供两种服务方式，即开放服务和授权服务。开放服务是在服务区免费提供定位、测速和授时服务，定位精度为厘米级，授时精度为50ns，测速精度0.2m/s。授权服务是向授权用户提供更安全的定位、测速、授时和通信服务以及系统完好性信息。

北斗二号卫星导航系统克服了北斗一号卫星导航系统存在的缺点，同时具备通信功能，其建设目标是为我国及周边地区的我军民用户提供陆、海、空导航定位服务，促进卫星定位、导航、授时服务功能的应用，为航天用户提供定位和轨道测定手段和武器制导的需要，满足导航定位信息交换的需要。

北斗二号卫星导航系统由空间段、地面段、用户段三部分组成。

（1）空间段。空间段包括5颗静止轨道卫星和30颗非静止轨道卫星。地球静止轨道卫星分别位于东经58.75°、80°、110.5°、140°、160°。非静止轨道卫星由27颗中圆轨道卫星和3颗同步轨道卫星组成。

（2）地面段。地面段包括主控站、卫星导航注入站和监测站等若干个地面站。主控站的主要任务是收集各个监测站段观测数据，进行数据处理，生成卫星导航电文和差分完好性信息，完成任务规划与调度，实现系统运行管理与控制等。注入站主要任务是在主控站的统一调度下，完成卫星导航电文、差分完好性信息注入和有效载荷段控制管理。监测站接收导航卫星信号，发送给主控站，实现对卫星段跟踪、监测，为卫星轨道确定和时间同步提供观测资料。

（3）用户段。用户段包括北斗系统用户终端以及与其他卫星导航系统兼容的终端。系统采用卫星线电测定（RDSS）与卫星无线电导航（RNSS）集成体制，既能像GPS、GLO-NASS、GALILEO系统一样，为用户提供卫星无线电导航服务，又具有位置报告以及短报文通信功能。按用户的应用环境和功能，北斗用户终端机可分为以下几种类型：

1）基本型。适用于一般车辆、船舶及便携等用户的导航定位应用，可接收和发送定位及通信信息，与中心站及其他用户终端机双向通信。

2）通信型。适用于野外作业、水文预报、环境监测等各类数据采集和数据传输，用户可接收和发送短信息、报文，与中心站及其他用户终端机双向或单向通信。

3）授时型。适用于授时、校时、时间同步等用户，可提供数十纳秒级的时间同精度。

4）指挥型。适用于小型指挥中心的调度指挥、监控管理等用户，具有鉴别、指挥下属其他北斗用户终端机的功能；可与下属用户机及中心站进行通信，接收下属用户报文并向下属用户发送指令。

5）多模型用户机。既能利用北斗系统导航定位或通信信息，又可以利用GPS系统、GPS增强系统的卫星信号导航定位。适用于对位置信息要求比较高的用户。

c　北斗三号卫星导航定位系统

北斗三号全球卫星导航系统由 24 颗中圆地球轨道卫星、3 颗地球静止轨道卫星和 3 颗倾斜地球同步轨道卫星，共 30 颗卫星组成。

北斗三号卫星导航系统其建设目标是为中国及周边地区的我军民用户提供陆、海、空导航定位服务，促进卫星定位、导航、授时服务功能的应用，为航天用户提供定位和轨道测定手段，满足武器制导的需要，满足导航定位信息交换的需要。

北斗三号卫星导航系统提供两种服务方式，即开放服务和授权服务。开放服务是在服务区中免费提供定位、测速和授时服务，定位精度为 10m，授时精度为 50ns，测速精度 0.2m/s。授权服务是向授权用户提供更安全的定位、测速、授时和通信服务以及系统完好性信息。

2020 年 6 月 23 日，北斗三号最后一颗全球组网卫星在西昌卫星发射中心点火升空。7 月 31 日上午，北斗三号全球卫星导航系统建成暨开通仪式在北京举行。中共中央总书记、国家主席、中央军委主席习近平出席仪式，宣布北斗三号全球卫星导航系统正式开通。

北斗系统具有以下特点：一是北斗系统空间段采用三种轨道卫星组成的混合星座，与其他卫星导航系统相比高轨卫星更多，抗遮挡能力强，尤其低纬度地区性能特点更为明显。二是北斗系统提供多个频点的导航信号，能够通过多频信号组合使用等方式提高服务精度。三是北斗系统创新融合了导航与通信能力，具有实时导航、快速定位、精确授时、位置报告和短报文通信服务五大功能。

2.1.1.2　常用的 GNSS 定位坐标系统

A　参心坐标系

a　1954 年北京坐标系

1954 年北京坐标系通常称为 54 坐标系，该系统通过利用苏联的克拉索夫斯基椭球参数，并且和苏联普尔科沃坐标系中的坐标进行联合监测，然后通过平差解算形成坐标系统[1]。根据我国的天文水准路线解算出它的大地水准面，以 1956 年计算的黄海平均海平面高度（72.298m）作为 54 坐标系高程的基准面。

北京 54 坐标系的椭球坐标参数：

长半轴 $a = 6378245m$；

短半轴 $b = 6356863.0188m$；

扁率 $f = 1/298.3$。

b　1980 年国家大地坐标系

1980 年国家大地坐标系通常称为"西安 80 坐标系"。该系统对椭球的物理特性和几何特性进行了全面的分析阐述[2]。西安 80 坐标系的大地原点设立在西安北面泾阳县永乐镇北洪流村，距离西安 16km。仍沿用北京 54 坐标系的高程基准面。

西安 80 坐标系椭球坐标参数：

长半轴 $a = (6378140 \pm 5)m$；

短半轴 $b = 6356755.2882m$；

扁率 $f = 1/298.257$。

B　地心坐标系

a　WGS-84 大地坐标系

WGS-84 坐标系的英文全名为 World Geodetic System-1984 Coordinate System。此地心坐标系统是美国国防局在 1984 年专门为 GPS 定位系统的应用设立的。该坐标系的原点为地球的质心，BIH1984.0 定义协议地极为旋转轴指向[3]。另外，以 WGS.84 坐标系为依据，GPS 卫星对外开始发布广播星历，利用 GPS 导航系统，通过测量获得地面点三维坐标，此三维坐标即为 WGS-84 坐标系的坐标。

WGS-84 坐标系椭球坐标参数：

长半轴 $a = 6378137\text{m}$；

扁率 $f = 1/298.257223563$。

b   2000 国家大地坐标系

我国于 2008 年正式启用 2000 国家大地坐标系统，截至 2020 年，该坐标系统是我国最新的系统[4]。其原点为整个地球（包含海洋和大气在内）的质量中心。

国家 2000 坐标系采用的椭球参数：

长半轴 $a = 6378137\text{m}$；

扁率 $f = 1/298.257222101$；

地心引力常数 $GM = 3.986004418 \times 1014\text{m}^3/\text{s}^2$；

自转角速度 $\omega = 7.292115 \times 104\text{rad/s}$。

c   地方独立坐标系

世界上在一些大都市甚至在一些大型工程中，为了使用方便，人们往往会建立属于自己的地方独立坐标系。在当地的平均海拔上建立自己设计的地方独立坐标系控制网，并且将中央子午线作为本地的子午线，然后通过高斯投影设立坐标系。

2.1.1.3   GNSS 定位的基本理论与测量方法

卫星导航定位的基本原理：在进行 GNSS 测量时，导航电文及测距码由 GNSS 卫星发射，经过路径传播，再由地面上 GNSS 接收机接收信号；同时跟踪测量卫星信号，计算出卫星信号在传播路径中所用的时间。根据传播的时间和速度，计算出测站点到 GNSS 卫星的距离；根据卫星的星历计算出 GNSS 卫星的空间瞬时坐标。最后，通过距离空间交会的方法，推算出测站点的空间三维坐标。

目前，全球卫星导航定位的方法已经存在多种成熟的方法，如伪距定位、载波相位定位、绝对定位、相对定位、动态定位、静态定位、实时定位、非实时定位等几类。一般情况下，监测者按照不同的测量目的、对数据的精度需求、需要监测设备的数量等方面确定适合自己监测的定位方法。以下是几种常用的定位方法。

（1）按照利用的原始观测值可分为两类，分别是伪距定位与载波相位定位。

1）伪距定位。伪距定位也就是码相位观测，利用测距码测量出卫星信号从卫星发射到地面接收机所接收的时间延迟。它的基本原理是，根据某一特定的时间，通过地面接收机同时观测至少 4 颗卫星的伪距，然后，通过距离交会的方法和原理，根据已知卫星的伪距观测值和位置坐标，解算测站点的三维坐标值和地面接收机的时钟改正数。

伪距定位的优点：定位速度较快、可以对测站点实施实时定位、不存在多值性的问题、在数据处理方面比较简单，可以方便地实施导航系统管理与控制；伪距定位的缺点：定位的精度差，其中码伪距观测值的精度通常是厘米级。

2）载波相位。载波相位定位主要为地面接收机获取卫星的载波信号的相位，以及地面接收机产生的基准信号的相位之间的差值。一般按照特定时间的载波相位测量值，求解出瞬间导航卫星到地面接收机的距离。

载波相位定位的优点：定位精度比较高，可以说是目前在导航定位精度上最精确的测量方法；载波相位定位的缺点：因为通过载波相位定位采集的数据通常不能够直接测定载波信号在传播路途中相位变化的整周数，导致观测数据会出现整周跳变现象，所以，对通过载波相位定位采集的数据处理通常较为困难。

（2）按照定位模式可分为两类，分别是绝对定位与相对定位。

1）绝对定位。绝对定位通常叫做单点定位。主要通过一台地面接收机同时观测至少4颗卫星信号获得观测量，通过数据的解算，粗略求出测站点的概略坐标，得到用户的地面接收机天线进行定位，从而确定测站点于某一坐标系中的绝对坐标值。这种定位模式也是单机定位模式的一种。

绝对定向的优点：监测需要仪器数量少，属于单机作业，操作方便、数据处理方法简单、外业所需的观测步骤少；绝对定向缺点：由于受信号传播有关的误差、GNSS 有关的卫星误差以及接收机天线相位中心位置误差等因素的影响，从而得到数据质量差，导致卫星导航定位精度比较低，其精度只能达到米级。绝对定位通常在定位精度要求不太高领域内应用较为广泛，如飞机的导航、暗礁定位、勘察地质矿产方面等。

2）相对定位。相对定位一般也称为差分定位。主要方法是将至少 2 台接收机安置在两个不同的固定测站点上，形成一条基线。同步开始观测一组相同的卫星，然后解算和分析数据，从而解算出两个测站点在坐标系的相对位置，最后形成基线向量。

相对定位的优点：相对定位可以降低甚至消除很多相同的误差，比如卫星时钟误差、卫星信号传播误差、卫星星历误差等，从而提高其定位精度；相对定位的缺点：需要仪器数量较多，一般为 2 台或 2 台以上 GNSS 接收机同时开始观测，提高了实施外业观测的难度，并且使得观测数据的处理更加困难。

（3）按照卫星定位时接收机所处的运动状态可分为两类，分别是动态定位与静态定位。

1）动态定位。动态定位为地面接收机的天线在跟踪定位卫星时，整个观测过程中认为接收机的天线的位置不是固定的，此运动状态不是绝对的，一般为待定点相对于它附近的点位，其位置发生比较明显的变化，或者所研究的事物在观测期内保持运动状态。依据载体的运行速度，动态定位一般分为三种形式，分别为低动态（每秒几十米）、中等动态（每秒几百米）、高动态（每秒几千米）。动态定位的特点：能够进行实时定位，定位精度不高，观测时间较短。在运动载体中的应用较多，如飞机、陆地车辆等。

2）静态定位。静态定位一般为在进行定位时，整个观测过程中接收机天线的位置是固定的，或者变化特别慢，在观测期内可以省略。在这种状态下可以连续同步观测不同历元的卫星，增加多余观测量。依据卫星已知瞬间位置，计算出接收机天线相位中心的坐标值。静态定位是精密定位的基本模式。

静态定位的优点：定位精度高、多余观测量多、检核条件多；静态定位的缺点：所需监测设备数量多、观测时间长度不固定、比较长。在地震监测、大地测量、地壳变形的监测等领域内应用较为广泛。

（4）按照获取定位结果可分为两类，分别是实时定位与非实时定位。

1）实时定位。实时定位为利用接收机观测到的位置的实时数据，同步计算出接收机天线位置的坐标。使用最多的是实施动态定位技术，即 RTK，通过结合数据传输技术和测量技术，提高野外作业的定位精度，使其精度达到厘米级。

实时定位的特点：外业工作效率高、观测时间较短，可以实时计算测量点点位坐标。

2）非实时定位。非实时定位通常叫做后处理定位，为地面接收机从卫星获取观测数据，然后通过处理后的观测数据，解算出测站点的坐标数据。

通常应用的几种定位方式包括静态单点定位、快速静态定位、半动态测量、快速静态相对定位、动态单点定位、动态相对定位、伪动态测量、准动态相对定位、静态相对定位新观测方法。

静态测量和动态测量都存在优点和缺点，在选择测量方法时应根据工程的测量目的和需要的测量精度进行适当选择。一般当基准网的边长大于 10km 时，应该应用静态测量。在测量监控点时测量方法一般选取快速静态测量；在进行桥梁监测时，测量方法一般选取实时动态测量。按照不同性质的变形体以及不同的监测要求，可将变形监测的测量方法分为静态测量、动态测量、快速静态测量三类。

2.1.1.4 基于 GNSS 技术的边坡变形监测原理

GNSS 技术在边坡监测中主要用于测定水平位移、垂直位移（沉陷）。通常在稳固的、不受变形影响的地方布置 GPS 监测站（基准站），在边坡上合理布置数个监测点，各点布置有 GNSS 接收机，用于接收 GNSS 卫星信号，各监测点的 GNSS 接收机通过通信网络把接收到的 GNSS 数据发送到监测站的数据服务器，并结合监测站的坐标进行 GNSS 网平差，得出位移观测点的空间三维坐标，每个周期的空间三维坐标之差就是监测点的相对水平位移、垂直位移（沉陷）。根据得到的监测点的相对位移、变形速度等预警数据，实现对监测对象进行预警。

2.1.1.5 GNSS 技术应用于监测的作业模式

GNSS 监测按照其作业方式可将监测模式分为三种，分别为周期性监测、连续性监测和实时动态监测模式。

A 周期性监测模式

如果边坡体的变形速度特别慢，在一定的时间领域和空间领域内处于相对固定的状态，可依据具体情况将其监测频率设为几个月、一年或者几年，通常用到的监测方法就是静态相对定位的方法。一般步骤为：首先，根据已知基准点和监测点的观测数据解算出监测点的三维坐标值 $(X、Y、Z)$，以 $(X_1、Y_1、Z_1)$ 作为边坡体的变形监测中的参考坐标；然后，根据设计好的监测周期，进行定期或者是不定期的重复监测；最后，通过解算出的每一期同一点的监测数据 $(X_N、Y_N、Z_N)$，通过各个方向上的做差对比，求出每一方向上的偏移量 $(\Delta X、\Delta Y、\Delta Z)$。

B 连续性监测模式

利用固定仪器通过长久的采集，得到一系列连续的监测数据的监测方式，称为连续性变形监测。通过连续性监测得到的监测数据具有较高的时间分辨率，可以通过软件截取所需要的时段，分析边坡在该时段的变形。GNSS 连续性监测按照边坡变形特征的不同，在观测时一般采用两种数据处理方法，分别为静态相对定位、动态相对定位，充分体现变形监测的实时性特点。连续性监测模式具有数据的连续性和清晰的时间分辨率两个特征，能够容易得到不同时段的数据，进行数据分析，得出边坡体在不同时段的变化量。

C　实时动态监测模式

该模式是以载波相位为基础的可以实时差分定位的技术，对边坡体上的各个监测点的载波观测值进行实时监测。如边坡的变形趋势，通过该模式的测量工作的特点是采样密度高，同时可以计算出每个历元的准确位置。通过计算每一观测历元接收机的准确位置，进而解算出监测边坡体的变形特征。其中 GPS-RTK 最快可以 $5\sim20\mathrm{Hz}$ 速率输出定位结果，定位精度平面为 $\pm10\mathrm{mm}$，高程为 $\pm20\mathrm{mm}$，采用 RTK 技术可对建筑物进行实时监测，大大提高了工作效率。该模式能够实时监测变形量，可以最迅速显示出边坡的变形状态，并及时做出处理，减少生命和财产损失。

2.1.1.6　GNSS 边坡自动化监测系统的组成

GNSS 边坡远程自动化监测系统由数据采集系统（GNSS 传感器）、数据传输系统、供电系统、避雷系统、数据处理与控制系统、数据分析与预警预报系统等组成，如图 2-4 所示。

GNSS 边坡远程自动化监测系统采用成熟的 INTERNET 技术、高精度卫星导航准动态算法等技术。位移监测网络中的每个监测点都同时输出卫星导航的原始数据，其中包含地表位移解算所有必要的载波相位数据、星历等数据。然后通过网络通信技术传输到露天矿办公楼数据处理与控制服务器；服务器根据每个监测点接收机对应的 IP 地址和端口号，获得原始实时

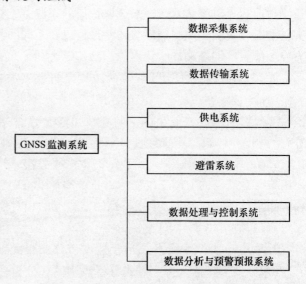

图 2-4　GNSS 边坡远程自动化监测系统组成

数据流；最后在服务器上利用监测软件准确实时解算出各监测点的三维坐标，根据监测点三维坐标变化情况即可确定监测点的三维位移情况。

（1）数据采集系统。数据采集系统即 GNSS 监测单元，目的是利用 GNSS 技术反映边坡的实时三维变化情况。

（2）数据传输系统。数据传输系统主要负责将采集到的原始监测数据通过网络传输到控制中心或者云平台。

（3）供电系统。主要为监测设备提供电源。常用的供电方式有市电供电、太阳能供电、风能供电，太阳能和风能相结合供电等供电方式。

（4）避雷系统。主要作用是为了保护设备的安全，避免雷电造成的经济损失和人员伤亡。分为防直击雷和防感应雷两个部分，防直击雷主要是运用避雷针，防感应雷主要是使用浪涌保护器。

（5）数据处理与控制系统。监测分析系统包含了集监测数据解算、分析、管理于一体

的高边坡安全监测专用软件,可实现计算分析、查询、统计、图形绘制、报表打印等,界面友好、功能强大,使用方便。资料录入实现数据自动更新,并将数据按处理时段合并整理后通过网络发送到中心服务器进行备份;实时接收并处理工作站系统采集的数据,并对原始数据和处理后数据进行显示和在线评估及预警。

(6)数据分析与预警预报系统。GNSS 数据解算软件通过获得监测点的三维坐标,并将解算数据纳入数据库,通过相应的算法作出预警预报。

2.1.1.7 GNSS 用于边坡变形监测的优缺点

A 优点

GNSS 技术在边坡变形监测中,具有以下优点:

(1)测站间无需同时通视,监测点的选点比较方便。传统的边坡变形监测方法(主要指地表变形监测)要求点与点间必须保持通视,才能进行观测。而采用 GNSS 技术不要求测点之间相互通视,只需保证观测站上空开阔即可,在观测站之间不需建造觇标,可大大减少测量的工作时间和经费。同时,监测点的位置可根据监测要求灵活选取,因此可以省去传统监测方法中过渡点的量测工作,节省时间。

GNSS 测量虽不要求测站之间相互通视,但必须保持测站上空有足够开阔的净空,以使卫星信号的接收不受干扰。

(2)定位精度高。已有的大量实验表明,目前在小于 50km 的基线上,其相对定位精度可达 $(1 \sim 2) \times 10^{-6}$,在 $100 \sim 500$km 的基线上可达 $10^{-6} \sim 10^{-7}$,随着观测技术和数据处理方法的改进,在大于 1000km 的距离上,相对定位精度可达到 10^{-8} 甚至更高,其精度远远优于精密光电测距仪。

(3)可同时提供监测点的三维坐标等信息。传统的监测方法,对于平面位移和垂直位移,一般采用不同的方法进行监测,这样造成了监测工作耗费时间长、工作量大,而且对于监测的时间及点位也很难进行统一,给监测工作带来了不小的难度。而采用 GNSS 测量方法,可以同时对监测点的三维坐标进行测定。此外对运动的监测点,还能对其运动速度进行精确量测。

(4)观测时间短,可以全天候作业。目前,采用传统的静态定位方法完成一条基线的相对定位所需的观测时间,根据精度要求的不同,一般为 $1 \sim 3$h;而随着近年来 GNSS 技术不断发展,目前采用的如动态相对定位法,在 20km 的范围内,其观测时间仅需几分钟。同时 GNSS 测量受气候因素的影响较小,无论在任何时间、任何地点均可以连续监测。配备相关的保护措施,GNSS 监测系统可以实现全天候的监测。

(5)操作简便,易于实现自动化。随着近几十年来的发展,GNSS 的自动化程度越来越高,GNSS 接收机的体积、质量也越来越小,使得 GNSS 便于操作。在监测工作中监测人员外业的主要任务是安置仪器、仪器的开关机、保管仪器等工作,而内业工作主要通过计算机相关系统的处理即可完成,GNSS 监测系统能够自主完成从数据采集到数据传输再到数据分析处理全部运行过程,自动化程度非常高。

(6)功能多、用途广。GNSS 系统能提供运动载体的七维状态参数和三维姿态参数,因此该系统不仅可用于测量、导航,还可以用于测速、测时,测速的精度可达 0.1m/s,测时的精度可达几十毫秒,其应用领域正不断扩大。

B　缺点

目前,GNSS 技术主要存在的缺点是:监测点位选择的自由度较低,测站的选择要求高;在地形地质条件差的区域,大量卫星被山坡遮挡,视场较差,造成 GNSS 的误差较为严重;GNSS 接收机的价格昂贵,在监测要求较低的工程中应用不多。

2.1.1.8　GNSS 技术在露天矿边坡中的应用实例

A　抚顺西露天煤矿监测实例

抚顺西露天煤矿采坑是亚洲最大的露天采坑,坐落在抚顺市东南,采坑面积约 10.87km^2,东西长 6.6km,南北宽 2.2km,平均深度约 405m。该煤矿采坑北帮紧邻抚顺市区及一批大型企业单位,长期高强度的矿山开采诱发了一系列滑坡地质灾害。如 1995年 7 月 27 日强降雨导致北帮部分地段发生滑坡。为了减少滑坡灾害对国家财产及人民群众生命安全的威胁,建立了 2 个 GPS 基准站及 7 个 GPS 连续运行监测站,自 GPS 实时监测系统运行以来,在技术人员的维护下,系统运行正常,取得上千个监测数据,编制防灾预案 22 个,发布实时监测预报 90 多个,实现了监测信息的远程实时访问,取得了良好的示范效果。实践证明,这一技术的应用提高了地质灾害监测数据采集的时效性和预警工程的准确性,减轻了监测工作者的劳动强度,减少了灾害损失。因此将 GPS 实时监测技术应用于地质灾害预报、预警中是完全可行的,也是比较可靠的。可以预见,GPS 实时监测技术将会在今后的地质灾害监测中显示越来越重要的作用[5]。

B　大冶铁矿监测实例

大冶铁矿区经过 50 余年的开采,已经在燕山期花岗闪长岩与大冶群灰岩接触带形成东西长 2400m,南北宽 1000m,深度 230~444m,最终坡角 41°~45°的椭圆形矿坑。2005年,大冶铁矿以规模宏大的露天采场及其边坡岩体中发育的一系列独具特色的断裂、崩塌、滑坡等工程动力地质遗迹为核心景观,申报成为首批国家矿山公园。随着露天开采的进行,沿 F25、F9 等断层带曾发生过多次规模不等的滑坡,特别是 1975 年狮子山北邦西口滑坡,滑坡规模 16 万立方米,1979 年象鼻山北邦滑坡,滑坡规模 7 万立方米,1990 年狮子山北邦 A1 滑坡,滑坡规模 0.6 万立方米,1996 年狮子山北邦 A2 滑坡,滑坡规模 8.6万立方米。其中重点监测的东露天采场,经历多年的露天开采,已形成了落差 444m 的高陡边坡,目前地表资源已枯竭,转入地下开采,对边坡岩体形成了新的扰动,加速了高陡边坡的变形破坏。因此,如何安全有效地分析、评价边坡的稳定性,实施边坡变形监测以及建立合理的应急救援方案,对于国家矿山公园的规划建设、保证游客和采矿人员与设备的安全,都具有重要的意义。武汉工程大学受武汉钢铁集团矿业有限责任公司委托就“大冶铁矿东露天采场高陡边坡自动监测与应急系统设计”展开了深入的研究,并于 2006 年 9月启动了该科研项目。2007 年 6 月,武钢矿业公司和大冶铁矿组织了“东露天聚场边坡稳定性分析”项目阶段性成果汇报会,相关技术人员对课题组提出的三套监测方案进行了充分论证,确定了“单频静态 GPS 变形监测”作为该项目的实施方案。2008 年 6 月完成了基准站、GPS 监测点和应急救援室的施工和调试工作[6]。研究设计了一种基于 GPS 空间定位技术和 Microsoft. NET 平台,将远程监测和应急救援相结合的监测系统方案。首先对东露天采场高陡边坡的岩体结构特征和稳定性进行介绍,提出了 10 个 GPS 监测点滑坡判据,并根据滑坡判据给出了监测的思路与方法;其次详细介绍了如何对监测点的 GPS 监测数据进行实时采集并对其进行变形分析;最后对滑坡预警系统和应急救援网站的设计与实现进行了详细的讲述。该监测系统既满足了用户对实时性和可靠性的要求,又能够给用户提供生动、直观的监测界面和应急救援平台,为矿区监测开辟了一条新思路,具有广泛的应用前景[6]。

C 宝清露天矿监测实例

宝清露天矿矿区地势平缓,微向北倾斜,属山前台地向低平原过渡带。地形为西南高、东北低,区域地震烈度为5°,首采区整体呈近水平赋存,地层自上而下依次由第四系粉质黏土、散粗砂、中砂、黏土,第三系泥岩、微胶结各粒级砂岩以及煤层组成,黏土层与砂层呈互层结构,岩性较软。岩土及煤抗压强度低。地层中砂岩层含水丰富。含水层与隔水层总体呈互层结构,但规律性差、渗透系数小,且煤层底板下部含承压水,疏干困难。总体上,各岩土体含水率高、胶结性差、强度较低。矿区煤层上部为硬质煤,质轻,中下部比重较大。由于煤层质轻,致使其抗剪强度难以发挥,对边坡稳定性不利。因此,建立可靠稳定的边坡监测系统对保证宝清露天矿边坡安全具有重要意义。

宝清露天矿采用 GNSS 边坡监测系统,基准点选在变形影响区域之外稳固可靠的位置,距离采场边帮地表坡顶线 20m,采用强制对中观测墩。布设为放射形监测网,共布设12 个监测点,分布于地表及各个工作平盘的岩土体特征点上。

宝清露天矿 GNSS 边坡监测系统的应用,代替了原有人工监测方式,避免人员进入危险区域监测,节约人力并提高了观测精度,极大地消除了安全隐患;同时监测点数据连贯、可靠,为边坡的实时监测和及时预警提供了保障。GNSS 监测系统仍有多处不足:监测点周围尽量不要遮挡,需远离大功率发射塔;监测点附近的工作面如果积水,产生多路径效应,会降低 GNSS 监测精度;太阳能电池板供电方式容易受天气限制,在降雪阴雨等情况下难以实时监测预警。GNSS 边坡监测系统可进行 24h 不间断实时监测,避免作业人员深入危险区域,是露天矿边坡监测的发展趋势所在[7]。

D 山西煤炭运销集团猫儿沟露天煤矿监测实例

山西煤炭运销集团猫儿沟露天煤矿 GNSS 监测系统共包含 1 个基站、6 个监测点,其中内排土场监测点 2 个,用于监测内排土场边坡稳定状况;工作帮监测点 4 个,用于监测工作帮边坡稳定状况。其中,G01 用于监测工作帮北侧滑体变形,G05 测点用于监测工作帮南侧滑体变形,G04 用于监测工作帮滑体后缘高陡黄土台阶变形,G06 用于监测工作帮东南侧边坡变形[8]。

E GNSS 边坡监测系统在伊敏露天矿的应用

伊敏露天矿为了确保安全生产,于 2014 年制定监测预警方案,并建立了监测系统,该监测系统由表面位移监测系统和内部位移监测系统组成。

(1)表面位移监测系统。表面位移监测系统的基准站和监测站均利用上海华测公司 N71M 卫星接收机,实时接收卫星数据信号,通过 GPRS 模块把信号由网络传输至服务器,经过该公司的 HCMonitor、SIM、MAS 软件,通过数据库处理得到监测结果,工作人员可以利用移动网络随时随地查看边坡位移情况。表面位移监测系统包括 1 个 GPS 基准站、31个 GPS 监测站。它们由太阳能供电系统、避雷系统、卫星接收机和天线组成。

(2)内部位移监测系统。采用了数字倾斜加速度计制造而成,具有测量范围宽、高分辨率、高精度、高抗冲击等优异性能。坚固的不锈钢外壳，并有良好的密封性能，适用于钻孔分层埋设或预埋设，也可用于测斜管内悬吊安装，监测各类建筑物结构的倾斜角度和位移量。目前，有6组内部位移监测仪安装在参观台附近试运行，每组内部位移监测仪由8个测斜仪组成。

（3）系统优势。

1）N71M接收机能接收美国的GPS、俄罗斯的G10nass、中国的北斗卫星导航（BDS）系统信号，并能自由组合。

2）支持多种通信方式，如MESH、Zigbee、无线网桥、光纤等多种传输方式。

3）该系统能兼容表面位移，内部位移，雨量、视频、水位等多个监测项目。能对被监测对象进行多方位多角度监测，使观测结果更真实可靠。现在伊敏露天矿只有表面位移和内部位移两个监测子系统，以后还可以根据需要扩充，不需要更换软件、服务器等[9]。

F　GNSS边坡监测系统在拉拉铜矿落凼矿区露天矿边坡监测的应用

凉山矿业股份有限公司拉拉铜矿露天开采区域，分为东露天采场（也称大露天）和西露天采场（也称小露天），其中西露天采场已闭坑多年，其坑底标高为2020m；东露天开采设计最高标高2214m，最低标高1890m。最终边坡角：西部37°33′，东部44°51′，南部44°45′，北部27°04′。最终开采深度324m，属于高边坡（200~500m）。

对拉拉铜矿落凼矿区开采过程中的边坡稳定性进行综合研究，按照露天矿山边坡监测等级、安全技术规范的要求，对整个边坡区重点监测部位进行滑坡立体交叉在线监测。监测项目为表面位移、内部位移、爆破振动、视频和降雨量。

2.1.1.9　小结

因GNSS监控监测技术的核心是利用卫星传送的导航定位信息进行相关空间交会测量，根据坐标值在不同时间的变化来获取位移的数据及其变化情况。因此GNSS监测环境适应性强，布设的滑坡位移监测点之间无需通视，可以全天24h监测，现场气候和作业环境条件影响监测精度小、操作简便、易于实现监测自动化。尤其适合监测点较少、监测场所地表起伏较大的场合。

应用结果表明边坡位移是边坡形变的最直观反映。对边坡采用GNSS技术进行监测，在各种环境时间条件下，为边坡可能出现的失稳破坏和变形破坏提供必要的监测信息，根据坐标值在不同时间的变化获取位移的数据及其变化情况，及时对边坡可能出现的险情进行预警。实践证明，利用GNSS进行变形监测可获得毫米级的精度。缺点：每个监测点都需要一个GNSS接收机监测点，单台GNSS接收机费用较高，不宜大面积高密度布置使用，监测点数量受限[10]。

2.1.2　测量机器人技术

测量机器人是一种能够代替监测人员自动对目标进行搜索、跟踪、辨别和照准从而获取距离、角度、三维坐标等信息的智能型电子全站仪，它是在传统全站仪的基础上结合电荷耦合器件、传动马达、影像传感器、视频成像系统及应用软件等构件制成的，核心部件为目标自动识别与跟踪部件。测量机器人通过影像传感器和其他传感器对现实测量世界中的"目标"进行识别并迅速作出分析、判断与推理，实现自我控制，自动完成照准、读数等操作。现在比较知名的测量机器人为瑞士 Leica 公司生产的 TM50 测量机器人，其主要工作原理为：红外光线通过全站仪内部的光学构件投影在望远镜轴上，从物镜口发射出去，反射回来的光束形成光点，由内部的 CCD 相机接收并以相机的中心为参考点精确地确定，之后通过测量机器人内部的测量系统对目标的位移、角度或坐标进行测量。测量机器人可自动寻找并精确照准目标，在 1s 内完成一个目标点的观测。测量机器人能对多个目标进行持续和重复观测，可以实现施工测量和变形监测全自动化。

2.1.2.1 测量机器人自动监测系统的构成

基于测量机器人技术的边坡自动监测系统如图 2-5 所示。

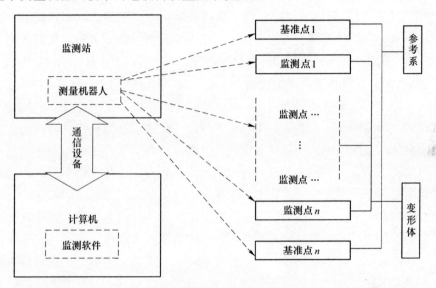

图 2-5 边坡表面变形监测系统

（1）监测站。根据边坡监测现场条件，在边坡体外的稳定区域建立监测站，以强制对中方式安置测量机器人。

（2）控制机房。控制机房一般选在办公区内，有较好的供电等条件。运用网络技术，实现机房里的计算机和测量机器人之间的数据通信，在控制机房里能实时、全面了解测量机器人的运行情况。此外，为了保证连续观测，还需为监测计算机和测量机器人提供不间断电源。

（3）基准点。在边坡体变形区域外，选取多个稳定的测点作为基准点，在基岩的基础上建立基准点。在每个基准点上安装一个对准监测站的反射棱镜。监测站至各基准点的方向与距离要尽量覆盖整个边坡体的监测区域。

（4）监测点。在边坡体上以一定的原则选取多个变形监测点，每个变形监测点上安装一个对准监测站的反射棱镜。

（5）监测软件。监测软件实现对边坡变形数据的自动采集。

2.1.2.2 测量机器人的监测方式

测量机器人监测技术是将棱镜固定于边坡体表面的各监测点处，在边坡体外的稳定区域建立监测站，以强制对中方式安置测量机器人（自动全站仪），按照设定的周期对边坡体上的变形监测点的三维坐标进行自动观测。

针对不同的监测对象和要求，测量机器人可采用以下的监测方式。

（1）移动式监测方式。该监测方式利用短通信电缆（1~2m）将便携计算机与全站仪连接，由便携机自动控制全站仪进行测量；或者直接将控制软件安装在自动全站仪内部，控制全站仪测量。

（2）固定式持续监测系统。将全站仪长期固定在测站上，如在野外需在测站上建立监测房，通过供电通信系统，与控制机房内的控制计算机相连，实现无人值守、全天候的连续监测、自动数据处理、自动报警、远程监控等，该类系统主要包括单台极坐标在线模式、多台空间前方交会在线模式、多台网络模式等。

1）单台极坐标持续监测方式，配置简单，设备利用率高，但监测范围较小，无法组网测量，要达到亚毫米级精度必须采取合理的测量方案和数据处理方法。特别适用于小区域（约 $1km^2$ 内）、需实时自动化监测的变形体的测量。

2）空间前方交会主要采用距离空间前方交会，以三边或多边交会法确定监测点的三维坐标，采用此模式的主要意图是利用高精度的边长，获取高精度的点位。三边交会系统已应用在五强溪大坝监测中。该系统为提高测距精度，配置了计算机控制的自动可自校准高精度光电测距仪、频率校准仪、高精度温度计、气压计与湿度计。此类系统的优点是测量精度高，可达亚毫米级；但系统配置过于庞大，成本较高，设备利用率较低，同时由于受几何图形结构限制，较平坦的地面监测不宜采用。

3）多台网络模式是将多台测量机器人（全自动全站仪）和多台或一台计算机通过网络、通信供电电缆连接起来，组成监测网络系统。其主要技术手段、管理方式和单台极坐标在线模式一致。由于单台测量机器人（全自动全站仪）受通视条件和最大目标识别距离的限制，故对于变形区域较大、通视条件较差、测量环境狭窄（如地铁隧道）等情形，需利用多台测量机器人（全自动全站仪）组成监测网络系统，通过组网解算各测站点的坐标，然后利用基准点和各测站坐标对变形点观测数据进行统一差分处理，解算各变形点的坐标及变形量。该类系统的优点是，可以组网测量，实现控制网测量、变形点测量的完全自动化，可以将控制网测量数据与监测数据自动进行联合处理，不需要人工干预，非常适合较大区域内，尤其是地铁结构的变形监测。

2.1.2.3　极坐标法的原理

极坐标法是采用测量机器人进行监测的一种常用的观测方法，它的基本原理就是将测量机器人架设到已知坐标的监测站点上，然后通过后视其他的已知点来确定方向，测量监测点与已知方向间的水平夹角、垂直角和斜距，并根据设站点的坐标，计算得到监测点的三维坐标，如图 2-6 所示。

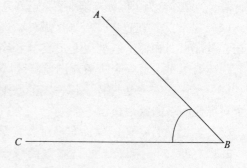

图 2-6　极坐标法

如图 2-6 所示，已知点 B、C 的三维坐标为 $(X_B、Y_B、H_B)$、$(X_C、Y_C、H_C)$，未知点 A 的坐标假设为 $(X_A、Y_A、H_A)$，则 BC 方向的方位角为：

$$\alpha_{BC} = \arctan\left(\frac{X_B - X_C}{Y_B - Y_C}\right) \tag{2-1}$$

BA 的方位角为：$\alpha_{BA} = \alpha_{BC} + \alpha$，故可以求出 A 点的 X、Y 坐标：

$$\begin{cases} X_A = X_B + D_{BA}\cos\alpha_{BA} \\ Y_A = Y_B + D_{BA}\sin\alpha_{BA} \end{cases} \tag{2-2}$$

式中，D_{BA} 为 B、A 两点之间的平距。它可以通过两点之间的斜距 S 和竖直角 i 获得：

$$D_{BA} = S\cos i \tag{2-3}$$

A 点的高程可以通过三角高程的方法来求：

$$H_C = H_B + D\tan i + i_h - a_h \tag{2-4}$$

式中　i——竖直角；

i_h——仪器高；

a_h——棱镜高。

2.1.2.4　监测原理

设 (x_1, y_1, z_1)，(x_2, y_2, z_2)，(x_3, y_3, z_3) 为基准点的坐标值，(x_p, y_p, z_p) 为监测点 p 的坐标值，监测点与 3 个基准点的距离分别为 S_1、S_2、S_3，则：

$$\begin{cases} S_1 = \sqrt{(x_1 - x_p)^2 + (y_1 - y_p)^2 + (z_1 - z_p)^2} \\ S_2 = \sqrt{(x_2 - x_p)^2 + (y_2 - y_p)^2 + (z_2 - z_p)^2} \\ S_3 = \sqrt{(x_3 - x_p)^2 + (y_3 - y_p)^2 + (z_3 - z_p)^2} \end{cases} \tag{2-5}$$

设 (x_p^0, y_p^0, z_p^0) 为首次观测点 p 的坐标值，(x_p^i, y_p^i, z_p^i) 为第 i 观测点 p 的坐标值，则观测点 p 在 x、y、z 方向上的位移分量分别为：

$$\begin{cases} \Delta x_p = x_p^i - x_p^0 \\ \Delta y_p = y_p^i - y_p^0 \\ \Delta z_p = z_p^i - z_p^0 \end{cases} \tag{2-6}$$

观测点 p 的累计总位移为：

$$\Delta S = \sqrt{\Delta x_p^2 + \Delta y_p^2 + \Delta z_p^2} \tag{2-7}$$

根据式（2-5）~式（2-7），在进行自动监测时，每次监测都可以得到任何一个监测点的累计位移值，从而实现对边坡变化规律的分析。

2.1.2.5　监测站的选址

边坡监测站设计一般应遵循下列原则：监测线应设在地表移动盆地的主断面上；设站地区应在监测期间不受邻近开采的影响；监测线的长度要大于地表移动盆地的范围；监测线上的测点应有一定的密度，根据开采深度和设站目的而定；监测站的控制点要设在移动范围以外，埋设要牢固。

根据监测站设计的原则，需考虑爆破震动对监测站的影响。下面计算爆破震动对设备、建筑物以及人员的安全允许距离。

A　爆破震动安全允许距离

采场生活设施建筑分级为Ⅲ级，允许振速为 3cm/s，依据萨道夫斯基公式，参照国内许多矿山的实际经验, 依据爆源到接收点的距离不同, 其允许单响药量的值见表 2-1。

表 2-1　不同爆源到接收点的距离允许单响药量值

R/m	30	50	80	100	150	200
Q/kg	12	55	230	450	1500	3500

或按式（2-8）计算爆破震动安全允许距离:

$$R_s = Q^{\frac{1}{3}} \sqrt[\alpha]{K/v} \tag{2-8}$$

式中　Q——炸药量, 齐发爆破为总药量, 延时爆破为最大一段药量, kg;

　　　R_s——爆破震动安全允许距离, m;

　　　v——保护对象所在地质点振动安全允许速度, cm/s;

　　K, α——爆破点至计算保护对象间且与地质地形有关的系数和衰减指数（见表 2-2）。

表 2-2　不同岩性的 K、α 值

岩　性	K	α
坚硬岩石	50~150	1.3~1.5
中硬岩石	150~250	1.5~1.8
软岩石	250~350	1.8~2.0

B　爆破飞石安全距离计算

考虑到气象、地形、爆破参数等因素, 依据最小抵抗线原理, 依据不同的抵抗线, R 的取值见表 2-3。

表 2-3　中深孔爆破不同的抵抗线所允许的爆破飞石对人员的安全距离

W/m	2.5	3.0	3.5	4.0	4.5
R/m	54	65	75	86	97

或按式（2-9）计算爆破震动安全允许距离:

$$R_f = 20K_f n^2 W \tag{2-9}$$

式中　R_f——爆破飞石对人员的安全距离, m;

　　　n——爆破作用指数, 取 0.85;

　　　W——最小抵抗线, m;

　　　K_f——安全系数, 参照国内同类矿山中深孔爆破取值为 1.5。

根据以上计算公式和矿山实际的生产情况, 对爆破允许安全距离进行计算, 监测站的位置应选择在爆破允许安全距离以外。

2.1.2.6　优缺点

A　优点

与常规监测方法相比, 测量机器人边坡自动化监测系统具有以下优点:

（1）效率高。该边坡自动化监测系统, 能实现自动监测, 使得监测工作省时、省力、监测数据准确、获取及时, 大幅度降低劳动强度, 提高劳动效率。

（2）精度高。能自动搜索、识别和精确照准目标, 测量并记录观测数据, 消除人为观

测误差。

（3）自动化程度高。该监测系统能顺利实现数据采集、传输、处理、分析、显示、存储过程的自动化，有利于矿山的现代化管理。

（4）维护方便、运行成本低。该监测系统构成相对简单，主要由 TM30 测量机器人、棱镜、计算机、GeoMos 软件、通信、供电设备等组成。

（5）增加监测点的成本较低。由于反射棱镜价格低廉，有利于增加监测点数，有效的节省投资。

B　缺点

测量机器人边坡自动化监测系统在具有以上优点的同时，也具有以下缺点：

（1）受通视条件的限制。该监测系统要求监测站与监测点之间必须通视，才能进行监测。当监测站与监测点之间不通视时，不能采用该技术进行监测。

（2）受测程限制。监测站与监测点之间最大距离为 3km，超过 3km 时，不能采用该技术进行监测。

（3）监测数据的精度受多重因素影响。监测数据的精度受气候条件、爆破震动、基准点的稳定性、监测棱镜的质量等因素的影响。例如雨雾天气测量得到的数据精度较低；爆破震动对基准点的稳定性有影响，基准点不稳定的情况下，监测得到的数据不可靠等。

2.1.2.7　测量机器人在露天矿边坡监测中的应用实例

A　尖山磷矿露天矿边坡监测实例

云南某露天矿边坡目前垂直高度为 240 多米，该边坡坡顶标高为 2225.7m，山坡有南北向雨裂、冲沟切割，最低侵蚀基准面标高为 1883.15m。根据该矿山开采设计计划，该高陡边坡还将向下延伸 80m，届时该高边坡总体垂直高度将达到 300 多米。在今后的开采过程中，该边坡高度将逐渐增大，将可能会改变该边坡的稳定状态，使边坡发生变形，甚至导致边坡整体失稳或局部失稳。因此，结合尖山磷矿的实际生产情况，兼顾长远开采目标，为确保安全生产，需对该边坡进行安全监测。

根据矿山边坡监测的根本目的与基本原则，考虑边坡监测的主要内容，分析各监测技术和方法的适用性，考虑到经济效益和监测效果等因素，并结合尖山磷矿采场边坡的实际情况，最终确定采用 TM30+GeoMos 软件构成自动监测系统，对该边坡进行自动监测，以实现无人值守、远程控制的连续监测，平面精度优于 1mm，高程优于 2mm。系统自 2012年 3 月 21 投入运行，至 2012 年 5 月 3 日，监测成果反应边坡监测点 F2 位移异常，变形速率超过正常水平，有崩塌的倾向。矿方马上加大监测频率继续观察，多轮观测数据表明，该边坡将发生局部坍塌。2012 年 5 月 8 日该部位发生局部坍塌，由于系统提前预警，及时撤离了开采设备和开采人员，并没有造成经济损失，在以后的几年里，该监测系统将在该边坡监测中继续发挥重要的作用，为矿山的安全生产提供有力保障[11]。

B　平朔矿区监测实例

平朔公司采用露井协采方式采煤，井工矿井口坐落于露天开采形成的矿坑底部，四周为露天矿矿帮边坡和排土形成的边坡。边坡长时间裸露，受风吹、日晒、雨水冲刷等自然因素的影响，坡体表层岩体结构松散、强度降低，存在局部边坡塌滑的可能，严重威胁边坡底部的工业广场、井口及井工开采作业人员和大量生产设备的正常运行，因此在井口边坡建立监测系统意义重大。

传统的露天矿坡监测方法存在耗时耗力，观测结果易受气候和地形地貌等条件的影响等缺点，很难达到及时监测预警的目的。测量机器人是马达驱动、自动跟踪型全站仪，能连续或定时对多个合作目标进行自动识别、照准、测角、测距和三维坐标测定。测量机器人自动化程度高，能全天候工作，尤其适应于露天矿边坡的实时变形观测。因此，平朔公司采用两台徕卡的测量机器人对平朔矿区进行监测，型号为 TCA2003 和 TM30。

通过应用表明边坡监测机器人能够真实反映露天矿边坡的真实情况，及时准确预测预报边坡地质灾害。利用平朔公司 2 处井口边坡监测数据，计算了 2 套机器人监测系统的实测精度，计算结果证明两种机器人具有较高的监测精度，实测精度均满足工程测量规范滑坡监测的精度要求，可以在露天矿边坡监测中推广应用[12]。

C　瓮福磷矿矿坑监测实例

英坪 2 号坑采场是瓮福公司位于英坪矿段 0~6 线的一个大型露天磷矿采坑，由于在下盘边坡顶部排土，以及在下盘边坡半中腰开挖回采直接底板下部 a 层矿，截断了顺层边坡表层坚硬顶板，导致采场西翼 4 线附近下盘边坡上半部边坡开裂下沉位移。据 2011 年 12 月底测量，采场西翼 4 线附近下盘边坡上部产生了多条不同程度的裂缝，最长的裂缝约 250m，该部分滑坡体还有进一步发展的趋势。为了控制滑坡体的进一步发展及确保安全，公司需要对滑坡体进行综合治理。

结合边坡的现状，根据边坡稳定性情况有针对性地分区成轴线并布置监测点，按总体北密南疏的原则进行轴线布置，并结合下盘边坡顶部排土场一并考虑布置，设计规划为大致布置 4 条横轴线、4 条纵轴线，监测等级技术要求按四等三角控制测量标准执行，监测周期按具体情况合理调节，大致为位移加速期每天监测一次，位移平稳期每周监测一次，位移稳定期每半月/一月监测一次，监测周期视具体监测状况再作详细调整。采用徕卡 TS30 全站仪对边坡进行监测。

仪监测数据与现场位移变化完全吻合，仪器性能稳定，说明监测数据真实有效；总结了边坡监测的经验与规律，对后期类似矿山边坡监测工作具有参考价值与意义[13]。

2.1.3　近景摄影测量技术

2.1.3.1　近景摄影测量的发展

摄影测量（photogrammetry）是一门通过分析记录在胶片或电子载体上的影像，确定被测物体的位置、大小和形状的学科。

摄影测量根据测量目的一般可分为地形摄影测量和非地形摄影测量，在工业测量和工程测量中的应用称为非地形摄影测量。其中，近景摄影测量（close-range photogrammetry）是指测量距离小于 300m，相机布设在物体附近的摄影测量。其中将以数字相机为图像采集传感器，并对所摄图像进行数字处理的近景摄影测量称为数字近景摄影测量。

数字近景摄影测量的发展历史根据五个不同的特征可以分为五个时期：早期阶段、逐步发展期、全面发展时期、深入发展期、成熟期。

1964~1984 年是数字近景摄影测量的初级发展阶段，在这一时期，在这个领域的学者们进行了对图像处理算法、误差理论、CCD 器件的研究及应用、模板匹配算法与多张相片同时处理技术等的研究，这一时期的研究成果奠定了数字近景摄影测量的理论基础。

1984～1988 年是刚刚进入数字阶段的逐步发展期，从这一时期开始逐渐研究出很多数字近景摄影测量系统，尽管其中有不少未能投入实际使用的，但是在系统的设计、开发、参数标定等方面为后继的系统研发奠定了基础。1986 年在国际摄影测量与遥感大会（IS-PRS）年会上，数字近景摄影测量正式成为第五委员会的主题之一；1987 年 6 月在瑞士 Interlaken 召开的 ISPRS 年会，是第一次单独以数字摄影测量为主题的 ISPRS 大会；1988 年在日本京都召开的第十六届 ISPRS 大会上，第五委员会被正式更名为"近景摄影测量与机器视觉"（close-range photogrammetry and machinevision）。

1988～1992 年数字近景摄影测量正式步入了全面发展时期，越来越多的研究学者和专家在此方向进行研究和相关系统的开发，出现了许多成功的事例，而且应用领域大大拓宽了（如工业测量、生物立体测量、流量测量、汽车碰撞实验和空间探测等）。

1992～1996 年，这一阶段的数字近景摄影测量的研究和开发不再像前一段时期那样迅速了，处于稳定发展的状态，在此领域内的学者开始更多地关注拓展应用和市场推广。底蕴深厚的老牌公司推出了自己新的数字化产品（如美国 GSI 公司在 1994 年对模拟测量系统进行改造后推出了数字测量系统 V-STARS），同时也出现了许多很专业化的小公司和它们的新系统（如挪威的 Metronor 公司的 Metronor 系统、加拿大的 EOS 公司的 PhotoModeler 系统、AICON3D 公司 DPA-Pro 系统）。

1996 年至今，数字近景摄影测量的研究及应用开始步入成熟期。经过一段长时间的发展，它已能满足各个研究领域的精度要求，而且凭借自身独有的优势，开始展露出这项技术光辉的前景。现如今，数字摄影测量的研究的重点已经从量测的精度要求转化为实时性、全自动化和测量结果的深加工（三维建模与虚拟现实）等，尤其是三维激光扫描技术的发展，使得多传感器数据采集及数据融合等问题备受关注，从而也使数字近景摄影测量与计算机视觉的关系越发密切。

2.1.3.2　近景摄影测量系统的基本组成

数字近景摄影测量虽然采用了新的仪器设备，解析方法和过程也有区别于一般的大地测量方法，但两者在最基本的工作原理上还是一样的，都是三角形交会法。数字近景摄影测量的基本作业过程：通过摄影机在不同的位置和方向拍摄同一目标体的数字影像数据（两张相片以上），将获得的影像数据经过专业的近景摄影测量系统软件处理后得到待测点的三维坐标。

在数字近景摄影测量飞速发展的今天，由于其自身的优势，近景摄影测量应用的范围不断拓宽。越来越多的人力和物力投入了对近景摄影测量系统的研究和开发，在国外，有美国 GSI 公司的 V-STARS 系统、挪威 Metronor 公司的 Mctronor 系统和德国 AICON3D 公司的 DPA-Pro 系统等；在国内，武汉大学研制的全数字化近景摄影测量设备 VirtuoZo，武汉朗视软件有限公司开发的多基线数字近景摄影测量软件 Lensphoto 系统，也都达到了国际先进水平。

系统主要由数码相机、相机检校控制、硬件（计算机），以及软件（专业数字近景测量系统软件）等组成。

2.1.3.3　处理软件

A　软件介绍

2006 年 10 月，武汉朗视软件有限公司推出朗视（Lensphoto）多基线数字近景摄影测量系统。这个朗视系统能对普通单反数码相机获得的影像，经自动空中三角测量后得到各种测绘产品，还可直接从数字影像中获取测绘信息，弥补了国内的一项空白。此系统已经达到了国际先进水平，极大地改进了国内的数字近景摄影测量技术。

B　技术特点

（1）可用普通的数码单反相机，但一般情况下为了精度考虑，像素至少不能低于1200万像素。

（2）相机检校时无需室内三维控制场，仅仅需要拍摄电脑显示器中的格网，根据不同方向拍摄到的格网影像数据进行相机的检校。

（3）系统使用的匹配算法较先进，提高解算精度。

（4）系统能自动完成空中三角测量，免去操作人员的重复工作量。

（5）测量结果精度高，理论上的相对精度可达到 1/16000。

（6）可自动生成等高线、数字高程模型、正射影像和三维景观等多样化的测绘产品。

2.1.3.4　系统组成系统的处理流程

（1）现场照片拍摄。将用于拍摄的数码相机进行参数设置或对相机进行检校。设置拍摄站，将数码相机置于拍摄站，每个拍摄站拍摄一定数量的影像。

（2）控制点坐标量测。量测像控点（物方控制点对应的影像坐标）。

（3）数据处理。

1）数据输入。在数据处理软件中新建工程，并将拍摄的数字影像和控制点坐标输入新建的工程里。

2）空三匹配。匹配加密点。

3）整体平差。利用自检校光束法平差同时解算影像内、外方位元素和加密点的物方坐标。

4）加密匹配。匹配密集点云。

5）生成点云。前方交会生成三维点云。

6）立体编辑。立体模式下对模型点进行编辑，剔除粗差点，人工加入特征点和特征线。由编辑好的模型点自动构建三角网和 DEM，可以进一步生成正射影像和三维景观视图。

7）DEM 编辑。对 DEM 进行编辑。可加入几何约束条件，如曲面拟合、置平、提升、下降等。

8）测区拼接。将不同测区的数据进行拼接。

9）测区整体平差。对拼接后的测区重新进行光束法平差。

（4）数据分析。通过前后两次 DEM 的比较，得到边坡的体积变化量和最大的位移变化量。

数字近景摄影测量系统的处理流程如图 2-7 所示。

2.1.3.5　近景摄影测量技术的优缺点

A　优点

随着数字近景摄影测量技术的发展，在诸如大型高层建筑、隧道、桥梁、边坡等关系国家经济安全、稳定发展的大型结构体，数字近景摄影测量得到了广泛应用。与一般的三维测量手段相比，数字近景摄影测量技术具有以下一些优点：

（1）它可以在瞬间记录被测物体大量的信息，特别适用于拥有众多测量点的目标体。记录数据的过程较短，且记录手段比较灵活，限制性比较少；得到的影像数据存储期限长且不失真，便于后期的检查和对比分析。

（2）它可以在不触及测量目标、不干扰被测物的自然状态下进行测量，还可在极端恶劣情况下（如爆炸、燃烧、水下、放射性强、有毒缺氧）作业，而且测量过程更加快捷、省力。

（3）设备简单易操作，采集得到的影像数据由计算机处理完成，自动化程度高、操作简单、处理速度快，而人为因素对结果影响较小，测量结果质量较高。

（4）对控制点的布设比较严格及对精度的要求较高，与传统的大地测量方法相比，外业的工作量大大减少，解放了劳动力；部分工作转移到室内进行，减少了经费开支。

（5）在一定的装置条件下可以对动态目标体进行有效测量，记录其运动轨迹及变化规律。

（6）可为用户提供各种测绘产品，包括各类数据、图形、图像、数字表面模型以及DEM、DOM等。

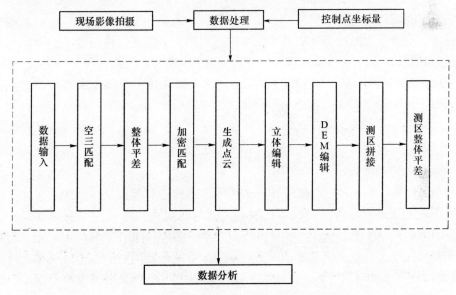

图 2-7　数字近景摄影测量系统的处理流程

B　缺点

近景摄影测量在各领域的广泛应用解决了实际问题，有着很好的发展前景。但是矿区变形涉及范围广、环境条件差、研究问题多、精度要求高，已有的近景摄影测量应用仍存在不足。该方法所需成本较高，其中最关键的问题是精度偏低，不能满足变形监测的需求。主要原因如下：已有的近景摄影测量应用仍主要采用 DLT 方程，模型不严密；进行影像定位与匹配时，定位算子与匹配算法仅达到亚像素精度；相机标定为非在线标定，标定参数不稳定，适应性差；影像利用率低，以"双目视觉"的立体像对为主，没有很好地利用多余影像信息；数码成像与数字图像处理技术发展迅速，已有应用没有利用好数码技术带来的便利和数字图像处理技术的新技术。

以上不足严重影响近景摄影测量的精度，若不克服这些问题，近景摄影测量难以在矿区变形监测中得到有效的应用。

2.1.3.6　近景摄影测量技术在露天矿边坡监测中的应用实例

A　金堆城钼矿红旗沟排土场监测实例

金堆城钼矿位于我国陕西省渭南市华县金堆镇，年产钼金属量约1.2万吨，处于中国钼行业之首，亚洲第一，世界第二。金堆城钼矿床采用露天分期开采方式，矿山服务年限达100多年。当前开采深度已达100多米，仍需继续下采200多米，从而形成300多米深的深凹边坡，最终开采深度可能形成500m以上国内少见的超深凹边坡。该矿山的红旗沟排土场经过30多年的运行，堆土高度达到了125m。由于坡宽面长、长期受雨水冲刷，造成坡体不稳定，在遭遇暴雨时，极易形成泥石流，严重威胁下游人民的生命财产安全。因此，有必要建立全面的边坡稳定测量系统，快速、高效、实时监测边坡表面位移，分析评价边坡的稳定状态，进而找出危险范围，以便及时采取防护措施。金堆城钼矿传统的位移变形监测方法为"点"测量方法，无法得到其他部位的位移信息，更无法获取整个地质体的空间位移模式。近景摄影测量作为一种基于"面"测量的非接触监测技术，能够快速、经济提供整个监测体的空间三维信息，并且近景摄影测量无需在监测边坡体范围内布置任何观测点和仪器便可对边坡岩体的表面位移进行监测，可保证测量过程的安全，减少工作量。考查金堆城钼矿边坡现状的基础上，对近景摄影测量边坡监测技术的流程进行分析，并将其应用于金堆城钼矿红旗沟排土场边坡位移变形监测，结果表明，近景摄影测量技术具有较高的精度，测量工作量较小，具有非接触式拍摄影像的特点，作业安全、可操作性强。利用近景摄影测量数据分析评价边坡危险状况，开发相应的边坡稳定性计算软件，是需要进一步研究的方向[14]。

B　湖南某矿监测实例

以湖南某矿为实验区域，该矿井田位于雪峰山西侧，属低山丘陵地貌。采煤工作面位于矿井南部，工作面上方为低山丘陵地貌，高低起伏很大，有一沟谷南北贯穿于该工作面，地表最大标高1068m，最小标高1023m（工作面中部谷底），平均1042m。地表基本为有植被的风化砂土荒坡，陡坎纵横，不易攀爬，致使外业测量工作十分困难。针对矿区大范围监测的特点制作了15个标靶。为了保证标靶中心在图像中提取的精度，一般保证标靶在图像上至少占10个像素，即标靶的大小≥GSD×10，其中GSD为像素大小乘以拍摄距离，再除以焦距。由于拍摄距离大概是150m，选取的数码相机的焦距为50mm，从而得出标靶大小为40cm×40cm时能够满足监测要求。由于监测区为山区，高低起伏的地形对拍摄范围有一定影响，同时为了避免拍摄影响变形过大，保证外业采集的影响数据的有效性，所以在山头进行拍摄并接近垂直拍摄。摄站数为4站，由于拍摄距离为200m左右。所以每站之间长度及摄影基线设为20m，自沉降区域从左到右拍摄。每张影响重叠度一般大于60%，每个摄站之间重叠度一般在90%左右。对沉陷区进行了3次观测，获取了96张影像数据。采用Lensphoto进行数据内业处理。首先进行空三匹配，为了确定匹配像对航带内和航带间影像间的初始偏移量，需要在影像内人工选取一两个种子点，然后利用Lensphoto自动进行任意影像的匹配。其提取速度快、精度高。然后在影像上提取控制点的影像坐标，为空中三角测量提供起始数据，在此基础上进行整体平差，再进行加密配，最后获取沉陷监测区的地表点云数据。在获取沉陷区点云数据后，构建 Delaunay 三角网，进而内插出沉陷区地表数字高程模型，在此基础上，将两期获取的数字高程模型进行叠置分析，得出沉陷区变形情况，进而分析沉陷区范围、角值参数以及沉陷变形规律。监测结果表明，近景摄影测量方法应用于矿区开采沉陷监测是可行的，相对于全站仪测量，具有获取沉降数据丰富、生产效率高等特点[15]。

C　陕西某露天矿采场监测实例

陕西某露天矿采场北部边帮横穿一断裂带，在矿区范围内出露长度约 1000m。其规模巨大、内部结构复杂、岩性软弱，直接威胁到北部边坡的稳定性。目前，该处边坡已大面积破坏，主要分为两种形式：一种为采矿组合台阶破坏，另一种为临近边坡境界处山体的破坏。露天矿采场底部设计标高为 840m，北部边坡山头高为 1390m，采场边坡垂直高度达 500m。边坡坡度为 69°，北部边坡自 80 年代初期就开始变形，至今已有 20 多年历史，致使很多边坡台阶已经不复存在，并且随着采矿深度和广度的加大，边坡变形呈现加速趋势，所以对边坡变形进行实时监控对安全生产就显得尤为重要。矿区以前也采取了一定措施对边坡进行监控，采用了摄影经纬仪和立体坐标测量仪获取边坡表面几何信息的方法监控边坡变形，其监测精度介于 22~25mm 之间，由于精度不是很高，因此采用近景摄像测量技术进行监测。首先采用 SOKKIA 全站仪测量每个控制点的绝对坐标，作为用影像进行摄影测量的初始数据。为了监测北帮的变形，在北帮布置了 10 个控制点，分别在 2008 年 5 月 7 日和 2008 年 8 月 5 日对北帮进行了摄影拍照和控制点的量测，然后使用 1280 万像素的佳能 3580 相机在边坡现场拍摄照片。在露天矿北帮设 4 个摄站，每个摄站拍摄 4 张影像，总共 16 张影像，采用焦距为 200mm 的镜头；并对拍摄的照片进行数据处理，由增加同名点方式获得第 6 号点的坐标及变形可以看出，解算的点坐标与全站仪所测的坐标偏差很小，所监测的变形量与全站仪监测的变形量也很接近，由 DEM 相减，可得到从 2008 年 5 月 7 日至 2008 年 8 月 5 日这一段时间北帮最大变形为 13mm，说明非接触边坡数字监测系统程序解算同一点的坐标具有很好的一致性，监测数据的重复性很好，可以用于现场的边坡变形监测[16]。

2.1.4　三维激光扫描技术

三维激光扫描技术（3D laser scanning technology），又称为实景复制技术，是 20 世纪 90 年代开始出现的一种高新技术，在测绘界被誉为是继 GNSS 技术后的一项新的突破。它利用激光测距的原理，通过高速激光扫描的方法快速记录和获取监测对象表面的纹理、反射率和三维坐标数据。该技术为建立物体的点、线、面图形数据和三维动态影像模型提供了一种全新的技术手段。三维激光扫描仪由发射器通过激光二极管向物体发射近红外波长的激光束，激光束经过目标物体的漫反射，部分反射信号被接收器接收，通过测量激光在仪器和目标物体表面的往返时间，计算仪器和点间的距离。一般仅需数分钟就可以完成一次测量过程或一次完整的 360°旋转扫描，并可以获得 100 万个以上的扫描点。目前，该技术在建筑规划、建筑设计、建筑监测、古迹保护、文物复原、灾害评估、犯罪证据收集、数字城市、军事等领域得到广泛应用。

2.1.4.1　三维激光扫描系统分类

地面三维激光扫描技术的出现是以三维激光扫描仪的诞生为代表，有人称"三维激光扫描系统"是继 GNSS（Global Navigation Satellite system）技术以来测绘领域的又一次技术革命。当今，许多公司厂家都可提供不同类型的扫描仪，其种类、功能和性能指标不尽相同。要对烦杂多样的激光扫描仪根据不同的应用目的进行正确的认识和客观的选择，必须对三维激光扫描系统进行系统分类。从操作的空间位置上看，三维激光扫描系统可划分为如下三类：

（1）机载型激光扫描系统。这类系统在小型飞机或直升机上搭载，由激光扫描仪（LS）、成像装置（UI）、定位系统（GNSS）、飞行惯导系统（INS）、计算机及数据采集器、记录器、处理软件和电源构成（见图 2-8）。它可以在很短时间内取得大范围的三维地物数据（见图 2-9）。

图 2-8　机载激光扫描仪

图 2-9　三维成果图

（2）地面型激光扫描系统。该类系统是利用激光脉冲对被测物体进行扫描，可以大面积、快速度、高精度、大密度取得地物的三维形态及坐标。根据测量方式还可划分为两类：一类是移动式激光扫描系统；另一类是固定式激光扫描系统。移动式激光扫描系统基于车载平台，由全球卫星导航定位系统、惯性导航系统（IMU）结合地面三维激光扫描系统组成（见图 2-10）。固定式激光扫描系统类似传统测量中的全站仪，由激光扫描仪及控制系统、内置数码相机、后期处理软件等组成，与全站仪不同之处在于固定式激光扫描仪采集的不是离散的单点三维坐标，而是一系列的"点云"数据，其特点是扫描范围大、速度快、精度高，具有良好的野外操作性能（见图 2-11）。

图 2-10　车载激光扫描系统

图 2-11　RIEGLZ420I 三维激光扫描仪

（3）特殊场合应用的激光扫描仪。如洞穴中应用的激光扫描仪。在特定非常危险或难以到达的环境中，如地下矿山隧道、溶洞洞穴、人工开凿的隧道等狭小、细长型空间范围内，三维激光扫描技术亦可以进行三维扫描，此类设备如 Optech 公司的 cavity monitoring system（见图 2-12），可以在洞径 25cm 的狭小空间内开展扫描操作。

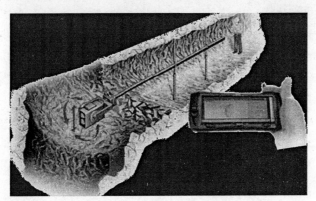

图 2-12　CMS 洞穴扫描系统

2.1.4.2　地面三维激光扫描工作原理

地面激光扫描系统由三维激光扫描技术、数码相机、扫描仪旋转平台、软件控制平台、数据处理平台及电源和其他附件设备共同构成，是一种集成了高新技术的新型空间信息数据获取手段。运用三维激光扫描技术，能够在复杂的现场环境中进行相关扫描的操作，同时还可以直接从事各项复杂的、大型的、不规则、标准以及非标准的实景或者实体三维数据系统的完整采集，从而快速重构目标的三维模型以及其他线、面、体、空间制图数据。与此同时它还可以对三维激光点云相关数据进行后处理与分析，例如监测、计量、测绘、分析、展示、模拟、虚拟现实等各项操作。前期采集的点云数据和相关三维建模成果能够转换为标准格式，为其他工程软件输出可以识别的格式文件。

三维激光扫描技术的工作原理：由三维激光扫描仪内部的一个发射体发射激光脉冲，再通过两块反光镜有序快速旋转，使由发射体发射的窄束激光脉冲按一定次序扫过目标区域。通过测量每束激光从发射体到物体表面反射回仪器的时间计算相关距离，并且编码器还会测量脉冲的相关角度，最终得到目标的真实三维坐标。软件处理后，便会输出实体建模。地面三维激光扫描系统的相关工作原理如图 2-13 所示。

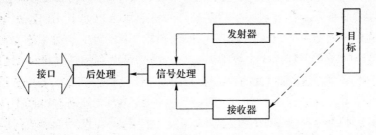

图 2-13　地面三维激光扫描系统的工作原理

三维激光扫描仪根据激光脉冲自发射到接收的时间求得目标距离仪器的距离 S_p，再根据时钟编码器同时测量每条激光脉冲的水平扫描角度 φ 和竖直扫描角度 ω。以上 3 个数据可以用来求得目标扫描点的三维坐标。地面激光扫描三维测量通常采用自身扫描设备内的仪器坐标系统，X 轴大致在扫描面的横向面内，Y 大致在 X 轴与横向面的共同垂直面内，Z 轴大致在横向面的垂直面上，三维激光扫描原理如图 2-14 所示。三维激光点坐标的计算公式见式（2-10）。

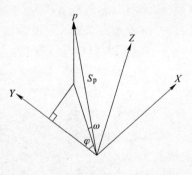

$$\begin{cases} X_p = S_p\cos\omega\sin\varphi \\ Y_p = S_p\cos\omega\cos\varphi \\ Z_p = S_p\sin\omega \end{cases} \qquad (2\text{-}10)$$

图 2-14　三维激光扫描原理图

一般在三维扫描中，每站扫描都能得到海量点云数据，其中每个点的三维信息都在仪器自带坐标系中以（φ，ω，S_p）的极坐标形式体现，S_p 是从目标表面反射点到仪器坐标原点的距离。在每次扫描操作前，可在目标区域布设一些"扫描控制点"，再由全站仪或 GNSS 接收机获取它们的大地坐标，作为工程应用通用标准数据。如今新型地面三维激光扫描系统可以同时获取目标点的几何三维坐标信息和反射强度值（i）。大范围扫描时需要架设几个不同的测站，通过设备自带数码相机或者独立数码相机，对目标范围内进行影像采集，为后处理提供全彩色纹理信息和准确的边缘位置信息。

2.1.4.3　三维激光扫描方法

三维激光点云数据的获取是扫描技术应用的重要一环，下面介绍三维点云数据的获取过程及相关注意事项。

任何的扫描操作都是在特定的环境下进行的，对于地质工程领域的三维数据获取应用，工作场地一般都为施工现场或者野外边坡等，对于环境复杂、条件恶劣的场地，在扫描工作前一定要对场地进行详细踏勘，对现场的地形、交通等进行了解，对扫描物体目标的范围、规模、地形起伏做到心中有数，然后根据调查情况对扫描的站点进行设计，同时要考虑大地坐标参考点的选取。一般而言，在施工现场，由于边坡范围较大、地形凹凸不平等原因，进行一次扫描很难覆盖整个目标，因此一般需要多次不同位置进行扫描，合理地布置不同扫描站点位置能够提高后期点云数据的拼接精度，同时也可尽可能全面反映边坡表面的情况，获取更多的地面信息。另外，合理地布置大地坐标参考点对坐标匹配转换也有着重要的影响，参考点的选择应该是明显、易识别，如果参考点只有 3 个，那么空间分布应尽量是等边形布置。在设定一个扫描站点时，应该考虑如下几点：

（1）大地坐标参考点的设置，可以在一幅扫描图像中设置 3 个可视的参考点，也可以选择在整个拼接好的场景中选择 3 个可视参考点，另外可以利用扫描机位点作为参考点。

（2）对于 RIEGL 激光扫描仪而言，在扫描操作时三脚架可以不用调平，但是如果要利用扫描机位点作为大地坐标参考点，应使用仪器底部的水准气泡进行调平，在仪器上部提手处安装基座，上面可以接 GNSS 接收机或者反射棱镜。

（3）虽然仪器本身能防御飞溅水滴，但禁止仪器暴露在大雨中。

（4）使用过程中，应防止仪器温度过高。仪器的工作温度是 0~40℃，在天气较热的情况下，应尽可能将设备放在阴凉环境下，或者在仪器上部搭上一块湿布，帮助仪器散热。

（5）仪器内部安装了高分辨率的数码相机，因此在设定扫描机位点时应注意不要将设备直接对着太阳光。

（6）RIEGL 激光扫描仪的工作距离是 3~1000m，扫描的距离和目标物体的表面反射性质有关，在实际使用时特别是对工程边坡，能取得理想效果的扫描距离为 500m 左右。

（7）仪器在扫描操作时，尽量避免风等造成三脚架晃动，由于施工机械影响造成的地面颤动，这些因素都会影响获取点云数据的精度。还有扫描范围内人员走动、施工车辆移动、空气中施工浮尘等会造成三维数据的噪声，应选择合适的时机，尽量避免，无法避免时在后期数据处理时应对其进行消除。在扫描仪器架设完成后，将扫描仪的网线和数码相机的数据线链接到手提电脑上，就可以接通电源仪器开机。仪器内部微机启动，进行自检、调入相应程序；之后对手提电脑进行设定，控制扫描仪工作。操作流程如图 2-15所示。

具体操作如下：

（1）打开 RISCAN_PRO 软件，新建工程文件，文件的格式为 *.riscan。

（2）配置相机参数文件，右击"test"目录下的"calibration"，在弹出的对话框中选择"newcamera calibration（blank）"，在弹出的相机参数"new camera calibration"对话框中选择"import"，弹出"import from project…"，根据已经知道的相机参数的位置，选中该参数，单击打开。在新弹出的对话框中，选"Calibration_NikonD200_50mm"，单击 OK。

（3）新建扫描站点，定义扫描的区域，并且选择扫描的精度。

（4）初步得到扫描结果。

（5）调试相机参数，打开调试相机参数的软件 Camera Control Pro，首先把调整模式（Exposure Mode）选择为手动（Manual），然后调整快门速度"shutter speed"和曝光时间"Aperture"两个参数，单击"short"拍摄，在新弹出的对话框中预览调试结果，不停变化快门速度"shutter speed"和曝光时间"Aperture"两个参数，直到数码相片得到满意的效果。

（6）采集数码相片，右击"Beam Widening"，选中"Image acquisition"，在弹出的对话框中选择重叠度，也可以更改获取数码影像的角度范围，单击 OK，开始自动拍照。

2.1.4.4 基于三维激光扫描技术的变形监测流程

基于三维激光扫描技术的变形监测基本流程如图 2-16 所示。

2.1.4.5 三维激光扫描数据的预处理

对数据进行预处理，一般需要对原数据进行再加工，检查数据的完整性及数据的一致性，对其中的噪声数据进行平滑，对丢失的数据进行填补，消除多余数据等。

数据获取主要完成景物及目标的三维信息获取；预处理主要包括对三维物体的表面几

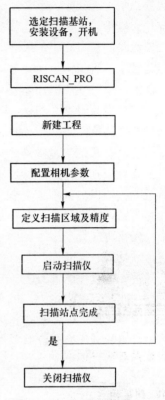

图 2-15 扫描仪操作流程

何数据去噪、压缩以及平滑等在数据点上的操作处理，把经过预处理后的数据点特征转变为对景物的表达和描述。

消除测量点集中的噪声数据是坐标测量中的难点问题。由于被测物体表面的反射特性、测距系统中的机械振动，以及量化误差等因素的影响，不可避免会使测得三维物体的表面数据中包含有系统测量噪声、量化误差以及几何失真，而这些噪声或误差对后续的特征提取处理影响很大，甚至会导致错误的结果。所以在底层处理中首先要对获得的三维物体表面数据进行预处理。

首先进行数据清理。现实世界的数据一般是不完整的、含噪声的和不

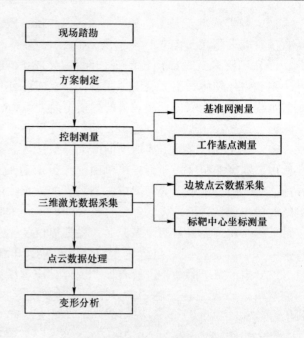

图 2-16　变形监测基本流程

一致的。数据清理主要完成填充空缺值，识别孤立点，消除噪声，并纠正数据中的不一致。应用领域的模型数据通常来自多个数据源，所以必须进行数据集成。来自不同数据源的数据可能存在模式定义上的差异，也可能存在因数据冗余而无法确定有效数据的情形。其次进行数据变换。将数据转换为适合处理的形式，可以根据需要构造出新的属性以帮助理解分析数据的特点，或者将数据规范化，使之落在一个特定的数据区间中。最后进行数据归约。在尽可能保证数据完整性的基础上，将数据以其他方式进行表示，以减少数据存储空间，使下一步的数据处理更有效。常用的归约策略有数据立方体聚集、数据压缩、数值压缩和离散化等。激光扫描数据量相当大、点数据过度密集；激光线可能会投射到 CCD 摄像机视场范围内的非测量物上，如摆放物体的平台等，导致冗余数据；扫描数据易受环境和系统的影响，从而可能产生干扰噪声。数据的预处理过程就是数据缩减、剔除冗余数据、平滑或剔除噪声数据等过程的总称。预处理过程的具体步骤以及处理的顺序要根据扫描数据的具体特征确定。优化的预处理过程可以保证后期的重构过程能够有可靠精选的点云数据，从而不仅提高模型重构的精准度，更可以降低重构过程的复杂程度。

A　剔除冗余数据

扫描得到的目标物产生的冗余数据是完全随机的，要剔除这些数据需结合扫描物体的形貌采用手动方法。本节采用凸多边形框选法去除数据取得了比较好的效果。这种算法的应用和实现方式都相对简单，包含两个关键的步骤：（1）由 3D 点云数据反求各点在计算机窗口的屏幕坐标；（2）判断并删除在 2D 凸多边形中点云数据。下面主要说明如何判断点是否在凸多边形中。

判断点是否在凸多边形内部的方法是计算几何中很常见的算法。其步骤分为两步：首先要判断框选点云数据的多边形是否为凸；然后判断点是否在凸多边形内。一般算法对于凸多边形可以直接使用，而对于凹多边形不太容易，往往要把它分为多个凸多边形进行，

使这种算法变得相当烦琐。

判断点是否在凸多边形内算法除了直观的搜索算法以外，主要有下面两种方法：

（1）面积判别法。即用判断点和多边形各顶点围成的三角形面积之和与多边形面积进行比较。多边形的面积可以使用多边形内部点或是边上的点和其他所有边上的点顺序连接形成的三角形面积和计算。如果判断点在多边形外，则结果不一致。所以可以使用这种算法判断点是否在多边形内部。但由于这种算法使用浮点运算，所以可能会带来一定判断上的误差。

（2）矢量顺序差积判别法。假设凸多边形 n 个顶点按顺序排列存储在线性列表 vertex $[n-1]$ 中，P 是要判断的点，则对于凸多边形的每个顶点和所在的边，可以确定下面的矢量和差积：

$$\bar{E} = \text{vertex}[i + 1] - \text{vertex}[i]$$
$$\bar{V} = P - \text{vertex}[i] \qquad (2\text{-}11)$$
$$S = \text{sign}(E \times V)$$

式中，S 是一个符号判断，取值是 $\{-1, 0, 1\}$。如果对于所有边 S 值不变，即全为 -1 或是全为 1，则 P 点在多边形内；如果对于一些边 S 值是 0，P 点在多边形边上；如果对于一些边 S 值是 -1，而对于另一些边 S 值是 1，则 P 点在多边形外面。这种方法简单实用，可以很好地完成剔出点云冗余数据点的任务。

B　噪声去除

采用三维激光扫描获取的表面采样点数据，不可避免地会含有噪声点。产生噪声点的原因是多方面的，主要可分为三类：第一类是由被测对象表面因素产生的误差，比如表面粗糙程度、波纹、表面材质等。因为激光扫描仪利用激光作为测量的手段，所以当被测物体表面较黑，即反射率较低，大部分入射光都被吸收的情况下，或者扫描距离过远，入射激光的反射光信号较弱的情况下，很容易产生噪声，典型的物体如黑皮沙发，煤堆等；第二类是由扫描系统本身引起的误差，比如激光扫描仪的测距精度、扫描分辨率、扫描仪受到振动等；第三类噪声也称为偶然噪声，是指在扫描过程中由于一些偶然的因素成为扫描数据的一部分。如在扫描建筑物时，有小鸟落在建筑物上或者从扫描区域飞过，或者有行人在扫描仪与被扫描建筑物之间通过，这样扫描这类物体时产生的数据就是错误的数据，应该把它们过滤掉或者删除。

为了降低或消除噪声对后续建模质量的影响，有必要对扫描结果进行平滑滤波。一般情况下，应针对噪声产生的不同原因采用相应的办法，达到消除噪声的目的。如对第一类噪声，可从增加被扫描物体的反射率和调整扫描和扫描物之间的距离来解决；第二类噪声是系统固有噪声，可以通过调整扫描参数或利用一些平滑或滤波的方法过滤掉；而对第三类噪声只有用人工交互的办法解决，如设置某个合适的阈值或手动删除。下面简单讨论噪声去除法使用的几种点云过滤方法。由于扫描的数据在组织形式上是二维的，所以借鉴了几种二维图像处理的滤波方法。只不过在图像处理中，处理的是每个像素的像素值，而对点云的过滤是处理每个点的 X、Y、Z 坐标值。

数据平滑通常采用标准高斯、平均或中值滤波算法，滤波窗口。高斯滤波器在指定域内的权重为高斯分布，其平均效果较小，故在滤波的同时能较好地保持原数据的形貌。平均滤波器是利用滤波窗口内各采样数据点的统计平均值代替当前点。二维图像中的中值滤波器是查找采样点的值，以滤波窗口灰度值序列中间的那个灰度值为中值，用它代替窗口中心对应像素的灰度。中值滤波是一种有效的非线性滤波，常用于消除随机脉冲噪声。把它应用到点云中过滤时，在距离图像上滑动一个含有奇数个点的窗口，对该窗口覆盖点的 Y 值按大小进行排序，处在 Y 值序列中间的那个 Y 值称为中值点，用它来代替窗口中心的点。

　　要消除第三类噪声，只有采用自动、半自动或者手动的方法删除不需要的点云部分。自动或半自动是指通过判断点云中点到原点的距离，然后设置一个大小合适的阈值，大于或小于这个阈值的点云被保留或删除，根据不同的情况，做相应的处理。手动的办法是选中不需要的点云数据，然后删除。经过这些处理剩余的点云就是目标区域的点云，即感兴趣区域的点云。

　　C　数据缩减

　　（1）基于 Delaunay 三角化的数据缩减算法。2002 年 S-M Hur 等人提出了在三角网基础上重新进行 Delaunay 三角化过程的数据缩减方法，主要根据相邻三角形二面角大小的判断实现删除数据点的方法（P. J. Besl & N. D. MeKay，1992）。实现的主要步骤如下：

　　1）首先选择一组用于数据缩减的三角形，并设置参与处理的三角形的面积阈值。当参与计算的三角形的面积过大时，会产生较大的误差。因此，当计算的三角形面积大于面积阈值时，不参与数据缩减。

　　2）计算所有选择三角形的面积和三角形的法线矢量。

　　3）检查与一个三角形的三个顶点相连接的所有三角形能够组成一组。

　　4）当一个顶点与周围三角形组成一组后，检查该顶点周围三角形是否已经同其他三角形组构成了其他组。如果没有，则计算三角形之间的二面角。只有满足这两个条件的这些三角形才能与其三角形成为一组；重复步骤 3）和 4），直到所有的三角形都进行这些判断。

　　（2）点云数据的直接缩减算法。通常三维激光扫描数据的采集密度过大，使得数据处理的速度很慢。在数据处理的容差允许情况下，提出了通过设定数据重采样间隔对点云数据进行直接缩减的算法。

　　1）点云数据的长方体的确定。

　　2）点云数据三维边界框细化。

　　3）基本长方体单元格内的数据缩减准则。每个基本长方体单元格内的数据点缩减准则是，每个基本长方体里的数据点只保留一个数据点，为了使得缩减后的数据点在空间位置尽量均匀，计算基本长方体里的每个数据点到基本长方体几何中心的距离，其中距离最短的点保留下来，其他的数据点被排除掉。

　　（3）基于八叉树的数据缩减算法。八叉树结构是在 20 世纪 70 年代后期至 20 世纪 80 年代早期出现的（K. Pulli，1999）。Samet 深刻地研究了八叉树的结构特征。八叉树（Octree）结构是由四叉树（Quadree）结构推广到三维空间形成的一种 3D 栅格数据结构。其基本思想是将 3D 空间区域划分成三维栅格，每一个小正方体有一个或多个属性数据。八叉树的树形结构在空间分解上有很强的优势。八叉树模型将一个立方体大小的三维空间等分成 8 个卦限，每个卦限具有相同的时间和空间的复杂度，如果某个卦限内的物体属性相同或可以视为相同时就不再细分，否则就将该卦限再细分为 8 个卦限。通过循环递归的划分方法，使得每个体元都属于同一属性或者达到规定的限差。

在八叉树树形结构中，每一个非叶节点都有 8 个子节点，即按照一分为八的规则逐层划分。根节点表示整个目标空间，对应于一个 $2n$ 边长的立方体（n 为八叉树的层次数），任何其他节点对应于一个边长为 2 的立方体。非终节点的子节点的顺序对应于父节点子节点的几何顺序，非终节点称为灰节点（Grey）。终节点要么对应于含有最简单的目标体，要么对应于预先规定的最小边长，称为分辨率。终节点又称为叶节点，有两种类型：一种是在目标数据的内部，称为实节点（Black）；另一种是在目标数据的外部，称为空节点（White）。线性八叉树模型是在普通八叉树模型基础上进一步压缩数据存储量，由于不记录中间节点的编码及层次关系，大大节省了存储空间，特别适合对海量数据的建模和处理。线性八叉树编码只存储实的叶子节点，叶节点的编码称为地址码，常用的地址码是 Morton 码，Morton 码反映了八叉树的层次信息。Morton 码比常规八叉树编码更有优势，是一种高效率的编码方式。八叉树的原理与数据结构中的二叉树、四叉树基本相同，就像二叉树排序可以方便实现一维序列的查找、四叉树可以实现二维平面上的对象索引一样，八叉树结构也可以用作三维空间中数据的索引。

D 点云数据的平滑

在对三维物体扫描的过程中不可避免会引入测量噪声，为了得到较为精确的模型和好的特征提取效果，有必要对点云数据进行平滑处理。

数据平滑方法主要有两大类：一类是空间域方法，另一类是频率域方法。主要的空间域方法有邻域平均法、中值滤波、多次测量平均等；主要的频率域方法为低通滤波。

E 数据预处理结果

在利用三维激光扫描仪采集数据时，除了目标对象外，扫描范围内的其他物体也会被扫描进来。因此，需要在三维激光扫描数据内去除其他物体。方法是，在左视图、右视图、前视图、后视图内选取主要对象外的数据，一一进行删除。一方面提取目标对象；另一方面减少数据量。并利用相关软件进行点云数据的滤波、平滑和匀化。

2.1.4.6 点云数据拼接

一般来说三维扫描仪很难从一个方向扫描一次便得到扫描目标的完整点云数据，反映一个扫描实体信息通常要由若干幅扫描才能完成，但每个扫描图幅都是以扫描仪位置为零点的局部坐标系，亦即每次经扫描得到的点云数据的坐标系是独立和不关联的。但实际上每幅点云阵数据都是扫描场景的一部分，即有必要将这些点云阵数据转换到同一坐标系里，所以要对得到的点云数据进行拼接匹配。在点云数据的拼接过程中或者说三维数据在处理软件的操作中，势必进行一系列的三维变换，如平移、旋转和缩放等。为了把扫描结果以形象的表现形式表达出来，可以从任意角度观看点云的任意部分，因此需要进行三维图形的变换和处理。

一般而言，实现两幅扫描图像拼接的前提条件是，两幅扫描图像中应该有重合的部分，即前后两次扫描中目标物体应该有一部分都被扫描到，大致上，所说的重叠部分应该占整个图像的 20%～30%，如果重叠部分所占的比例太小，则很难保证拼接的精度；所占比例太大，会增加扫描次数和拼接的工作量。理论上，点云数据的拼接就是使所有来自两幅扫描图像中的同一点的点对（p_i, q_i）满足同一变换矩阵 T：

$$\forall p_i \ni P, \quad \exists q_i \ni Q, \quad \| Tp_i - q_i = 0 \| \tag{2-12}$$

实际上，直接求解方程（2-12）是困难的，因为其需要解决两个问题：点对的查找问题；变换矩阵 T 的求解问题。因此，我们可以把问题转化为寻找到一个合适的变换矩阵 T，使得式（2-13）中的 $Error$ 达到最小即可。判断点云数据拼接好坏的标准是使所有同名点对的总误差达到最小，而不是某个同名点对的误差达到最小。

$$Error = \sum_{i=1}^{Np} \| Tp_i - q_i \|^2, \quad q = \min \| Tp_i - q_i \| \tag{2-13}$$

式（2-12）、式（2-13）中的 P 和 Q 分别代表两次扫描的点集，p_i 和 q_i 分别代表点集 P 和 Q 中的某个点。$Error$ 代表同名点之间的距离，即拼接误差。

常用的点云数据拼接是指定 3 个不在同一直线点云数据的同名点，软件系统自动对未被锁定的点云图像进行几何变换，将同名点云重合，然后在一定范围内进行数值计算，当 $Error$ 值最小（或满足设定的误差要求）时，计算停止，数据拼接完成。三维点云数据的拼接过程实际上就是点云数据坐标的匹配计算过程，需要设定拼接误差参考值，随着计算叠加次数的不断增加，其 $Error$ 值越接近设定的那个参考值，直到 $Error$ 值小于误差参考值，计算停止。对于拼接完成的点云数据，还可以直观查询点云数据的拼接误差分布情况。

通常来说，如果初始的点云数据同名点重合操作理想，只需要较少的点云搜索计算工作便可以完成点云数据的精确拼接，否则需要大量的计算工作才可完成；同时叠加计算次数还取决于设定的误差参考值。

根据数据使用的需要，还可以对拼接完成的数据进行多层数据的合并、点云数据的去噪、删减、降低点云密度等操作。

2.1.4.7 大地坐标转换问题

三维激光扫描技术获取扫描目标的三维点云数据，经过点云数据的预处理进行去噪等操作，对多幅点云数据进行拼接匹配，形成扫描目标的数字模型。对于这样的三维点云数据模型，其坐标系统是以在拼接时导入软件第一幅扫描图像的系统局部坐标，即以扫描仪默认的零点为坐标零点的局部坐标系统，其坐标系统的空间展布与扫描仪的空间位置直接相关。

三维激光扫描技术在工程测量应用中，需要将点云数据反映到工程实际当中去，因此将扫描的点云数据坐标转换到与工程实际相符的大地坐标中具有重要的现实意义。应使扫描点云数据系统坐标与扫描目标真实空间状态相一致，满足点云数据真实反映现场的空间条件，为下一步的工程测量工作做好准备。要把点云数据在一个坐标系中的坐标转换到另外一个坐标系中去，就需要知道这两个坐标系之间的转换关系。为了求出这种转换关系，就需要几个特征点（同名点），即已知两个坐标系中同名点的坐标。因此，特征点的选取是完成坐标转换的一个重要步骤。同时，特征点的选取精度直接关系到坐标转换的误差。对于特征点的大地坐标的获取经常采用全站仪或者静态 GPS 系统进行。

一般而言，特征点的选择可以有两种方法：

（1）扫描过程中，在扫描目标表面选择 3 个或更多的特征点，这些点一般选择位置明显、易于识别的点。同时要考虑所选的特征点的空间分布情况，所选的点不能分布在一条直线上，如果是 3 个点应尽可能分布成等边三角形，选择空间分布合理、易于识别的特征点，有利于减小坐标转换的误差。对于特征点的识别目前扫描系统中有两种办法：一种是直接在获取的点云模型数据中选择相近的特征点，该方法操作简单方便但有一定的误差；另一种方法是在扫描目标体表面设定标靶，此种方法稍显复杂，特别是在高陡边坡扫描过程中设定标靶存在困难，但定位精度较上一种方法要高。

（2）在某些情况下，在扫描体上设定特征点存在很大困难，如扫描高陡边坡时，对坡体特征点大地坐标测量存在很大困难，同时存在测量人员的人身安全问题时，可以采用以扫描仪测量机位点作为坐标转换的特征点的办法，在数据的后期处理过程中，RISCAN_PRO 软件将会反算出扫描仪的扫描位置点。这种办法可解决在没有合适特征点情况下的大地坐标转换处理，缺点是如果扫描距离或范围过大，转换精度受拼接误差的影响较大，一般情况较直接选取特征点误差要大。大地坐标转换的精度评价可以采用式（2-14）进行：

$$\sigma_m = \sqrt{\left(\sum \Delta^2 X_i + \sum \Delta^2 Y_i + \sum \Delta^2 Z_i \right) / (3n - 1)} \tag{2-14}$$

式中，$\Delta X_i = X_i - X_i'$，$\Delta Y_i = Y_i - Y_i'$，$\Delta Z_i = Z_i - Z_i'$ 为原坐标系 X_i、Y_i、Z_i 中的坐标值；X_i'、Y_i'、Z_i' 为转换到的新坐标系中的坐标值；n 为特征点数；σ_m 的值越大，则转换结果精度越差；σ_m 的值越小，则转换结果的精度越高。

2.1.4.8 三维激光扫描技术与传统测量技术的区别

传统的三维数据获取主要有单点采集三维坐标的方法（如 GPS 定位、全站仪等），基于光学摄影测量原理的近景摄影测量、航空摄影测量等。

三维激光扫描技术与全站仪等单点采集三维数据的方法相比，无需设置反射棱镜进行无接触测量，在人员难以企及的危险地段使用优势明显；突破单点测量方式，以高密度、高分辨率获取扫描物体的海量点云数据，对目标描述细致、采样速率高，传统方法难以实现。缺点是与全站仪相比，测量精度相对为低。

三维激光扫描技术与光学摄影测量为原理的近景摄影测量及航空摄影测量不同：摄影测量获取的是影像照片，激光扫描获取的是三维点云数据，其获取的数据格式不同；摄影测量数据拼接采用相对或绝对定向方式，三维激光扫描采用数据的坐标匹配方式，其拼接各测站间数据的方式不同；解析方法不一、测量精度不同；测量环境要求不同，摄影测量对环境光线、温度要求高；数据处理方式不同。

2.1.4.9 三维激光扫描技术特点

三维激光扫描系统是目前国际上最先进的获取地面空间多目标三维数据的长距离影像测量技术，它将传统测量系统的点测量扩展到面测量，它可以深入到复杂的现场环境及空间中进行扫描操作，并直接将各种大型、复杂实体的三维数据完整采集到计算机中，进而快速重构出目标的三维模型及点、线、面、体等各种几何数据，而且它采集到的三维激光点云数据还可以进行多种后处理工作。三维激光扫描技术利用激光的独特优异性能进行扫描测量，该技术具有如下一些特点：

（1）非接触测量。三维激光扫描技术采用非接触扫描目标的方式进行测量，无需反射棱镜，对扫描目标物体不需进行任何表面处理，直接采集物体表面的三维数据，采集的数据完全真实可靠。适用于测量危险区域、柔性目标以及人员难到达的地方，具有传统测量方式难以完成的技术优势。

（2）数据采样率高。目前，采用脉冲激光或时间激光的三维激光扫描仪采样点速率可达到数千点/秒，而采用相位激光方法测量的三维激光扫描仪甚至可以达到数十万点/秒。可见采样速率是传统测量方式难以比拟的。

（3）主动发射扫描光源。三维激光扫描技术采用主动发射扫描光源（激光），通过探测自身发射的激光回波信号来获取目标物体的数据信息，因此在扫描过程中，可以不受扫描环境的时间和空间的约束。

（4）具有高分辨率、高精度的特点。三维激光扫描技术可以快速、高精度获取海量点云数据，可以对扫描目标进行高密度三维数据采集，从而达到高分辨率的目的。

（5）数字化采集，兼容性好。三维激光扫描技术采集的数据是直接获取的数字信号，具有全数字特征，易于后期处理及输出。用户界面友好的后处理软件能够与其他常用软件进行数据交换及共享。

（6）可与外置数码相机、GNSS 系统配合使用。这些功能大大扩展了三维激光扫描技术的使用范围，对信息的获取更加全面、准确。外置数码相机的使用，增强了彩色信息的采集，使扫描获取的目标信息更加全面。GNSS 定位系统的应用，使得三维激光扫描技术的应用范围更加广泛，与工程的结合更加紧密，进一步提高了测量数据的准确性。

（7）结构紧凑、防护能力强，适合野外使用。目前常用的扫描设备体积小、重量轻、防水、防潮，对使用条件要求不高，环境适应能力强，适于野外使用。

2.1.4.10　三维激光扫描技术在露天矿边坡监测中的应用实例

A　山西省平朔市安家岭露天矿

文献［17］运用 ILRJS36D 三维激光影像扫描系统对山西省平朔市安家岭露天矿坑边坡进行了 6 个周期的连续监测，应用 Polyworks 8.0 软件对三维点云数据进行处理，并监测到了研究区在一段时间内表面位移的变化情况，为研究滑坡体的边界条件、滑动方向、发生时间及危害性提供了数据基础，真正实现了多参数与多测点监测，高精度、远程实时获取信息的功能。研究结果表明，采用三维激光影像扫描系统进行边坡监测具有很好的效果，由误差图分析得出被监测边坡总体变形比较平缓，最大位移量为厘米级别，这些地区是由于采挖量较大导致边坡位移加速；而采挖量小的地区位移变化较小，目前比较平稳，暂时不会有滑坡的趋势。由分维计算方法得到的标识物中心点坐标三维位移的分维值 D 和由时间序列分析方法得到的 H 指数值均在 1 左右，相关系数均达到 0.9 以上，说明研究区边坡标志点位移变化比较平稳；同时应用灰色预测方法建立的边坡标志点位移预测模型精度非常高，其后检验比均小于 0.35，绝对关联度均大于 0.9，可以应用于今后长期的边坡控制点三维坐标位移预测当中。

B　巴基斯坦山达克南矿体扩帮边坡监测实例

巴基斯坦山达克南矿体扩帮是在已形成 348m 的高边坡最终边帮中下部大范围扩帮，扩帮后 734m 以下边坡角由原设计 42°提高到 47°~54°，整体边坡角 42°~48°，最大采深度达到 396m。边坡地质条件复杂，岩体较为破碎，多条断层出露于边坡，受 F1 断层影响，采坑西北部地表及 950m 安全平台已出现多条张开型裂缝，为确保深部扩帮的安全，开展边坡监测尤其重要。但是传统监测手段单一，大多采用点对点或点对面数据采集模式，监测结果不能很好地表现边坡的整体变化。结合微震监测技术可以从岩体变形开始，跟踪监测岩体内部从单元岩块的断裂到整个岩体失稳的渐进性破坏过程，预报具有准确性和超前性，以及三维激光扫描技术具有海量数据等特点，采用微震监测和三维激光扫描的联合监测技术，对山达克南矿体边坡进行监测，实践证明该项技术能够很好地体现出边坡变化的整体趋势，对高陡边坡监测，尤其是对露天矿深部强化开采的高陡边坡监测有着重要的指导和实践意义。

边坡监测系统布置根据山达克南矿体露天边坡现状及地质构造，将微震监测系统主要布置于西边坡，将三维激光扫描仪布置在东边坡，两者结合对西边坡扩帮区域进行监测。微震监测布置微震监测系统为 32 通道采集系统，由 4 台数据采集仪携带 20 个传感器（共 6 个三分量、14 个单分量），分别布置在 7581TI、806m、8781TI、950m 四个水平，每台数据采集仪为一个监测单元，监测单元通过无线信号发射装置传输至边坡监测室；三维激光扫描系统监测站点设置于东边坡 806m 平台，台阶中央浇筑 60cm×60cm×100cm 混凝土平台用于固定扫描仪，现场加设无线信号发射端，通过无线设备将实时数据传输至边坡监测室。

研究结论：（1）与传统的监测手段相比，微震监测和三维激光扫描联合监测技术能监测到岩体从变形到单元岩块的断裂到整个岩体失稳的渐进性破坏过程，预报具有准确性和超前性，并可实现全天 24h 实时监测。（2）微震事件的大量聚集是岩体破碎、坡体松弛，甚至是局部岩块失稳滑移的前兆，因此对于微震事件密集区域附近的施工，应引起一定程度的重视。爆破振动对边坡局部岩体的稳定性影响不可忽略，尤其是大药量爆破，不仅会削弱坡脚支撑力，而且会破碎边坡岩体，造成坡体松弛。因此，施工开挖应少药量多爆次，尽量减小爆破振动对边坡的扰动。（3）边坡开挖破坏了原有的平衡，促使应力重新分布，产生新的变形以适应开挖后的边坡应力环境，也有可能使边坡岩体结构进一步破坏而失稳。因此应加强开挖后的微震和位移监测，以判明边坡开挖后的稳定性情况[18]。

2.1.5 雷达技术

采用雷达扫描和图像识别技术进行位移监测，变形表现为不同时刻同一扫描区雷达图像中同一测点间相对距离。应用边坡雷达监测可实现无人值守非接触式实时监测，雷达图像分辨率较高。成像雷达一般分为三种类型，即合成孔径成像雷达、真实孔径成像雷达和二者兼有的成像雷达。

合成孔径雷达技术衍生于航空航天地球测绘技术，它的特点是扫描距离相对较远，范围比较大；其缺点是精度不够、误差较大。因为合成孔径雷达技术扫描所得图像为二维图像，在边坡监测领域应用时需有相关 DTM（Digital Terrain Mode 数字地形模型）数据的支持才能转换为三维图像，因此在对边坡位移进行监测的过程中，由于 DTM 数据本身带有一定的误差，导致该技术测量边坡三维变形的精度不够。合成孔径雷达以意大利 IDS 公司的 IBIS 系列产品为代表。

真实孔径雷达技术是针对露天采矿等人工高边坡稳定监测要求而开发的新一代变形监测雷达技术，因为不需要 DTM 模型辅助，故而可以直接获得三维边坡的变形数据，该技术还具备移动性强的特点。真实孔径雷达以南非的 Reutech 公司的 MSR 系列产品为代表。

2.1.5.1 合成孔径成像雷达

A　D-InSAR 基本原理

合成孔径雷达差分干涉测量（Dif-
ferential InSAR，D-InSAR）是在 InSAR
基础上发展起来的测量技术。若空间
基线满足使用要求，就可以利用多次
重复观测进行微小地表形变监测。如
图 2-17 所示。该技术是目前唯一的基
于面观测的形变遥感监测手段，可补
充当前基于点观测的低空间分辨率大
地测量技术，如 GNSS 技术和精密水准
测量技术等。

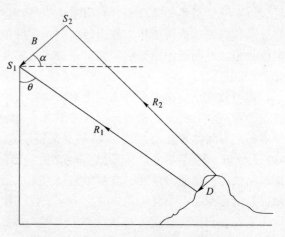

图 2-17　D-InSAR 基本原理几何示意图

假设在获取干涉影像对期间，卫
星成像位置由 S_1 移动到 S_2，地面点由
P_1 移动到 P_2，地表面发生了形变，则
根据矢量关系有：

$$R_2 = R_1 + D - B \tag{2-15}$$

式中，R_i 为视线向矢量，即第 i 幅天线到目标物之间的矢量。

设 $\rho_i = |R_i|$，表示天线与目标物之间的距离；D 表示在成像期间地表的位移矢量；B
为两次成像时天线之间的距离矢量，则干涉相位 ϕ 可表达为：

$$\phi = \frac{4\pi}{\lambda}(\rho_2 - \rho_1)$$
$$= \frac{4\pi}{\lambda}(\langle R_1 + D - B, R_1 + D - B \rangle^{\frac{1}{2}} - \rho_1) \tag{2-16}$$

式中　λ——雷达波长；

　　　　$\langle\rangle$——点乘。

对于星载系统来说，地表形变量和空间基线都远小于地面点与卫星之间的距离，即
$D \ll \rho_1$，$B \ll \rho_1$ 和 $\langle B, D \rangle \ll \rho_1$。则式（2-16）可表达为：

$$\phi = \frac{4\pi}{\lambda}(\langle R_1, D \rangle - \langle R_1, B \rangle)$$
$$= \phi_{\text{def}} - \phi_{\text{topo}} \tag{2-17}$$

式中，$\phi_{\text{def}} = \frac{4\pi}{\lambda}\langle R_1, D \rangle$ 为地表移动相位；$\phi_{\text{topo}} = -\frac{4\pi}{\lambda}\langle R_1, B \rangle$ 为地形相位。

由式（2-17）可知，差分干涉得到的相位由两部分组成：地形相位 ϕ_{topo} 和地表位移相
位 ϕ_{def}。通常将式（2-17）表达为：

$$\varphi = \frac{4\pi}{\lambda}B\cos(\theta - \alpha)\lambda\frac{h}{\rho_0\sin\theta} + \frac{4\pi}{\lambda}\Delta\rho_d \tag{2-18}$$

式中　α——基线与水平参考面的夹角；

　　　　θ——常数高程参考面的视角；

　　　　ρ_0——雷达与常数高程参考面之间的距离；

　　　　$\Delta\rho_d$——视线向的地表形变量；

h——基于参考面的地形高度。

从式（2-18）可看出，若要得到雷达视线向的地表形变信息，就必须消除地形因素的影响。目前常用的消除地形因素影响的方法主要有3种，即"两轨法"（two pass）、"三轨法"（three pass）和"四轨法"（four pass）。

B　D-INSAR 技术数据处理的步骤

D-INSAR 技术数据处理步骤如下：

（1）配准 SAR 影像对。影像对配准质量的高低直接关系到差分干涉结果的好坏，因此，SAR 影像对配准是 D-InSAR 处理中至关重要的步骤。所谓配准就是计算主影像与辅影像之间的坐标关系，并将辅影像进行重采样到主影像大小，从而提高像对之间的相干性。影像配准可分为粗配准和精配准。在 GAMMA 软件中，一般利用外部提供的轨道数据进行粗配准；然后以粗配准的结果作为初始值，利用相关系数高于给定阈值的点进行多项式拟合，完成 SAR 影像对之间的精配准。在 InSAR 数据处理时要求 SAR 影像对配准的精度达到亚像元级。

（2）生成干涉图。经配准得到满足精度要求的干涉像对后，对干涉像对进行共轭相乘，就可以得到干涉纹图，此时干涉相位含有地形信息和形变信息。

（3）DEM 模拟相位。先将原始的 DEM 转换到 SAR 坐标系下，接着按照高程相位转换系数，将 DEM 模拟为干涉相位。

（4）差分干涉图。用由 SAR 影像对生成的干涉图减去 DEM 模拟生成的干涉图，就可以得到差分干涉图，此时干涉相位仅含形变信息。

（5）滤除噪声。由于存在着大量噪声的影响，有时会淹没干涉信息，因此，应选择合理的滤波器来消除因大气波动和其他原因造成的相位变化。在 GAMMA 软件里一般推荐自适应滤波方法。

（6）相位解缠。相位解缠就是将相位从主值或相位差值恢复为其真实值的过程，在 InSAR 数据处理过程中占据着重要的地位。在 GAMMA 软件中，支持两种经典的解缠算法，一种是枝切区域增长法。该法主要作用于滤波后的干涉图，并且找出那些关键区域，如低相干区且有残点的地方，对这些关键区域不做相位解缠，该方法相当可靠，运行效率也非常高。另外一种方法是使用最小费用流技术和不规则三角网方法。该方法不仅是一个全周优化的方法，而且能够考虑输入数据中的缺陷（如低相干区域）和三角网络的高密度性。处理中使用掩膜、自适应稀释和批处理技术，可保证高效、稳定的相位解缠，即使是处理大数据量的干涉像对也不会影响工作效率。但是，由于相位解缠的复杂性和重要性，新的解缠算法有待进一步的研究和开发。

（7）相位转为形变。解缠后的相位经过转换就可得到相对于解缠起始点在视线方向的形变信息。

（8）地理编码。地理编码就是完成形变信息由斜距到高程的转换，以及将雷达坐标系下的高程转换到需要的坐标下的高程。

详细流程图如图 2-18 所示。

C　IBIS-M 矿区边坡监测系统

IBIS-M（Image by Interferometric Survey-For Mines）是基于微波干涉技术的高级远程监

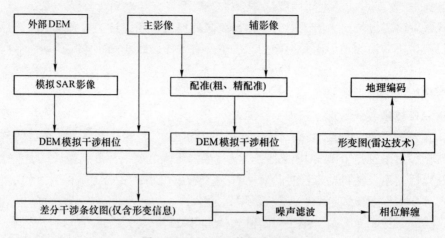

图 2-18　D-InSAR 数据处理流程

控系统，是由意大利 IDS 公司和佛罗伦萨大学经 6 年合作研究的创新地基干涉雷达。其集成了四项世界领先的技术，这些核心技术保证了 IBIS-M 能够高精度、大范围、远距离、全天候对目标进行监测，它们分别是步进频率连续波技术（SFCW，Stepped Frequency Continuous）、合成孔径雷达技术（SAR，Synthetic Aperture Radar）、相位干涉测量技术和永久散射体技术。主要应用于地形变形监测（包括滑坡、不稳定边坡及冰川等）和建筑物变形监测（包括大坝、桥梁、高塔等等）。本书主要介绍其在露天矿边坡监测方面的应用。

（1）步进频率连续波技术（SFCW，Stepped Frequency-Continuous Wave）。步进频率信号是一种应用较广的高距离分辨率雷达信号，常在雷达目标的识别技术中应用。在实际的雷达系统中，距离分辨率可从短脉冲波形获得，也可通过压缩长脉冲获得。探地雷达常用的波形是无载波窄脉冲线性调频连续波和步进频率连续波（SFCW）。步进频率连续波的雷达能用相对小的瞬时带宽合成有效的较大带宽，接收机中频带宽小，因此可提高接收机的灵敏度，减小实时处理的数据量。

步进频率连续波（SFCW）技术原理如图 2-19 所示。步进频率连续波技术是系统以不同的频率在 T-sweep 时间内发射出一组电磁波，通过这项技术保证电磁波的长距离传输。步进频率连续波技术还为雷达提供了很高的距离向分辨率，雷达能够提供的频率带宽最大为 $3×10^8$ Hz，通过 $\Delta r = C/2B$ 得到的距离向分辨率 Δr 为 0.5 m。这就意味着在雷达的监测区域内，沿径向每 0.5 m 被分割成一个单元。

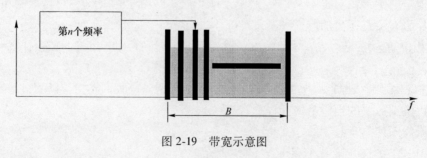

图 2-19　带宽示意图

（2）差分相位干涉测量技术（DPIS，Different Phase Interferometric Survey）。差分相位

干涉测量技术是目前一项非常成熟的测量技术，该项技术主要可保证对目标物的位移变化情况进行精确测量，该技术主要通过雷达反射波的相位差异进行的。经过雷达的第一次发射和接收雷达波，确定了目标物所在的位置和相位信息；再经过一次发射和接收雷达波，确定第二个位置的相位信息，通过其相位差确定精确的位移变化。理论上最小可识别的位移变化为 0.000154mm，这个精度完全能够满足桥梁、建筑、高塔、边坡等行业的需求。

（3）合成孔径雷达技术（SAR，Synthetic Aperture Radar）。合成孔径雷达（SAR）技术是一种微波传感器，是 20 世纪 50 年代微波传感器中发展研制成功的最迅速、最有效的一项新的空间对地观测技术，它是利用合成孔径雷达的相位信息提取地表的三维和高程变化信息。该技术可以获取大范围、高精度、高可靠性（全天候、全天时）的地表变化信息。利用 SAR 技术，在天线沿轨道线性扫描时，相当于增大了天线孔径，可为系统提供较高的角度向分辨率，4.5mrad。

雷达具有了距离向分辨率和角度向分辨率之后，就能够将整个监测区域分割成很多的单元，采集每一个单元的位移信息，再将所有的信息结合起来。距离向以 0.5m 为一单元进行分割，角度向以 4.5mrad 为一单元进行分割。雷达最大的监测区域可达 $11km^2$，最大的分割单元数量可达 200000 个。

（4）永久散射体技术（PSSI，Persistent Scatterers for SAR Interferometry）。永久散射体技术，是指系统通过对被测区域进行一定时间的监测，自动选取符合永久散射体条件的若干像素点，从而构建该被测区域的环境校准曲面，准确地去除各种外在环境因素对监测结果的影响，最终得到精确的监测结果。

D IBIS-M 矿区边坡监测系统的组成及参数

（1）IBIS-M 边坡监测系统的组成。IBIS-M 系统硬件组成包括以下几个单元：1）合成孔径雷达单元；2）米线性轨道扫描单元；3）太阳能电池板；4）监测报警单元；5）工业级高精度以太网式相机；6）能量供应控制单元；7）智能发电机；8）气象监测单元；9）WIFI 无线数据传输单元。

其中，合成孔径雷达单元即传感器单元，包含频率为 16.6~16.9GHz 的步进频率连续波，信号发射器和接收器（20dB 增益）、视准器及喇叭形天线，频率扫描和传感器位置间的同步控制器以及线性扫描装置接口。线性轨道扫描单元包含步进控制编码器及步进伺服马达等，使雷达单元在 2m 的线性轨道上按照不同的采样间隔有规律地移动。能量供电控制单元包含 2 个 12V 电源、220~240V 交流输入、光电太阳能 12V 直流输入、线性扫描器及附件的直流输入接口、电源综合智能控制模块等，此单元也是数据记录和处理的操作平台。

（2）IBIS-M 边坡监测系统软件组成。IBIS-M 系统软件组成为 IBIS Controller 采集软件及 IBIS Guardian 数据实时分析软件。

IBIS Controller 采集软件主要功能为采集参数设定、电源自动中继控制及扫描实时描述；实时分析 IBIS Guardian 软件实现实时分析处理功能，检查单个或者多个系统组件的工作状态，提供实时地理编码功能，单像素点位移曲线，实时分析处理以矫正气候影响、安全级别预警图，将边坡早期预警结果及系统错误通过短信或者电邮通知用户，建立交互式三维模型，可以将监测数据输出到 GIS 或者其他相关的兼容软件。

（3）IBIS-M 边坡监测系统的参数。IBIS-M 边坡监测系统的参数见表 2-4。

表 2-4　IBIS-M 矿区边坡监测系统的参数

项　目		参　数
测量精度/mm		0.1
最大监测距离 D/km		4
分辨单元大小		4.5m×0.5m@1km
工作温度 T/℃		-20~55
数据更新周期（采集周期）/min		5~10
系统功耗 Q/W		<100
环境标准		IP65
空间分辨率	角度向分辨率	0.2~4.0km×4.5mrad
	距离向分辨率/m	0.5

2.1.5.2　真实孔径成像雷达

真实孔径雷达技术是针对露天采矿等人工高边坡稳定监测要求开发的新一代变形监测雷达技术，因为不需要 DTM 模型辅助，故可以直接获得三维边坡的变形数据，该技术还具备移动性强的特点。真实孔径雷达以南非的 Reutech 公司的 MSR 系列产品为代表。下面介绍 MSR 边坡稳定性雷达的工作原理。

A　MSR 边坡稳定性雷达的工作原理

MSR 边坡稳定性雷达的基本原理是首先将高频电磁能量（无线电波）发送至目标方向，然后接收从目标物反射回的电波，其中目标物的信息可在返回的电波中得到。在 MSR 边坡稳定性雷达的实际监测过程中，目标物即为监测区域内的边坡岩体，测量得到的数据为边坡岩体的绝对位移和相对位移。

（1）绝对位移。绝对位移是指从雷达天线收发器到监测区域边坡岩体的距离。图 2-20 所示为从雷达天线收发器发出无线电波传输至目标物（该段时间用 t_1 表示），其中一些无线电波被目标物反射回且被雷达天线收发器接收（该段时间用 t_2 表示）的情况。在该过程中，MSR 边坡稳定性雷达通过精确测量无线电波发射和反射回的时间和（t_1+t_2），可计算出边坡岩体的绝对位移。对雷达而言，无线电波的速度为光速。通过 MSR 边坡稳定性雷达计算出的绝对位移可精确至 0.1m，一般用于在实时监测及数据分析软件 MSRHMI 中生成监测区域边坡岩体的三维立体模型，也可完全用于建立整个露天矿边坡的三维地质模型。

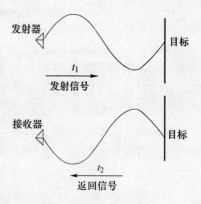

图 2-20　雷达信号绝对
位移的测量原理

（2）相对位移。相对位移是指监测区域边坡岩体的位移变化量，可从返回信号的相位变化量得到。MSR 边坡稳定性雷达可通过测量目标物移动前后 2 次雷达信号的相位移动，将其转换为相对位移的变化量。在监测过程中，MSR 边坡稳定性雷达可自动测量监测区域内所有边坡岩体的微小相对位移变化，并通过实时监测及数据分析软件 MSRHMI，反映出监测区域边坡岩体的运动变化情况（见图 2-21）。

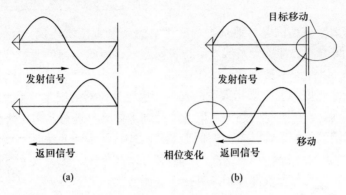

图 2-21　雷达信号相对位移测量
（a）目标物移动前；（b）目标物移动后

B　MSR 边坡稳定性雷达的系统组成

MSR 边坡稳定性雷达系统主要分为硬件和软件两个部分，硬件包括：（1）拖车。伸缩支架、托钩、导轮、停车制动。（2）电子附件。系统数字处理器和人机接触面 HMI、天线指向装置电子附件、气象站、通信模块、警示灯、紧急停止装置和工具箱；（3）电力供应系统。柴油发电机、带电池的供电装置、供电系统顶盖装置、控制面板、油箱。（4）雷达系统。雷达天线、无线收发器、天线定位装置。MSR 边坡稳定性雷达软件主要包括实时监测及数据分析软件 MSR HMI、数据传输软件 WinSCP、雷达电脑内置 Linux 操作系统。

C　MSR 边坡稳定性雷达的技术特点

MSR 边坡稳定性雷达技术特点：（1）测量精度达到 ±0.2mm，监测距离达 2500m；（2）无需与监测区域边坡岩体发生任何接触，保障监测人员和设备的安全；（3）实现 24h 连续监测，便于监测人员实时掌握边坡岩体的变化情况；（4）自动生成边坡的三维立体模型，可直观反映岩体的运动情况；（5）自带拖车，可移动，布置快捷；（6）独立工作，自备动力，无需外接电源；（7）在任何气候条件下均可操作（不受雨雪、灰尘、雾霾等干扰）。

2.1.5.3　测站位置选择

地基雷达在野外进行监测作业时，为了保证监测结果的可靠性，测站位置如何选取是一个需要仔细研究的问题，一般来讲，测站位置必须满足以下条件[19]：

（1）通视性好。选取的测站位置必须对监测区域具有良好的通视性，以保证地基雷达仪器架设后监测范围能够覆盖整个研究区域。良好的通视性是地基雷达扫描成像的前提，设站位置选择不当可能导致监测区域存在难以观测的盲点，因此通常在选择测站位置时，需要综合考虑监测区域的地形起伏和阻碍视线的障碍物分布等因素。

（2）监测距离不宜过远。理论上地基雷达最大监测距离能达到 4km，虽然地基雷达距离向上分辨率保持不变，但是随着监测距离的增加，在方位向上的分辨率急剧降低。具体来说，在 100m 距离用地基雷达进行实验时，方位向分辨率较高，为 0.44m；而到了 1000m 距离时，方位向分辨率已将降低到 4.4m，即"宽度"约 4.4m 的一块区域在地基雷达影像是一个像素点；在 4000m 距离处，方位向分辨率为 17.6m，影像细节已完全丢失。

综上所述，测站位置距离研究区域不宜过远，否则会丢失细节，降低形变监测的精度和可靠性。

（3）需考虑地基雷达供电。地基雷达在蓄电池满电直流供电模式下能连续工作 10h，但在实际野外监测中，常常需要对区域进行长期监测，因此选择的测站位置需要能够方便为地基雷达供电，以保证地基雷达连续作业。

（4）安全性。这里的安全既指人员的安全，也包括仪器的安全，不宜在地形陡峭、土质不稳区域实施监测。在实际监测中还应考虑天气条件提早进行防雨、防晒。

（5）基座稳定性。地基雷达在长时间监测过程中，受设备重力影响线性轨道存在一定程度的下陷，产生轨道误差，加装钢筋水泥基座可以避免这一现象发生，因此测站位置需要有现成的稳定基座或者有条件现场浇筑钢筋水泥基座。

2.1.5.4　边坡雷达监测的优缺点

A　边坡雷达监测的优点

雷达成像信息在距离向和方位向分辨率均较高，能以亚毫米精度获取边坡变形数据；测量可覆盖整个边坡，可实现自动化监测，并根据设定位移速率阈值（临界值）进行预警；具有空间分辨率较高的特点，能监测到被测区域表面很小的变形，采样的间隔相对较短，非常容易判断出目标监测区内位移发生的位置，对后续预警预报系统的建立十分有优势，监测距离相对较高，从而可以灵活选择布置位置，在实际工程应用中非常方便，能够远距离对不稳定边坡的可疑区域进行监测；监测为非接触式，不需要在边坡上安装固定的监测设备，即使发生灾难事故，也难以造成监测设备的损失，适合于不便于安装固定监测设备的边坡监测案例；可以对边坡进行全天候的连续监测。

B　边坡雷达监测的缺点

投资高，目前市场单套设备投资约 70 万~800 万元；雷达监测距离对测试精度影响较大，测试距离一般不大于 2km；受露天开采工艺影响，边坡雷达布设位置只能布置于端帮或内排土场，边坡监测数据精度受露天矿坑底工作线长度和雷达扫描角度影响。若布置在内排土场，其影响露天矿内排土作业；监测数据为监测点间相对位置（距离），不能反映变形矢量方向，监测数据不能真实反映边坡变形三维动态，不利于进行边坡变形（失稳）机理分析。

2.1.5.5　雷达技术在露天矿边坡监测中的应用实例

锦丰露天金矿位于贵州省黔西南州贞丰县境内，自 2007 年开采以来，已形成最大垂高 220m 的边坡（最高点标高 720m，坑底标高 465m）。金矿岩石类型主要为泥岩、砂岩，以及泥岩和砂岩的互层结构，岩体具有强度低、较破碎、易风化崩解、遇水易泥化等特点，露天开采过程中，边坡的东南西北 4 个方位都出现失稳破坏现象。因此锦丰露天金矿进口 2 套 IBIS-M 型雷达变形监测系统，2 套雷达分别安装在东北部 630m 平台和东部 680m 平台，对 75% 以上的边坡进行 24h 不间断监测，以确保采矿作业安全进行。

应用表明 IBIS-M 边坡变形监测系统具有测量精度高、范围广、距离长、防尘防水等特点，可用于露天边坡变形监测、尾矿库坝体变形监测及山体滑坡和山崩等自然灾害的预报预警，通过对锦丰露天矿边坡进行实时监测报警，及时实施加固及地表水、地下水控制、爆破控制等措施，大大提高了边坡风险的管控和生产安全级别，避免了人员和设备伤害[20]。

马钢集团凹山采场的边坡稳定性监测主要通过在出现裂缝的边坡台阶表面布置若干监测点，采用人工巡视并测量方式进行边坡监测。2012 年，为合理利用凹山采场资源，提出了残矿回收方案，需对东帮、南帮局部进行了扩帮作业。在扩帮过程中，受自身地质条件、雨雪和爆破作业等因素的影响，边坡极易发生滑坡灾害。为此，对该矿现有的边坡稳定性监测系统进行了升级，采用 MSR 边坡稳定性雷达进行监测和预警。自 2012 年从南非 REUTECH 雷达系统有限公司引进以来，MSR 边坡稳定性雷达已在凹山采场监测了 5 年。该期间内除了对 MSR 边坡稳定性雷达进行必要的保养和日常维护外，未出现任何故障，达到了 24h 实时监测的目的。在长时间的监测过程中，MSR 边坡稳定性雷达收集了大量的监测数据并建立了大数据库，为进一步研究凹山铁矿边坡稳定性规律提供了丰富的数据资源。

2.1.6 激光测距技术

2.1.6.1 激光远程监测系统的原理

激光远程监测系统主要是通过激光测距仪测量观测点到边坡监测点距离的变化，然后将测得的数据通过无线数据传输回监控中心，再对监测数据汇总分析，实现边坡的安全预警。其基本组成包括相位式激光测距仪、无线收发模块、远程计算机监测控制系统。系统基本流程示意图如图 2-22 所示。

激光远程监测系统工作的流程：第一步由激光相位传感器进行数据采集；第二步通过无线收发模块（DTU 传）将数据传送到 GPRS 终端；第三步通过移动 GPRS 网络传输至监测中心；第四步系统将数据自动进行筛选、统计、保存。

2.1.6.2 激光远程测距硬件系统

A 激光测距传感器

激光测距传感器原理：通过激光二极管对准监测物体发射激光脉冲，然后经过监测物体反射后激光散射到各方向上，一些散射激光反射回到传感器接收器，被接收后成像到雪崩光电二极管上，处理并记录从激光脉冲发出到返回接收耗费的时间，然后根据光速即可计算出监测物体的距离。

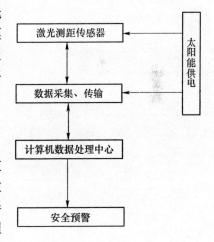

图 2-22 激光远程监测系统流程

常用的激光测距传感器：GHLM.15B 型激光测距传感器、GHLM.25B 型激光测距传感器。它们具有如下特点：

（1）测量精度高、安全可靠性好。

（2）通过把传感器安装在全密封的空间里，即可在恶劣环境中使用。

（3）供电范围大，供电电压为 12.24V。在野外环境下可使用太阳能电池供电。

（4）耗电量很小（在无电流报警时，功耗小于 1.5W）而且功耗稳定。

（5）量程大精度高，监测最远距离可达 250m，最短距离可测 0.05m。

（6）使用发散角度小的可见激光束，在 150m 处激光点只有 150mm。

（7）通过外部触发器实现远程触发监测。

（8）连接电缆灵活、可扩展，有利于双向数据传输、供电、模拟量和开关量输出。

（9）传输数据的速度快，在连续观测后，监测数据返回后时间间隔可以在 0.1～110s 范围内进行调整。

（10）每个传感器的序列号是唯一的，可根据命令读取。

（11）传感器标准串型接口形式有 RS485、RS422、RS232，可以自由切换。

（12）配套的无线模块可实现 zigbee（紫蜂协议）、蓝牙等无线通信方式远程遥控。

激光传感器的参数指标见表 2-5。

表 2-5　传感器的参数指标

测量范围/m	0.05～250
测量精度	±1mm；超过 100m 时：±10mm
频率/Hz	10
分辨率/mm	0.5
重复性/mm	1
激光等级	2 级，符合 IEC 60825-1 标准，635nm<1mW（红色）
激光光束直径	10m 处 6mm；150m 处 150mm
供电电压	12～30V DC；功耗：待机时<0.5W，测量时<1.5W，瞬间最大功耗 10W
测量时间/s	0.1～105
工作温度/℃	−10～50；连续测量−18～40℃
存储温度/℃	−20～70
尺寸（$L×W×H$）/mm	175×85×55
防护等级	IP65，铝壳
重量/g	580
数据接口	RS232/RS422/RS485（可转换），波特率 9600b/s，ASCII 格式 8nl，可用 Windows 进行内容设置
模拟量输出	对测量区域可编程，0～20MA，0～24MA，4～20MA，0～5V，0～10V，±5V，±10V，负载阻抗 500（$Q=500\Omega$）； 精度：±0.15%，温度漂移<50×10^{-6}/℃
开关量输出	对开关量输出（中心点和滞后范围）可编程。共有四路开关量输出，最大带负载能力 24V，0.5A
无线输出	配无线发送和接收模块

B　数据传输系统

激光远程测距监测系统的数据传输系统主要分为两部分：一是传感器与无线 DTU 模块的连接；二是无线 DTU 模块通过 GPRS 与监控中心的远程计算机间的连接。无线 DTU 模块能很好地实现自动化、智能化，其最大特点是能实现无线双向全透明数据传输。无线

DTU 可以完全独立工作，它是设备与设备间或者 PC 机与远端的设备间构建可靠数据传输的通道。该产品具有如下特点：

（1）TCPAJDP 透明数据传输；支持多种工作模式。利用 TTL/RS485/RS232 接口可以完成与互联网的数据交换。

（2）支持数据、短信等应答方式和超时断开连接网络。

（3）终端数据一直在线，即便在工作中因某种原因突然中断（停电或关机），DTU 也会自动连接在线。

（4）可以自由设置定时检测通信状态，一旦长时间通信停止，设备将自动连接。

（5）产品体积较小，方便直接连通标准串口线和直径为 2×5mm 芯标准电源插头。

（6）用户不必选用其他设备就可以将 DTU 与计算机连接，并构成一套完整的数据通信系统，这体现了其数据传输功能的强大；GPRS 技术是移动电话网络移动数据业务，是目前能够解决移动通信信息服务的一种较完善的技术方案。它很好地结合了数据通信技术和移动通信技术，基本上可实现全部中低速率的传输数据业务。系统选用 GPRS 作为对边坡表面变形远程监测数据传输，该方法具有传输速率高、接入速度快、终端实时在线、网络覆盖范围广等特点。为了使现场的移动 GPRS 无线网络与无线 DTU 模块连接起来，需要在现场安装一个信号发射天线，天线应尽可能放在不易接触到而且信号好的位置并注意防水，以确保天线发射信号质量。

将带 GPRS 网络功能的数据卡放进现场的远程数据传输箱的对应位置，将传感器连接上主机的各通道，安装好分站的天线，接通电源就形成了数据传输系统。

C　供电系统

由于边坡一般都在偏远的山区，而且监测时间较为长久，对供电系统的要求相对较高。监测系统建议选取太阳能电池板供电。太阳能电池板利用太阳光并将太阳辐射能通过光化学效应以及光电效应转换成电能的装置，其具有环保、供电方便等优点。

2.1.6.3　激光远程监测系统软件

利用计算机编程语言开发边坡表面变形监测系统软件，对监测到的数据进行存储、处理分析。针对不同特征的边坡进行不同的阈值设置，实现全自动化边坡监测与数据传输并实时处理。

根据接收到的数据进行处理，生成报表以及各个测点的位移变化曲线。当监测数据值达到或者超过阈值时，系统自动发出报警信息。

2.2　内部位移监测

2.2.1　多点位移计

多点位移计可以测量边坡不同深度的变形情况，从而判定滑动面的位置和坡体变形范围；配合外部变形观测手段使用，布置在可能滑动的需要进行长期监测的高边坡关键部位，在施工期紧跟施工或超前埋设，作为长期观测设施使用。

根据监测结果进行以下研究：

（1）研究边坡内部位移的变化规律；

（2）研究边坡位移变化的范围；

（3）根据位移量测结果，反分析岩体应力场及力学参数；

（4）预测预报边坡的稳定性，为矿山安全生产提供服务。

2.2.1.1　多点位移计的工作原理

多点位移计是用于边坡内部变形监测的仪器之一，多点位移计是测量钻孔内沿埋设方向任意两点间的相对位移的仪器，主要用于边坡内部位移的观测。位移计可以分为单点式与多点式，单点式位移计只有一个测点，多点位移计是在测孔中设置多个测点来量测不同深度岩体沿钻孔方向的位移，测点个数按照边坡工程的特点选择，一般的测点数在3~6个。多点位移计主要由锚头、传递杆、护管、支撑架、护筒、传感器、护罩及灌浆管组成，其工作原理是当钻孔各个锚固点的岩体产生位移时，经过传递杆传到钻孔的基准端，各点的位移量均可在基准端量测，基准端与各个测点之间的位置变化即是测点相对于基准的位移。将最深的锚头固定在岩体变形范围之外，并以它为基准点，我们称之为不动点，这样就可以量测出岩体的绝对变形。多点位移计常用的锚头有4种：可膨胀型岩石锚头、弹簧锚头、灌浆锚头和水力扩张锚头。

2.2.1.2　多点位移计的埋设安装

为了避免差错，在埋设之前先进行全套仪器试安装，然后再正式埋设安装，安装示意图如图2-23所示。埋设安装方法说明如下：

（1）准备工作。根据设计施工要求。备齐包括附件的成套仪器及安装时所需要的各种辅助工具（如钢锯、钳子、螺丝刀、扳手、电锤等）。由于多点位移计属于大型且构造较为复杂的观测仪器，在现场安装前必须按照说明书对其完整地组装一次。这样做的目的是尽可能避免正式安装时出现差错，做到心中有数。

（2）为保证钻孔孔斜，在钻孔前固定钻机时，用罗盘仪及水平仪校正钻机，然后把钻机牢固固定住，防止钻孔过程中发生错位和倾斜。钻孔技术要求：地表钻孔时须设混凝土保护平台，钻机固定在平台上；钻孔过程中进行钻孔描述，每5m取心描述一次，每10m测一次孔斜，绘制钻孔柱状图；对钻孔的漏水及破碎段进行泥浆护壁，终孔后扫孔，确保安装时无掉块发生；孔壁要光滑，保证仪器顺利插入安装；孔向偏差小于1°，孔深误差小于2cm。

（3）根据钻孔资料检查钻孔深度和地质情况，清洗钻孔。根据设计要求，按所需监测深度准备不同长度的锚杆和相应的位移计，做好编号和存档工作。

（4）护管用于保护传递杆，使其不被水泥砂浆黏结，能在护管内自由移动。护管和传递杆的单根长度均为1m，传递杆相互用螺纹连接达到所需长度，护管用护管短套、减磨环和强力胶连接达到所需长度。

（5）将带锚头的传递杆、护管、灌浆管及排气管全部装入支承板，每2m间隔放置1个支承板，用胶带缠好后推入钻孔。

（6）将基座板用膨胀螺钉固定在钻孔口，传递杆上端和基座板、固定板相连，固定板用于锁定各带锚头传递杆的位置，灌浆后即可拆除。

（7）根据设计要求配制水泥砂浆或采用粒径小于1mm的细砂、高标号水泥及1:2的水灰比配制，通过延伸到孔底的灌浆管进行灌浆，由排气管排气。对于向下或水平的钻孔在孔口有1m长的排气管即可；对于向上的钻孔，排气管需延伸至孔底。

（8）在水泥砂浆凝固后，拆除固定板，安装位移计。位移计和带锚头的传递杆之间用螺纹连接，调节另一端的调节螺旋对位移计进行预拉，使仪器压缩量程满足设计要求。

（9）传感器的安装与调试。待孔内所注砂浆基本凝固后，脱下保护罩，用扳手调节螺帽，一边拧一边用频率读数仪测量传感器的读数，一直拧到频率读数仪的读数产生变化，对传感器的安装初值作出预调，依次类推，直至余下的仪器安装完毕，并记录好每一只传感器编号对应的测杆编号。记录好输出电缆芯线的颜色与传感器编号，以便今后测量时区分传感器所测点的深度。在护罩的端口拧上盖板，并拧紧电缆接头，做好防尘、防渗工作。

（10）保护。固定好外部输出电缆并作出保护，最好在变位计上设置可靠的保护装置（变位计在今后测量过程中不被损坏即可），该台变位计即可投入使用。

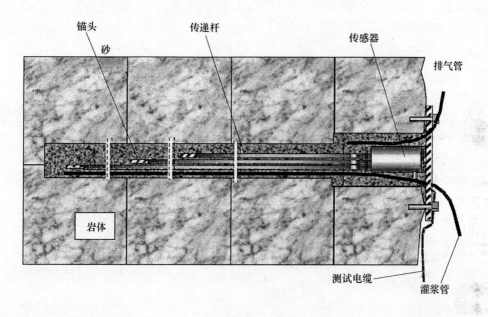

图 2-23　多点位移计安装埋设示意图

2.2.1.3　测试方法与频次

（1）基准值的确定。以水泥砂浆终凝后或水化热稳定后的稳定测值作为基准值。

（2）观测时间和次数安排。观测次数根据技术文件要求确定。或按监理人指示根据现场具体情况进行调整。

（3）观测方法：

1）用相应的频率计测读位移计的频率或模数。

2）将频率计的多芯测头与位移计的引出电缆对接。

3）打开频率计电源开关 ON（开）。

4）待显示数稳定后，记录仪器读数及温度。

5）测量完后，关闭频率计电源，断开频率计与位移计电缆的连接。

2.2.1.4　数据处理分析

所有量测数据于 24h 以内进行校对、整理、计算，并简单绘出时间与位移的观测曲线。遇有异常读数时，及时核实，确保测读值准确无误。

观测读数为模数，位移值按式（2-19）计算：

$$u = G(R_i - R_0) + K(T_i - T_0) \qquad (2\text{-}19)$$

式中　　u——位移值，mm；

　　G，K——传感器系数，由厂家给出；

　　R_i，R_0——仪器读数（数码）；

　　T_i，T_0——温度读数，℃。

每次量测后，通过科学的、先进的计算分析方法和丰富的经验对采集的数据进行分析。根据分析的要求，用计算机分析各监测物理量的变化规律和发展趋势以及各种原因量和效应量的相关关系和相关程度。并绘制出测点-深度-绝对位移曲线、测点-深度-相对位移曲线；与相近的坡面位移点的监测结果进行对比。提高监测数据的合理性；根据相对位移曲线，对比分析潜在滑动面的深度位置，较准确地判断边坡的稳定性。

2.2.2　倾斜仪

倾斜类仪器通常分为测斜仪和倾斜仪两类：用于钻孔中测斜管内的仪器，习惯上称之为测斜仪；设置在基岩或者建筑物表面，用作测定某一转动量，或者某一点相对于另一点垂直位移量的仪器称为倾斜仪。

测斜仪有常规式和固定式两种。常规式习惯称为滑动式测斜仪。带有导向滑动轮的测斜仪在测斜管中逐渐产生位移后测量管轴线与铅垂线的夹角，分段求出水平位移，累加得出总位移量及沿管轴线整个孔深位移的变化情况。固定式就是把测斜仪固定在测斜管某个位置连续、自动、遥控测量所在位置的倾斜角变化。

目前边坡监测中最主要的内部变形监测仪器是滑动式钻孔测斜仪。测斜仪系统主要包括 4 部分：（1）测斜管；（2）探头；（3）控制电缆；（4）数字记录器。其结构如图 2-24 所示。

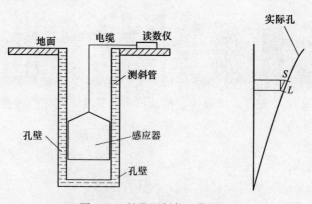

图 2-24　钻孔测斜仪工作原理

测斜仪的工作原理为通过测量仪器轴线与垂线间的夹角变化量，计算出岩体或者土体在不同高程间的水平位移。在岩土或土体内安设垂直的测斜管，测斜管上带有 4 个导槽，当测斜管因为滑坡下滑而受力发生变形时，测斜仪可以根据量程显示变形后的弧度偏移角，测斜管在底部开始进行逐段累加，可得任一高程处的实际水平位移。

测斜仪是一种传统的监测滑坡的手段，工程实例较多，技术比较成熟，是现在最常用的滑坡监测仪器之一。其特点是能从监测曲线中直接判断出可能滑面的位置，从时间与位移的关系中可以判断滑坡的动态，能及时地反映滑坡的滑动趋势。

常见的制造公司有美国吉康公司、Sinco 公司，加拿大 RST 公司、ROCTEST 公司和国内的昆明捷兴岩土仪器制造公司。测量的参数也不尽相同，现在列出主要参数。西北勘察设计院：分辨率 0.1mm，精度 2.5% FS，量程 0°~15°；美国 Sinco 公司：分辨率 0.025mm，精度 0.001mm，量程 0°~15°。

测斜仪主要优点：测量精度高、数据可靠、使用范围广、监测简单，是边坡内部监测的主要手段，是进行滑面监测与分析的依据，基本上适用于所有边坡。缺点：在目前条件下，由于受到仪器本身的限制，仅仅适用于滑坡的稳定阶段、缓慢变形阶段；当滑坡变形过大时，测斜管将被破坏，从而使监测报废；不适用于紧急情况的监测。

对一些危险的边坡不能测量，例如滑坡顶部、危岩体，在开裂的土体附近进行监测，因而限制了它的使用。使用时对边坡危险位置的判断要求较高，应注意避开地形地貌对测量的影响。

2.2.2.1 测斜仪工作原理

当传感器相对于地球重心方向产生倾角时，由于重力的作用，传感器中的敏感元件会相对于铅锤方向摆动一个角度，通过高灵敏的石英换能器将此角度转换成信号，经过内部的数据分析处理，可以直接反馈到数据文件中以角度的形式展现出来，最后通过两个测点之间的距离以及测量出来的角度，换算出测点的位移量。图 2-25 所示为测斜仪工作原理。

如图 2-25 所示，前后两次测量值某个测点的数据分别为 a、b，则前后两次测量时间内，测点的位移变化 L 的计算过程如下：

$$x = h\sin(b - a) \tag{2-20}$$

$$x = L\cos b \tag{2-21}$$

$$L = h\sin(b - a)/\cos b \tag{2-22}$$

式中　h——相邻两测点之间距离；

a，b——两次测量的角度；

L——测点位移变化量。

选择某次测量值作为整个测量系统的初始值，以它作为以后该测孔的基准值，以后每次测量值成为新测值，那么位移值为：新测值减去初测值。变形位移是以测斜管底端为基准开始计算，将变化值的代数和由下到上累加，直到测斜管顶部，如图 2-26 所示，即可计算出该测空任一深度处水平变化位移，计算公式如下：

$$D = \sum_{i=1}^{n} L_i \tag{2-23}$$

式中　D——累计位移量；

L_i——i 测点位移变化量。

2.2.2.2 测斜点位置的选择

监测点应分布设在能反映边坡变形特征的位置上，监测点的数量应根据边坡的大小和面积而定。确定监测点的原则是：

(1) 点位位于滑坡的特征点处；

（2）与基准点通视且观测地形好；

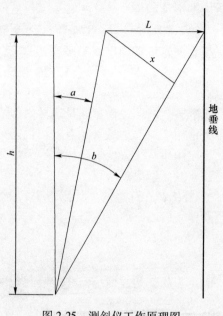

图 2-25　测斜仪工作原理图

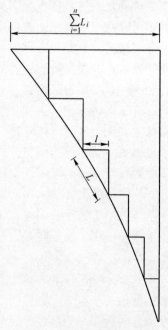

图 2-26　位移累加原理

（3）干扰小，监测点能得到较好的保护；

（4）监测点的数量应能反映整个滑坡变形的特征。

结合地质勘探的结果，测斜孔的深度应达到假定滑动面以下 1m 的深度，在实际操作过程中，测斜孔孔深的施工要求是进入弱风化层以下 2m，保留每个测斜孔的钻出物并作地质分析。

测斜装置埋设主要的关键性步骤：

（1）应选择合适的测斜管或套管；

（2）根据岩土体情况，选择相应的钻孔成孔工艺；

（3）测斜孔成孔完毕后，根据钻孔的深度、水位等实际情况选择测斜管（套管）的下放方式，连接测斜管，完成测斜管孔内就位；

（4）完成测斜管与测斜孔孔壁之间的缝隙回填；

（5）待缝隙密实后砌筑孔口保护墩等，完成孔口保护。

对于 MEMS 安装埋设流程与上述稍有不同，如用 PVC 套管替换专门的测斜管：

（1）在 PVC 套管下放完毕后，回填套管与测斜孔之间的缝隙；

（2）待缝隙密实后，将 MEMS 传感器放入套管内；

（3）调整传感器方位，随后回填传感器与套管间的缝隙；

（4）密实后完成孔口保护装置，并安装地上部分。

测斜装置的成功埋设是测斜数据可靠的前提，严格规范的安装工艺是测斜装置成功埋设的保证[21]，将在后文中详细分析各步骤的要点。

埋设方法要点分析：前述中已经分析深部位移监测的工作原理，即通过测量测斜管的变形来反映出监测对象的变形。而测斜管的材料、监测孔的成孔、测斜管与监测孔间缝隙回填密实度、孔口保护等都会直接或间接影响监测对象（岩土体）与测斜管之间的耦合，从而对监测精度产生影响。因此在测斜装置埋设的各个环节均应给予重视。下面将针对各环节的要点进行说明和分析。

2.2.2.3 测斜管的选择

测斜管的选择应遵从的原则[21,22]：

（1）选择测斜管的材质和规格，应尽量使测斜管与周边岩土体的弹性模量、变形模量接近；

（2）测斜管应能够适应地下复杂环境，具有较强耐腐蚀性、使用寿命长，能够满足深部复杂地质条件下长时间监测的要求；

（3）应根据现场安装环境、安装条件和使用要求选择测斜管的规格。

测斜管的材质包括 ABS 工程塑料、PVC 塑料、铝合金等。ABS 工程塑料在抗冲击强度、柔韧性、耐磨性、稳定性等方面都比较好，明显优于 PVC 塑料材质的测斜管；PVC 材料使用过程中易发生折断、导向槽变形等问题，工程适应能力较差。相对于铝合金材料而言，ABS 测斜管能够适应更大的变形，与岩土体、混凝土浆液、地下水长期接触状况良好，而且接头处易进行处理。因此目前应用最为普遍的是 ABS 工程塑料材质的测斜管。

测斜管的管长有 4m 和 2m 两种，各节管材通过带导轨的接头进行连接。应根据岩土体类型、测斜孔深度选择合适的管长。管长小的测斜管对土体的反作用力或抵抗力较小，可保证测斜管与土体之间变形的协调[23]。例如在松散岩体中，深部变形不一定按照某一滑动面发生，而是在一定范围内发生，因此可选择 2m 管长的测斜管，更能适应岩体范围变形的特征。

对于 MEMS 装置应选择合适的 PVC 管作为套管。PVC 套管的作用主要是为了更顺利地安装 MEMS 传感器，因此对其本身的耐磨性等要求比较高。

2.2.2.4 测斜管的埋设安装

A 监测孔成孔

钻孔测斜管的埋设：首先应熟悉观测点的布置及设计要求，在钻孔前要掌握孔位高程、坐标、孔深及孔径要求，由测量队正确放点，孔位确定后，用地质钻机钻孔。

监测孔的成孔应遵循以下几个原则：

（1）节约原则。钻孔费用在总监测费用中占比较大，是导致监测成本较高的主要原因之一。大多数情况下，监测目标需要进行工程勘察。可充分利用勘察钻孔，节约工程钻探费用。

（2）合理布孔原则。监测孔的设置应在充分分析监测区工程地质条件的基础上进行，不可盲目布设，从而造成工程浪费。

（3）预留原则。监测孔的孔径应比测斜管的孔径大，通常认为 1.5 倍测斜管外径作为钻孔孔径较为合适。同时为了防止钻孔后塌孔造成孔深不足，一般每 10m 多钻深 0.5m 作为预留[24]，例如测斜管 40m，钻深应设置在 42m 以上。

（4）垂直原则。成孔根据设计要求，测斜孔尽量为铅直孔（孔斜小于 1°）。

（5）尽量采用干钻原则。在钻进过程中，宜尽量使用干钻。水钻对地下岩土体具有强烈的扰动作用，尤其在已有滑坡迹象的岩土体中，水可能会加速滑坡的变形。对于破碎岩体、岩堆等工程地质条件差的岩土体，成孔难度非常大。陈志坚等提出采用回转钻进、跟浆回填、二次钻进的跟浆套钻法，解决了破碎岩体中高质量钻孔的成孔难题。该方法的实施避免了卡钻、埋钻、烧钻事故，可确保测斜管的顺利实施[25]。但是该方法中使用的水泥砂浆可能对破碎岩土体产生较大的扰动，从而影响深部位移的监测精度。因此建议成孔过程中采用套管的方法。

如果难度仍太大，再考虑采用低标号的水泥制备水泥砂浆的跟浆套钻法。

B　测斜管的连接与下孔就位

监测孔成孔后，应尽快完成测斜管的下孔就位。测斜管宜在下孔过程中进行段间连接。测斜管外侧设计有两条接头导轨槽，而接头的内侧有两条导轨，两者完全吻合。通过这种接头可使两段或多段测斜管内部导向槽对接。

测斜管的连接应多人配合、分工合作，主要步骤如下：

（1）将装好底盖并密封的底部测斜管放入钻孔内，清洁测斜管接头处，涂抹防水密封胶，安装接头。

（2）继续连接上部测斜管，安装铆钉后，在接头部位缠绕防水胶布，充分做好防水处理。

（3）测斜管下放完成后，应采用滑动式测斜仪进行测试，保证测斜仪探测器能够顺利到达孔底，且测斜管长度达到设计方案要求。

（4）完成测试后，应调整测斜管方位角，使一对导向槽与边坡潜在滑动方向保持一致。

（5）用钢锯锯除地面多余部分，保留 20cm 露出地表，管口应保持平整。

（6）塞上管口盖，随后进行孔管间隙回填。

对于监测深度小于 30cm 的干测斜孔，可两人抓住下部测斜管，一人安装接头，一人安装上部测斜管即可，安装方便。

在地下水埋深较浅的情况下，测斜管密封较好，在下放的过程中会受到很大的浮力，影响测斜管的下孔。这种情况可在测斜管中注入适量的清水，减小浮力的作用。

在深度大于 30m 的测斜孔中安装测斜管时，由于测斜管自重增大，用手抓测斜管的方式很困难。此时应借助钻机，用绳套套住下部测斜管，其他步骤与人工情况相似。需要指出的是，监测孔的倾斜度对监测精度有较大的影响。如果测斜孔深度大于 50m，应先测量测斜孔倾斜度，确保钻孔垂直（倾斜角度小于 2°），随后再安装测斜管。超深孔测斜管在下孔过程中，由于测斜管的自重进一步增加，而接头处铆钉、密封胶和防水胶带等的连接力有限，当连接力小于测斜管自重时，很容易造成测斜管在吊装过程中发生脱落，严重时甚至会造成钻孔作废，导致工程事故，因此在超深孔安装前，应对测斜管底部密封盖进行改造，换成具有圆环的结构，采用钢丝绳穿在测斜管管道，用带槽的抱箍将钢丝绳固定在测斜管两侧（避开导向槽位置，防止后期对监测产生干扰），吊装过程中用钢绳提拉住测斜管，保证测斜管的安全。

C　孔管间隙回填方法

钻孔壁与测斜管间的缝隙需要回填密实，回填的效果直接影响测斜管与周边岩土体的耦合。其效果决定了监测结果的好坏。在工程上，一方面要保证测斜管与钻孔之间回填密实，使测斜管与周边岩土体成为一体，避免因测斜管晃动引起测量误差；另一方面应保证测斜管与周边岩土体协调变形，使周边岩土体变形能够传递到测斜管上[26]。因此孔管间隙回填方法和材料的选择是极为关键的。回填的方法应因孔而异，应根据钻孔处岩土体性质、地下水、监测孔深、监测孔埋设仪器的类型等进行区分。

（1）岩土体性质。边坡工程中岩土体类型多，既有层状的基岩、松散的碎石土、淤泥质土，还有巨厚的黄土等。在这些岩土体中埋设深部位移监测装置将受到岩土体的制约。

在层状基岩中，孔壁稳定，测斜管下孔就位后，可采用细砂、灌浆等方法进行回填。在松散的碎石土中，易发生塌孔；淤泥质土中易发生缩径；深厚层黄土中，地下水位以上孔壁较稳定，水位以下土体力学性能大幅降低，同样易发生缩径。因此在易发生缩径或塌孔的这类岩土中，应适当加大钻孔直径，回填采用低标号水泥——膨润土浆材。

（2）地下水。地下水对回填有很大的干扰。如果采用细砂回填，在有地下水的地方细砂下落速度减慢，可能直接导致细砂在局部发生结团，从而导致下部孔隙无法回填密实。如果采用灌浆的方式，可能对浆液产生稀释效果，造成浆液初凝时间延长，影响监测时间。此外，地下水的渗流特性对监测孔的影响也较大。对于孔隙较大的岩土体，如弃渣场中，地下水位较低，但是渗流速度较快，随着监测孔的使用，回填材料可能被地下水带走，从而局部脱空。在这类岩土中需要考虑使用中砂进行回填。回填过程中轻摇测斜管，并保持匀速回填。

（3）监测孔深。对 30m 以下的监测孔，深度不大，可采用细砂、中砂进行回填。在孔口倒入干砂，轻轻晃动测斜管，保持匀速倒砂；若无干砂，可采用湿砂，与水一起拌匀呈流体，倒入缝隙中，等待沉淀后再补充细砂，直至回填密实。监测孔越深，采用由上而下的回填方法效果越差。

（4）监测孔埋设仪器的类型。MEMS 装置与普通的测斜管埋设稍有不同，需要进行两次回填。第一次为 PVC 套管与钻孔孔壁间缝隙回填，第二次为装置与 PVC 套管管壁间回填。采用的回填方法可与前述提到的方法基本一致。待回填完毕后，不可立即开始监测，应使测斜装置沉降 1~2 周时间，消除装置本身沉降造成的变形后再开始监测。

D　孔口保护

回填完毕，测斜孔在稳定后可基本满足监测要求。为了保护监测孔，避免监测孔受到现场施工、降雨等影响，应在孔口砌筑带盖板的保护墩，设置好警示标志，防止人为破坏。需要注意的是，在后期监测过程中，由于监测人员的原因，测斜管孔口易受到测斜仪信号电缆的摩擦，容易出现磨损，从而对数据产生影响[27]，建议在孔口安装专门的孔口保护装置。

2.2.3　时间域反射测试技术

TDR 技术，即时域反射技术（Time Domain Reflectometry），是一种电子测量技术，近年来一直被用于各种物体形态特征的测量和空间定位[28]。在美国，研究人员在 20 世纪 90 年代中期将时间域反射测试技术用于滑坡等地质灾害变形监测，针对岩石和土体滑坡层做过多年的实验研究，取得了令人满意的成绩。Dr. Ching. L. Kuo 针对 TDR 系统，在岩土工程自动监测中进行了成功的开发和应用。

TDR 技术的边坡立体监测与预警系统由边坡信息采集站、路段信息监控站和远程信息管理站等 3 个部分组成。

TDR 的原理与雷达相似。在 TDR 滑坡监测系统中，同轴电缆是直接与滑坡产生接触的部分，可以将其看作是一个特殊的传感器。同轴电缆的特性阻抗是由自身的材料组成及结构决定的。当电缆发生形变时，内层与外层导体间的距离也发生改变，从而使得电缆的阻抗和反射的电压脉冲发生变化。滑坡的发展将使电缆产生各种形变，例如出现弯皱、扭折、渗水或是断裂，电缆的特性阻抗就会发生相应的变化，其反射的电压脉冲的波形也将改变。此时，电缆测试仪将反射脉冲与发射脉冲进行比较后即可确定电缆形变点的反射特性。具体而言，发送的脉冲以及从电缆变形处反射回来的脉冲之间的时延决定了损伤发生的位置。通过读取电缆反射波形的数据，就可以监测地层的移动。随着反射波形的强度增加，就可以预测某个区域的地层可能会发生断裂。

TDR 的优点：价格低廉，TDR 电缆价格较低；监测时间短，不到 5min 就可以了解 TDR 电缆的信号状态；可以远程访问，实现远程监测；安全性好。

缺点：TDR 仅适用于存在剪切的滑面，对于需要测量倾斜而又没有剪切的区域无法使用；无法测量滑坡的滑动方向和位移量的大小。总之，对于滑坡监测内部位移还要进一步的验证。

2.3　裂缝监测

边坡表面的裂缝变化往往是边坡岩土体失稳的前兆，因此对于出现的裂缝应当重点监测。由于滑坡发生前一半都具有明显的预兆现象，故边坡表面裂缝的变形是最直接的、最易捕捉到的信息。

边坡表面裂缝是边坡地貌的组成部分之一，且边坡裂缝是地面裂缝的一种。边坡上的岩土体在重力作用下具有下滑的趋势，它的形成原因是当自然或人为因素导致抗滑力减小、下滑力大于抗滑力时，边坡就会失稳，在滑动体与不动体之间形成地面裂缝。由于滑体内部运动方向和快慢的差异，在边坡内部就会形成各种裂缝。边坡地表裂缝的出现和发展，往往是边坡岩土体即将失稳的前兆信号。边坡地表裂缝广泛见于各类滑坡中，是滑坡强变动带的直观反映。因此，对裂缝进行观测是地质灾害防治预警的常用方法，在边坡监测中广泛使用。

地表裂缝监测主要是监测边坡体表面裂缝的拉张宽度。滑坡表面张性裂缝的出现和发展，往往是边坡岩土体即将失稳的前兆信号，因此这种裂缝一旦出现，必须对其进行监测。常用的裂缝测量仪器有测缝计、收敛计及沉降仪。

测缝计顾名思义是测量结构裂缝开度或者裂缝两侧块体间相对移动的观测仪器。按其工作原理有差动电阻式测缝计、电位器式、钢弦式、旋转式及金属标点结构侧风装置等。

收敛计又叫做带式伸长计或卷尺式伸长计。对于两个外面的测点的相对位移测量非常方便。滑坡的形成与发展有着一定的规律。裂纹首先是成组出现，每组在一定的部位出现，它是由于力学破坏作用不可避免的生成并形成一定产状。各组裂缝的产生随着滑坡变形呈现一定规律。通过对地表裂缝的监测资料分析可以了解滑坡的发展阶段及稳定性状态。

测缝计的优点：简易直观、量程基本可靠、造价低、资料可靠。缺点：必须使用人工，遥测方法的仪器容易受到损坏，不适用于长期观测，通常测量的数据要和其他数据校核；单独的资料可信度较低。

人工方法适用于滑坡后缘拉裂，沉降观测；遥测法适用于加速变形阶段及施工阶段的监测，受到地形及气候影响较大。

露天矿边坡裂缝监测根据勘察报告确定的边坡裂缝处进行布设，在监测点处平均布设设备，具体数量视间隔视边坡现场情况而定。

人工地表裂缝观测法是指地表裂缝监测由人工定期测量完成，其方法是在裂缝两侧安装固定监测桩，定期测量两侧之间的距离，通过该距离的数值变化可获得裂缝的宽度变化情况，从而得到裂缝变形发展情况。这种方法安装、监测简便易行，成本低；但是仅能反映地表已发现裂缝的变形情况，受施工干扰较大，容易被破坏。

当边坡表面裂缝长度小于 5m 或宽度小于 1cm 时，可采用滑尺、钢尺等简易手段进行测量，当边坡表面裂缝深度小于 2m 时，可用坑槽探法检查裂缝深度、宽度及产状等。当边坡表面裂缝长度超过 5m、宽度大于 1cm，且深度大于 2m 时，应采用测缝计或位移计进行监测。对于岩质边坡，地表裂缝的观测中误差不大于 0.5mm；对于土质边坡，地表裂缝的观测中误差不大于 5mm。裂缝开始出现时应逐日观测，稳定后每周观测一次，直到裂缝不再发展为止[29]。

裂缝监测应包括裂缝的位置、走向、长度、宽度及变化程度，需要时还应包括深度。裂缝监测数量应根据需要确定，主要或变化较大的裂缝应进行监测。

裂缝监测可采用以下方法：

（1）对裂缝宽度监测，可在裂缝两侧贴石膏饼、划平行线或贴埋金属标志等，采用千分尺或游标卡尺等直接量测的方法；也可采用裂缝计、粘贴安装千分表法、摄影量测等方法。

（2）对裂缝深度量测，当裂缝深度较小时宜采用凿出法和单面接触超声波法监测；深度较大裂缝宜采用超声波法监测。

裂缝监测以人工巡视为主，对于坡面地表发现的裂缝应分条进行编号，每条裂缝的两端、拐弯、中部和最宽处的两侧，应设立成对观测标志，并编号；用钢尺测定成对标志间的距离，变换尺位两次读数，估读至 0.5mm，其差值不应大于 1mm，裂缝的观测周期，视裂缝的发展情况而定，一般每周观测 1 次，当裂缝发展较快时，应增加观测次数。把观察到的裂缝的走向同位移监测成果相对比，对出现裂缝的断面要格外引起重视。裂缝标志点的埋设应符合相应规范要求，裂缝的形状、宽度应测绘到监测点平面布置图上，从裂缝出现到观测结束，应施测 3 次裂缝平面图。

参 考 文 献

[1] 曲亚男. GPS 定位技术在建筑物变形监测中的应用研究 [D]. 济南：山东大学，2012.

[2] 田志业. 北京 54 与西安 80 坐标系浅谈 [J]. 建筑工程技术与设计，2015（25）：11-13.

[3] 王利恒. 基于 GPS 的弹射试验测试系统研究 [D]. 武汉：华中科技大学，2007.

[4] 耿晓燕. 地方独立坐标系向 2000 国家大地坐标系转换研究 [D]. 西安：西安科技大学，2010.

[5] 王翠珀，陈跃月. GPS 实时监测技术在抚顺西露天矿边坡变形监测中的应用 [J]. 地质与资源，2010，19（2）：180-183.

［6］李伟峰. 基于 GPS 和 .NET 的大冶铁矿滑坡监测与应急系统的研究 ［D］. 武汉：武汉工程大学硕士论文，2009.

［7］徐大龙. GNSS 边坡监测系统在宝清露天矿的应用研究 ［J］. 内蒙古煤炭经济，2016 （8）：131-132.

［8］侯林. 基于 GNSS 监测系统的露天矿失稳边坡临滑预报 ［J］. 煤炭科技，2019，45 （1）：78-82.

［9］刘朝，白小龙，魏亚龙，等. GNSS 边坡监测系统在伊敏露天矿的应用 ［J］. 露天采矿技术，2015 （11）：51-54.

［10］吴敏. 边坡在线监测系统在拉拉铜矿落凼矿区中的应用 ［J］. 四川有色金属，2018 （2）：47-50.

［11］孙华芬，侯克鹏，黄雁，等. 云南某露天矿边坡自动化监测系统 ［J］. 矿冶，2014，23 （3）：77-80，90.

［12］李静涛，焦泽珍，田满成，等. 测量机器人边坡监测系统在平朔矿区的应用 ［J］. 露天采矿技术，2015 （2）：74-77.

［13］钟阳，刘富春. 徕卡第三代测量机器人在瓮福磷矿矿坑变形监测中的观测方法 ［J］. 测绘通报，2014 （9）：133-134.

［14］毛斌斌，张强，徐豪，等. 利用近景摄影测量技术监测红旗沟排土场边坡位移变形 ［J］. 现代矿业，2016 （5）：151-153.

［15］康向阳. 近景摄影测量在矿区开采沉陷监测中的应用 ［J］. 北京测绘，2017 （4）：73-75，98.

［16］刘楚乔. 边坡稳定性摄影监测分析系统研究 ［D］. 武汉：武汉理工大学，2008.

［17］陈晓雪. 基于三维激光影像扫描系统的边坡位移监测预测研究 ［D］. 北京：北京林业大学，2008.

［18］袁康，张志军. 微震监测和三维激光扫描联合监测技术在山达克南矿体扩帮边坡监测中的应用 ［J］. 有色金属 （矿山部分），2019，71 （2）：76-81.

［19］赵小龙. 地基雷达大气改正方法及其应用于滑坡形变监测 ［D］. 成都：西南交通大学，2017.

［20］王立文，刘文胜，揣新. MSR 边坡稳定性雷达在凹山铁矿的应用 ［J］. 现代矿业，2016 （6）：289-291.

［21］宋大业. 土体位移监测中测斜管的安装工艺 ［J］. 港工技术，2009 （B07）：113-115.

［22］卞蒙丹，王哲，廖小根，等. ABS 塑料测斜管在砂性土中的埋设工艺 ［J］. 江西建材，2017，19：57-58.

［23］孙虹虹，邓兴升. 边坡监测中测斜误差与精度分析 ［J］. 水电自动化与大坝监测，2015，39 （1）：25-28，51.

［24］鞠培峰，池秀文. 测斜管埋设工艺探讨 ［J］. 山西建筑，2007，33 （36）：95-96.

［25］陈志坚，陈松，孙英学，等. 破碎岩体中高质量超深测斜孔的埋设技术与工艺 ［J］. 水电自动化与大坝监测，2002，26 （2）：49-50.

［26］张继文，于永堂，杜伟飞，等. 测斜孔填充浆材配合比优选及工程应用 ［J］. 工程勘察，2017 （增2）：14-18.

［27］刘欣，雷国辉，张坤勇，等. 通过测斜数据预判测斜管失效的分析方法研究 ［J］. 岩土力学，2012，33 （增1）：97-104.

［28］林清安. TDR 时域反射技术在边坡自动化监测中的应用 ［C］. 中国建筑学会工程勘察分会. 2017 年第九届边坡工程大会论文集. 中国建筑学会工程勘察分会：中国建筑学会工程勘察分会，2017：131-133.

［29］金属非金属露天矿山高陡边坡安全监测技术规范 ［S］. AQ/T 2063—2018.

3 采动应力监测

露天矿采场边坡在开采过程中破坏了原岩体的应力平衡状态，引起岩体内部的应力重新分布，形成新的应力平衡状态，采动时作用在围岩中和支护物上的力称为采动应力。采动后，原岩体应力场各点的应力状态都将发生变化，包括大小、方向、垂直应力与水平应力的比值等。采动应力场是一个动态的、变化的场，如能准确了解采动应力场在露天矿开采过程中的演化规律，对评价和预测露天矿边坡的稳定性具有十分重要的意义。

边坡失稳是一个应力平衡—失衡—应力平衡的过程，边坡状态从平衡到失衡过程的监测与预测是预防地质灾害的关键。边坡位移监测尽管可以比较直观地反映状态特征，但是难以监测和预测到内部正在酝酿的状态演变，对预测而言具有一定的滞后性。边坡应力的监测可以更早感知到结构的演变方向，对精确预知灾害发生的时间的方向具有重要的参考价值。

采动应力监测主要监测开采过程中垂直应力、水平应力等的变化。

目前国内外现场监测采动应力的主要技术为钻孔应力监测技术，主要包括钻孔应力解除法和钻孔应力计测试法。钻孔应力解除法的测量原理与测量地应力相似，在现场采动应力测量应用中最为成熟和广泛，主要用到的传感器有 CSIRO 空心包体应变计和 KX-81 应变仪，可以实现在单孔中通过一次套芯得到该点的三维应力状态；钻孔应力计测试法是我国目前工程现场测量煤层采动应力的主要技术，常用传感器大都以格鲁兹 Glotzi 压力盒为基础，在外观和信号转换上进行改进，发展成各种钻孔应力计，主要包括振弦式和液压式[1]两种，在安装方式上采用钻孔探入式固定安装。曹业永等人[2]采用可定位主动承压式钻孔应力计对煤体静态和动压影响下的应力变化情况进行了实测；方新秋等人[3]针对目前围岩应力监测效率不高、监测真实性和准确性差等问题，利用光纤光栅钻孔应力计对围岩应力进行了监测，并得出相应结论；周钢等人[4]采用空心包体应力测量技术对采动应力的演化过程和采动应力影响下工作面覆岩及巷道围岩应力的动态变化规律进行了探究，研究结果对回采巷道围岩稳定控制具有重要指导意义。

3.1 土压力盒

土压力盒是一种测量介质中应力的传感器，常用的有电阻应变计式、变磁阻式、振弦式等，适用于各种条件下土体内部应力的测量，应用于公路、铁路、堤坝、矿山等行业路基、抗滑桩、挡土墙、隧道等工程土压力测量，可进行长期监测和自动化测量。

下面对振弦式土压力盒进行介绍。

3.1.1 振弦式土压力盒的工作原理

当被测结构物内土应力发生变化时，土压力计感应板同步感受应力的变化，感应板将会产生变形，变形传递给振弦转变成振弦应力的变化，从而改变振弦的振动频率。电磁线圈激励振弦并测量其振动频率，频率信号经电缆传输至读数装置，即可测出被测结构的压应力值。

3.1.2 振弦式土压力盒的特点

（1）采用振弦理论设计制造，具有高灵敏度、高精度、高稳定性的优点，适于长期观测。

（2）采用全数字检测，信号长距离传输不失真，抗干扰能力强。

（3）绝缘性能良好，防水耐用。

（4）用户可根据需要选用相应型号的压力盒。

（5）采用脉冲激振方式激振，测试速度快。

（7）智能读数仪既可直接显示压力值，又可显示振弦频率，测量直观、简便、快捷。

（8）16通道的自动采集仪可实现无人值守远程测量。

（9）可直接测出测点温度，并能进行温度补偿（温度型）。

3.1.3 土压力盒安装步骤

（1）埋设时间确定。一般在原地基上部填筑垫层30cm以上，选择无雨、雪天气进行开挖埋设。

（2）布点。一般软基处理，土压力盒安装于桩顶及桩间地基土顶面，根据实验设计方案，进行测量，确定好桩位及桩间土压力盒埋设位置。

（3）装前辅助工作。根据布点位置，用人工开挖找出主测桩头，保证桩头平整。在桩间土压力盒埋设位置挖深大约400mm、ϕ400mm孔，用以埋设桩间土压力盒，准备好安装土压力盒所用的水泥、无粗颗粒细、中砂、ϕ20mm PVC钢丝软管、裁纸刀、尼龙绳、水平尺、测试仪，选择好适当导线长度将土压力盒布置于安装位置。

（4）安装。用测试仪监测安装，安装时将土压力盒受力膜（承压膜）面朝上，安装在桩顶的土压力盒底部应采用水泥浆垫平，桩间土压力盒底部填入10cm深中砂压实垫平，用水平尺控制将土压力盒安装水平。安装好土压力盒后，在其周围覆盖30cm厚的中砂，压实。记录好该实验断面里程，主测桩桩顶土压力盒编号，桩间土压力盒编号及桩间土压力盒与主测桩之间的实际距离、方向，天气状况。

（5）保护。同断面土压力盒安装完成后，土压力盒测试导线应套上PVC钢丝软管进行保护，并集中从一侧引出路基，制作相应的标示牌，插在土压力盒埋设位置及导线布线位置，以作标示，清理现场，用人工进行回填，在仪器上填筑层较薄的情况下，土压力盒附近1m范围内土方或碎石应用人工推平及小型机具碾压，不得用大型机械推土碾压，并派专人负责看管，以防土压力盒及导线因施工或自然因素而破坏。

（6）调零。桩体完全固结后，对土压力盒进行调零。

3.1.4 土压力盒埋设方法

（1）将准备好的直径10mm的钢筋平行放置，间距控制在110mm，隔1m焊接一段加强筋，保证平行钢筋有一定的强度。

（2）用直径 4mm 的钢丝做成 U 形卡子（用来将土压力盒定位在平行钢筋上边）。

（3）将做好的 U 形卡子焊接在 10mm 的平行钢筋上边，两根平行钢筋的同一高度各焊接一个 U 形卡子。

（4）将土压力计放在两个平行的 U 形卡子内。

（5）然后用细铁丝绕紧在土压力计的螺钉上，铁丝两端捆绑在 10mm 平行钢筋上，做好土压力计定位工作。

（6）最后将导线用细铁丝或扎带捆绑在平行钢筋骨架上边，留出 20cm 导线余量，避免人工捣土时将导线从仪器中拔出或拔断。

3.2 钻孔应力计

钻孔应力计是用来测量钻孔径向应力变化的仪器。可在钻孔中进行长期应力变化观测。该仪器体积小，使用安设方便，一个应力计只能测得一个方向的应力值，要测多个方向的应力值，需要在相应的方向上设置应力计。

钻孔应力计是一种采用钻孔应力监测技术测量采动应力的仪器，既可单独使用测量预留矿柱应力的大小和围岩应力在不同时期的变化，也可多个传感器组合在一起测量不同深度下应力的分布，目前，钻孔应力计结构设计主要有液压式和振弦式两种，而且已经在工程现场得到成功应用。

3.2.1 液压式应力计

第一类应力计是以液压式应力计为代表发展起来的，在我国煤矿生产中发挥了较大的作用。液压式应力计，以 Glotzi 压力盒为基础进行改进，可以用于岩体深部区域应力测量。该应力计由焊接而成，中心有一浅槽，槽内装有一定量的液体，槽端部有一薄膜。测量时，钻孔周围应力发生变化时会引起槽内液体压力变化，通过将液体压力转换成电信号或者频率信号实现应力监测和记录。此种应力计按照数据的读取方式可分为直读式和钢弦式，其型号主要有 KS、KSE 型钻孔应力计。

KS 型钻孔应力计，由钻孔压力枕及其包裹体、导油管和直读式压力表等部分组成。使用时，钻孔围岩应力会转化为压力枕内部液体压力，压力经油管传递到压力表便可以直观读取应力数值。

KSE 型钻孔应力计，由钻孔压力枕及其包裹体、导油管和压力-频率转换器等部分组成，导油管在压力枕、压力-频率转换器中间，把两部分连接为一体，从而形成了一闭锁的油路系统。其工作原理与 KS 型钻孔应力计的工作原理相似，钻孔周围煤岩体的应力通过上下两面的包裹体传递至压力枕，转变成为压力枕内部的液体压力，再由压力-频率转换器将压力枕内部的液体压力转化为对应的电频信号，经数字显示仪处理并显示就能得到相应的钻孔应力变化量。

丁传宏等人[5]通过使用 KSE 型钻孔应力计，并配合应力监测系统和软件，得出了跃进煤矿 25110 工作面超前支承应力大小及分布范围，为更好地掌握煤矿回采工作面超前支承压力变化规律提供了依据；刘杰等人[6]利用液压式钻孔应力计和应力感应探头设计研制了一种新型的钻孔应力感应器，以平煤股份二矿为工程背景，对工作面走向和倾向应力分布及变化规律进行了研究。另外，一些研究人员结合实用矿山压力的理论，经多年不懈的研究探索及各种尝试，研制出了 HCZ 钻孔油枕应力计。HCZ 钻孔油枕应力计是一种机械式测量仪器，其采用油压枕式结构，结构简单，可方便地置于煤、岩体钻孔中，当受到应力时，挤压圆形油压枕内的液压油，液压油产生流动，通过压力表能够直接读出所测应力的大小，能够很好地应用在煤矿生产中，但其测量量程小、测量精度低、注油困难，依靠人工读数和巡检，误差大，不能长距离监测应力的变化。

此类传感器在钻孔围岩受到扰动时，围岩会向内挤压，当与液压枕接触时，会压缩液压枕，由于液体的不可压缩性质和液压枕本身收缩性能的限制，应力计直径变化不会太大，使得液压式钻应力计应力值偏小，测试精度不高。

3.2.2 振弦式应力计[7]

振弦式应力计属于电测元件，具有远距离监测和自动记录数据等功能，十分有利于自动化监测。振弦式应力计主要是由于岩体应力变化引起钻孔连带应力计变形，引起应力计中的钢弦变化，而后产生的电流随之变化，在通过检测仪测量得到围岩压力的变化。使用振弦式应力计能够通过计算求出垂直于钻孔轴线平面上的 3 个主应力的大小与方向。

3.3 光纤光栅应力计

光纤光栅应力计主要由膜片结构、连接杆、光纤光栅和套筒等组成，其中，膜片结构主要由膜片外端头和膜片内端头组成，为了避免温度的干扰，不仅选用了一定波长的测压光栅，还补充了温补光栅，为了进行区分，特意使测压光栅的波长值小于温补光栅。使用时需将光纤光栅熔接固定在膜片结构和连接杆上，且预先将测压光栅拉直受力，并利用套筒将膜片结构和光栅封装起来。

光纤光栅钻孔应力计结构简单，易于安装。其主要包括锥形防退套、光纤光栅应变体、尾部导向杆、光纤出线口、光纤尾纤和光纤接线头等，光纤的一端与光纤光栅传感器相连，另一端连接到光纤光栅静态解调仪上。

基于光纤光栅的围岩应力监测系统，包括地面和井下两个部分。地面部分包括光纤光栅解调仪和计算机数据处理系统；井下部分包括围岩监测装置，通过光纤与矿用传输光缆将监测装置连接至地面光纤光栅解调仪。利用光纤光栅对围岩应力进行监测的工作原理是：钻孔应力计在围岩应力的作用下，由于承受的应力发生变化，导致光纤光栅的中心波长产生漂移，通过光纤光栅解调仪及计算机处理，可得到围岩应力的相对受力状态。

光纤光栅钻孔应力系统安装步骤如下[8]：

（1）在选择好的位置钻孔，钻孔直径比光纤光栅测力装置的直径大 3~5mm，钻孔长度依据设计要求而定。

（2）将钻孔的顶部装入锚固剂，迅速将钻孔应力计推入钻孔中，在推进钻孔应力计的过程中，应使钻孔应力计与锚固剂充分接触，便于锚固。

（3）将光纤连接头引出钻孔的外部，与光纤连接，将钻孔用水泥砂浆封孔。

（4）将光纤光栅钻孔应力计的光纤连接头与光纤连接，然后连接光纤光栅解调仪，光纤光栅解调仪连接头与解调仪连接。

（5）通过光纤光栅解调仪探测波长的变化，将波长变化信号解调并传输至计算机，由计算机上的数据处理软件计算各个测点的应力状态。计算机安置在地面控制室，是在线监测系统的控制中心。计算机安装光纤数据处理软件，实时显示监测画面，并保存监测数据，进行应力预警预报。可测出围岩应力状况的实时变化，获得变化规律，实现在线监测，为露天矿边坡的稳定性和安全性提供合理依据，以针对性地采取措施预防露天矿边坡变形失稳破坏灾害的发生。

3.4 钢筋应力计

钢筋应力计是岩土工程中常用的监测仪器之一，常以焊接或螺纹连接方式与受力钢筋或锚杆串接，用来测量钢筋应力。按照传感器测量原理，钢筋应力计有差动电阻式、振弦式等。钢筋应力计安装方便、成果直观，在厂房、闸墩、输水隧洞、基坑、边坡等部位常常布置很多钢筋应力计，以监测结构受力情况。应根据设计要求选用适当量程的钢筋应力计，安装前应检查传感器读数正常。钢筋应力计应安装在监测设计选定的典型锚固桩结构主轴钢筋上。在计算的最大弯矩断面上下分层对称安装；用麻布仔细包裹好传感器，以免受损；埋设时用 Q50PVC 管妥善将信号线引至桩顶。安装完成后，应检验并确认传感器工作正常。如需要连接长电缆，接头处的防水密封要可靠。

钢筋应力计是岩土工程安全监测中常用的一种仪器，在应用过程中应注意以下几点：

(1) 钢筋应力计在标定时，按照国家标准的要求，应采用不低于 1 级精度的材料试验机，避免检测数据异常，引起误导或损坏钢筋应力计，工程现场一般可以通过自由状态时钢筋应力计的测值简单判断其是否异常。

(2) 随着国家对混凝土用钢的升级换代，现行钢筋应力计的国家、行业标准应及时完善，增加量程为 500MPa 和 600MPa 的钢筋应力计的技术指标，生产厂家应及时研制这类大量程钢筋应力计，以适应工程项目的需要。

(3) 当钢筋应力计与受力钢筋直径不一致时，应同时修正钢筋应力计的最小读数与温度修正系数。为满足规范灵敏度的要求，应避免采用直径高两档的钢筋应力计。

(4) 埋设在混凝土内的钢筋应力计实测结果包括非荷载应力与荷载应力，非荷载应力是钢筋应力计出现压应力的一个重要原因。

3.5 光纤光栅应力计与钢筋应力计的对比

光纤光栅监测方法与钢筋应力计监测方法相比，在桩基荷载试验中的测试方面具有多个优势，具体对比如下[9]：

(1) 监测精度。与钢筋应力计相比，光纤光栅传感器采用的技术手段是测量光波波长的漂移，测量的精度一般为微米级别，且在采用了波长调制技术的条件下，光纤光栅测量分辨率可以达到光波波长尺度的纳米量级。然而，钢筋应力计的测试精度能达到钢筋应力计张拉的毫米精度已是最大精度。

(2) 体积几何尺寸。普通光纤光栅的直径为 250μm，最细的传感光纤的直径仅为 35~40μm，相比于立方米级别的混凝土结构或者钢结构，光纤光栅传感器可以根据各种要求布置于结构表面或者埋入所测结构体的内部；同时，由于光纤光栅传感器体积较小，故对所测结构体影响极小，因此测量结果可最大程度反映结构参数变化的真实性。

(3) 信号干扰性。由于 FBG 采用了光学测量方法，当光波信号在光纤导线中传输时，光信号不会与外界电磁场相互作用，因此，在测量信号传输时可以避免电磁干扰。钢筋应力计主要是采用振弦式电磁信号反馈，易受周围电磁场干扰，因此，在信号传输时容易产生波动失真。

（4）传感器长期监测。由于光纤光栅传感器中光纤表面的涂覆层采用了高分子材料，而且基于光学原理发射和接收信号，因此，可以在有水等导电介质的环境中应用。光纤光栅传感器与传统的钢筋应力计相比，首先完全不用考虑传感器的防水问题，而且高分子材料在恶劣环境中可以抵抗结构中酸碱等化学成分腐蚀，因此，适合大型边坡的长期监测。

（5）分布式监测。因为光纤的传输频带较宽，便于实现时分或频分多路复用，因此，可以进行大容量信息的实时监测，且光栅可以对特定波长的光波产生全反射，所以单根光纤上可以串联数十个光纤光栅传感器。此外，光纤光栅传感监测方案一般采用分布式或者准分布式，即用一根光纤就可以串联多个光纤光栅传感器，故可实现大型结构上空间的多点测量。而传统的钢筋应力计只能进行单点测量，一个传感器需要一根独立导线，所以当大型结构需要进行多点测量时，传感器的导线设计和布置会不可避免地影响原本试验模型的结构完整性和参数特性。

3.6　采动应力监测断面选择和测点布置

采动应力监测断面的选择和测点布置原则：

（1）监测断面的选择。采动应力监测布置应根据地质情况、边坡潜在滑动面位置和渗流场特征等设置，至少每个典型纵剖面线布置 1 条监测断面，监测纵断面间的水平距离不超过 100m。

（2）每个监测纵断面上测点的布置要求。采动应力每条监测纵断面上的测点应至少布置 2~3 个测点。

（3）采动应力监测点与其他监测点之间的位置关系。采动应力监测点的位置宜同边坡位移、水文监测断面相结合，应力测点的布置宜同水文测点成对，同一测点区内各监测仪器之间的距离不宜超过 1m。

（4）应力计的选用要求。采动应力主要通过具有不同埋设方向应力计监测，应力计的选用应符合下列规定：

1）量程宜为设计最大应力值的 1.2 倍；

2）应力计传感器必须有足够的强度、抗腐蚀性和耐久性；

3）应力计传感器能灵敏反映应力变化，在增压和减压的情况下线性较好。

（5）采动应力监测结果的误差要求。采动应力监测结果的误差应不大于 0.01MPa。

（6）采动应力监测频率。采动应力人工监测频率应不少于每周 1 次。

参 考 文 献

[1] 丁传宏，路遥 . 钢弦钻孔应力计在跃进煤矿的应用分析 [J]. 中州煤炭，2013（11）：44-45.
[2] 曹业永，张照发，和法友 . 4401 工作面巷道冲击地压检测方法研究 [J]. 山东煤炭科技，2014（11）：56-59.
[3] 李虎威，方新秋，梁敏富，等 . 基于光纤光栅的围岩应力监测技术研究 [J]. 工矿自动化，2015，

41（11）：17-20.

[4] 周钢，李玉寿，张强，等．陈四楼矿综采工作面采场应力监测及演化规律研究［J］．煤炭学报，2016，41（5）：1087-1092.

[5] 丁传宏，路遥．钢弦钻孔应力计在跃进煤矿的应用分析［J］．中州煤炭，2013（11）：44-45.

[6] 刘杰，王恩元，赵恩来，等．深部工作面采动应力场分布变化规律实测研究［J］．采矿与安全工程学报，2014，31（1）：61-65.

[7] 邵明伟，胡耀青，严国超．大采高工作面煤柱支承压力实测分析［J］．煤炭工程，2014，46（4）：74-79.

[8] 李虎威，方新秋，梁敏富，等．基于光纤光栅的围岩应力监测技术研究［J］．工矿自动化，2015，41（11）：17-20.

[9] 王凤梅，张领帅，陈敏华，等．钢筋应力计与光纤光栅传感器在桩基试验中的应用分析［J］．路基工程，2019（3）：78-83.

[10] 金属非金属露天矿山高陡边坡安全监测技术规范［S］．AQ/T 2063—2018.

4 爆破振动监测技术

随着露天矿开采深度的增加，边坡受到爆破地震的影响与危害愈烈，这就要求对边坡爆破振动进行连续监测，以便研究爆破地震波在边坡中的传播规律，并且采取合适的评价参量和控制方法，达到对边坡爆破振动危害的有效减缓。

4.1 爆破振动监测概述

4.1.1 爆破振动监测的研究现状

爆破振动监测的目的是了解和掌握振动波的特征、传播规律及其对建（构）筑物的影响、破坏机理等，以控制爆破振动对结构体的破坏，控制爆破振动波的危害。通常对地表可简化的建筑物振动进行监测较多，而对地下地质结构复杂的构筑物研究较少，且大多数是经验性的。

当前爆破振动监测仪器已发展到电子测试与计算机综合分析系统，如由美国怀特地震工业公司生产的 MN-SEIS Ⅱ型小型数字式爆破地震仪、1NV303/306 型智能信号采集处理分析系统，由四川拓普测控科技有限公司生产无线遥测爆破振动 UBOX-5016 智能监测试仪，以及由成都中科动态仪器有限公司生产的 EXP3850 爆破振动记录仪等。由于这些仪器系统具有操作简单、测振精确、综合分析功能强等诸多优点故在爆破测振中应用广泛。随着爆破振动监测仪器的发展，爆破振动数据分析处理也取得了很大发展，开发了一些可以对监测数据进行频域、线性时频等分析的先进软件，在数据处理中采用线性与非线性回归等理论与数学方法。

4.1.2 爆破振动监测的特点

爆破振动监测是振动监测的主要内容之一，但是和一般振动监测相比，爆破振动监测要复杂得多。一方面，爆破振动具有产生的时间短、能量大的特点，因此，要求监测系统具有很好的动态响应特性；另一方面，因为爆破振动引发的是非周期脉冲信号，具有较宽的连续频谱，所以要求监测系统必须有很宽的频率响应。

4.1.3 爆破振动监测应用范围

根据爆破振动监测的目的和特点，当前国内外爆破振动监测技术的应用范围主要包括以下几个方面：

（1）在改、扩建工程过程中，为了控制爆破规模而对爆区附近运行的设备基础和建（构）筑物进行爆破振动监测；在工期较长的爆破工程中，通过对某些特定位置的爆破振动强度监控保证建筑物和运行设备的安全。

（2）为了获得爆破振动的时程曲线特征，通常对小型爆破试验进行爆破振动监测，并通过经验公式或数值模拟获得要采用的爆破方案的爆破振动效应，进而预测振动强度和评价建（构）筑物的安全，最终修改和优化爆破方案。

（3）监测建筑（构）物上的爆破振动，进而研究建（构）筑物对爆破地震的反应谱，从而为建（构）筑物受力状态的计算提供荷载条件。

（4）在爆破过程中，对可能引起民事纠纷的区域或特殊建（构）筑物进行监测，以便为可能产生的司法程序和工程验收提供依据。

4.1.4 监测依据

对于爆破振动的监测，必须制定科学合理的监测方案。监测方案应依据爆破振动效应监测目的和要求进行设计，爆破振动监测一般有两种类型：一类是对重点防护对象在爆破施工作业中进行全程监测，监测数据用作评价防护对象的安全状况，也可为可能引起的诉讼或赔偿提供科学的数据资料；另一类是针对重大爆破工程在现场条件下进行小型实爆试验，通过测试了解和掌握爆破振动波的特征、传播规律以及对建（构）筑物的影响等，比如测定现场爆破条件下的 K 值和 Q 值，测试项目和取得的测试数据用以指导爆破设计方案和参数选择，也是对设计进行安全评估的重要依据。

4.1.5 边坡爆破开挖稳定性安全判据及控制标准

4.1.5.1 爆破振动安全允许标准

爆破开挖使得露天采矿的开采效率有了显著提高，但同时也会产生爆破振动、空气冲击波、爆破飞石、有毒气体以及噪声等灾害。在这些因素之中危害性最大就是爆破振动，它不仅对周围的建筑物和环境有影响，并且对工程本身的安全性和耐久性也会产生深远的影响。

因此，为了确保爆破开采工作顺利进行，需要制定完善的爆破安全判别依据。爆破振动安全允许标准见表4-1。

表 4-1 爆破振动安全允许标准 （GB 6722—2003）[1]

对象类别	安全允许质点振动速度 V/cm · s^{-1}		
	$f \leqslant 10$Hz	10Hz$\leqslant f \leqslant 50$Hz	$f > 50$Hz
土窑洞、土坯房、毛石房屋	0.15~0.45	0.45~0.9	0.9~1.5
一般民用建筑	1.5~2.0	2.0~2.5	2.5~3.0
工业和商业建筑物	2.5~3.5	3.5~4.5	4.2~5.0
一般古建筑物与古迹	0.1~0.2	0.2~0.3	0.3~0.5
水电站及发电厂中心控制室设备	0.5~0.6	0.6~0.7	0.7~0.9
水工隧洞	7~8	8~10	10~15
交通隧道	10~12	12~15	15~20
矿山巷道	15~18	18~25	20~30
永久性岩石高边坡	5~9	8~12	10~15

对　象　类　别		安全允许质点振动速度 $V/\text{cm} \cdot \text{s}^{-1}$		
		$f \leqslant 10\text{Hz}$	$10\text{Hz} \leqslant f \leqslant 50\text{Hz}$	$f > 50\text{Hz}$
新浇大体积混凝土	龄期：0~3d	1.5~2.0	2.0~2.5	2.5~3.0
	龄期：3~7d	3.0~4.0	4.0~5.0	5.0~7.0
	龄期：7~28d	7.0~8.0	8.0~10.0	10~12

注：1. 表中质点振动速度为三分量中的最大值；振动频率为主振频率。

　　2. 频率范围根据现场实测波形确定或按如下数据选取：硐室爆破 $f < 20\text{Hz}$；露天深孔爆破 $f = 10 \sim 60\text{Hz}$；露天浅孔爆破 $f = 40 \sim 100\text{Hz}$；地下深孔爆破 $f = 30 \sim 100\text{Hz}$；地下浅孔爆破 $f = 60 \sim 300\text{Hz}$。

4.1.5.2　边坡稳定允许振动速度

边坡爆破开挖的安全性是关乎民生的重大问题，其安全控制是爆破工程技术一个至关重要的课题。因为这一基本问题涉及的影响因素很多，所以至今还无法在理论或者实践方面从根本上解决这个问题。也没有一个较为有力的控制标准可以用来评断主要影响因素的通用性和实践性。往往是利用一定量的现场爆破试验测得原始爆破振动数据，进而分析爆破振动波在介质中的传播规律和爆破振动强度，判断边坡的动力稳定性，根据爆破振动现场监测结果对控制爆破振动措施进行及时的信息反馈，科学地指导施工。爆破振动强度通常通过爆破振动的质点振动速度、位移和加速度等物理量来描述，而广受国内外认可的是以爆破振动速度峰值作为评判标准。

爆破作业时应以边坡坡脚允许振动速度为指标进行预警，靠帮边坡坡面质点的爆破震动速度应小于 24cm/s。其他情况边坡稳定允许振速根据表 4-2 进行确定[2]。

表 4-2　边坡稳定允许振动速度

边坡滑坡风险等级	边坡稳定系数	允许振速/$\text{cm} \cdot \text{s}^{-1}$
1	$F < 1.05$	控制爆破
2	$1.05 \leqslant F < 1.15$	24~28
3	$1.15 \leqslant F < 1.25$	28~35
4	$1.25 \leqslant F$	35~42

4.2　爆破振动监测内容

爆破振动监测内容主要有以下几种：对地表质点振动速度的监测、对质点振动位移的监测、对质点振动加速度的监测、对建筑物反应谱的监测及对岩体介质反应谱的监测。岩体边坡爆破振动反应谱监测即属于对岩体介质反应谱的监测，其中，对振动速度的监测在工程中应用最多，开展得最为普遍[3]。

4.2.1　爆破振动监测方法

爆破地震效应的观测方法分为宏观监测和仪器监测两种[4]，通常把这两种方法结合起来使用。

（1）宏观监测。宏观监测是指采用目测、照相和录像等手段，对比爆破振动影响范围内和仪器观测点附近的有代表性的标志物在爆破前后的变化情况来估计爆破振动的影响程度。

（2）仪器监测。仪器监测是通过观测系统中的压力、速度、加速度传感器和记录仪，将模拟电压量转换为数字量进行存储，经自身的接口和计算机连接，由计算机显示波形、谱图以及各种特征参数，最后将测试结果存盘、打印。

4.2.2　爆破震动的特征参量

根据《爆破安全规程》（GB 6722—2003）的规定，建筑物的振动安全判据可通过不同频率条件下地质点的振动速度衡量。一般来说，爆破振动的特征采用振幅 A、频率 f_0 或周期 T_0、持续时间 T_ε 3 个基本参数来表示。

（1）振幅 A。在一个完整的波形图中，振动的振幅是随时间变化而变化的。振动强度的标志通常采用主振相中的最大振幅来表征，因为其作用时间长、振幅大。

（2）频率 f_0 或周期 T_0。一般用最大振幅对应的一个波的周期 T_0 作为振动的参数，频率为其倒数，即：

$$f_0 = \frac{1}{T_0} \tag{4-1}$$

（3）振动持续时间 T_ε。爆破振动的持续时间是指测点振动从开始到全部结束消耗的时间。它是描述爆破振动衰减快慢的一个参量。测点振动的持续时间与监测仪器的灵敏度密切相关，对于同一测点，仪器灵敏度越低，测得的振动持续时间就短；反之，测得的持续时间越长。

4.3　爆破振动监测点的布置方法

在爆破振动监测中，测点的布置极其重要，直接影响监测的效果及监测结果数据的可靠性和精确性，测点布置主要依据监测目的进行。研究振动强度对距离的衰减规律和确定安全距离时，可采用布置一条多测点构成的测线方法。在兼顾测点布置方便等情况下，确定测振代表线应遵循以下主要原则[5]：

（1）由于爆破地震波在爆源不同方位有明显差异，其最大值一般在爆破自由面后侧且垂直于炮心连线上，因此应沿此方向布设测点。

（2）需要保护的边坡距离生产爆破区域较近。

（3）在测振代表线方向上的边坡抗振性能较差。

（4）为了保障振动强度衰减公式的拟合精度，测点数不宜太少。

（5）需获取爆破振动传播衰减规律时，测点至爆源的距离按近密远疏的对数规律布置，测点数量根据需要确定，一条观测线上的测点一般不能少于 5 个，每一测点一般宜布置竖直向、水平径向和水平切向 3 个方向的传感器。

（6）在监测或测试时，一些必须取得数据的重要测点应布置重复点。

（7）在不同的地貌、地质和地形条件下，监测点的布置也应区别对待，对于复杂地质条件下监测点的布置，应采用多台监测仪器，以便把握该地形条件下岩质体的响应特征。

（8）考虑到传感器和测振仪的安全，防止岩石堆积体或个别飞石将测点覆盖或使仪器损坏，必要时可采取一些保护措施。

（9）为预测到一定范围的爆破地震质点振速值，在离开爆心位置由近至远均应布设测点，测点一般处于各个不同高度的台阶面上。如果条件允许，尽量将测点布设于爆源与坡面正交的同一剖面上。由于每次爆破爆心均发生变化，故每次使用的远近测点也各不相同，一般先采用各台阶面上尽量接近于爆心的测点。

（10）应按测试设计要求布置测点，统一编号并绘制测点布置图。

4.4　爆破振动监测系统及监测设备介绍

目前爆破振动测试所用仪器类型很多，随着计算机技术的发展，数字式记录仪越来越多，既有国产的也有进口的，数字记录仪一般将放大器直接置于机体内，省去了连接电缆，使用方便、可靠。传感器种类也很多，其选型和安装目前尚无统一的规定和要求。由于上述原因，振动监测数据的分析软件也各不相同，所以很多振动测试并没有规范，甚至有些测试数据可信度较低，在此对有代表性的爆破振动测试仪器及传感器作简要介绍。

远程测振是通过网络和远程测振系统控制测振仪器、设备，获取测振仪器设备及与爆破振动有关的数据。工程爆破远程测振系统是融合工程爆破安全技术与信息技术、云计算技术、大数据管理技术研发的，是在规范和研究现有的爆破测振仪器设备及其现场安装方法、检定和校准方法、数据采集—传输—处理方法的基础上建设的。利用智能感知技术、身份识别技术，实现爆破振动信号的实时记录和远程传输（传入测振中心数据库），提高了测试数据的客观性和实时性。

4.4.1　TC-6850N 型远程网络无线测振仪

成都中科测控有限公司长期从事工程检测领域产品的研发、生产及销售。测震仪器不断推出新产品，例如爆破测振类 TC-2850 型、3850 型爆破测振仪、4850 型测振仪以及最新 TC-6850N 型远程网络无线测振仪，如图 4-1 所示。

TC-6850N 无线测振仪采用一体化设计，搭载中科云平台，适用于全天候无人值守工程爆破环境振动监测，可用于公路铁路、桥梁及隧道、矿山、大坝边坡、库岸稳定安全监测等类似领域的各种无人值守长期实时远程振动监测。TC-6850N 无线测振仪的工作原理图如图 4-2 所示。

图 4-1　TC-6850N
无线网络测振仪

TC-6850N 无线测振仪的主要技术指标见表 4-3。

4.4.2　NUBOX-8016 智能爆破测振仪

NUBOX-8016 智能爆破测振仪是四川拓普测控科技有限公司在多年来为广大爆破业界提供测振设备的基础上，专门为工程爆破监测行业开发、生产的最新一代专用测试分析仪器。

4.4.2.1　NUBOX-8016 的主要特点[6]

（1）爆破施工环境安全评估必配设备；

（2）满足《爆破安全规程》（GB 6722—2014）和《爆破作业单位资质条件和管理办法》（GA 990—2012）；

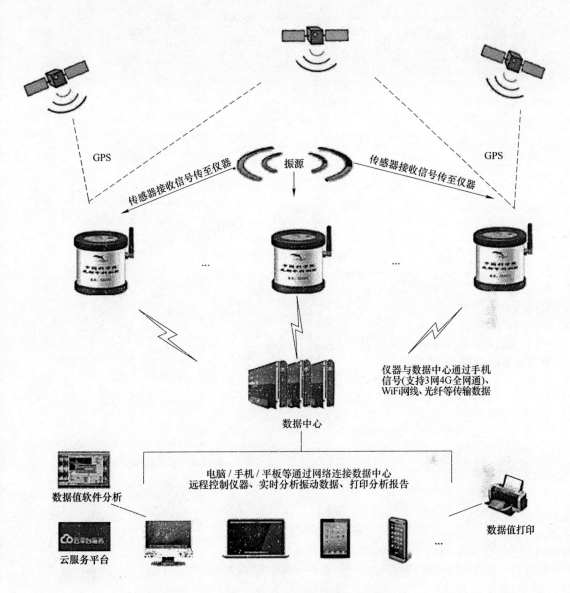

图 4-2 TC-6850N 无线测振仪的工作原理

表 4-3 TC-6850N 无线测振仪的主要技术指标

参　数	技术描述
通道数	并行三通道 X, Y, Z
测振频带/Hz	$5 \sim 300$
量程（速度）/cm · s^{-1}	$0 \sim 25$
量程（加速度）/m · s^{-2}	± 16
采样率	6.4kS/s
采样时间/s	1, 2, 5, 10, 15 可调

参　　数	技术描述
储存容量/GB	1
测量精度	0.1cm/s，0.02g
短信报警	支持
系统误差	<5%
连续工作时间/h	>72
待机时间/h	>240
电池容量/mA·h	6400
工作温度/℃	-20~+70
充电方式	5V USB 接口
功耗/mA	100
外形尺寸	圆柱：高 80mm，半径 38mm
整机重量/g	565（含电池、天线）

数据通信：全网通（4G），WIFI

显示：波形（速度，加速度）、最大值、主频

数据分析：有效值、峰值、FFT、萨道夫斯基回归、报表打印

远程测振：远程控制（参数查询设置：启动停止，触发值，定时开关机）支持本地与远程

自检：开机自动检测并显示仪器工作状态

远程升级：升级

工装：卡子（立面上固定）、锥子（松软介质上固定）、底座（坚硬表面上固定）

扩展：无电（可外接电池组和太阳能）、无网（光纤、无线中继等多种组网）

（3）高度智能：无需面对烦琐的设置，一键完成测量工作；

（4）超高精度：0.0047~35cm/s；

（5）实时显示：测量时可实时观察振动信号；

（6）海量存储：最多可记录 16384 次振动数据；

（7）数据管理：面对海量数据，可快速通过记录时间、最大振幅等条件查询数据。无需打开数据，即可获取最大振速，提供原始数据波形或自动计算结果；

（8）支持云端、各种无线应用；

（9）现场应用：具有现场直连打印机、U 盘导数等功能。

4.4.2.2　NUBOX-8016 的主要技术指标

通信接口：USB、无线。

通道数：2/3/4 通道/台。

显示屏：3.5in（1in=2.54cm）彩色触摸液晶屏，可独立操作仪器。

输入方式：7 芯航空接插件，单端双极性电压输入。

一键智能采集：触发阈值自适应，无需设置，一键完成整个测量工作，无需面对烦琐设置。

数据显示方式：测量数据与被测波形实时显示，同时实现记录与监测。

数据存储：最多可记录 16384 次数据，单次记录时间最长可达 11s，两次记录间不丢数据。

最高采样率：200kS/s。

可采集振动信号频率范围：0.5~800Hz。

A/D 分辨率：16bit。

测振范围：0.0047~35cm/s。

读数精度：≤±0.05%。

信噪比：≥86dB。

通道间隔离度：≥90dB。

通道间相位差：≤0.3°（0~10kHz）。

增益和零点：完全自校准。

尺寸：210mm×160mm×68mm。

重量：约 1.2kg。

4.4.3 爆破测振仪 L20-N

L20-N 爆破测振仪是一款操作简单的传统测振仪，能够很好地胜任各类常规的爆破振动测试任务；也是一款功能丰富的网络测振仪，能够独立实现爆破振动互联网远程访问监测，更是一款贴合使用需求的专用测振仪，可针对用户测试和办公需求进行个性化定制[7]。

4.4.3.1 L20-N 爆破测振仪适用领域

（1）地下、露天、拆除等爆破施工振动监测。如地铁隧道钻爆、城镇浅孔爆破、冷却塔爆破拆除等施工爆破振动监测。

（2）观测点固定，监测周期长、频次高或不易到达的振动检测项目。如临近铁路既有线路、桥梁、大坝、古建筑、高陡边坡等的工程建设项目。

（3）观测点分布广、点数多的检测项目。如铁路客运专线、输油管道等沿线对工程建设项目振动的影响监控。

（4）其他活动诱发的连续性的振动监测。如强夯、打桩、重型机械运输等活动诱发的振动对邻近建筑物的影响检测。

4.4.3.2 L20-N 的优势及特点

（1）不挑振源。提供电平、抽样任意组合的三种触发方式，不仅可满足爆破施工振动测试，还能够胜任强夯、打桩、钻探等施工引起的连续振动测试任务。

（2）不挑人员。支持手机、平板电脑等移动设备客户端，可随时随地进行系统管理和维护，其界面简洁、结构清晰，任何操作者均可快速掌握。

（3）不挑测点。支持 WiFi、LAN 和 4G 三种通信，无论测点在城镇附近、偏远山区，还是超长隧道内，都可以快速组建检测网络。

（4）超低功耗。仪器休眠状态下功耗仅 10mA，通过设定仪器的工作时段，远程访问唤醒仪器，无外部供电条件下，可满足隧道内数月的检测。

（5）超高配置。支持 U 盘批量或单一导出数据，自动获取测点的 GPS 坐标信息，利用数据中心进行版本升级，能够独立完成零点校准。

（6）多级报警。支持远程主动时间报告，用户只需要设置对应的报告事件类型，仪器便可在事件发生或者结束时主动向用户发送报警。

4.5 爆破监测设备的安装与保护

4.5.1 爆破监测设备的安装

为保证爆破地震波质点振速的准确监测，安装爆破监测设备时，应注意以下事项：

（1）在使用中应避免碰撞监测设备，位置要准确，爆破监测的感振方向要与测量的振动方向一致。垂直速度传感器应该尽量保持与水平面垂直；水平径向速度传感器的安装应该与水平面平行，水平径向传感器应该水平指向爆心。

（2）安装要牢固，传感器要与被测体连成一体。若测点表面为坚硬岩石，可以直接在岩石表面整理出一平面；对于松、软层，在测点处需施工传感器混凝土安装台，安装台直接接触基岩，其规格为20cm×20cm，台面抹平。每次监测前用生石膏粉加水玻璃调制成浆糊状，将传感器黏结在被施工好的测点上，约10min石膏凝固后即可进行监测。

4.5.2 爆破监测设备的保护

在爆破监测的过程中，须保护好设备的安全，保护的方式主要有以下几种：

（1）距离爆源较近时容易被较大飞石击中，应使用预制钢筋混凝土小框架遮挡，必要时顶部需增设钢板等覆盖保护。

（2）距离爆源较远时受小石块影响，可使用金属盒或安全帽覆盖保护。

（3）在测点处插红旗子等明显标记。

参 考 文 献

[1] 爆破安全规程 [S]. GB 6722—2014.

[2] 龙坤，陈庆凯，周宝刚，等. 研山铁矿露天爆破振动监测及分析 [J]. 科学技术与工程，2017，17（24）：178-183.

[3] 陈振鸣，满轲，武旭，等. 凹山铁矿边坡爆破振动监测与分析 [J]. 化工矿物与加工，2016，45（7）：49-51.

[4] 赵昕普. 爆破振动衰减规律及爆破振动对岩体累积损伤影响的研究 [D]. 阜新：辽宁工程技术大学，2008.

[5] 邢东升. 露天采场爆破震动的监测与控制 [D]. 长沙：中南大学，2004.

[6] 涂剑文，蔡嗣经，黄刚，等. 罗河铁矿井下爆破振动对地表环境影响的监测与预测 [J]. 爆破，2016，33（3）：122-126.

[7] 王亮亮. L20型爆破测振仪在露天矿控制爆破中的应用 [J]. 露天采矿技术，2013（7）：22-23，26.

5 水文气象监测

5.1 渗流压力监测

监测边坡岩土体的渗流压力可通过布置一定规则的观测点来进行。观测点的位置和深度可根据地质情况及可能产生的渗流变形等情况而定。观测点的位置安装相应的渗透压力的监测设备，通过监测设备直接或间接得出测点深度处的渗透压力。测量渗流压力的设备有测压管以及孔隙压力计等，通常可以将测压计与测斜计安装在同一个深孔中，这样既可以减少工作量，又可以准确量测出岩体位移与水压之间直接的关系。

5.1.1 渗压计工作原理

渗压计，又称孔隙压力计，是一种用于监测渗压水位的仪器，广泛应用于大坝、堤防及各种岩土工程中。

根据水压力与水深度成正比关系的静水压力原理，运用水压敏感集成元件所做的压力渗压计，当传感器固定在水下某一测点时，根据水头计算公式可以得出测点以上水头高度，再根据测点的位置高度，即可以计算出水头的总高度。

计算公式如下：

$$P = \rho g h \tag{5-1}$$
$$H = H_0 + h \tag{5-2}$$

式中 P——水压力；

  h——水头高度；

  ρ——水的密度；

  g——重力加速度；

  H——水头总高度；

  H_0——测点高度。

5.1.2 渗流压力的优点

过去一直习惯采用观测管的形式对边坡体的渗流进行观测。打一钻孔到设计深度，然后埋置 1.5in 带花管的观测管，在地表露出一部分，用堵头封住。在测定水流时，拧开堵头，用水位计（万能电表）系下测锤进行测量。这种方法工作效率低，单孔人工测量费时费力，测时误差也较大；同时因为渗流的影响和观测管的老化、锈皮脱落、人为损坏，使用几年后，大多数观测管不能正常使用而报废，对坝体渗流观测影响很大。

目前采用埋设渗压计的方法进行观测，可以准确迅速掌握边坡体的渗流压力情况。几个断面用电缆引至一个集中固定的地点，这样就可以省去很多的时间，观测也方便、准确，便于保护，可为露天矿采场的安全生产提供有力的保证。

5.1.3　常用的渗压计

根据输出信号的不同，渗压计可以分为振弦式、差动电阻式、光纤式等不同种类。

（1）振弦式渗压计。振动弦式传感元件固定在中空圆柱体两端之间，一个柔性膜片焊接在刚性圆柱体上。振动弦由液压挤压固定，相当于将所有零件焊在一起，但完全不影响其弹性。测试其震动周期，振弦式渗压计具有智能识别功能。

振弦式渗压计埋设在填土中以及混凝土的交界处，也可嵌入钻孔或小直径的管中，由内装有压力传感器和热感应电阻的小直径圆形保护管组成。保护管的一端放置有高气压或低气压透水石的嵌口，另一端引入密封的电缆线。透水石在保护管的前端用 O 形密封圈密封，经过透水石后，柔性膜和固体颗粒隔离开，只承受要测量的液体压力。透水石很容易取下进行清洗与校正。端部装有螺纹适配器，可用作压力传感器。可直接埋入非固结的细颗粒材料，如砂、粉砂土和黏土中，其外壳一端是装有锥形端头的厚壁圆筒，在引入电缆的另一端为 EW 型钻杆。

（2）竖管渗压计。竖管渗压计可用于测量渗透性土壤的孔隙水压力和水位；可以评定地基处理的效果，施工对周围结构的影响，排水、抽水试验和土结构中渗透水位下降等。

（3）光纤渗压计。光纤渗压计是为测量孔隙水或者其他流体压力而设计的。它被用于工程结构的监测，比如水工结构、基础、挡土墙、大坝、堤防、地下开挖体、隧道、废料储存场等。

（4）气动式渗压计。气动式渗压计，用于测试土、堤、回填土、坝、基础和开挖中的液体压力。采用黄铜和不锈钢制造，也适于监测挡土墙、涵洞和隧道衬砌中的孔隙水压力。低气压或高气压过滤，使得它们非常可靠，可用于短期和长期的监测项目。

（5）硅压式渗压计。硅压式扬压力计为智能传感器，该类传感器输出信号为物理量，具有温度、气压自动补偿功能。

5.1.4　渗压计埋设的方法

5.1.4.1　渗压计孔的钻设

为了不影响原地层内的渗流状态，使观测数据准确，在钻进过程中可采取清水钻进的方法。采用地质钻机套管跟进的方法，使用金刚石钻头清水钻进，施工中边钻进，边下套管，钻进到设计深度后结束。钻进中要保持孔斜率合格。在打入前三节套管时（深度 4~5m 左右）要注意，防止孔斜过大，影响渗压计的埋设。钻进结束后进行冲洗孔，在孔径、孔深、孔斜检验合格后，方可进行埋设渗压计的工作。

5.1.4.2　渗压计埋设前的准备工作

渗压计的埋设是一项认真、细致的工作，埋设前要做好各项准备工作。渗压计购进后要进行滤定检测，合格后方可使用。埋设前根据埋设深度焊接好电缆，电缆长度一般比孔深长 4m，便于施工操作。在孔口进行渗压计的最后检验，将渗压计放入埋设高程，将测得数据与孔口水箱的数据进行对比。确定无误后，用细铜网加中粗砂，将渗压计包裹起来，准确地下入孔中设计高程。

5.1.4.3 渗压计埋设的过程和注意事项[1~3]

按照设计要求，渗压计放置后，应在孔内填入中粗砂埋设。填砂时要根据孔径计算好填砂量，并且随时测量填砂后的孔深进行校核。投砂时要少量均匀投入，不要一次过多，以免砂蓬住孔壁，达不到埋住渗压计的目的。投砂后等一段时间，测量砂面深度，合格后将电缆用 1in PVC 管从上到下穿过并加以保护。PVC 管轻轻插入砂层内，所有这些程序检验合格后再填土料。设计要求土料为干膨润土球，投放过程中也要保持均匀、少量；同时测量孔内深度，一定要注意填料高度不可将套管埋得过深，防止起套管时膨润土将电缆带起，一同上升，将电缆拉断。一个钻孔里安装多支渗压计时，要计算好填土量，在下第二节渗压计前，停止投料，等一段时间，再投放砂料，埋住渗压计，操作方法同前。渗压计埋设完毕后，等 24h，在没有较大的沉陷后，为保护好留在孔外的电缆，用 2in（1in = 2.54cm）钢管做 70~100cm 长的孔口管进行埋设保护。

渗压计埋设后可以起拔套管，由于地层不同，套管下设的深度也不同。有的套管打入距设计孔深 3~4m 便可结束，遇到流砂层时，套管打入的深度需超过设计孔深，才能保证渗压计的埋设高程。起拔套管时，由于渗压计在套管内，应采用轻打的办法，防止将渗压计震坏。在一个钻孔里安装多支渗压计的情况下，应边起套管，边埋设渗压计，保证渗压计埋设高程符合设计要求。

5.1.4.4 孔口固定问题

渗压计在测压孔内安装时，孔口的固定方法和孔口附件尺寸结构没有统一规范规定。不正确的固定方式可能会导致电缆损坏、滑动或脱落，导致发生测量误差。长时间的悬挂，会导致电缆发生变形、芯线断裂的故障。在确定传感器安装高程时也会遇到基准点不好选取的问题，需要各方面反复修正，加大了安装埋设的误差。

5.2 地下水水位监测

露天矿采场边坡受地下水影响范围内应进行地下水动态监测。露天矿边坡工程地下水动态监测，应结合地质资源勘查、边坡工程岩土工程勘察、水文地质勘查、露天矿开采进度、地下水控制方案等工作进行。矿山建设与开采阶段应进行长期监测。因此，地下水位的观测设施是设计必须认真对待的一项工作。

5.2.1 地下水水位监测的监测要求

地下水水位是最普遍、最重要的地下水监测要素，地下水水位一般都以"埋深"进行观测，再得到水位。

按《地下水监测规范》（SL 183—2005）要求，人工观测时，两次测量允许偏差为 ±0.02m；水位自动监测时，允许精度误差为±0.01m。在其附录中对传感器规定"组建系统应选用 3 级以上设备"，3 级精度的水位计水位误差是±3cm（10m 水位变幅范围内）[4]。在《地下水监测站建设技术规范》（SL 360—2006）中规定水位监测误差应为±0.02m[5]。

测量地下水水位的仪器并不比测量地表水位的水位计先进。使用条件中有利的方面为：水体的地下环境比较稳定，水位变幅较慢（除抽水试验外），水质也比地表水好；不利的一面为埋深可能很深，测井管可能很小。

考虑综合影响，地下水位的观测准确性不容易普遍达到±0.01m，可考虑按"水位监测误差应为±0.02m"（并限定变幅10m）执行，比较符合实际情况。

5.2.2　地下水水位监测工作布置的原则

监测点、线的布置应根据边坡地形地貌、水文地质条件、岩土特性和工程要求确定。

（1）在滑动带设置观测点。

（2）监测点的间距视地下水的梯度或地形坡度的大小及离地表水体的远近确定，当地下水流梯度大（或地形坡度大）或靠近地表水体，间距可小些，否则可大些。

5.2.3　地下水水位的监测方法和仪器

地下水水位的监测方法分为人工观测和自动观测两种，采用相应的人工和自动观测设备。

5.2.3.1　地下水水位人工观测仪器

人工观测地下水水位基本上应用测盅和电接触悬锤式水尺，还有更简单的代用措施。

A　地下水水位测盅

测盅是最古老的地下水水位测具，测盅盅体是长约10cm的金属中空圆筒，直径数厘米，圆筒一端开口，另一端封闭，封闭端系测绳，开口端向下。测量时，人工提测绳，将测盅放至地下水面，上下提放测盅。测盅开口端接触水面时会发出撞击声，可由此判断水面位置，读取测绳上刻度，得到地下水埋深值。

此方法很简单，目前还一直在较大范围使用。由于判断测盅接触水面会产生误差，同时测绳的长度也存在误差，水位观测值不是很准确。测盅没有正规产品，此方法也不应再继续使用。

B　电接触悬锤式水尺

这种地下水水位测量设备也常被称为"悬锤式水位计""水位测尺"。仪器由水位测锤、测尺、接触水面指示器（音响、灯光、指针）、测尺收放盘等组成。测尺是一柔性金属长卷尺，其上附有2根导线，卷尺上有很准确的刻度。测锤有一定重量，端部有2个相互绝缘的触点，触点与导线相联；也可以以锤体作为1个触点。2个触点接触地下水体时，电阻变小（导通）。地上与2根导线相联的音响、灯光、指针指示发出信号，表示已到达地下水水面。

从测尺上读出读数，可以知道地下水水位埋深。这种仪器简单，便于携带，对使用者的熟练程度要求不高，可以用于各种地下水位的观测。由于能很准确地指示地下水面的位置。故水位测量准确性较高。测尺是专门制作的，高质量的产品可以达到±1cm/100m的准确度（刻度）。定期按规定进行计量或校核后能保证地下水水位测值的准确性。测尺的长度基本不受限制，有500m的产品，可以用于不同的地下水水位埋深与变幅。国内和国外都有这类产品，其技术性、结构都差不多。测尺都是覆盖塑料涂层的钢卷尺，刻度1mm；水位测锤用不锈钢材质制造，带触点，直径小20mm；水位指示用音响、灯光、指针形式，都是直流电池供电，准确度（刻度）能达到±2cm/100m或±1cm/100m。有些产品可测井深，可以选配温度传感器测量地下水温。

5.2.3.2　地下水水位自动监测仪器

能自动测量地下水水位的仪器主要有浮子式和压力式两种地下水位计，曾经应用过自动跟踪式悬锤水尺。大口径测井、埋深不大时，可以采用所有类型的地表水位计。

A　浮子式地下水位计

浮子式地下水位计的结构和测地表水位用的浮子式水位计相同。感应水位变化的都是浮子、悬索、水位轮系统，一般都有平衡锤，或者用自收悬索机构取代平衡锤。早期的长期水位记录用长图纸带划线方式，目前已基本不生产。现在的产品用编码器将水位值编码输出，供固态存储记录或遥测传输。一般的产品的编码器在地面上；先进的产品，整个仪器，包括水位感应、编码器、固态存储、电源等所有部分都悬挂在井中水面上自动工作。

浮子式地下水位计一般都能在10cm口径的测井管中工作，有些可装在5cm口径的井内工作，水位轮、浮子、平衡锤的直径都很小。小浮子感应水位变化的灵敏度较差。地下水埋深较大、悬索长，也影响水位感应灵敏度。因此，编码器的阻力应尽可能小些，还应避免悬索和水位轮之间打滑，应优先选用带球钢丝绳、穿孔带作为悬索。一些产品应用自收悬索的方法，不应使用放入井中的平衡锤，以便于使用于小口径测井。

用于地表水的浮子式自记水位计可以直接用于井径较大（大于40cm）、地下水埋深较浅的地下水水位测量。

浮子式地下水位计结构简单、可靠，便于操作维护。只要测井口径满足安装要求，就可以用于所有地点，水位测量的准确性也较高。

水位编码器的性能各异，选用时要注意。地下水埋深较大时尤其要注意悬索、水位轮的配合，了解和控制可能产生的误差。浮子式水位计对测井的倾斜度有要求，应用时需注意。

不同产品的性能差距很大，具体如下：

（1）用普通日记水位计改造的产品：

适用井径：10cm；

水位变化范围：0~10m；

水位准确性：±2cm；

水位记录：24h，划线记录；

平衡锤：平衡锤进入测井。

（2）国内的浮子式编码地下水位计：

水位输出：格雷码编码输出，供记录和数据传输；

适用井径：12cm；

仪器结构：仪器主体在地面上。可选自收悬索方式，不使用平衡锤。

（3）国外先进的浮子式地下水位计：

适用井径：50.8mm；

适用埋深水位范围：埋深不限，水位变化范围0~15m，可按需要配置；

水位准确度：<1cm；

悬索：带球钢丝绳；

水位输出记录方式：内置编码器、固态存储器、电池，自动存储；

记录能力：电池寿命 15 年，存储数据 15000 个；

仪器结构：一体化结构，没有地上部分，可以整体悬挂安装在井内工作。

B　压力式地下水位计

压力式地下水位计的原理结构和测量地表水的压力水位计一致。仪器测量水面以下某一点的静水压力，再根据水体的密度换算得到此测量点以上水位的高度，从而得到水位。水面上承受着大气压力，所以水下测点测到的压力是测量点以上水柱高度形成的水压力与水体表面的大气压力之和。换算成水位高度时应减去大气压力，或者应用补偿方式自动减掉大气压力。在应用的仪器设备中，这一补偿过程是自动进行的。

压力式水位计包括压力传感器和水位显示记录器、专用电缆、电源等，也可以是一体化的。

一体化压力式地下水位计的压力传感器、测量控制装置、固态存储器、电源都密封安装在一细长圆柱状的机壳内，具有相应的耐压密封性能。用专用缆索挂在地下水测井内的最低水位以下。仪器按设定时间间隔自动采集、存储水位数据。其存储的水位数据可以通过专用电缆或光纤在地面上采集，采集时使用一般电脑或专用数据收集器；也可能需要定时将仪器整体提上地面，采集数据；需要接入自动化系统时应用专用电缆传输。国外产品基本上采用一体化形式。

传感器+主机形式的压力式地下水位计由压力传感器和测量控制装置组成，用专用电缆连接。压力传感器用专用缆索悬挂在地下水测井内的最低水位以下，测控装置在地面上。电源和记录装置可能是单独的，和测控装置相联。国内产品目前都是这种形式。

浮子式水位计的水位准确性会受小测井的影响，压力式水位计没有这个问题，可以用于直径 5cm 的地下水位测井，甚至 1in 直径的测井。因此可以认为使用中对测井口径没有要求，而且基本上可以适用于任何埋深。

地下水中的泥沙含量少，水质密度较为稳定，很适合压力式地下水位计的应用。因而，压力式地下水位计适合地下水水位的高准确度测量。

一体化的压力地下水位计的所有工作部分都在地下水测井的水下，不受地面上的干扰，工作稳定。

此水位计同时可测量水温，具有温度补偿修正功能。陶瓷电容式压力传感器弥补了硅压力传感器的一些不足，使压力传感元件更加稳定。压力式地下水位计的水位测量准确性已高于浮子式地下水位计。

需要同时测量某些水质参数时，可以选用同时具有某些水质参数测量功能的多参数压力水位计，同时测量记录水位、水温、水质等参数。

C　自动跟踪式悬锤水尺

应用电接触悬锤式水尺时，需要人工下放测锤，观测灯光、音响信号，以判别测锤是否正好接触水面。自动跟踪式悬锤水尺用一电机自动下放测锤，测锤接触水面时，导通信号控制电机停止转动。测尺下放时联动一编码器，或者用步进电机下放测尺，测得接触水面时测尺的下放长度。此长度数据由编码输出，或由步进电机输出，就能自动测得地下水位。

这类仪器结构较复杂，可动部件较多，可靠性差，水位测量误差也较大，目前已没有适用的产品。

5.2.4 地下水水位监测仪器的应用

水文系统目前基本依靠人工观测地下水水位，大量使用测盅测量地下水水位，少量站点应用地下水水位测尺测量地下水水位。少数测站能自动测记地下水水位，基本上使用浮子式地下水位计，划线记录。有少量地下水位遥测系统使用浮子式编码水位计或压力式水位计。除数据存储可靠性外，这些方法和仪器能满足现行要求。但是人工观测地下水水位的准确性差别很大，难以达到 2cm 误差的要求。

5.2.5 地下水水位监测的施工过程

地下水水位监测孔施工方案如下：

现场实地踏勘→施工前测量放点→设备转场运输→就位准备→钻孔→测量孔深→安装监测井管→投料及回填灌浆→孔口保护墩浇注及保护罩安装→编号喷涂。

（1）现场实地踏勘。使用测量设备对设计图纸中的地下水水位监测孔位置进行实地踏勘，观察各相关地下水水位监测孔是否位于不便于施工的位置，编制初步踏勘报告，邀请业主、设计和监理现场查看，对于不便施工的地下水水位监测孔位置进行调整和处理。

（2）施工前测量放点。完成现场实地踏勘后，采用工程联系单的方式将踏勘、调整后的地下水水位监测孔位置上报。待业主、监理、设计批复认可后，在进行地下水水位监测孔位置放点，为接下来的施工提供点位位置。

（3）设备转场运输。将机械设备转移至相应点位，并做好准备工作。

（4）钻孔。待准备完毕后，即可进行钻孔工作，钻进至设计孔底高程为止。开孔钻进必须加强护孔和防斜措施，放置孔口优先和确保钻孔垂直。在松散覆盖层钻孔过程中，需采取措施处理覆盖层坍孔的问题。

（5）测量孔深。使用钻机测量孔深。测深时由监理现场签认钻孔深度。

（6）安装监测井管。用钻机将配好的监测井管下入钻孔中。下管时由监理现场签认井管长度。

（7）投料及回填灌浆。监测井管安装完毕后，即可在钻孔及钢管之间的缝隙中投入石英砂和膨润土，最后用水泥砂浆将缝隙灌满抹平。

（8）孔口保护墩浇注及保护罩安装。按照设计图纸在地下水水位监测孔孔口立模浇注孔口保护墩，并安装孔口保护罩。

（9）编号喷涂。待孔口保护墩终凝后，在保护墩上喷涂地下水水位监测孔编号。

5.3 降雨量监测

降雨是诱发滑坡灾害的重要环境因素，通过对降雨量的监测可以发现降雨特征与边坡变形直接的对应关系，分析坡体含水率及孔隙水压力与降雨存在的内部联系，分析降雨量、降雨强度与边坡变形的规律和关系，在遭遇强降雨时能及时预警，为研究降雨与边坡渗流及滑坡预警分析提供科学依据。

降雨对边坡体变形破坏产生的影响是多方面的，对于一般的边坡，起主导作用的主要是岩土体抗剪强度和容重的变化。但是一些特殊的坡体，裂隙水压力、地下水位上升产生的浮托力及坡脚的侵蚀可能成为坡体滑动的主要因素。

露天矿采矿区监测区域内的滑坡体或边坡是否发生滑坡跟当地降雨量有很大的关系，因此降雨量的监测也是主要监测对象之一。

一般采用雨量计监测降雨量的大小，可根据地形条件和周围环境情况在合适的地方布置一个雨量监测测点。

5.3.1 降雨对岩石边坡的不利影响

对岩石边坡而言，降雨的不利作用主要表现在降低岩体强度、抬高地下水位和边坡内孔隙压力加大等三个方面[6]：

（1）降低岩体强度。对于岩石边坡稳定来说，起控制作用的是岩体结构面的强度。岩体结构面分为硬质结构面与软弱结构面。水的介入对于硬质结构面的强度并无影响，而软弱结构面遇水后，特别是在原来充填介质含水量很少，降雨后却显著加大时，充填的软弱物进一步软化，其抗剪强度会显著降低。

（2）抬高地下水水位。一次降雨量使山体地下水水位升高的幅度与水文地质条件有密切关系。在某些条件下，地下水水位可能大幅度升高，而在另一些条件下，水位升高可能极为有限。一般来说，当岩体不是特别雄厚，山坡较缓且地下水水位在弱风化层以上时，由于岩体孔隙率大，水位上升需要更多水分供给，同样的降雨条件下水位上升幅度小。

同时由于裂隙发育，岩石破碎渗透系数大，因此水位升高后水很容易排走。这就是众多山体中洪枯水位变幅不大的原因。

（3）边坡内孔隙压力加大。根据渗流观点，岩体是由裂隙网络和孔隙介质的岩块构成的双重介质。岩块的渗透系数与岩石类别有关，致密岩石如花岗岩，其渗透系数为 10^{-10} cm/s 量级。设裂隙宽 0.01mm，按缝隙水力学，其过水系数（即渗透系数）约为 10^{-4} cm/s 量级。降雨入渗后，水在裂隙内运动速度远大于岩块孔隙内的运动速度。在岩体中，由于裂隙闭合，裂隙的空隙非常小，只占岩体体积的 0.01%~0.001%。

据 Jumikis（1982 年）研究成果，花岗岩的孔隙率变化范围为 1.02%~2.87%，填满岩块孔隙而使其饱和所需要的水量较大，而很少的入渗量即可使裂隙饱和。从以上分析可知，雨水从地面渗入，在重力作用下，首先以较快的速度沿裂隙向下流，然后再缓慢地由裂隙渗入岩体孔隙。裂隙发育程度（密度及隙宽）随深度减弱，雨水从地表渗入裂隙很容易，而从深层岩体排走则十分困难。因此，若一个降雨过程不是太短，就会在山体地下水位以上非饱和区形成暂态饱和区，地下水位上升，使边坡内孔隙压力加大。强度超过入渗率的降雨历时愈长，孔隙压力是也愈大。虽然这一孔隙压力是暂态的，降雨停止后能以较快的速度消散，但如量值较大，则对边坡稳定的影响仍不能忽视。

5.3.2 雨量计的种类

雨量计（rainfall recorder，或量雨计、测雨计）是一种气象学家和水文学家用来测量一段时间内某地区的降水量的仪器（降雪量的测量需要使用雪量计）。

雨量计的种类很多，常见的有虹吸式雨量计、称重式雨量计、翻斗式雨量计等。

5.3.2.1 虹吸式雨量计

虹吸式雨量计能连续记录液体降水量和降水时数，从降水记录上还可以了解降水强度。

虹吸式雨量计由承水器、浮子室、自记钟和外壳组成。雨水由上端的承水口进入承水器，经下部的漏斗汇集，导至浮子室。浮子室是在一个圆筒内装浮子组成，浮子随着注入雨水的增加而上升，并带动自记笔上升。当雨量达到一定高度（比如 10mL）时，浮子室内水面上升到与浮子室连通的虹吸管处，虹吸开始，迅速将浮子室内的雨水排入储水瓶，同时自记笔在记录纸上垂直下跌至零线位置，并再次随着雨水的流入而上升，如此往返持续记录降雨过程。

虹吸式雨量计的优缺点：

主要优点：结构简单、安装使用方便且能自动记录，观测人员可以随时了解自然降水情况，节约能源，不需要人守候。

缺点：必须定时到现场去更换记录纸。容易发生故障，在使用中必须加强维护，以便仪器能够正常工作，保持记录的准确性和连续性。在使用虹吸式雨量计的过程中，若该仪器出现一些故障，必然会使自记降水记录的连续性和准确性受到影响，影响雨量资料的记录整理。操作烦琐（现已有自动虹吸式雨量计），虹吸管易堵塞。

适合人工观测，不适于遥测、数字化组网。

5.3.2.2 称重式雨量计

这种仪器可以连续记录接雨杯上的以及存储在其内的降水的重量。记录方式可以用机械发条装置或平衡锤系统，将全部降水量的重量如数记录下来，并能够记录雪、冰雹及雨雪混合降水。

5.3.2.3 翻斗式雨量计

翻斗式雨量计是由感应器及信号记录器组成的遥测雨量仪器，感应器由承水器、上翻斗、计量翻斗、计数翻斗、干簧开关等构成；记录器由计数器、录笔、自记钟、控制线路板等构成。其工作原理为：雨水由上端的承水口进入承水器，落入接水漏斗，经漏斗口流入翻斗，当积水量达到一定高度（比如 0.1mL）时，翻斗失去平衡翻倒。而每一次翻斗倾倒，都使开关接通电路，向记录器输送一个脉冲信号，记录器控制自记笔将雨量记录下来，如此往复即可将降雨过程测量下来。

（1）翻斗式雨量计的优缺点。

优点：全自动记录，操作方便灵活。

缺点：需要定期维护，否则使用越久误差越大。

（2）遥测终端机安装步骤：

1）接好雨量计或者水位计等传感器。

2）检查 GPRS/GSM 通信终端天线是否连好。

3）确定终端机所有电源线连接正确。

4）打开终端机电源开关。

5）对终端进行基本参数配置（包括中心手机号码、终端站号和中心站号等）。

6）根据系统要求设定其他参数。

7）设定完毕后，退回到监控状态（即值守状态）。

8）检查雨量采集等功能，确定传感器已正常工作。

9）通过修改时钟来检查定时播报功能。

10）检查人工置数功能。

11）检查 GPRS 数据通信以及 GSM 短信发送功能。

12）检查完毕，退回到监控状态。

（3）翻斗式雨量计的维护与保养。

1）日常养护。雨量计长期处于室外，使用环境相当恶劣，因此仪器的承雨口内壁应经常用软布擦拭，保持承雨口清洁，如发现承雨口内有树叶等异物应及时清理，保持水路畅通。仪器长期不用时，应在仪器环口上加盖上盖保护承雨口；仪器长期工作一般一个月要清理一次，3 个月必须清理一次。

2）翻斗的清洗。翻斗是该仪器的关键部件，它直接影响仪器的测量准确度，长此以往，翻斗内壁会沉积少许灰尘或油污，因此，应对翻斗进行清洗。清洗时，可用清水将翻斗内壁反复冲洗干净或用脱脂毛笔轻轻刷洗，严禁用手或其他物体洗刷翻斗内壁。

3）引水漏斗及滤网的清洗。为防止引水漏斗出水不畅，在清洗翻斗时应同时清洗引水漏斗中的滤网和引水漏斗的两个出水口，清洗时可用手向上取出滤网并清洗出水口和滤网。

4）翻斗翻动灵活性检查。检查时可用手轻轻向上托住翻斗使其保持在水平位置，检验翻斗是否能左右灵活翻动。如发现翻斗在水平位置不能自由回转，说明翻斗轴尖与宝石轴承之间可能存有脏物，此时可按照说明书拆装翻斗的方法步骤规定重新取下翻斗，清理轴尖和宝石轴承中的异物后再行安装，问题即可解决。

5.3.3　监测点位设计

雨量器设置位置应避开强风区，其周围应空旷、平坦，不受突变地形、树木和建筑物以及烟尘的影响。

5.3.4　雨量计的安装

A　安装方法：

（1）将雨量计固定在设备箱顶端；

（2）雨量计安装时，应用水平尺校正，使承雨器口处于水平状态；

（3）信号输出电缆为两芯屏蔽线，电线接头从仪器底座的橡胶电缆护套穿进后打结，固定在雨量计内计量组件上方的接线架上；

（4）接线后，调整调平螺帽，使圆水泡居中，即表示计量组件处于水平状态，然后用螺钉锁紧；

（5）用量筒模拟降雨进行测试，检查 RTU 接收信号是否正常；

（6）套上筒身，用 3 个螺钉锁紧，至此，仪器安装完毕。

B　注意事项

（1）信号线屏蔽层应悬空；

（2）安装完毕，检查所有接头、紧固螺丝等是否牢固；

（3）在离开现场前，观察雨量计周边环境，看有没有可能遮蔽雨量计的障碍物，如果有的话，应彻底清除。

5.3.5 雨量计测试

（1）准备测试工具：盛水容器一个，雨量筒专用量筒一个，小型滴管一个。

调试前准备：仪器工作应正常，翻斗翻转灵活，无卡滞现象，翻斗、进水漏斗应充分湿润。

（2）卸下筒身，用雨量筒专用量筒盛定量清水，通过进水漏斗缓缓倒入翻斗内，待翻斗欲翻未翻时，即停止注水，然后用滴管吸取量筒内清水若干，一滴一滴加入翻斗内，直到翻斗翻转，依次反复，记录翻斗翻转次数与耗用水量。

若翻斗翻转 20 次，耗用水量为 9.7~9.85mm，则可认定仪器基点正常，不必加以调整。

若倒入水量大于 9.85mm，说明翻斗倾角度过大，应适当提高调节螺钉高度。

若倒入水量小于 9.7mm，说明翻斗倾斜角度过小，应适当降低调节螺钉高度。

左右调节螺钉各转一圈，即能使精度改变 3%~4%。

参 考 文 献

[1] 郑艳双. 渗压计的埋设 [J]. 西部探矿工程, 2006, 18 (z1)：339-339.

[2] 闫国平. 差阻式渗压计在南水北调中线京石段 S26 标渠道断面中的安装技术 [J]. 山西水利科技, 2011, (4)：95-96.

[3] 刘强, 沈雨魁. 光纤光栅渗压计在郑州引黄灌溉龙湖调蓄工程中的应用 [J]. 大坝与安全, 2015 (5)：79-82.

[4] 地下水监测规范 [S]. SL 183—2016.

[5] 地下水监测站建设技术规范 [S]. SL 360—2006.

[6] 罗缵锦, 冯祎森. 谈谈降雨对边坡稳定的影响 [J]. 广东公路交通, 2001 (z1)：44-47.

6　视频监控技术

边坡视频监控技术利用远程视频监控系统代替人工巡视，视频监控设备安装于边坡体上，用于边坡的现场视频和图像数据；监控中心值班人员可以直接对露天矿边坡的情况进行实时监控，不仅能直观监视和记录露天矿边坡在开采过程中的安全情况，而且能及时发现事故苗子，防患于未然，也能为事后分析事故提供第一手图像资料。另外，监管部门可以从管理中心远程监看露天矿边坡现场状况，提出整改措施，减少事故隐患，因此远程视频监控系统是保障露天矿山安全生产的重要组成部分。

6.1　视频监控系统概述

6.1.1　视频监控系统的定义

视频监控系统是通过遥控摄像机及其辅助设备（光源等）直接查看被监视的场所情况，把被监视场所的图像及声音同时传达至监控中心，使被监控场所的情况一目了然，便于及时发现、记录和处置异常情况的一种电子系统或网络系统。

监控系统由摄像、传输、控制、显示、记录登记5大部分组成。目前常用的监控系统是摄像机通过同轴视频电缆将视频图像传输到控制主机，控制主机再将视频信号分配到各监视器及录像设备，同时将需要传输的语音信号同步录入到录像机内。

通过控制主机，操作人员可发出指令，对云台的上下、左右的动作进行控制及对镜头进行调焦变倍的操作，并通过控制主机实现在多路摄像机及云台之间的切换。利用特殊的录像处理模式，可对图像进行录入、回放、处理等操作，使录像效果达到最佳。也可加装时间发生器，将时间显示叠加到图像中。在线路较长时应加装音视频放大器以确保音频、视频监控质量监控系统适用范围广泛。

6.1.2　视频监控技术的发展过程

视频监控技术经历了模拟化、数字化、网络化的发展[1,2]，如图6-1所示。

图6-1　视频监控系统发展过程

6.1.2.1　第一代：模拟视频监控技术阶段（20世纪90年代前期）

全模拟视频监控系统，也称闭路电视监控系统（CCTV, closed circuit television）。该系统主要由模拟摄像机、同轴电缆、视频切换矩阵、画面分割器、模拟监视器、模拟录像设备和录像带等构成。由模拟摄像机获取模拟视频信号，视频信号通过同轴电缆传输，并由控制主机进行模拟处理。一般传输距离不能太远，主要应用于小范围内的监控，监控图像一般只能在控制中心本地查看。

6.1.2.2　第二代：半数字视频本地监控系统（20世纪90年代中后期）

第一代视频监控系统使用传统的模拟摄录和存储设备，清晰度较低且视频信息的存储、检索和功能扩展均非常不便。半数字系统是以数字硬盘录像机（digital video recorder，DVR）为代表的视频监控系统。由模拟摄像机获取模拟视频信号，经由同轴电缆传输，由DVR将模拟信号数字化，并存储在计算机硬盘中。

模拟的视频信号只是在后端变为数字信号，其他部分依然为模拟视频信号。DVR集成了录像机、画面分割器等功能，跨出了数字监控的第一步。

6.1.2.3　第三代：全数字远程视频监控系统（2000年以后）

全数字系统即是基于IP的网络视频监控系统，它克服了DVR无法通过网络获取视频信息的缺点，用户可以通过网络中的任何一台计算机观看、录制和管理实时的视频信息。它基于标准的传输控制协议和网际协议（TCPP），能够通过局域网、互联网、无线网传输，并通过网络虚拟矩阵控制主机（IPM）来实现对整个监控系统的指挥、调度、存储、授权控制等功能。

当今计算机强大的数据处理能力使得智能视频系统能够运用较复杂的算法对视频流中的数据进行实时分析，按照使用者设定的逻辑和规则及时获取海量数据中的关键信息。系统不仅能够发现监控场景中的入侵等异常情况，还能够及时对异常情况发出预警并进行响应，提高了事件处理效率并减少了漏警现象。

6.2　视频监控系统的组成

视频监控是电视应用的一种形式，区别于广播电视（信息的传播和发散），它是一个图像信息采集系统，是将分布广泛、数量巨大的图像（信息）集中起来（到监控中心），进行观察、记录和处理的工作方式。

6.2.1　视频监控系统的组成

通常的视频监控系统由前端设备、传输部分和后端设备三部分组成，如图6-2所示[3~5]。

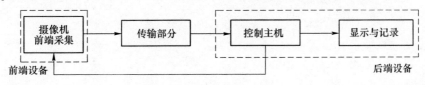

图6-2　视频监控系统逻辑组成

A　前端设备

视频监控系统的前端设备就是平时所见到的摄像机或红外探测器，它通常有网络摄像机、半球摄像机、枪式摄像机、红外摄像机、一体化摄像机、智能球型云台摄像机、红外对射探测器等。前端设备在整个系统中起着极其重要的作用。图像捕捉的工作全靠它来完成，一套安防系统图像品质的好坏，主要取决于前端设备。

按图像分辨率来区分，前端可分为 330 线、420 线、480 线、520 线（银行、交通等行业专用）、600 线（银行、交通等行业专用）等。通常都是根据实际工程中的环境及客户的具体需求选择适合的前端设备。

B　传输部分

传输部分的主要功能是完成系统中各种信息的传输，尽可能不降低摄像机输出图像的质量是基本要求。视频信号的传输是构成图像系统的关键环节，能否做到高质量的传输是决定系统能否实现设计要求的关键，特别是对于大型的、远距离的系统。可以说，系统的监控范围是受传输环节限制的。

利用电缆传输视频基带信号，可靠、经济、需要附加设备少，是小区域系统的基本传输方式。光纤传输可以得到高质量的图像和进行远距离的传输，它采用光发射/光接收设备，进行光/电和电/光转换，这些过程中进行的变换和调制主要是光强调制，所以仍然是视频基带信号的传输。即使采用其他调制方式或数字方式传输视频信号，都可把传输环节看作为视频入/视频出的黑盒子。除了视频信号的传输外，系统控制信号的传输也十分重要。由于信息形式和传输方向上的不同，视频信号传输的网络结构与控制信号传输的网络结构有时是完全不同的，如视频系统通常是点对点的连接，而控制系统常常是总线方式。

在大多数实际工程中，系统前端设备的供电系统都是系统传输系统的一部分，一同设计，一同施工。

C　后端设备

安防系统的后端设备通常包括画面分割器、视频分配器、矩阵、硬盘录像机等记录和控制设备。它在整个系统中主要负责对前端的图像、声音等资料进行处理、记录和控制等。

另外，安防系统中还有一些系统配套设备，如供电设备、防雷设备和相关弱电配套设备等，它决定了整个系统的稳定性和可靠性。

一套完整的、可靠的、经济实用的视频监控系统解决方案都是围绕以上 3 个部分来完成的。因此，在任何一个视频监控系统在实施过程中对以上 3 个部分设备的选型都应该结合现场情况和客户的具体需求科学地、合理地、专业地进行定位，因为它直接影响整个系统的可用性、可靠性、可扩展性、维护性等问题。

6.2.2　视频监控系统的设计类型

视频监控设计的几种类型。

（1）最基本型：摄像机+监视器。

（2）基本功能型：基本功能型视频监控系统结构如图 6-3 所示，多台摄像机+控制器+监视器+录像机。

（3）控制型：控制型视频监控系统主要结构为多台摄像机+监视器+云台控制+画面处理+录像机。

（4）网络型：网络型视频监控系统结构为多台摄像机+监视器+云台控制+视频服务器

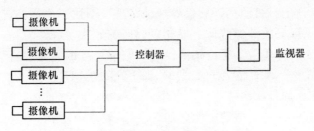

图 6-3 基本功能型视频监控系统结构

+硬盘录像机+二级网络控制。

（5）复杂网络型：复杂网络型视频监控系统由多台摄像机+监视器+云台控制+网络编码器+视频存储服务器+多级网络控制+视频会议系统+无线视频传输组成。

6.3 目前主流摄像机

（1）高清晰度摄像机。对高清晰度摄像机没有严格的界定和分类，多以图像像素达到752×582 或图像水平分辨率有 470 线为相对认可标准。高清晰度摄像机都有 DSP 数字信号处理，某些还有屏幕显示菜单，如图 6-4 所示。

（2）内置变焦镜头的一体化摄像机。内置变焦镜头的一体化摄像机如图 6-5 所示。

图 6-4 高清晰度摄像机

图 6-5 一体化摄像机

（3）智能球型或半球型摄像机。智能球型摄像机是包括摄像机、云台、变焦镜头、球型外罩的一体化装置，有时也被称为一体化智能球或简称为快球。其关键技术性能一是驱动云台的马达性能，二是采用的电路板型 DSP CCD 摄像机的性能。安装方式有屋顶式和墙体式，如图 6-6 所示。

（4）室外监控一体化高速摄像机。室外监控一体化高速摄像机主要用于高速公路、机场、大型停车场等广域性场合的监控，配合可升降及快速旋转的机械机构。

图 6-6 智能球型摄像机

（5）视频同轴遥控摄像机。视频同轴遥控摄像机的典型代表，如日本池野（IKENO）公司的 IK-2205 摄像机，不需要解码器和控制线，通过视频同轴电缆即可由摄像机的输出信号控制 PTZ，实现云台转动和镜头变倍功能。

（6）采用双 CCD 的日夜两用型彩色摄像机。日夜两用彩色摄像机具有全光谱适应能力，日夜两用，白天以彩色图像成像，夜间以黑白图像成像，彩色/黑白随照度变化自动转换。这样即使在黑暗环境下，仍能拍摄到有一定清晰度的图像，若与红外线配合使用，可实现零照度正常工作，从而使其能实现 24 小时全天候监控。

（7）使用单 CCD 的日夜型摄像机。它是另一种能实现 24 小时连续摄像的方式，不论是在太阳下还是在夜间，均可摄得鲜明影像。有超过 400 线的高分辨率和优良的信噪比，并可拍摄高速移动物体的影像。

（8）高光敏度红外影像摄像机。高光敏度红外影像摄像机即夜视摄像机，是当今热门的摄像机机种。一般来说，红外线摄像机需要搭配红外线光源，主要有发光二极管 LED 和卤素灯两类红外线光源。

（9）发展势头正旺的微型化摄像机。微型化即超迷你型，体积微小，配合各种物品伪装可作秘密监视或景物窥视，如图 6-7 和图 6-8 所示。

图 6-7　笔式摄像机

图 6-8　纽扣式摄像机

（10）网络摄像机。网络摄像机是指可直接接入网络的数字化摄像机，它包含有 CPU，并由编解码芯片完成。可以对图像及声音的压缩和动态录像的回放。此类摄像机拍摄的图像既可传送给个人计算机，也可以加到 Web 站点的主页上，或者附在电子邮件中发送，故也被称为 Web 摄像机。它将是未来应用的主流。网络摄像机往往内置 Web Server，从而可在任何 TCP/IP 网络环境下一插即用，通过互联网或局域网做实时影像传送，实现远端监控，如图 6-9 所示。

图 6-9　网络摄像机

6.4　视频传输方式

视频监控系统是一个图像信息采集系统，主要把分散在不同部位的图像集中起来进行分析和处理。视频信号传输一直是电视技术发展涉及的范围。监控以图像基带信号传输为主，大多数局域性系统采用同轴电缆作为传输手段，而光纤传输技术对视频监控的发展起到了巨大的推动作用，目前它是大型监控系统采用的最常见的方式。而网络开创了远程图像监控的时代，为视频技术的应用开拓了新的领域，使电视真正成了千里眼。

图像传输有多种方式，见表 6-1，采用何种介质和调制方式，要根据应用条件进行选择。

表 6-1　图像传输主要方法对比

传输介质	传输方式	特　点	适用范围
同轴电缆	基带传输	设备简单、经济、可靠、易受干扰	近距离，加补偿可达 2km
	调幅、调频	抗干扰好、可多路，较复杂	公共天线、电缆电视
双绞线（电话线）	基带传输	平衡传输、抗干扰能力强，图像质量差	近距离，可利用电话线
	数字编码	传送静止、准实时图像，抗干扰性强	报警系统，也可传输基带信号，可利用网线
光纤传输	基带传输	IM 直接调制，图像质量好，抗电磁干扰好	应用电视，特别是大型系统
	PCM FDM（频分多路） WDM（波分多路）	双向传输，多路传输	干线传输
无线	微波、调频	灵活、可靠、易受干扰和建筑遮挡	临时性、移动监控
网络	数字编码、TCP/IP	实用性、连续性要求不高时可保证基本质量，灵活性、保密性强	远程传输，系统自主生成，临时性监控

目前主要应用的三种传输方式是同轴电缆、双绞线、光纤[6]。

6.5　图像显示与存储

6.5.1　图像显示

显示部分一般由多台监视器或带视频输入的普通电视机组成。它的功能是将传送过来的图像一一显示出来。在电视监控系统中，特别是在由多台摄像机组成的电视监控系统中，一般都不是一台监视器对应一台摄像机进行显示，而是几台摄像机的图像信号用一台监视器轮流切换显示。这样做一是可以节省设备，减少空间的占用；二是没有必要一一对应显示。因为被监视场所的情况不可能同时发生意外情况，所以平时只要隔一定的时间（如几秒、十几秒或几十秒）显示一下即可。当某个被监视的场所发生情况时，可以通过切换器将这一路信号切换到某一台监视器上一直显示，并通过控制台对其遥控跟踪记录。所以，在一般的系统中通常都采用 4：1、8：1 甚至 16：1 的摄像机对监视器的比例设置监视器的数量。目前，常用的摄像机对监视器的比例数为 4：1，即 4 台摄像机对应 1 台监视器轮流显示，当摄像机的台数很多时，再采用 8：1 或 16：1 的设置方案。另外，由于"画面分割器"的应用，在有些摄像机台数很多的系统中，用画面分割器把几台摄像机送来的图像信号同时显示在一台监视器上，也就是在一台较大屏幕的监视器上，把屏幕分成几个面积相等的小画面，每个画面显示一个摄像机送来的画面。这样可以大大节省监视器的数量，并且操作人员观看起来也比较方便。但是，这种方案不宜在一台监视器上同时显示太多的分割画面，否则会使某些细节难以看清楚，影响监控的效果。

一般来说，四分割或九分割较为合适。

为了节省开支，对于非特殊要求的电视监控系统，监视器可采用有视频输入端子的普通电视机，而不必采用造价较高的专用监视器。监视器（或电视机）的屏幕尺寸宜采用14~18in（1in＝2.54cm）之间的，如果采用了"画面分割器"，可选用较大屏幕的监视器。

放置监视器的位置应考虑适合操作者观看的距离、角度和高度。一般是在总控制台的后方设置专用的监视架子，把监视器摆放在架子上。

监视器的选择，应满足系统总的功能和总的技术指标的要求，特别是应满足长时间连续工作的要求。

6.5.2　图像扫描与分解

6.5.2.1　图像扫描

扫描是把空间分布的电参数（电图像）转换为时间连续的电信号的过程，同时也是对图像分解的过程。图像的分解实质上是对图像信息的表达能力，对图像的分解越细致，对图像细节的描述越充分，图像信号载有的信息量越大。电视系统对图像描述是受到技术限制的，只能采用适当的方法，力争得到最好的视觉效果。

电视技术通过扫描来进行图像分解。扫描是对一帧图像的分解。使用扫描这个词是因为最初的电视系统的图像分解是由电子束对光电转换靶（对应于焦平面）进行扫描实现的。通常把一帧图像在垂直方向上分解成若干条线，因此扫描是在水平方向上完成一行后，再向下移动一行，前者称为水平扫描（行扫描），后者称为垂直扫描（场扫描），一帧图分解成的线数越多图像越细致，图像细节的分辨能力越高。

图像扫描由两个过程组成：行扫描（从左向右（水平方向）的扫描）、场扫描（从上向下（垂直方向）的扫描）。

行扫描通常又有两种扫描方式：

（1）逐行扫描。逐行扫描是按水平扫描线逐行由上向下进行。计算机显示器通常采用这种方式，一些采用DSP技术的电视接收机在还原图像时，也采用这种方式，但其接收的电视信号仍然是隔行扫描的方式。

（2）隔行扫描。将一帧图像分为两场图像，一场是由奇数行组成（奇数场），另一场是由偶数行组成（偶数场），然后分别进行图像扫描，完成奇数场扫描后，再进行偶数场的扫描，两场扫描叠加起来，构成一帧图像。现行电视扫描就是这种方式，目的是减轻图像的闪烁现象。

从图像扫描可以导出两个基本参数：行频，即行扫描的频率，等于帧频乘以一帧图像的扫描线数；帧（场）频，即每秒扫描图像的帧（场）数。

6.5.2.2　图像分解

图像的分解表示对图像描述细致的程度。线数越多，对图像细节的表示越充分；描述得越细致，所需要的频带越宽。显然这要受到当时技术条件的限制，因此，在确定这些参数时要充分利用人视觉的生理特征，根据视觉的空间分辨能力确定图像分解的线数，根据视觉的暂存特性确定每秒表示图像的帧数。

一般对一帧图像进行分解只能描述一幅静止的图像，对于运动（连续）的图像，必须用多个连续的单帧图像的组合来描述。根据人眼视觉暂存的生理特征，通常每秒有二十几帧图像，就会感觉到是一个连续的图像效果。电视就是用每秒钟扫描数帧图像的方法来描述（表示）运动的图像的。单位时间图像的帧数和扫描对图像的分解，表示对图像信息的表达能力（空间分辨或图像细节、时间分辨或连续性）的强弱。

我国现行电视制式规定：每帧图像分解为 625 线，每秒有 25 帧图像。因此其行频为 15625Hz，帧（场）频为 25（50）Hz。随着技术发展，人们对图像提出了更高的要求，希望采用最新的技术去获得更好的视觉效果。于是出现了高清晰度电视，它要求帧频加倍、每帖图像的扫描线数加倍，而现在技术上已经完全可以满足这样的要求了。

新的视频技术，特别是数字视频都是采用像素阵列来表述（分解）图像的，一帧图像可以分解为若干个矩形阵列排列的有一定几何尺寸的微小单元，这些微小单元称为像素。

6.5.2.3　图像信号

通过光电器件和扫描方式产生的电信号代表图像的亮度信息，称为图像信号。但仅有这些信息表示一个图像是不够的，必须还要有这些亮度信息所对应的空间位置的信息。这个空间位置信息是由同步信号表达的。因此，完整的电视信号应由图像信号和同步信号两部分组成（严格地讲还有消隐信号）。

同步信号分为场同步和行同步两种，分别表示场扫描和行扫描的起始点及时间顺序，载有图像（亮度）信息的空间信息，它保证系统在还原图像时显示图像的真实和稳定。视频信号以场周期观察和行周期观察呈现出不同的样子。电视制式对视频信号的各部分都做了严格的幅度和宽度的规定，下面都会做简单的介绍。

通常把摄像机输出的信号称为基带信号或视频信号，其频率范围从零赫兹到十几兆赫兹。经视频信号调制过的高频电视信号（电视台向空中播放的）称为射频信号，可以从几十兆赫兹到几千兆赫兹。

6.5.3　图像识别

基于不同平台（PC、服务器或多处理器、网络）的处理硬件，能提供系统所需的处理能力、运算速度、灵活性和信息存储能力。

可以说图像识别是视频技术的最高境界，目视解释（光学显示、人的视觉观察）是当前大多数图像系统提取有用信息的主要方式，电视系统也是如此。它固然有直观、判别准确率高的优点，但是，当面对大量的图像信息时，其效率低、实时性差等缺点会严重地降低信息的利用率，限制图像系统的应用。因此，自动解释（机器解释）一直是图像技术的一个重要的课题。

数字视频为其提供了一个新的技术平台，使图像识别有了新的解决方案，在机器人视觉、模式识别等方面都取得了重大的进展，在安全防范领域更成为目标探测、出入管理、生物特征识别、安全检查的有效技术手段。生物特征识别，诸如指纹、掌形、声纹、视网膜、面像识别等都是基于生物特征统计学的，为具有很高的识别率的方法，由于其具有特征载体与特征的同一性，因而是高安全性和高可靠性的系统。面像识别是当前人们关注和投入较大研究力量的热点。图像识别系统包括图像输入、图像的预处理、特征的提取和图像的解释（识别）等技术环节和设备。其关键技术或难点在于实现系统在一种略加控制的环境下，针对移动目标实时地运行，这些目标通过静止摄像机可能会产生大小不同、角度不同及光照效果不同的图像。并在各种可能的非最佳条件下进行识别，如由于年龄、面部表情、配饰（眼镜、帽子）及可能的伪装（化妆）造成图像的差异。这就要求系统采用适当的图像输入方法和预处理技术，以保证图像特征有效提取或模板的生成。图像识别的方法基本上分为统计方法和结构分析两类，前者是以数学决策理论为基础，建立统计学的识别模型，指纹、掌形的识别多采用这种方法，其特点是稳定，但很少利用图像本身的结构关系；后者主要是分析图像的结构，它充分发挥了图像的特点，但容易受图像生成过程中噪声干扰的影响。

图像识别技术的应用可分为验证和识别两种方式。验证的目的是把当事人的身份与正在发生的行为联系在一起，确认行为的合法性，通常是验证"你是他?"的一对一（或较少的量）的比对系统。识别是对系统的输入图像（可能是摄像机拍摄的活动图像）与存储在数据库中的大量的参考图像进行比对，来确定输入图像（目标）的身份，所以也称为是识别"你是谁?"的一对多的比对系统。验证系统因可对图像的输入加以更多的控制，系统的可靠性和稳定性好，也相对成熟，已广泛应用于出入管理系统中。识别系统（特别是面像识别）因环境条件的限制，还没有成熟的产品，但其应用的效果及在安全防范中的作用已被人们认识和肯定。目前其主要发展的方向包括：

高质量图像输入子系统，保证在各种环境条件下能采集到足够分辨率、适当方位和灰度变化的图像，它涉及图像传感器（如摄像机）的选择、安装方式、与入侵探测的关联及相关的数字化操作。

图像处理和解释与分析软件的开发，综合自动模式识别和计算机视觉技术开发各种实用的软件，如输入图像的分割、定位、轮廓提取和面像图像的加光技术，基于人面重心模板的实时面像检测，器官的位置信息和面像特征的提取及各种比对算法等。

建立试验系统是十分重要的，是验证系统的价值和效果，了解各种环境因素对其影响，明确进一步研究方向的最有效的方法，并可在此基础上建立科学、直观和可操作的评价体系和方法。

6.6　视频监控系统设计原则

视频监控是监测边坡重点区域的辅助手段，可有效对边坡监测区域进行实时监控，系统的主要目的是直观地监视和记录露天矿边坡在开采过程中的安全情况，及时发现事故苗子，防患于未然。

视频监控系统的设计要以使用功能以及要求为依据，在设备数量及规划方面以设计合理、满足监控功能、产品技术先进、可靠性高、经济实用、可扩展性好为原则进行设计。

边坡视频监控系统的设计原则：

（1）先进性。视频监控系统承担着监视、管理两个方面的任务，要对边坡表面区域进行视频观察，需要采用先进的技术进行保障。系统的先进性是视频监控系统最突出的特点，应采用最新的技术和理念构成系统的整体框架。前端摄像机布局应合理，系统应具有数字系统的图像清晰、没有延时等优点，同时在系统的数字化技术的运用上应具有前瞻性，具有诸多创新点。可采用模块化设计、集群式管理的设计思想，确保系统在技术含量、系统功能等方面处于领先水平。

(2) 可靠性。视频监控系统必须保证系统运行的高度可靠性，必须做到万无一失。在进行系统设计时，可采用多种技术互补，在确保系统可靠的同时，提供系统备份功能，从多个方面、多种技术层面来确保系统稳定工作。

系统的关键设备均需要使用稳定成熟可靠的产品，前端摄像部分和终端控制设备均应采用同一公司产品，保证系统的一致性。

采用高质量设备，关键部位如摄像机、录像机、监控终端、光纤传输设备，以及对于一些安装于露天工作的设备如摄像机、光端机等应有防雷、防水、防尘、恒温等防护设备，以保证这些设备的长效运行。

设计安装时，应注意设备之间的接口及匹配性，充分考虑空间距离及环境干扰因素对信号传输质量的影响，在设备的搭配和介质的选用上也应采用一系列合理的冗余技术。

在网络结构设计和硬件设计中，应采用容错、备份技术，以保证系统的可靠运行。使得任何一台设备出现故障时不影响其他设备的正常运行。

(3) 稳定性。从视频监控系统的规模上来讲，传输距离远、设备多、功能强，所以稳定性是一个重要的指标。系统施工的每个环节及安装质量等都将影响其稳定性，因此，需要制订完善的施工方案，加强工程质量监督及设备管理、设备维护等措施，使用成熟的技术和产品，使系统更符合用户的要求。

(4) 标准化和可维护性。视频监控系统的所有设计和施工方案均需遵循国际及国家现行的标准，以提高系统的开放性。整个系统是一个开放系统，应采用通用的标准化接口，能兼容不同厂商的产品，有利于硬、软件的兼容，系统的升级和扩充。

应充分考虑维护工作的需求，设计应通用化、模块化，自诊断，尽量降低维护工作量及难度；应将功能强大与操作简便相结合，考虑人机系统设计，采用有亲和力、方便使用的操作界面，增加必要的辅助服务功能。

控制中心应可对前端节点的系统集成及相关设备进行远程操作控制，通过网络管理工具，可以方便地监控系统的运行情况，对出现的问题及时解决。

(5) 系统开放、升级及扩展性。方案的设计应该既从目前现状出发，也要着眼于系统的未来升级和拓展的功能需求。广泛采用计算机网络技术，使系统升级、拓展便于实现，另外系统采用开放的网络协议，便于将监控图像联网。

在设备的选型上，特别是主要器材的选型上尽可能采用先进的技术，力求操作灵活，功能齐全，整个系统要求达到国内先进水平；同时要留有足够的扩展余地，设备要兼容，避免重复投资。要能适应用户需求的变化，又要适应产品的更新换代，系统软硬件均采用模块化结构，界面清楚，易于升级、扩充，并预留接口，扩容时只需增加相应的设备即可。

(6) 经济性。选用价格昂贵的设备，不一定能组成操作简便、功能完善的系统。在设计中，所选设备首先考虑其功能性的满足，并同时考虑其实用性、经济性，强调系统性能价格比。设计的系统在数字技术上的应用应具有一定前瞻性，在增强了系统网络功能的前提下，不增加特殊设备，不提高系统造价，使系统的经济性得到很好的体现。

从硬件配置方面考虑，应避免过分依赖进口设备，以降低系统成本；同时，要充分利用现有的所有资源。

（7）系统操控灵活性。系统的各级操作，均应提供人性化的简捷界面，切实满足用户对系统功能和操作上的要求。

尤其在遇到突发事件时，系统应备有相应的应急操作方案，同时系统的兼容性能适应各种设备的要求，便于与其他系统之间实现系统集成。在设备选型上选择成熟产品，真正做到系统操作易学易用、使用及维护方便。

6.7　网络数字视频监控系统在边坡监测中的应用形式

（1）模拟加数字混合监控方案。模拟矩阵切换加硬盘录像机构成的数字加模拟混合式视频监控系统，可通过矩阵级联或通过硬盘录像机联网。

硬盘录像机作为数字化监控的突出代表，在部分应用场合，目前已可替代 32 路以下、特别是 16 路的视频矩阵切换控制器，但是硬盘录像机从功能上而言，还是以"录"为主，以"控"为辅，并且它难以解决网络远程监控中的长时延和多路同时监控问题，此外与模拟式切换控制器相比，其可切换的路数还有较大的差异。

其中，图像的传输仍以光纤传输为主，通过光端机，特别是采用 MPEG-2 压缩格式的数字光端机很适用于高质量的图像进行远距离的传输。

（2）采用编解码器通过网络传输视频方案。可以形象地说，网络已经成为空气、阳光、水、食物之后人类生活的第五要素。同样，安防也离不开网络，并将越来越依赖网络。特别是在推广 IPv6 之后，每个摄像机和探测器均带地址，将使控制更为广泛和方便。采用编解码器通过网络传输视频将是未来发展的主流。它能以数字通信为主体，将视频信号先通过数字编码方式经网络传输，之后再经解码还原成可显示的信号。

例如，采用在雅典奥运会上监控使用的英国公司的编解码器产品，视频图像为 MPEG-4 压缩格式，联网运行，仅有 0.1s 延时。

（3）视频服务器加交换机的组网方案。视频服务器加交换机的组网方案。

（4）应用网络摄像机及网络视频服务器直接入网的方案。在前端摄像机较多时，会受到网络资源的限制，使得网点全部图像可能难以同时在主控中心（或分控中心）显示，从而需要进行矩阵切换。切换规则在主控主机（PC）上进行设置，它可以发送请求命令，通过网络交换机、路由器、TCP/IP 网络来获取图像，并显示在电视墙或大屏幕上，完成典型的 IP 矩阵切换。现场图像可以及时被调出并切换至大屏幕上进行显示。

为了将尽可能多的前端图像同时送到监控中心，增加传输线路的有效带宽是最简单和有效的方法。而如果现有网络带宽无法增加时，可采取的办法一是采用高压缩比视频图像压缩算法的节点设备，二是对视频流进行尽可能的管理与控制。

参 考 文 献

[1] 邱永华. 视频监控技术现状及发展 [J]. 电子世界，2019（11）：39-40.

[2] 麻晨亮，韩飞. 视频监控系统的应用 [J]. 数码世界，2019（1）：204-204.

[3] 高玉，张玮，邢红霞. 高速铁路综合视频监控系统构成及其技术方案分析 [J]. 无线互联科技，

2017（4）：139-140.

［4］杜素忠，张宇鹏．数字视频监控系统在海外矿山的应用研究［J］．冶金自动化，2018（5）：7-11.

［5］郎进平．智能化监控系统在矿山企业安全生产中的应用与研究［J］．电工技术，2019（16）：144-146.

［6］黄日财．高清网络视频监控系统几种传输方式的应用［J］．数码世界，2018，153（7）：13-14.

7 边坡监测数据预处理方法

7.1 测站点不稳定条件下的数据处理方法

数据处理方法的前提条件是测站和基准点都是稳定的，但在露天矿边坡监测时受爆破震动等因素影响，测站和基准点会发生变动，如果某个基准点发生变动，可以通过对其他几个基准点的观测来发现并放弃变动基准点原有坐标，使用其他稳定的基准点；如果是测站点发生微许变动，为了保证数据的连续性和统一性，无法重建测站，只能采用一定的数据处理方法来改正观测值。在参考点稳定的情况下，由于测站不稳定，会使测得的参考点的三维坐标发生一定规律的变化。通过仔细分析不难发现，参考点坐标的变化其实反映了整个坐标系与以往坐标系发生的变化，其实质就是测站的移动，造成了原有坐标系的坐标原点发生了位移，坐标轴发生了旋转，从而导致测得的参考点坐标有所改变。既然了解到只是坐标系产生了变化，那么就可以通过一定的方法利用坐标系改变后测得的参考点的坐标数据求得坐标系的转换参数，之后就可以将观测的变形点的数据利用转换参数转化到原来坐标系中，然后通过对比得到变形体的实际变形量。

下面介绍一种求取坐标系转换参数的方法——最小二乘 Helmert 坐标转换方法[1,2]，通过该方法转换之后，所有的坐标数据转化到初始坐标系下的坐标，相应的测站点变形和气象条件等误差会被剔除，比较的结果就是变形点的真正变形量。

7.1.1 最小二乘 Helmert 坐标转换模型

设首期观测得到的 n 个参考点的三维坐标分别为 $(X_i^{\mathrm{I}}, Y_i^{\mathrm{I}}, Z_i^{\mathrm{I}})$，其中 $(i=1,2,\cdots,n)$，测站位置发生变化后观测得到的各参考点的三维坐标分别为 $(X_i^{\mathrm{II}}, Y_i^{\mathrm{II}}, Z_i^{\mathrm{II}})$。坐标转换方法主要包括 7 个参数因子，分别为 X_0, Y_0, Z_0, $\bar{\omega}$, θ, φ, k。其中前 3 个参数因子是坐标系的平移因子，后面是 3 个分别绕各个坐标轴旋转的旋转因子，最后一个是比例因子，通过该因子可以减弱由于不同周期间环境因素引起的测距误差的影响。以上 7 个参数因子中前 6 个是确定一个坐标系所必须的，最后一个因子是用来改正测距误差的。

假设初始坐标系为左手系，由 Helmert 坐标转换模型，将某期观测得到的坐标数据转换到初始坐标系中的坐标转换公式为：

$$\begin{pmatrix} X^{\mathrm{I}} \\ Y^{\mathrm{I}} \\ Z^{\mathrm{I}} \end{pmatrix} = \begin{pmatrix} X_0 \\ Y_0 \\ Z_0 \end{pmatrix} + k \begin{pmatrix} a_1 & a_2 & a_3 \\ b_1 & b_2 & b_3 \\ c_1 & c_2 & c_3 \end{pmatrix} \begin{pmatrix} X^{\mathrm{II}} \\ Y^{\mathrm{II}} \\ Z^{\mathrm{II}} \end{pmatrix} \tag{7-1}$$

式中，a_1、a_2、a_3、b_1、b_2、b_3、c_1、c_2、c_3 是 3 个旋转角度因子的函数，分别为：

$$\begin{cases} a_1 = \cos\theta\cos\varphi \\ a_2 = \cos\theta\sin\varphi \\ a_3 = \sin\varphi \\ b_1 = -\sin\overline{\omega}\sin\theta\cos\varphi - \cos\overline{\omega}\sin\varphi \\ b_2 = -\sin\overline{\omega}\sin\theta\sin\varphi - \cos\overline{\omega}\cos\varphi \\ b_3 = \sin\overline{\omega}\cos\theta \\ c_1 = -\cos\overline{\omega}\sin\theta\cos\varphi - \sin\overline{\omega}\sin\varphi \\ c_2 = -\cos\overline{\omega}\sin\theta\sin\varphi - \sin\overline{\omega}\cos\varphi \\ c_3 = \cos\overline{\omega}\cos\theta \end{cases} \tag{7-2}$$

通过参考点的原始坐标和某期测得的坐标，可以解算求出以上参数，然后可以将变形点的观测数据通过以上公式转换到初始坐标系下，进而可以求得变形点的变形量大小。

7.1.2　Helmert 坐标转换模型的求解方法

因系数矩阵并非线性，要解算 7 个坐标转换因子，无法直接进行解算，必须将非线性的误差方程通过求偏导进行线性化，可以通过增加多余观测误差方程来提高转换因子的求解精度。由 Helmert 坐标转换公式可知，每个参考点坐标可以列出 3 个误差方程式，要解算 7 个因子，参考点个数至少要 3 个，当参考点的个数超过 3 个时，也就有了多余观测方程，就可以通过最小二乘平差来解算出各因子的数值。

对式（7-2）中各转换因子函数求一阶偏导可得：

$$\begin{cases} da_1 = -\sin\theta\cos\varphi d\theta - a_2 d\varphi \\ da_2 = -\sin\theta\sin\varphi d\theta + a_1 d\varphi \\ da_3 = \cos\theta d\theta \\ db_1 = c_1 d\overline{\omega} - \sin\overline{\omega}\cos\theta\cos\varphi d\theta - b_2 d\varphi \\ db_2 = c_2 d\overline{\omega} - \sin\overline{\omega}\cos\theta\sin\varphi d\theta + b_1 d\varphi \\ db_3 = c_3 d\overline{\omega} - \sin\overline{\omega}\sin\theta d\theta \\ dc_1 = -b_1 d\overline{\omega} - \cos\overline{\omega}\cos\theta\cos\varphi d\theta - c_2 d\varphi \\ dc_2 = -b_2 d\overline{\omega} - \cos\overline{\omega}\cos\theta\sin\varphi d\theta + c_1 d\varphi \\ dc_3 = -b_3 d\overline{\omega} - \cos\overline{\omega}\sin\theta d\theta \end{cases} \tag{7-3}$$

设 L 为常数项，V 为观测量改正数，n 为观测量的个数，则可将由参考点坐标数据组成的坐标转换关系式写成函数模型的形式：

$$V_n = A_n X + L_n \tag{7-4}$$

式中　V_n——坐标转换后的坐标分量残差；

　　　L_n——常数项；

　　　A_n——误差方程的系数；

　　　X——未知转换因子。

$$V_n = \begin{bmatrix} V_X \\ V_Y \\ V_Z \end{bmatrix}_n \tag{7-5}$$

$$L_n = \begin{bmatrix} L_X \\ L_Y \\ L_Z \end{bmatrix} = \begin{bmatrix} X_0 \\ Y_0 \\ Z_0 \end{bmatrix}_n + k \begin{pmatrix} a_1 & a_2 & a_3 \\ b_1 & b_2 & b_3 \\ c_1 & c_2 & c_3 \end{pmatrix} \begin{pmatrix} X^{\mathrm{II}} \\ Y^{\mathrm{II}} \\ Z^{\mathrm{II}} \end{pmatrix}_n - \begin{pmatrix} X^{\mathrm{I}} \\ Y^{\mathrm{I}} \\ Z^{\mathrm{I}} \end{pmatrix}_n \tag{7-6}$$

$$X = (\delta_{x_0} \quad \delta_{Y_0} \quad \delta_{Z_0} \quad \delta_{\overline{\omega}} \quad \delta_{\theta} \quad \delta_{\varphi} \quad \delta_k)^{\mathrm{T}} \tag{7-7}$$

$$A = \begin{pmatrix} 1 & 0 & 0 & \partial X/\partial\overline{\omega} & \partial X/\partial\theta & \partial X/\partial\varphi & \partial X/\partial k \\ 0 & 1 & 0 & \partial Y/\partial\overline{\omega} & \partial Y/\partial\theta & \partial Y/\partial\varphi & \partial Y/\partial k \\ 0 & 0 & 1 & \partial Z/\partial\overline{\omega} & \partial Z/\partial\theta & \partial Z/\partial\varphi & \partial Z/\partial k \end{pmatrix}_n \tag{7-8}$$

设:

$A_{15} = (-\sin\theta\cos\varphi X^{\mathrm{II}} - \sin\theta\sin\varphi Y^{\mathrm{II}} + \cos\theta Z^{\mathrm{II}})k$

$A_{16} = (-a_2 X^{\mathrm{II}} + a_1 Y^{\mathrm{II}})k$

$A_{17} = a_1 X^{\mathrm{II}} + a_2 Y^{\mathrm{II}} + a_3 Z^{\mathrm{II}}$

$A_{25} = -(\sin\overline{\omega}\cos\theta\cos\varphi X^{\mathrm{II}} + \sin\overline{\omega}\cos\theta\sin\varphi Y^{\mathrm{II}} + \sin\overline{\omega}\sin\theta Z^{\mathrm{II}})k$

$A_{26} = (-b_2 X^{\mathrm{II}} + b_1 Y^{\mathrm{II}})k$

$A_{27} = b_1 X^{\mathrm{II}} + b^2 Y^{\mathrm{II}} + b_3 Z^{\mathrm{II}}$

$A_{35} = -(\cos\overline{\omega}\cos\theta\cos\varphi X^{\mathrm{II}} + \cos\overline{\omega}\cos\theta\sin\varphi Y^{\mathrm{II}} + \cos\overline{\omega}\sin\theta Z^{\mathrm{II}})k$

$A_{36} = (-c_2 X^{\mathrm{II}} + c_1 Y^{\mathrm{II}})k$

$A_{27} = c_1 X^{\mathrm{II}} + c_2 Y^{\mathrm{II}} + c_3 Z^{\mathrm{II}}$

将式(7-4)写为具体的未知量误差方程形式为:

$$\begin{bmatrix} V_X \\ V_Y \\ V_Z \end{bmatrix}_n = \begin{bmatrix} 1 & 0 & 0 & 0 & A_{15} & A_{16} & A_{17} \\ 0 & 1 & 0 & A_{37}k & A_{25} & A_{26} & A_{27} \\ 0 & 0 & 1 & -A_{27}k & A_{35} & A_{36} & A_{37} \end{bmatrix}_n \begin{bmatrix} \mathrm{d}X_0 \\ \mathrm{d}Y_0 \\ \mathrm{d}Z_0 \\ \mathrm{d}\overline{\omega} \\ \mathrm{d}\theta \\ \mathrm{d}\varphi \\ \mathrm{d}k \end{bmatrix} + L_n \tag{7-9}$$

由误差方程组成法方程,解法方程可得未知坐标转换参数的解:

$$X = (A^{\mathrm{T}}PA^{-1})A^{\mathrm{T}}PL \tag{7-10}$$

式(7-10)中,各坐标分量的权可根据误差传播定律求得。由于采用仪器相同,其测角和测距精度也就相同,那么就可以利用极坐标计算公式求出各坐标分量观测值的权重。由于系数矩阵 A 中也含有未知量,因此需要采用迭代的方法来求取 A 的值。首先需要给未知参数因子赋一个初值,然后通过迭代计算,直到 $\mathrm{d}X_0$、$\mathrm{d}Y_0$、$\mathrm{d}Z_0$、$\mathrm{d}\overline{\omega}$、$\mathrm{d}\theta$、$\mathrm{d}\varphi$、$\mathrm{d}k$ 的值都趋近于 0。此时,X_0、Y_0、Z_0、$\overline{\omega}$、θ、φ、k 趋近某些恒定常数,即为所要求的坐标转换因子。

解算出坐标转换因子后，就可以通过式（7-1）将某期测得的变形点三维坐标转换到初值坐标系下，然后通过比较得出两期之间变形量以及总的变形量。通过该方法求得的变形点的坐标就可减弱测站变形对观测值的影响，从而得到真实的变形量。

7.2　监测数据奇异值的检验方法

当前监测数据存在一些问题，主要是监测数据的缺测和出现误差。由于自动监测站一般都是无人值守，容易出错，且数据量较大，在进入监测数据库之后，如果没有进行数据质量检验或控制，误差很难及时发现，导致直接进行变形分析得出的结论容易出错，因此在进行变形分析之前必须对监测数据的质量进行检验，以及时发现异常值，并建立相应的监测数据实时质量控制监控系统，使应用越来越广泛的自动监测系统中的监测数据质量得到及时、有效的控制。

目前奇异值的有效检验方法很多。如 3σ 规则、数据探测法、拟准检定法和最小二乘法[3-5]等。

7.2.1　基于 3σ 规则的奇异值检验方法

在任何一个边坡变形监测系统，其监测数据中均有可能存在奇异值，在对监测数据分析之前必须剔除奇异值。

考虑到边坡监测系统连续性、实时性、自动化，采用 3σ 规则来检验并剔除奇异值是最简便的方法。

下面具体介绍基于 3σ 规则的奇异值检验方法[6,7]。

对于观测数据序列 $\{x_1, x_2, \cdots, x_n\}$，描述该序列的变化特征为：

$$d_j = 2x_j - (x_{j+1} + x_{j-1}) \quad (j = 3,4,5,\cdots,n) \tag{7-11}$$

这样，由 n 个观测数据可得 $n-2$ 个 d_j，这时，由 d_j 值可以计算序列数据变化的统计均值 $\bar{d}$ 和均方差 $\hat{\sigma}_d$：

$$\bar{d} = \sum_{j=2}^{n-1} \frac{d_j}{n-2} \tag{7-12}$$

$$\hat{\sigma}_d = \sqrt{\sum_{j=2}^{n-1} \frac{(d_j - \bar{d})^2}{n-2}} \tag{7-13}$$

根据 d_j 偏差的绝对值与均方差的比值：

$$q_j = \frac{|d_j - \bar{d}|}{\hat{\sigma}_d} \tag{7-14}$$

当 $q_j > 3$ 时，认为 x_j 是奇异值，应予以剔除。

7.2.2　数据探测法

在边坡监测工作中，误差的存在有时是不可避免的，因边坡监测中的监测数据经常存在粗差，对后续计算造成很严重的影响，既严重影响了数据处理的精度，又大大降低结果的可靠性，因此必须想办法剔除粗差。

众多学者的研究和实践证明，巴尔达教授提出的数据探测法能有效探测粗差。并已经被广泛应用到测量平差中[8]。粗差会导致验后单位权重误差比正常值大得多，各个观测值的残差均受到影响，即使是有粗差的观测值，其残差通常会比没有粗差的残差大，但一般不超过 2σ，残差检验法并不能很好地剔除粗差。间接平差的误差方程为：

$$V = B\,\hat{x} - l \quad 或 \quad V = B(\hat{x} - \tilde{x}) - (l - B\tilde{x}) \tag{7-15}$$

将 $\hat{x} = N_{BB}^{-1}B^{\mathrm{T}}Pl'\Delta = B\tilde{x} - l$ 带入式（7-15）得：

$$
\begin{aligned}
V &= B(N_{BB}^{-1}B^{\mathrm{T}}Pl - N_{BB}^{-1}B^{\mathrm{T}}PB\,\tilde{x}) + \Delta \\
&= BN_{BB}^{-1}B^{\mathrm{T}}P(l - B\tilde{x}) + \Delta \\
&= (I - BN_{BB}^{-1}B^{\mathrm{T}}P)\Delta \\
&= R\Delta
\end{aligned}
\tag{7-16}
$$

$$R = I - BN_{BB}^{-1}B^{\mathrm{T}}P = I - B(B^{\mathrm{T}}PB)^{-1}B^{\mathrm{T}}P \tag{7-17}$$

协因数矩阵为：

$$Q_{VV} = Q - BN_{BB}^{-1}B^{\mathrm{T}} \tag{7-18}$$

将式（7-18）改写为：

$$R = Q_{VV}P \tag{7-19}$$

R 值由系数阵 B 和权阵 P 来决定，与观测值无关。R 与式（7-16）是研究粗差探测和可靠性理论的一个重要关系式。

$$
R = \begin{bmatrix}
r_{11} & r_{12} & \cdots & r_{1n} \\
r_{21} & r_{22} & \cdots & r_{2n} \\
\vdots & \vdots & \ddots & \vdots \\
r_{n1} & r_{n2} & \cdots & r_{nn}
\end{bmatrix}
\tag{7-20}
$$

将式（7-16）改成显式为：

$$
\begin{cases}
v_1 = r_{11}\Delta_1 + r_{12}\Delta_2 + \cdots + r_{1n}\Delta_n \\
v_2 = r_{21}\Delta_1 + r_{22}\Delta_2 + \cdots + r_{2n}\Delta_n \\
\qquad\qquad\qquad\vdots \\
v_n = r_{n1}\Delta_1 + r_{n2}\Delta_2 + \cdots + r_{nn}\Delta_n
\end{cases}
\tag{7-21}
$$

因 $|R| = 0$，故式（7-21）的 n 个改正数 v_i 不能解出 n 个 Δ_i。对式（7-16）两边取数学期望。

$$E(V) = RE(\Delta) \tag{7-22}$$

当 Δ 只是偶然误差且没有粗差时，$E(\Delta) = 0$，故 $E(V) = 0$，两者的概率分布相同。数据探测法的原假设是 H_0：$E(v_i) = 0$，即观测值 L_i 不存在粗差，考虑 $v_i \sim N(0, \sigma_0^2 Q_{VV})$，作标准正态分布统计量：

进行 u 检验，若 $|u| > u_{\alpha/2}$，则否定 H_0，亦即 $E(v_i) \neq 0$，L_i 可能存在粗差。假设一个平差系统只存在一个粗差是数据探测法的前提，一次探测只能找到一个粗差，故若要探测另一个粗差时，必须先剔除之前发现的粗差，再重新进行平差和检验。

7.2.3　拟准检定法

以下介绍拟准检定法及粗差估计原理。设有线性或线性化观测方程组：

$$BX = L + \Delta \tag{7-23}$$

其中 $B \in R^{n \times m}$ 为观测的系数矩阵，$X \in R^{m \times 1}$ 为未知参数真值，$L \in R^{n \times 1}$ 为观测向量，$\Delta \in R^{n \times 1}$ 为观测值真误差，其相应的估值形式为：

$$BX = L + V \tag{7-24}$$

其中 V 为观测残差向量。令 $J = B(B^T B)^{-1} B^T$，称 J 为平差因子阵。再令 $W = I - J$，可以证明 W 为幂等阵，且有 $B^T W = 0$，$WB = 0$，$Rk(W) = n - m$，容易导出：

$$W\Delta = -WL \tag{7-25}$$

式（7-25）揭示了真误差与观测值之间存在的确定函数关系。但是由于 $R(W) = n - m$，故由式（7-25）确定的方程组为秩亏的，秩亏数 $d = n - (n - m) = m$。

实践表明，一次观测中，大部分观测都应是正常的，只有少数（约占 1% ~ 10%）含有粗差。因此，把基本正常但尚需确认的那部分观测称为拟准观测。根据不同的问题，拟准观测需要一系列指标进行初选和复选方可确定。当选择了 $r > d$ 个拟准观测后，附加如下准则：

$$\|\Delta_r\|^2 = \Delta_r^T \Delta_r = \min \tag{7-26}$$

联合式（7-25）、式（7-26）可以得到包括非拟准观测误差在内的一组真误差估值，估计公式为：

$$\widehat{\Delta}_Q = \begin{bmatrix} \Delta_1 \\ \Delta_r \end{bmatrix} - (W + G_Q^T G_Q)^{-1} WL \tag{7-27}$$

式（7-27）中 $G_Q = [OB_r^T]$，其中 B_r^T 是系数阵的转置矩阵中相应于 r 个拟准观测的那部分分块矩阵。$\widehat{\Delta}_Q$ 为选定拟准观测后全体真误差估值。利用式（7-27）所得真误差估值计算相关指标，利用分群特征，进一步复选拟准观测，直到分群明显时确定粗差位置即可。粗差估计公式如下：

$$\Delta_g = (C_b^T W C_b)^{-1} C_b^T WL \tag{7-28}$$

式中，$C_b = [e_1, e_2, \cdots, e_b]$，$e_i = [0 \cdots 0\ 1\ 0 \cdots 0]^T$，$i = 1, 2, \cdots$，$b$ 含有粗差的观测值对应为 1，其余为 0，b 表示粗差个数。

7.3 监测数据插值方法

在自动化监测过程中，由于存在一些客观环境因素（如雨雾天气等）以及仪器本身等原因，使其采集到的监测数据或带有奇异值，或出现一部分监测点漏测，或某段时间内无测量数据。针对这些情况造成的数据缺失，必须要采取一定的补救措施，比较可行的方法就是对监测缺失数据进行插值。下面介绍几种监测数据插值方法。

7.3.1 线性插值法

若实测值与时间呈线性关系，则漏测值可由某两个实测值进行内插，即用式（7-29）计算[9]：

$$x = x_i + \frac{t - t_i}{t_{i+1} - t_i}(x_{i+1} - x_1) \tag{7-29}$$

式中 x，x_i，x_{i+1}——实测值的累计变形量；

t，t_i，t_{i+1}——时间。

线性插值法的实质就是用直线去代替曲线，所以一般要求 $[t_i, t_{i+1}]$ 比较小，且在自变量域中的对应函 $[t_i, t_{i+1}]$ 数值的变化比较平稳，否则通过方法得到的数值误差可能很大。

7.3.2　拉格朗日（Lagrange）插值法

设函数 $f(x)$ 在区间上 $[a, b]$ 有定义，且已知 $f(x)$ 在 $[a, b]$ 上有 $n+1$ 个互异 x_0，x_1，$\cdots$，x_n 上的函数值 $f(x_0)$，$f(x_1)$，$\cdots$，$f(x_n)$，若存在 1 个不超过 n 次的多项式[10]：

$$P_n(x_i) = f(x_i) \quad (i = 0, 1, \cdots, n) \tag{7-30}$$

求 1 个 n 次多项式 $l_k(x)$ 满足：$l_k(x_i) = \begin{cases} 1 & (i = k) \\ 0 & (i \neq k) \end{cases}$

那么，$P_n(x_i) = \sum\limits_{k=0}^{n} f(x_k) = l_k(x_i)f(x_i) = f(x_i) \quad (i = 0, 1, \cdots, n)$

令 $l_k(x) = A_k \prod\limits_{\substack{i=0 \\ i \to k}}^{n} (x - x_i)$，当 $x = x_k$ 时满足 $l_k(x_k) = 1$。

所以，Lagrange 插值多项式 $L_n(x)$ 为：

$$L_n(x) = \sum_{k=0}^{n} f(x_k) l_k(x) = \sum_{k=0}^{n} f(x_k) \prod_{\substack{i=0 \\ i \to k}}^{n} \frac{x - x_i}{x_k - x_i} \tag{7-31}$$

拉格朗日插值多项式是不超过 n 次的多项式。由其性质可知，该函数具有唯一性，数值计算具有稳定性，且在自变量域内是连续函数。通过基函数很容易得到插值函数，且其形式关于节点对称，得到的数据曲线比较光滑。但是该方法的高次插值收敛性差，当插值点数目变化或其位置变化时，整个插值多项式的结构就会发生改变。这样就会增加计算的难度，不易将该方法进行实际应用。

7.3.3　差商及 Newton 插值法

拉格朗日插值法上面已经做过介绍，假如我们能够构造出拉格朗日插值多项式 $L_n(x)$，那么可以构造函数：

$g(x) = L_k(x) - L_{k-1}(x)$，显然 $g(x)$ 是 1 个不超过 k 的多项式，且 $j = 0, 1, \cdots, k-1$ 时，

$$g(x_j) = L_x(x_j) - l_{k-1}(x_j) = f(x_j) - f(x_j) = 0$$

这样 $g(x)$ 有零点 x_0，x_1，$\cdots$，x_{k-1}，因此存在 1 个常数 a_k，使得 $g(x) = a_k(x - x_0)(x - x_1) \cdots (x - x_{k-1})$，那么：

$$L_k(x) = L_{k-1}(x_j) + a_k(x - x_0)(x - x_1) \cdots (x - x_{k-1}) \tag{7-32}$$

由式（7-32）递推可得：

$$L_n(x) = a_0 + a_1(x - x_0) + a_2(x - x_0)(x - x_1) + \cdots + a_n(x - x_0)(x - x_1) \cdots (x - x_{n-1}) \tag{7-33}$$

在式（7-32）中，令 $x = x_k$ 可得：

$$a_k = \frac{L_k(x_k) - L_{k-1}(x_k)}{(x_k - x_0)(x_k - x_1) \cdots (x_k - x_{k-1})} = \sum_{m=0}^{k} \frac{f(x_m)}{\prod\limits_{\substack{i=0 \\ i \to m}}^{k} (x_m - x_i)} \tag{7-34}$$

记函数 $f(x_i, x_j) = \dfrac{f(x_j) - f(x_i)}{x_j - x_i}$ 为函数 $f(x)$ 关于点 x_i, x_j 的一阶差商；

记函数 $f(x_i, x_j, x_k) = \dfrac{f(x_i, x_k) - f(x_i, x_j)}{x_k - x_i}$ 为关于点 x_i, x_j, x_k 的二阶差商；

一般地，可记：

$$f(x_0, x_1, \cdots, x_k) = \frac{f(x_1, x_2, \cdots, x_k) - f(x_0, x_1, \cdots, x_{k-1})}{x_k - x_0} \tag{7-35}$$

式（7-35）为 $f(x)$ 的 k 阶差商。

约定 $f(x_i)$ 为 $f(x)$ 关于节点 x_i 的 0 阶差商，并记为 $f(x_i)$。进行插值计算，首先计算差商。

根据差商的定义，可以把 x 看成 $[a, b]$ 上的一点，这样可以求得：

$$f(x) = f(x_0) + f(x, x_0)(x - x_0)$$
$$f(x, x_0) = f(x_0, x_1) + f(x, x_0, x_1)(x - x_1)$$
$$\vdots \tag{7-36}$$
$$f(x, x_0, \cdots, x_{n-1}) = f(x_0, x_1, \cdots, x_{n-1}) + f(x, x_0, \cdots, x_n)(x - x_n)$$

把式（7-36）中的后一式代入前一式可得：

$$f(x) = f(x_0) + f(x_0, x_1)(x - x_0) + f(x_0, x_1, x_2)(x - x_0) + \cdots +$$
$$f(x_0, x_1, \cdots, x_n)(x - x_0)(x - x_{n-1}) + f(x, x_0, \cdots, x_n)\omega_n(x)$$
$$= N_n(x) + R_n(x) \tag{7-37}$$

其中，

$$N_n(x) = f(x_0) + f(x_0, x_1)(x - x_0) + f(x_0, x_1, x_2)(x - x_0) + \cdots +$$
$$f(x_0, x_1, \cdots, x_n)(x - x_0)\cdots(x - x_{n-1}) \tag{7-38}$$
$$R_n(x) = f(x) - N_n(x) = f(x, x_0, \cdots, x_n)\omega_n(x) \tag{7-39}$$
$$\omega_n(x) = (x - x_0)(x - x_1)\cdots(x - x_n) \tag{7-40}$$

式（7-37）确定的多项式 $N_x(x)$ 显然满足插值条件，且次数不超过 n 次，式（7-37）的多项式中，令系数为 $a_k = f(x_0, x_1, \cdots, x_k)$, $k = 0, 1, \cdots, n$，则将式（7-36）变成式（7-40）。称 $N_n(x)$ 为牛顿差商插值多项式，其计算量比拉格朗日多项式节省很多，且便于应用于程序设计中。

7.4 数据平滑处理

边坡监测数据在被干扰的情况下，出现的噪声波动无规律可循，还会有锯齿状突变等情况，这种情况下为提高监测数据的使用价值，应对监测数据进行平滑处理。下面主要介绍数据平滑处理的两种方法。

7.4.1 移动式平均平滑法

这个方法是在数据序列里，选择相邻数据点，所选个数为单数，通过所选数据形成窗口，并对以上数据平均值进行求解，该窗口中的数据中心点即平均值；然后把窗口里面的第一个数据删除，再把相邻窗口中的后一个数据加入，成为新的窗口；再对新窗口中的数据平均值进行计算，得到新的中心数据点，重复该操作，在 n 个数据点都操作完之后结束。

7.4.2　窗口移动多项式平滑法

窗口移动多项式平滑方法也需要选择数据构成一个窗口，同时，窗口内点数是单数。同上一个方法，平滑主要针对中心点进行，在这个过程里，针对单数个点进行多项式拟合，再根据得到的数学模型计算平滑点。在监测到的滑坡位移数据中存在噪声，针对第 i 个点和前面 n 个数据、后面 n 个数据拟合多项式，这 $2n+1$ 个等距节点为 t_{-n}，t_{-n+1}，$\cdots$，t_{-1}，t_0，t_1，$\cdots$，t_{n-1}，t_n 对应的监测数据分别为 S_{-n}，S_{-n+1}，$\cdots$，S_{-1}，S_0，S_1，$\cdots$，S_{n-1}，S_n 通过 m 次多项式对以上数据进行拟合运算，设拟合多项式：

$$s(x) = a_0 + a_1 t + a_2 t^2 + \cdots + a_m t^m \tag{7-41}$$

通过最小二乘法，可以明确方程待定系数，则获得残差平方和：

$$\delta(a_0, a_1, \cdots, a_m) = \sum_{i=-n}^{n} \left[\sum_{j=0}^{m} a_j t_i^j - s_i \right]^2 \tag{7-42}$$

要让值 $\delta(a_0, a_1, \cdots, a_m)$ 最低，可求出 $a_k (k = 0, 1, \cdots, m)$ 偏导数，同时，其值定为 0，然后就能获得相应方程组：

$$\sum_{i=-n}^{n} s_i t_i^k = \sum_{j=0}^{m} a_j \sum_{i=-n}^{n} t_i^{k+j} \qquad (k = 0, 1, \cdots, m) \tag{7-43}$$

根据该方程组，可以获得方程待定系数，然后即可获得 $2n+1$ 个数据相关的多项式拟合值，其窗口宽度是 $2n+1$，然后拟合多项式，拟合算法为最小二乘法，数据拟合值即对应的平滑值，然后移动窗口，平滑区域中的数据。

参 考 文 献

[1] 于胜文，王静，孙为晨. 顾及测站点变形的数据处理方法 [J]. 山东科技大学学报：自然科学版，2009 (2)：8-12.

[2] 康开轩，邢灿飞，李辉，等. 抗差 Helmert 方差分量估计在重力网平差中的应用 [J]. 大地测量与地球动力学，2008 (5)：115-119.

[3] 郭建锋，赵俊. 粗差探测与识别统计检验量的比较分析 [J]. 测绘学报，2012，41 (1)：14-18.

[4] 王潜心，徐天河，许国昌. 粗差检测与抗差估计相结合的方法在动态相对定位中的应用 [J]. 武汉大学学报（信息科学版），2011，4：476-480.

[5] 张亮，张新平. 基于多项式最小二乘算法的剔粗差研究 [J]. 西北工业大学学报 . 2011，29 (4)：637-640.

[6] 王慧，张惠敏，樊瑞昕. 机械产品几何量精度测量中 3σ 准则的应用 [J]. 内燃机与配件，2018 (1)：106-107.

[7] 吴浩，卢楠，邹进贵. GNSS 变形监测时间序列的改进型 3σ 粗差探测方法 [J]. 武汉大学学报信息科学版，2019，44 (9)：1282-1288.

［8］郑维悦，梁嘉玲，邓德标．数据探测法在测量数据处理中的应用［J］．城市勘测，2015（2）：122-124.

［9］张云傲，任俊儒，孙立新．沉降监测数据插值方法选取与精度分析［J］．测绘与空间地理信息，2018（6）：214-217，221.

［10］杨皓翔，李涛，张招金，等．基于拉格朗日插值法的新陈代谢模型在边坡位移监测中的应用［J］．安全与环境工程，2017（2）：33-38.

8 边坡变形时空演化规律分析理论与方法

如果说边坡变形监测的目的是获取边坡的形状、大小及位置变化的空间状态，获取变形的几何状态信息，那么边坡变形时空演化规律分析就是对边坡变形特征和趋势在时间和空间上的规律进行分析总结。

传统边坡变形分析的主要内容是绘制位移-时间过程曲线图，以便通过位移和位移速率数据以及对应的图形判断边坡的变形情况。本书在对边坡的滑移机理进行分析的基础上，认为边坡体的失稳破坏由滑移量和滑移方向两个要素共同决定，滑移量的大小由位移量或位移速率角来表示，滑移方向由位移矢量角和位移方位角来决定。传统的边坡变形分析方法只考虑滑移量的大小，没有考虑滑移方向，这种分析方法是不够全面的，因此本书提出边坡的变形动态综合分析方法，该方法同时考虑了滑移量和滑移了方向，综合了位移-时间序列分析法、位移速率角分析法、位移矢量角分析法、位移方位角分析法和三维位移矢量场分析法等方法。

8.1 边坡滑移机理分析

边坡体的滑移可以看成由边坡体上各监测点共同组成的一个质点系运动。以下根据运动学原理和空间几何原理对边坡滑移机理进行分析。

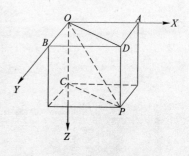

图 8-1 边坡体滑移机理图示

根据图 8-1，设边坡体上任意监测点 P 在 t_0 时刻所处的位置为 O 点，三维坐标值为 (x_p^0, y_p^0, z_p^0)，于 t_i 时刻所处的位置为 P 点，对应的三维坐标值为 (x_p^i, y_p^i, z_p^i)，在 Δt（其中：$\Delta t = t_i - t_0$）时间内从 O 点移动到 P 点，则从 t_0 至 t_i 时刻内监测点 P 在 x，y，z 方向上的滑移量（位移变化量）的大小分别为：

$$\Delta x_p = OA = x_p^i - x_p^0$$
$$\Delta y_p = OB = y_p^i - y_p^0$$
$$\Delta z_p = OC = z_p^i - z_p^0 \tag{8-1}$$

监测点 P 的总位移的变化量大小等于线段 OP 的长度，即：

$$OP = \Delta S = \sqrt{\Delta x_p^2 + \Delta y_p^2 + \Delta z_p^2} \tag{8-2}$$

监测点 P 的移动的方向为 $\overrightarrow{OP}$。

滑移的方向由位移矢量角和位移方位角来表示。

方位角为 $\angle AOD$，即：

$$\angle AOD = \arctan\left(\frac{\Delta y}{\Delta x}\right) \tag{8-3}$$

矢量角为$\angle DOP$，即：

$$\angle DOP = \arctan\left(\frac{PD}{OD}\right) = \arctan\left(\frac{\Delta z}{\sqrt{\Delta x^2 + \Delta y^2}}\right) \tag{8-4}$$

从以上推理过程，可知边坡体的变形量的大小以及方向由 x, y, z 三个方向的大小共同决定。边坡体上任意一监测点的变形量的大小可以采用监测点的位移量或位移速率或位移速率角来表示，边坡体上监测点的滑移方向由位移矢量角和位移方位角来表示，传统的边坡变形分析方法只考虑位移量或位移速率的大小，没有考虑监测点的滑移方向，这种分析方法是不够全面的，因此本书提出边坡变形综合分析方法，该方法既考虑到位移的大小，也兼顾到位移的方向。

8.2　边坡变形量的时空演化规律分析方法

8.2.1　边坡的三大变形阶段演化原理

典型边坡位移-时间曲线形态及演化阶段是一个由量变到质变的渐进过程。大量的边坡监测数据分析表明，在边坡变形失稳的发展演化过程中，从开始出现变形到最终的失稳破坏，其累积位移-时间曲线可以明显分为初始变形、等速变形和加速变形三个阶段，如图 8-2 所示[1]。

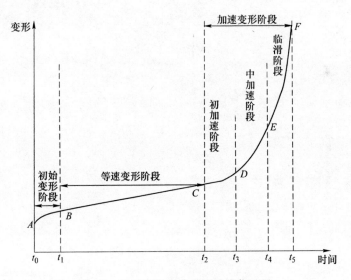

图 8-2　边坡变形失稳破坏的演化过程

第一阶段（AB 段）：初始变形阶段。该阶段变形从无到有，边坡体开始产生裂缝，位移-时间过程曲线出现相对较大的斜率，但随着时间的延续，曲线斜率有所减小，表现出减速变形的特征。

第二阶段（BC 段）：等速变形阶段。该阶段边坡体在初始变形阶段的基础上，在重力的作用下，边坡岩土体基本上以相同（近）速率在继续滑移。因不时受到外界因素的影响，其位移-时间过程曲线可能会有所波动，但此阶段变形曲线总体趋势为一倾斜直线。

第三阶段（*CF* 段）：加速变形阶段。对应边坡体的加速滑动阶段。当边坡体变形发展到一定的阶段后，变形速率会呈现出不断加速增长的趋势，直至边坡体整体失稳（滑坡）之前，其位移-时间过程曲线近于陡立。

从加速变形阶段（*CF* 段）可以看出，尽管该阶段内整体为加速滑动，但滑坡的运动状态前后差别很大。因此根据边坡位移-时间过程曲线的特点，又可将其细分为初加速、中加速和临滑阶段三个亚阶段，即图 8-2 中的 *CD*、*DE* 和 *EF*。滑坡速率和曲线斜率在这 3 个亚阶段中呈现出本质的变化，尤其是在临滑阶段由于变形急剧发展，曲线斜率呈现近于 90° 的翘尾。

边坡变形演化的三阶段规律是边坡岩土体在重力作用下变形演化遵循的一个普遍规律。在滑坡预警预报时应牢牢把握此时间演化规律，根据监测点的位移时间过程曲线准确判断边坡所处的变形阶段，并据此采取针对性的应对策略和措施。

8.2.2　边坡变形位移速率角（切线角）分析方法

边坡变形演化的三阶段规律是边坡岩土体在重力作用下变形演化遵循的一个普遍规律。从图 8-2 可以看出，在边坡变形演化过程中，其位移-时间过程曲线的斜率在不断变化，尤其是当边坡变形进入加速变形阶段后，曲线斜率会不断增加，到临滑阶段变形曲线近于竖直，其与横坐标的夹角接近 90°。显然，根据斜坡变形曲线各阶段的斜率变化特点，也可以采用数学方法进行定量判断。边坡体的位移-时间过程曲线的斜率可以利用切线角 a_i 来表达。王思敬等（1994）提出位移速率角概念，位移速率角 θ 的计算公式如下：

$$\theta = \arctan\left(\frac{\Delta s}{\Delta t}\right) \tag{8-5}$$

式中　　θ——位移速率角；

　　　　Δs——某一单位时间段（一般采用一个监测周期，如 1 天、1 周等）内边坡位移变化量；

　　　　Δt——某一单位时间段。

8.2.3　边坡变形演化阶段的判别方法

根据目前的研究，边坡变形阶段的判别方法主要有以下两种：

方法一：地质定性判别法。将边坡变形监测成果、宏观地质资料及边坡变形破坏特征结合起来综合判定[2]。

方法二：累积位移速率法。该方法根据边坡体在不同的变形阶段的位移-时间过程曲线的斜率对边坡的变形阶段进行判别。边坡变形处于等速变形阶段时，其位移-时间过程曲线的斜率基本保持不变；当边坡进入加速变形阶段后，其位移-时间过程曲线的斜率会不断增大，位移-时间过程曲线总体上为一条斜率不断增大的曲线，根据边坡变形的位移-时间过程曲线，可以判断边坡的变形演化阶段。在实际工程的应用中，为了能够定量判别边坡的变形阶段，可以根据累积位移速率（切线角）[3]进行判断，即用位移速率角（切线角）线性拟合方程的斜率值 *A* 进行判断。*A* 值的计算公式如下。

（1）监测数据为等间隔时序：

$$A = \frac{\sum\limits_{i=1}^{n} (a_i - \bar{a})\left(i - \dfrac{(n-1)}{2}\right)}{\sum\limits_{i=1}^{n} \left(i - \dfrac{(n-1)}{2}\right)^2} \qquad (8\text{-}6)$$

（2）监测数据为非等间隔时序：

$$A = \frac{\sum\limits_{i=1}^{n} (t_i - \bar{t})(a_i - \bar{a})}{\sum\limits_{i=1}^{n} (t_i - \bar{t})} \qquad (8\text{-}7)$$

式中 $i(i=1,2,3,\cdots,n)$ ——时间系数；

$\qquad\qquad t_i$ ——监测累积时间；

$\qquad\qquad \bar{t}$ ——时间 t_i 的平均值；

$\qquad\qquad a_i$ ——累积位移 X_i 的切线角；

$\qquad\qquad \bar{a}$ ——切线角 a_i 的平均值。

a_i 由式（8-8）进行计算：

$$a_i = \arctan\left(\frac{X(i) - X(i-1)}{B(t_i - t_{i-1})}\right) \qquad (8\text{-}8)$$

其中：

$$B = \frac{X(n) - X(1)}{t_n - t_1} \qquad (8\text{-}9)$$

当 $A < 0$ 时，边坡处于初始变形阶段；

当 $A = 0$ 时，边坡处于匀速变形阶段；

当 $A > 0$ 时，边坡处于加速变形阶段。

8.3　边坡变形时空特征研究

8.3.1　相关概念

8.3.1.1　位移矢量角的定义

由运动学可知，描述一个物体的运动状态，不但需要速率的大小，而且需要运动的方向。边坡位移矢量角的概念是阳吉宝于 1995 年提出的[4]，边坡位移矢量角是边坡位移矢量与水平面的夹角，是位移矢量沿边坡主滑线上的倾角，体现了边坡位移在垂直空间的方向性，位移矢量角 q 的计算公式如下：

$$\varphi_m^{(i)} = \arctan\left(\frac{\Delta h_m(i)}{\sqrt{(\Delta x_m(i))^2 + (\Delta y_m(i))^2}}\right) \quad (m \leqslant t, i \leqslant n) \qquad (8\text{-}10)$$

式中 i ——监测点的编号；

$\quad m$ ——监测的时间点；

$\quad t$ ——监测的时间长度；

$\quad n$ ——监测点的个数。

根据式（8-10）可以求得边坡体上各监测点的位移矢量角时间序列数据如下：

$$\varphi_m^{(i)} = \begin{bmatrix} \varphi_1^{(1)} & \varphi_2^{(1)} & \cdots & \varphi_m^{(1)} \\ \varphi_1^{(2)} & \varphi_2^{(2)} & \cdots & \varphi_m^{(2)} \\ \vdots & \vdots & \ddots & \vdots \\ \varphi_1^{(n)} & \varphi_2^{(n)} & \cdots & \varphi_m^{(n)} \end{bmatrix} \tag{8-11}$$

8.3.1.2　边坡角的定义

通常所说的边坡角，一般指的是最终边坡角。露天采矿场的非工作边帮最下一个台阶的坡底线和最上一个台阶的坡顶线构成的假想斜面与水平面的夹角叫做最终边坡角，也叫做最终帮坡角（θ）。

8.3.1.3　位移方位角的定义

监测点在平面上的运动方向可用方位角来表示，监测点运动方位角的推求公式如图 8-3 所示，设监测点在一段时间内从 A 点移动到 B 点，A、B 两点的坐标分别用（x_1，y_1）和（x_2，y_2）来表示，监测点的运动方位角为监测点在平面上的运动方向与正北方向的夹角，用 α 来表示，那么计算公式为：

$$\alpha = \arctan\left(\frac{x_2 - x_1}{y_2 - y_1}\right) \tag{8-12}$$

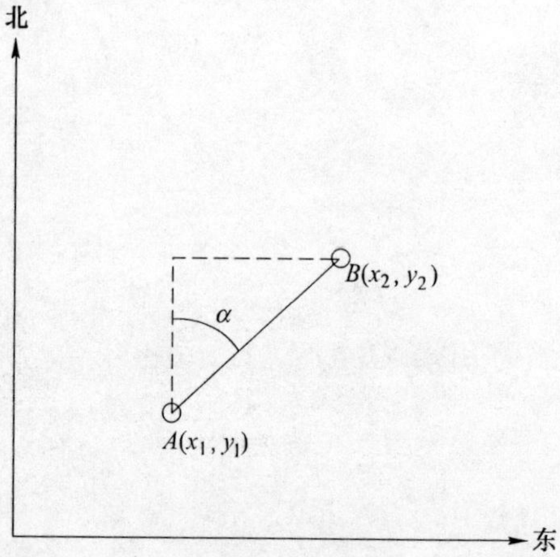

图 8-3　监测点运动方位角的推求示意图

8.3.2　边坡变形时空特征分析原理

边坡体上各监测点的滑移方向由位移矢量角和位移方位角共同决定。其中位移矢量角表示边坡体上监测点在三维空间里垂直方向上的滑移方向，位移方位角表示了边坡体上监测点在二维平面空间上的滑移方向。根据 8.3.1 节介绍的计算公式，可以计算位移矢量角和位移方位角的大小，并判断边坡体上各监测点变形的时空特征。

8.3.2.1　边坡位移矢量角的时空特征研究

A　位移矢量角的空间特征分析

边坡体上各监测点在三维空间的运动方向由其监测点的位移矢量角来表示，因此通过计算位移矢量值可知在垂直空间上边坡体上监测点的滑移的方向，根据监测点的矢量角与边坡角的关系，可以判断边坡体上任意一个监测点的空间变形特征。下面对边坡体上监测点在垂直空间上的变形特征进行分析，分析示意图如图 8-4 所示。

图 8-4（a）所示的位移矢量角 φ 小于边坡角 θ，即 $\varphi < \theta$，监测点的运动特征是沿着边坡面出现鼓出（膨胀）；

图 8-4（b）所示的位移矢量角 φ 与边坡角 θ 相等，即 $\varphi = \theta$，监测点的运动特征是沿着边坡面滑移；

图 8-4（c）所示的位移矢量角 φ 大于边坡角 θ，即 $\varphi > \theta$，监测点的运动特征是沿着边坡面后错。

B　位移矢量角的时间特征分析

通过比较前后两个时段的位移矢量角的大小，可以分析边坡体上各个监测点时间的变形特征。分析示意图如图 8-5 所示。

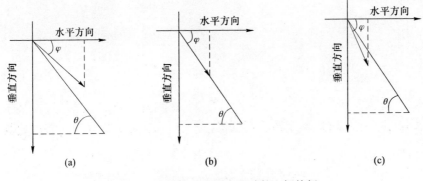

图 8-4　边坡体上监测点运动的空间特征

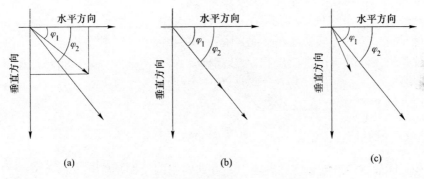

图 8-5　边坡体上监测点运动的时间特征

图 8-5 中，φ_1、φ_2 分别前后两个时间段中的位移矢量角；从某种程度上讲，边坡位移矢量角的改变恰恰是边坡体沿滑动面向临空方向剪膨的反映。

图 8-5（a）所示的位移矢量角 $\varphi_1 < \varphi_2$，监测点的变形特征表现为后错；

图 8-5（b）所示的位移矢量角 $\varphi_1 = \varphi_2$，监测点的变形特征表现为沿坡面滑移现象；

图 8-5（c）所示的位移矢量角 $\varphi_1 > \varphi_2$，监测点的变形特征表现为鼓出现象。

8.3.2.2　边坡位移方位角的时空特征研究

边坡体上各监测点在二维平面上的运动方向由其监测点的运动方位角表示，因此通过计算方位角的大小可知边坡滑移的方向，根据监测点的运动方位角的推求公式，可以得到边坡体上任意一监测点在二维空间的运动特征，下面对边坡体上监测点运动方位角的空间特征进行分析，分析示意图如图 8-6 所示。

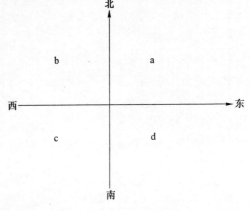

图 8-6　边坡体上监测点在平面上的运动空间特征

图 8-6 中 a 所示的运动方位角 α 在 0°～90°之间，监测点在二维平面上沿东北方向滑动；

图 8-6 中 b 所示的运动方位角 α 在 90°~180°之间，监测点在二维平面上沿西北方向滑动；

图 8-6 中 c 所示的运动方位角 α 在 180°~270°之间，监测点在二维平面上沿西南方向滑动；

图 8-6 中 d 所示的运动方位角 α 在 270°~360°之间，监测点在二维平面上沿东南方向滑动。

8.4　边坡体变形破坏模式分析方法研究

8.4.1　三维位移矢量场分析法

在前 3 节对边坡的滑移变形量的大小和滑移方向进行研究的基础上，本节提出三维位移矢量场分析方法，该方法是分析边坡变形特征以及边坡失稳模式的一种新的方法。该方法利用矢量既能反映滑移量（变形量）的大小，又能表示滑移方向的特性，直观、多角度、准确地分析边坡的变形特征，根据三维位移矢量图的特征判断边坡的变形破坏模式。

三维位移矢量场分析法是在 8.1 节边坡滑移机理分析的基础上，将边坡体上所有监测点的初始时刻的三维坐标值以及三维变形数据绘制成位移矢量图，根据三维位移矢量图，分析整个边坡体变形特征以及失稳模式。

8.4.2　Matlab 三维位移矢量场分析技术

Matlab 软件具有强大的数学运算能力、方便实用的绘图功能，根据边坡监测的三维坐标值，能快速将边坡表面监测数据转化为三维位移矢量场，为研究人员分析边坡变形的规律提供一种更直接、更便捷的分析手段。

具体的步骤如下：

（1）数据的读入：

1）直接从边坡监测数据文件中将 t_0 时刻的所有监测点的三维坐标值数据读取到 X_0，Y_0，Z_0 三个矩阵中。

2）直接从边坡监测数据文件中将 t_i 时刻的所有监测点的三维坐标值数据读取到 X_1，Y_1，Z_1 三个矩阵中。

（2）数值计算。根据式（8-1），计算 t_0 至 t_i 时刻内所有监测点在 x，y，z 方向上的位移变化量，分别赋值给 U，V，W 三个向量。

（3）三维可视化显示：

1）调用 Matlab 中 plot3 （　　） 函数，绘制边坡体上各监测点的原始三维空间位置；

2）调用 Matlab 中 quiver3 （　　） 函数，来绘制边坡体上各监测点的三维矢量图。

参 考 文 献

[1] 张亮，张新平．基于多项式最小二乘算法的剔粗差研究［J］．西北工业大学学报．2011，29（4）：637-640.

［2］许强，汤明高，等．滑坡时空演化规律及预警预报研究［J］．岩石力学与工程学报，2008，27（6）：1104-1112.

［3］张倬元，王兰生．工程地质分析原理［M］北京：地质出版社，1981.

［4］阳吉宝．堆积层滑坡灰色位移矢量角的时空特征［J］．勘察科学技术，1995（1）：3-6.

9 边坡变形趋势预测模型

目前，国内外许多专家学者对边坡失稳预测预报潜心研究、不断探索，提出了多种边坡失稳预测预报的理论模型和方法。从边坡失稳预测预报模型应用研究与实践来看，由于边坡变形的复杂性，不适合采用单一的研究途径和方法来进行预测预报研究，有效解决此问题的途径是将多种理论和方法的有机结合与综合比较。因此，本书综合灰色理论、BP神经网络模型、时间序列分析法等方法，开展边坡变形趋势预测模型研究。

9.1 灰色预测模型

边坡的变形过程是一个动态的演化过程，即根据边坡长期监测数据，建立边坡变形预测模型，从而实现对边坡变形趋势进行预测。由于边坡的变形过程具有高度的非线性特征，影响边坡变形的因素很多具有模糊不确定性特征，在边坡变形预测方面灰色理论得到了广泛应用。

所谓灰色系统，是指部分信息明确、部分信息不明确的系统。灰色系统理论是我国邓聚龙教授于1982年提出的，是用来研究不确定性系统的一种数学方法，它将控制论与运筹学理论相结合研究客观世界中具有灰色特性的问题。灰色系统理论作为一种简单易学的新理论，它的应用已渗透到社会经济和自然科学等许多领域，显示出这一理论的强大生命力，具有广阔的发展前景。

灰色系统理论研究把一切随机过程看作是与时间有关的灰色过程，对灰变量用数据生成的方法，将规律性不强的原始数列整理成规律性强的生成数列后再进行研究。灰色理论认为系统的行为现象虽然是朦胧的，数据是杂乱无章的，但它毕竟是有序的，有整体功能的，在杂乱无章的数据后面，必然潜藏着某种规律。灰数的生成，是从杂乱无章的原始数据中去开拓、发现、寻找这种内在规律[1]。

边坡的变形过程是一个灰色系统，可以利用灰色系统理论中数列预测 $GM(1,1)$ 模型对边坡的变形进行预测分析。

本节研究的重点问题是，根据边坡监测数据进行动态预测，通过试算，确定尖山磷矿的最佳建模数据长度。

9.1.1 $GM(1,1)$ 建模过程和机理

9.1.1.1 $GM(1,1)$ 模型的定义[2,3]：

设等间隔观测数列为：

$$X^{(0)} = \{x^{(0)}(1), x^{(0)}(2), x^{(0)}(3), \cdots, x^{(0)}(n)\} \tag{9-1}$$

式中，$x^{(0)}(k) \geqslant 0, k = 1, 2, \cdots, n, n$ 为观测数列的长度。

对观测数列 $X^{(0)}$ 进行一次累加，其相应的生成数据序列为 $X^{(1)}$：

$$X^{(1)} = \{x^{(1)}(1), x^{(1)}(2), x^{(1)}(3), \cdots, x^{(1)}(n)\} \tag{9-2}$$

其中：

$$x^{(1)}(k) = \sum_{i=1}^{k} x^{(0)}(i) \qquad (k = 1, 2, \cdots, n) \tag{9-3}$$

$Z^{(1)}$ 为 $X^{(1)}$ 的紧邻均值生成序列：

$$Z^{(1)} = \{z^{(1)}(1), z^{(1)}(2), \cdots, z^{(1)}(n)\} \tag{9-4}$$

其中：

$$z^{(1)}(k) = 0.5x^{(1)}(k) + 0.5x^{(1)}(k-1) \qquad (k = 2, 3, \cdots, n) \tag{9-5}$$

在 $X^{(1)}$ 上模仿白微分方程：

$$\frac{\mathrm{d}x}{\mathrm{d}t} + ax = b \tag{9-6}$$

得微分方程为：

$$x^{(0)}(k) + az^{(1)}(k) = b \tag{9-7}$$

称 $x^{(0)}(k) + az^{(1)}(k) = b$ 为 $GM(1, 1)$ 模型，其中 a、b 是待定参数，a 称为发展系数，其符号的大小反映 $x^{(0)}$ 的发展态势；b 称为灰作用量，其内涵为系统的作用量，是具有灰信息覆盖的作用量，但不是可以通过直接观测得到的。$Z^{(1)}(k)$ 称为白化背景值，是 $x^{(1)}(k)$ 与 $x^{(1)}(k-1)$ 的平均值。

$x^{(0)}(k)$ 为系统行为，是通过监测可以直接得到的监测数据，具有白信覆盖。而且它是系统的"果"，故为白果。又由于 b 为系统的输入，是"因"，而且 b 为灰作用量，具有灰信息的覆盖，是灰因。

（1）灰模型 $GM(1, 1)$ 的白化模型为：

$$\frac{\mathrm{d}x^{(1)}}{\mathrm{d}t} + ax^{(1)} = b \tag{9-8}$$

式（9-8）的解称为 $GM(1, 1)$ 白化模型的时间响应函数为：

$$\hat{x}^{(1)}(t) = \left(x^{(1)}(0) - \frac{b}{a}\right)\mathrm{e}^{-at} + \frac{b}{a} \tag{9-9}$$

（2）$GM(1, 1)$ 灰微分方程 $x^{(0)}(k) + az^{(1)}(k) = b$ 的时间响应序列为：

$$\hat{x}^{(1)}(k+1) = \left(x^{(0)}(1) - \frac{b}{a}\right)\mathrm{e}^{-ak} + \frac{b}{a} \qquad (k = 1, 2, \cdots, n) \tag{9-10}$$

（3）对其做累减还原得到原始数列的灰色预测模型为：

$$\hat{x}^{(0)}(k+1) = \hat{x}^{(1)}(k+1) - \hat{x}^{(1)}(k) \qquad (k = 1, 2, \cdots, n) \tag{9-11}$$

对式（9-10）和式（9-11）整理并进行变量替换，则有：

$$\hat{x}^{(0)}(k) = (1 - \mathrm{e}^{a})\left(x^{(0)}(1) - \frac{b}{a}\right)\mathrm{e}^{-a(k-1)} \tag{9-12}$$

从式（9-12）可以看出，$GM(1, 1)$ 的实质就是指数函数作为拟合函数对等时距数据序列拟合。

9.1.1.2　灰色模型 $GM(1, 1)$ 参数求解

若 $GM(1, 1)$ 模型的参数为

$$p = \begin{bmatrix} a \\ b \end{bmatrix}$$

则求微分方程 $x^{(0)}(k)+az^{(1)}(k)=b$ 的最小二乘估计系数列，满足

$$p = \begin{bmatrix} a \\ b \end{bmatrix} = (B^{\mathrm{T}}B)^{-1}B^{\mathrm{T}}Y_N \tag{9-13}$$

其中：

$$B = \begin{bmatrix} -z^{(1)}(2) & 1 \\ -z^{(1)}(3) & 1 \\ \vdots & \vdots \\ -z^{(1)}(n) & 1 \end{bmatrix}, Y_N = \begin{bmatrix} x^{(0)}2 \\ x^{(0)}3 \\ \vdots \\ x^{(0)}n \end{bmatrix}$$

3 个数据的序列 $x^{(0)}$

$$x^{(0)} = \{x^{(0)}(1), x^{(0)}(2), x^{(0)}(3)\} \tag{9-14}$$

只有一个唯一解，无合理解。为了获得合理解，作 $GM(1,1)$ 建模的序列 $x^{(0)}$，只要有 4 个数据，即：

$$x^{(0)} = \{x^{(0)}(1), x^{(0)}(2), x^{(0)}(3), x^{(0)}(4)\} \tag{9-15}$$

求出参数 a、b 后代入式（9-12），当 $k<n$，称 $\hat{x}^{(0)}(k)$ 为模型模拟值；$k=n$，称 $\hat{x}^{(0)}(k)$ 为模型滤波值；$k>n$，称 $\hat{x}^{(0)}(k)$ 为模型预测值。

9.1.2 $GM(1,1)$ 模型建立前的数据检验和处理

首先，为了保证建模方法的可行性，需要对已知数据序列做必要的检验，判断是否适合采用 $GM(1,1)$ 模型来预测。

设观测数据为 $X^{(0)} = \{x^{(0)}(1), x^{(0)}(2), x^{(0)}(3), \cdots, x^{(0)}(n)\}$，计算观测数列的级比为：

$$\sigma^{(0)}(k) = \frac{x^{(0)}(k-1)}{x^{(0)}(k)} \qquad (k=2,3,\cdots,n) \tag{9-16}$$

进而获得级比序列：

$$\sigma^{(0)}(k) = \{\sigma^{(0)}(2), \sigma^{(0)}(3), \cdots, \sigma^{(0)}(n)\} \tag{9-17}$$

然后检验级比 $\sigma^{(0)}(k)$ 是否落于可容覆盖界区中，即：

$$\sigma^{(0)}(k) \in (e^{\frac{-2}{n+1}}, e^{\frac{2}{n+1}}) \tag{9-18}$$

例如：

$$n=4, \sigma^{(0)}(k) \in (0.67, 1.49)$$
$$n=5, \sigma^{(0)}(k) \in (0.71, 1.39)$$
$$n=6, \sigma^{(0)}(k) \in (0.75, 1.33)$$

如果所有的级比 $\sigma^{(0)}(k)$ 都落在可容覆盖界区内，则数列 $x^{(0)}$ 可以采用 $GM(1,1)$ 模型来进行数据灰色预测。否则，需要对数列 $x^{(0)}$ 做必要的变换处理，使其落入可容覆盖范围内，即取适当的常数 c，作平移变换：

$$y^{(0)}(k) = x^{(0)}(k) + c \qquad (k=1,2,\cdots,n) \tag{9-19}$$

使数列 $y^{(0)}(k) = \{y^{(0)}(1), y^{(0)}(2), \cdots, y^{(0)}(n)\}$ 的级比满足要求：

$$\sigma_y^{(0)}(k) = \frac{y^{(0)}(k-1)}{y^{(0)}(k)} \qquad (k=1,2,\cdots,n) \tag{9-20}$$

9.1.3　$GM(1, 1)$ 模型精度评定

$GM(1, 1)$ 模型模拟精度的评定的方法主要有三种，分别是残差检验、后验差检验和关联度检验[4]。

9.1.3.1　残差检验

残差检验是一种较为客观的检验方法。该方法是对模型预测值 $\hat{x}^{(0)}(i)$ 与原始序列 $x^{(0)}(i)$ 绝对残差序列：

$$\varepsilon(i) = \left| x^{(0)}(i) - \hat{x}^{(0)}(i) \right| \qquad (i = 1, 2, \cdots, n) \tag{9-21}$$

及相对残差序列

$$\overline{\phi} = \frac{1}{n} \sum_{i=1}^{n} \phi(i) \qquad (i = 1, 2, \cdots, n) \tag{9-22}$$

计算平均相对残差

$$\phi(i) = \frac{\Delta^{(0)}(i)}{x^{(0)}(i)} \times 100\% \qquad (i = 1, 2, \cdots, n) \tag{9-23}$$

当给定 α，且 $\overline{\phi} < \alpha$，且 $\phi(i) < a (i = 1, 2, \cdots, n)$ 成立时，称模型为残差合格模型。

9.1.3.2　关联度检验

关联度检验是对预测值曲线和原始监测值曲线的相似程度进行检验。

A　关联系数

关联系数越大，说明预测值和实际值越接近。

设观测序列数据为 $X^{(0)} = \{ x^{(0)}(1), x^{(0)}(2), x^{(0)}(3), \cdots, x^{(0)}(n) \}$，预测序列数据为 $\hat{X}^{(0)} = \{ \hat{x}^{(0)}(1), \hat{x}^{(0)}(2), \hat{x}^{(0)}(3), \cdots, \hat{x}^{(0)}(n) \}$，则关联系数为：

$$\eta(k) = \frac{\text{minmin} \left| \hat{x}^{(0)}(k) - x^{(0)}(k) \right| + \rho \text{maxmax} \left| \hat{x}^{(0)}(k) - x^{(0)}(k) \right|}{\left| \hat{x}^{(0)}(k) - x^{(0)}(k) \right| + \rho \text{maxmax} \left| \hat{x}^{(0)}(k) - x^{(0)}(k) \right|} \tag{9-24}$$

式中，$\left| \hat{x}^{(0)}(k) - x^{(0)}(k) \right|$ 为第 k 个 $\hat{x}^{(0)}(k)$ 和 $x^{(0)}(k)$ 的绝对误差；$\text{minmin} \left| \hat{x}^{(0)}(k) - x^{(0)}(k) \right|$ 为两级最小差；$\text{maxmax} \left| \hat{x}^{(0)}(k) - x^{(0)}(k) \right|$ 为两级最大差；ρ 称为分辨率，$0 < \rho < 1$，一般取 $\rho = 0.5$。

对单位不一、初值不同的序列，在计算相关系数之前应首先进行初始化，即将该序列所有数据分别除以第一个数据。

B　关联度

关联度是用来定量描述各变化过程之间的差别。

关联度计算公式为：

$$g = \frac{1}{n} \sum_{k=1}^{n} n(k) \tag{9-25}$$

9.1.3.3　后验差检验

后验差检验，即对残差分布的统计特性进行检验。

（1）计算出原始序列的平均值：

$$\overline{x^{(0)}} = \frac{1}{n} \sum_{i=1}^{n} x^{(0)}(i) \qquad (i = 1, 2, \cdots, n) \tag{9-26}$$

（2）计算原始序列 $X^{(0)}$ 的均方差：

$$S_1 = \frac{1}{n}\sum_{i=1}^{n}\left(x^{(0)}(i) - \overline{x^{(0)}}(i)\right)^2 \qquad (i = 1,2,\cdots,n) \tag{9-27}$$

（3）计算残差的值：

$$\varepsilon(i) = \left|x^{(0)}(i) - \hat{x}^{(0)}(i)\right| \qquad (i = 1,2,\cdots,n) \tag{9-28}$$

（4）计算残差的平均值：

$$\bar{\varepsilon} = \frac{1}{n}\sum_{i=1}^{n}\varepsilon(i) \qquad (i = 1,2,\cdots,n) \tag{9-29}$$

（5）计算残差的均方差：

$$S_2 = \frac{1}{n}\sum_{i=1}^{n}\left(\varepsilon x(i) - \bar{\varepsilon}\right)^2 \tag{9-30}$$

（6）计算方差比 C：

$$C = \frac{S_1}{S_2} \tag{9-31}$$

（7）计算小误差概率：

$$P = p\left\{\varepsilon(i) - \bar{\varepsilon}\right\} < 0.6745S_1 \tag{9-32}$$

对于给定的 $p_0 > 0$，当 $p > p_0$ 时，称模型为小误差概率合格模型。$GM(1,1)$ 模型精度检验常用的预测精度等级见表 9-1。

表 9-1　精度检验等级参照

等级划分	相对误差 ε	关联度 γ	均方差比值 C	小误差概率 P	模型精度
一级	<0.01	>0.90	<0.35	>0.95	优
二级	<0.05	>0.80	<0.50	>0.80	合格
三级	<0.10	>0.70	<0.65	>0.70	勉强合格
四级	≥0.10	≤0.70	≥0.65	≤0.70	不合格

9.1.4　$GM(1,1)$ 残差模型

当原始数据序列 $X^{(0)}$ 建立的 $GM(1,1)$ 模型检验不合格时，可以用 $GM(1,1)$ 残差模型来修正。如果原始序列建立的 $GM(1,1)$ 模型不够精确，也可以用 $GM(1,1)$ 残差模型来提高精度。

根据原始序列 $X^{(0)}$ 建立的 $GM(1,1)$ 模型的预测模型为：

$$\hat{x}^{(0)}(k) = (1 - \varepsilon^a)\left(x^{(0)}(1) - \frac{b}{a}\right)\varepsilon^{-a(k-1)} \tag{9-33}$$

可获得生成序列 $\hat{X}^{(0)}(k)$ 的预测值，定义残差序列 $\varepsilon^{(0)}(i) = \left|x^{(0)}(i) - \hat{x}^{(0)}(i)\right|$（$i = 1, 2, \cdots, n$）。则对应的残差序列为：

$$\varepsilon^{(0)}(k) = \left\{\varepsilon^{(0)}(1), \varepsilon^{(0)}(2), \cdots, \varepsilon^{(0)}(n)\right\} \tag{9-34}$$

首先将残差序列进行累加，构成累加生成序列 $\varepsilon^{(1)}$：

$$\varepsilon^{(1)} = \{\varepsilon_k^{(1)}\} = \{\varepsilon_{(1)}^{(1)}, \varepsilon_{(2)}^{(1)}, \cdots, \varepsilon_{(n)}^{(1)}\}, \text{其中} \varepsilon_{(k)}^{(1)} = \sum_{i=1}^{k} \varepsilon_{(i)}^{(0)} \tag{9-35}$$

对 $\varepsilon^{(1)}$ 建立 $GM(1,1)$ 模型:

$$\frac{\mathrm{d}\varepsilon^{(1)}}{\mathrm{d}t} + a_\varepsilon \varepsilon^{(1)} = b_\varepsilon \tag{9-36}$$

使用求解预测模型同样的方法可以得到残差修正的生成预测值:

$$\hat{\varepsilon}_{(k)}^{(1)} = \frac{b_\varepsilon}{a_\varepsilon} [\varepsilon^{-a_\varepsilon(k-1)}] \tag{9-37}$$

通过生成预测值的回推,可以得到残差修正的实际预测值:

$$\hat{\varepsilon}_{(k)}^{(0)} = \hat{\varepsilon}_{(k)}^{(1)} - \hat{\varepsilon}_{(k-1)}^{(1)} \tag{9-38}$$

将其加到原预测值 $\hat{x}_{(k)}^{(0)}$ 上,可得修正后的预测值。残差修正可反复进行,直至得到满意的精度为止。

9.1.5 $GM(1,1)$ 模型基本计算程序流程

$GM(1,1)$ 模型的基本计算程序流程如图 9-1 所示。

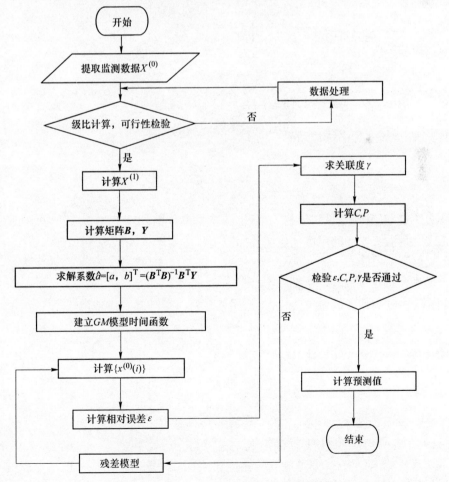

图 9-1 $GM(1,1)$ 模型的基本计算程序流程

9.1.6　$GM(1，1)$ 模型优化研究

对于边坡变形过程而言，随着时间的推移，边坡变形受干扰的因素不断变化，边坡的稳定性状态也在不断变化。如果将全部边坡监测数据直接用 $GM(1，1)$ 模型进行预测，一方面由于建模数据过长，系统受干扰因素增多，易使预测精度降低。另一方面模型未能侧重反映出边坡变形的变化过程，对新信息利用不够，其预测可信度下降。因此，必须选取合适的建模数据的长度。建模数据的长度的确定，采用预测精度最高即预测残差最小的原则。

设 $X^{(0)}$ 为变形原始序列：

$$X^{(0)} = (x^{(0)}(1), x^{(0)}(2), \cdots, x^{(0)}(n))$$

（1）称为 $x_m^{(0)}$ 的 m 维新陈代谢子列族；

$$x_m^{(0)} = (x^{(0)}(1,m), x^{(0)}(2,m+1), \cdots, x^{(0)}(n-m,n-1)) \tag{9-39}$$

（2）称 $x_m^{(0)}$ 的 $GM(1，1)$ 建模：

$$GM(1,1)_{\sum} = (GM(1,1)_m, GM(1,1)_{m+1}, \cdots, GM(1,1)_{m-1}) \tag{9-40}$$

为滚动建模；

（3）称 $GM(1，1)_i$ 计算出的模型值 $\hat{x}^{(0)}(i+1)$ 为滚动预测值，称：

$$x^{(0)} = (\hat{x}^{(0)}(i+1), \hat{x}^{(0)}(i+2), \cdots \hat{x}^{(0)}(n)) \tag{9-41}$$

为滚动预测序列；

（4）称 $\varepsilon(i+1)$ 为 $i+1$ 时刻的滚动残差：

$$\varepsilon(i+1) = \frac{x^{(0)}(i+1) - \hat{x}^{(0)}(i+1)}{x^{(0)}(i+1)} \tag{9-42}$$

（5）称 $\varepsilon(\text{avg})_m$ 为平均滚动残差：

$$\varepsilon(\text{avg})_m = \frac{1}{n-k} \sum_{k=m+1} |\varepsilon(k)| \tag{9-43}$$

设 $m=4，5，\cdots，n-1$，应用上述计算方法计算平均滚动残差序列 $\varepsilon(\text{avg})_m$。其中最小平均滚动残差 $\varepsilon(\text{avg})_{\min}$ 对应的 m 值为最佳建模数据长度，记为 m_0，m_0 对应的模型称为最佳建模数据长度。利用最佳建模数据序列长度对于监测数据 $X^{(0)}$ 的一步预测，称为最佳动态灰色模型预测。

（6）模型预测可信度检验：

最小平均相对残差 $\varepsilon(\text{avg})_{\min}$ 表示预测误差，所以最佳动态模型预测可信度 p_r 定义为：

$$p_r = 1 - \varepsilon(\text{avg})_m \tag{9-44}$$

9.2　BP 神经网络预测模型

9.2.1　BP 神经网络模型的原理及思路

BP(back propagation) 神经网络指在具有非线性传递函数神经元构成的采用误差反向传播算法的前馈网络。该模型通常由具有多个节点的输入层（input layer）、隐含层（hidden layer）和多个或一个输出节点的输出层（output layer）组成，层与层之间多采用全互联方式，同一层单元之间不存在相互连接。BP 神经网络模型结构如图 9-2 所示。

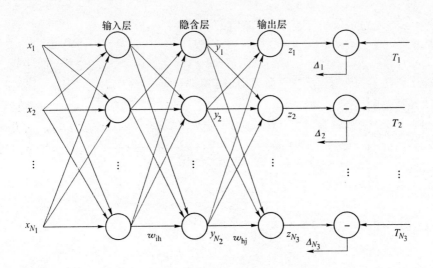

图 9-2　BP 神经网络模型结构

　　BP 网络的每一层连接权值都可以通过学习来调节，BP 网络的基本处理单元（输入层除外）的作用函数（又称激活函数）有多种，目前主要有 4 种。理论上已经证明具有阈值和至少一个 S 型隐含层加上一个线性输出层的网络，能够逼近任何一个有理函数，适合于非线性系统的建模，是目前使用较多的一种神经网络模型。

　　BP 算法的主要思想是把学习过程分为两个阶段：

　　第一阶段为信号的正向传播过程。给出输入信息，通过输入层，经隐含层逐层处理并计算每个单元的实际输出值。

　　第二阶段为误差的反向传播过程。若在输出层未能得到期望的输出值，则逐层递归计算实际输出与期望输出之差值（即误差），以便根据误差值调节权值。具体地说，就是可对每一个权重计算出接收单元的误差值与发送单元的激活值的积。因为这个积和误差对权重的微商成正比（又称梯度下降算法），把它称作权重误差微商。权重的实际改变可由权重误差微商按各个模式分别计算出来。

　　这两个过程反复运用，使得误差最小。实际上，误差达到人们希望的要求时，网络的学习过程就结束。BP 算法程序如图 9-3 所示。

9.2.2　BP 神经网络计算步骤

　　常规 BP 算法的一般公式和步骤如下。

　　变量定义如下：

　　输入向量：$x = (x_1, x_2, \cdots, x_n)$

　　隐含层输入向量：$hi = (hi_1, hi_2, \cdots, hi_p)$

　　隐含层输出向量：$ho = (ho_1, ho_2, \cdots, ho_p)$

　　输出层输入向量：$yi = (yi_1, yi_2, \cdots, yi_q)$

　　输出层输出向量：$yo = (yo_1, yo_2, \cdots, yo_q)$

　　期望输出向量：$d_o = (d_1, d_2, \cdots, d_q)$

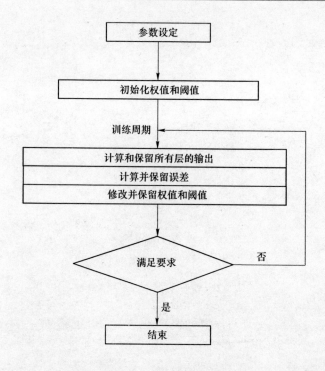

图 9-3 BP 算法的程序框图

输入层与中间层的连接权值：w_{ih}

隐含层与输出层的连接权值：w_{ho}

隐含层各神经元的阈值：b_h

输出层各神经元的阈值：b_o

样本数据个数：$k=1, 2, \cdots, m$

激活函数：$f(\cdot)$

误差函数：$e = \dfrac{1}{2} \sum\limits_{o=1}^{q} (d_o(k) - yo_o(k))^2$

第一步，网络初始化。

给各连接权值分别赋一个区间（-1，1）内的随机数，设定误差函数 e，给定计算精度值和最大学习次数 M。

第二步，随机选取第 k 个输入样本及对应期望输出：

$$x(k) = (x_1(k), x_2(k), \cdots, x_n(k))$$
$$d_o(k) = (d_1(k), d_2(k), \cdots, d_q(k)) \tag{9-45}$$

第三步，计算隐含层各神经元的输入和输出：

$$hi_h(k) = \sum_{i=1}^{n} w_{ih} x_i(k) - b_h \qquad (h = 1, 2, \cdots, p)$$

$$ho_h(k) = f(hi_h(k)) \qquad (h = 1, 2, \cdots, p)$$

$$yi_o(k) = \sum_{h=1}^{p} w_{ho} ho_h(k) - b_o \qquad (o = 1, 2, \cdots, q)$$

$$yo_o(k) = f(yi_o(k)) \qquad (o = 1, 2, \cdots, q) \tag{9-46}$$

第四步，利用网络期望输出和实际输出，计算误差函数对输出层的各神经元的偏导数 $\delta_o(k)$：

$$\frac{\partial e}{\partial w_{ho}} = \frac{\partial e}{\partial yi_o} \frac{\partial yi_o}{\partial w_{ho}}$$

$$\frac{\partial yi_o(k)}{\partial w_{ho}} = \frac{\partial \left(\sum\limits_{h}^{p} w_{ho} ho_h(k) - b_o \right)}{\partial w_{ho}} = ho_h(k) \tag{9-47}$$

$$\frac{\partial e}{\partial yi_o} = \frac{\partial \left[\frac{1}{2} \sum\limits_{o=1}^{q} (d_o(k) - yo_o(k)) \right]^2}{\partial yi_o} = -(d_o(k) - yo_o(k)) yo_o'(k)$$

$$= -(d_o(k) - yo_o(k)) f'(yi_o(k)) - \delta_o(k)$$

第五步，利用隐含层到输出层的连接权值、输出层的 $\delta_o(k)$ 和隐含层的输出计算误差函数对隐含层各神经元的偏导数 $\delta_h(k)$。

$$\frac{\partial e}{\partial w_{ho}} = \frac{\partial e}{\partial yi_o} \frac{\partial yi_o}{\partial w_{ho}} = -\delta_o(k) ho_h(k)$$

$$\frac{\partial e}{\partial w_{ih}} = \frac{\partial e}{\partial hi_h(k)} \frac{\partial hi_h(k)}{\partial w_{ih}}$$

$$\frac{\partial hi_h(k)}{\partial w_{ih}} = \frac{\partial \left(\sum\limits_{i=1}^{n} w_{ih} x_i(k) - b_h \right)}{\partial w_{ih}}$$

$$= x_i(k)$$

$$\frac{\partial e}{\partial hi_h(k)} = \frac{\partial \left[\frac{1}{2} \sum\limits_{o=1}^{q} (d_o(k) - yo_o(k))^2 \right]}{\partial ho_h(k)} \frac{\partial ho_h(k)}{\partial hi_h(k)} \tag{9-48}$$

$$= \frac{\partial \left[\frac{1}{2} \sum\limits_{o=1}^{q} (d_o(k) - f(yi_o(k)))^2 \right]}{\partial ho_h(k)} \frac{\partial ho_h(k)}{\partial hi_h(k)}$$

$$= \frac{\partial \left[\frac{1}{2} \sum\limits_{o=1}^{q} \left(d_o(k) - f(\sum\limits_{h=1}^{p} w_{ho} ho_h(k) - b_o)^2 \right) \right]}{\partial ho_h(k)} \frac{\partial ho_h(k)}{\partial hi_h(k)}$$

$$= -\sum\limits_{o=1}^{q} (d_o(k) - yo_o(k)) f'(yi_o(k)) w_{ho} \frac{\partial ho_h(k)}{\partial hi_h(k)}$$

$$= -\left(\sum\limits_{o=1}^{q} \delta_o(k) w_{ho} \right) f'(hi_h(k)) \triangleq -\delta_h(k)$$

第六步，利用输出层各神经元的 $\delta_o(k)$ 和隐含层各神经元的输出修正连接权值 $w_{ho}(k)$。

$$\Delta w_{ho}(k) = -\mu \frac{\partial e}{\partial w_{ho}} = \mu \delta_o(k) ho_h(k)$$

$$w_{ho}^{N+1} = w_{ho}^N + \eta\delta_o(k)ho_h(k) \qquad (9\text{-}49)$$

第七步，利用隐含层各神经元的 $\delta_h(k)$ 和输入层各神经元的输入修正连接权。

$$\Delta w_{ih}(k) = -\mu\frac{\partial e}{\partial w_{ih}} = -\mu\frac{\partial e}{\partial hi_h(k)}\frac{\partial hi_h(k)}{\partial w_{ih}} = \delta_h(k)x_i(k)$$

$$w_{ih}^{N+1} = w_{ih}^N + \eta\delta_h(k)x_i(k) \qquad (9\text{-}50)$$

第八步，计算全局误差：

$$E = \frac{1}{2m}\sum_{k=1}^m\sum_{o=1}^q (d_o(k) - y_o(k))^2 \qquad (9\text{-}51)$$

第九步，判断网络误差是否满足要求。当误差达到预设精度或学习次数大于设定的最大次数，就结束计算；否则，选取下一个学习样本及对应的期望输出，返回到第三步，进入下一轮学习。

9.3　时间序列分析法预测模型

边坡变形监测数据序列包含了产生该序列的边坡系统的历史行为的全部信息，可以用该数据序列揭示边坡变形现象的动态规律性。边坡变形时间序列预测方法，就是根据边坡变形监测数据，建立一个时间序列的数学模型，用这个数学模型描述变形量在边坡变形过程的统计规律性，确立变形量与时间的数学关系式，对边坡未来的变形量进行预测。

时间序列分析法是研究时间序列数据的一种重要方法，它通过时间序列的历史数据进行建模，得出关于其过去行为的数学表达式，进而对时间序列的未来进行预测。

9.3.1　常见的几种时间序列模型

时间序列分析模型分为自回归模型（AR 模型）、滑动平均模型（MA 模型）和自回归滑动平均模型（$ARMA$ 模型）。

（1）自回归 $AR(p)$ 模型。自回归是变量对其本身进行回归，$AR(p)$ 模型的基本形式为

$$x_t = \varphi_1 x_{t-1} + \varphi_2 x_{t-2} + \cdots + \varphi_p x_{t-p} + a_t \qquad (t = 1,2,3,\cdots,n) \qquad (9\text{-}52)$$

其中（φ_1，φ_2，$\cdots$，φ_p）是 $AR(p)$ 模型的自回归系数，$a_t \sim N(0,\sigma_\alpha^2)$ 独立正态分布。

（2）滑动平均 $MA(q)$ 模型。若时间序列 x_t 为它的当前与前期的误差和随机项的线性函数，可以表示为：

$$x_t = \varphi_1 x_{t-1} + \varphi_2 x_{t-2} + \cdots + \varphi_p x_{t-p} + a_t \qquad (9\text{-}53)$$

则称该时间序列 x_t 为滑动平均序列，该模型为 q 阶滑动平均模型，记为 $MA(q)$，参数 φ_1，φ_2，$\cdots$，φ_p 为滑动平均系数，$a_t \sim N(0,\sigma_\alpha^2)$ 独立正态分布。

（3）自回归滑动平均 $ARMA(p,\ q)$ 模型。若时间序列 $\{x_t\}$ 为它当前与前期的误差和随机项，以及它的前期值的线性函数，且可以表示为：

$$x_t = \varphi_1 x_{t-1} + \varphi_2 x_{t-2} + \cdots + \varphi_p x_{t-p} + a_t - \theta_1 a_{t-1} - \cdots - \theta_q a_{t-q} \qquad (9\text{-}54)$$

则称该时间序列 $\{x_t\}$ 为自回归滑动平均序列，该模型为 $(p,\ q)$ 阶自回归滑动平均模型，记为 $ARMA(p,\ q)$，其中 φ_1，φ_2，$\cdots$，φ_p 为自回归系数，θ_1，θ_2，$\cdots$，θ_p 为滑动平均系数。

上述三者的关系为：当 $q = 0$ 时，$ARMA(p,\ q)$ 模型就成为 $AR(p)$ 模型；当 $p = 0$，

$ARMA(p, q)$ 的模型就成为 $MA(q)$ 的模型。

9.3.2 ARMA 模型建模步骤

$ARMA(n, m)$ 模型是在平稳时间序列基础上建立的。若建模序列为非平稳时间序列则要通过适当阶数的差分运算实现建模数据的平稳化。$ARMA(n, m)$ 模型的具体建模可分 4 个步骤。

9.3.2.1 模型识别

对一个平稳时间序列 $\{X_t\}$，建立其适合模型的第一步就是模型识别，即判断该序列所适合的模型类型。计算出平稳时间序列的样本自相关函数和样本偏自相关函数，将其特性进行比较，进而初步判断序列 $\{X_t\}$ 适合的模型类型。可以依据表 9-2 初步判别模型类别。

（1）自回归模型。若 $\alpha_{k,k}$ 序列在 P 步截尾，且 r_k 序列被负指数函数控制收敛到零，则可判断为 $AR(p)$ 序列。实践中 r_k 拖尾可以根据 $\hat{\rho}_k$ 的点图判断，只要 $|\hat{\rho}_k|$ 越变越小（k 增大时）就满足建模条件。也可用 $\alpha_{k,k}$ 判断：

$$\alpha_{k,k} \begin{cases} \neq 0, \text{当 } k = p \text{ 时} \\ = 0, \text{当 } k > p \text{ 时} \end{cases}$$

当 $k>p$ 时，如果平均 20 个 $\alpha_{k,k}$ 中至多有一个使 $\alpha_{k,k} \geq \dfrac{2}{\sqrt{n}}$，那么认为 $\alpha_{k,k}$ 截尾在 $k=p$ 处。

（2）滑动平均模型。若 r_k 序列在 q 步截尾（即 $k<q$ 时，r_k 不显著地接近于零；而当 $k>q$ 时，r_k 显著地等于零），且 $\alpha_{k,k}$ 序列被负指数函数控制收敛到零，则可判断为 $MA(q)$ 序列。实践中，$\alpha_{k,k}$ 拖尾可以根据 $\hat{\alpha}_{k,k}$ 的点图判断，只要 $|\hat{\alpha}_{k,k}|$ 越变越小（k 增大时）就满足建模条件。也可用 $\hat{\rho}_k$ 判断

$$\rho_k \begin{cases} \neq 0, \text{当 } k = q \text{ 时} \\ = 0, \text{当 } k > q \text{ 时} \end{cases}$$

当 $k>q$ 时，如果平均 20 个 $\hat{\rho}_k$ 中至多有一个使 $\hat{\rho}_k \geq \dfrac{2}{\sqrt{n}}$，那么认为 $\hat{\rho}_k$ 截尾在 $k=q$ 处。

（3）自回归滑动平均模型。若 r_k 序列与 $\alpha_{k,k}$ 序列皆不截尾。但都被负指数函数控制收敛到零，则 $\{X_t\}$ 很有可能是 $ARMA$ 序列。

表 9-2　三种过程偏自相关函数和自相关函数的特点

类　别	模型名称		
	$AR(n)$	$MA(m)$	$ARMA(n, m)$
模型方程	$\varphi(B)x_t = a_t$	$x_t = \theta(B)a_t$	$\varphi(B)x_t = \theta(B)a_t$
自相关函数	拖尾	截尾	拖尾
偏相关函数	截尾	拖尾	拖尾

9.3.2.2 模型定阶

确定了时间序列适合的模型类型之后，还需知道模型的阶数。模型阶数的确定方法有残差方差图定阶法、准则函数定阶法、F 检验定阶法。这些方法可以有效确定 AR 或 MA

模型的阶次，但是要确定 *ARMA* 模型的阶次却不大方便。

9.3.2.3　模型参数估计

参数估计方法主要有矩估计法、极大似然估计法和最小二乘估计法等。其中矩估计法相对简单，但精度低；极大似然估计和最小二乘估计的精度较高，但计算量较大，计算复杂。另外，极大似然估计需要知道样本数据的分布类型。

9.3.2.4　模型的适应性检验

模型的适应性检验实质上就是检验 $\{a_t\}$ 序列是否为白噪声序列。其中最主要的是 $\{a_t\}$ 序列的独立性检验，可通过相关函数法进行检验。

相关函数法是通过计算 $\{\hat{a}_t\}$ 的自相关函数来判断残差序列的独立性。设 $\hat{\rho}_k$ 表示体 $\{\hat{a}_t\}$ 序列的自相关函数，即：

$$\hat{\rho}_k = \frac{\sum\limits_{t=1}^{Nk} \hat{a}_t \hat{a}_{t+k}}{\sum\limits_{t=1}^{N} \hat{a}_t^2}$$

如果残差序列体 $\{\hat{a}_t\}$ 为白噪声序列，可以证明，样本个数 N 充分大时，$\hat{\rho}_k$ 是互不相关的，且近似于正态分布，即 $\hat{\rho}_k \sim N(0, 1/N)$。因此如果 $|\hat{\rho}_k| \leqslant 1.96/\sqrt{N}$ 就可以在 0.05 的显著性水平下接受 $\rho_k = 0$ 的假设，认为 $\{a_t\}$ 是独立的。

上面是对 $\{a_t\}$ 的自相关函数 ρ_k 单个进行检验。在有些情况下，由于偶然因素，可能有个别的 $\hat{\rho}_k$ 不满足 $|\hat{\rho}_k| \leqslant 1.96/\sqrt{N}$，此时也可以将自相关函数 ρ_k 放在一起采用 χ^2 法整体进行检验。

9.3.3　基于残差方差最小原则的 *ARMA* 模型建模方法

上面介绍 *ARMA* 模型建模思路是依据建模数据序列的自相关函数、偏自相关函数的特征来确定模型的阶数，该方法是用监测数据样本的自相关函数、偏自相关函数作为近似，因此不可避免地会产生一定的误差。本书基于传统的 *ARMA* 模型建模方法，提出了一种新的建模方法——基于残差方差最小原则的建模方法，该方法是基于残差方差最小原则的方法来确定模型阶数。建模思路如下[5]：可以用一个 *ARMA*$(n, n-1)$ 模型来表示任一平稳序列，而 *AR*(n)，*MA*(m) 以及 *ARMA*$(n, m)(m \neq n-1)$ 都是 *ARMA*$(n, n-1)$ 模型的特例[6]。逐渐增加时间序列模型的阶数，拟合 *ARMA*$(n, n-1)$ 模型，直到随着模型的阶数的增加剩余残差方差 σ_a^2 不再显著减小为止。

主要建模步骤：

（1）若建模的时间序列数据为非平稳序列，那么在建模之前需要对其进行序列平稳化处理。

（2）从 $n=1$ 开始，逐渐增加模型阶数，拟合 *ARMA*$(n, n-1)$ 模型，选择残差序列最小方差对应的模型作为初选模型。

（3）模型适应性检验。模型适应性检验采用相关函数法。

（4）求最优模型。最优模型不仅是一个适应模型，而且是一个经济的模型。因此还需要检验模型是否包含小参数，若有，可用 *F* 检验判断是否可以删去，拟合较低阶模型，进而得到的最优模型。

（5）变形预测。变形预测是对变形序列未来取值进行预测。

参 考 文 献

[1] 王育红. 灰色预测模型与灰色证据组合模型研究及应用 [D]. 南京：南京航空航天大学博士学位论文，2010.

[2] 何习平，华锡生，何秀凤. 加权多点灰色模型在高边坡变形预测中的应用 [J]. 岩石力学，2007，28 (6)：1187-1191.

[3] 刘思峰，党耀国，方志耕，等. 灰色系统理论及其应用 [M]. 北京：科学出版社，2009.

[4] 李天斌，陈明东. 滑坡预报的几个基本问题 [J]. 工程地质学报，1999，7 (3)：200-206.

[5] 黄声享，尹晖，蒋征. 变形监测数据处理 [M]. 武汉：武汉大学出版社，2002.

[6] Pandit S M，Wu S M. Time Series and Analysis with Applications [M]. John Wiley & Sons，INC，1983.

10　边坡稳定性预报模型

边坡稳定性预报就是根据监测数据和相关理论来分析边坡的稳定性情况，以便为防灾减灾提供决策支持。本章主要应用突变理论和分形理论对边坡稳定性进行分析。

（1）突变理论。边坡失稳往往以突变的形式发生，它们在经过长期大量能量的积累后以突然的方式释放能量，其破坏程度较大，对边坡工程本身以及人民生命财产将造成很大的损失。边坡失稳灾害常常以突变的形式发生，给边坡失稳灾害的预测预报带来很大的困难。边坡的变形过程是渐变到突变、量变到质变的具体反应。因此，采用突变理论来分析边坡体渐变到突变的过程状态有利于我们进行科学合理的边坡失稳预报。

（2）分形理论。根据非线性科学的思想，边坡工程可以看成是一个复杂的动力系统，利用分形几何的理论和方法，可以依靠系统某一方面的监测数据对它的动力学特征做出分析，从而可以判断整个系统的演化状态。在很多情况下，利用分形和分维都是一种简单又实用的方法。

10.1　边坡突变预报模型

边坡失稳往往以突变的形式发生，它们经过长期的大量能量的积累后以突然的方式释放能量，其破坏程度较大，对边坡工程本身以及人民生命财产造成很大的损失。边坡失稳灾害常常以突变的形式发生，给边坡失稳灾害的预测预报带来很大的困难。边坡的变形过程是渐变到突变、量变到质变的具体反应。因此，采用突变理论分析边坡体渐变到突变的过程状态有利于进行科学合理的边坡失稳预报。

本节从边坡体变形失稳现象出发，应用突变理论探讨边坡稳定性问题，利用边坡表面变形监测数据，构建边坡变形尖点突变预报模型，计算监测数据序列的 Δ 值，从而预报边坡的稳定性状态，从定量的角度对边坡失稳问题进行初步探讨。

10.1.1　突变理论的数学基础

突变理论主要研究某种系统或过程从一种状态到另一种状态的跃进。突变理论研究的是一个系统全局的变化，是系统的整体性质，表现为从一个吸引子跳到另外一个吸引子上。所以，不是以局部的扰动研究对象，而是根据势函数对临界点及其附近的行为进行研究。

从数学的角度考察一个系统是否稳定，常常要求出某函数的极值，而求极值必先求函数的导数为零的点。使函数导数值为零的点就是最简单的奇点。

对于一个一维连续动力系统：

$$\frac{\mathrm{d}x}{\mathrm{d}t} = f(x, \beta_i)$$

$$(10-1)$$

式中 f——光滑的实数函数，表示广义力；

β_i——参数族；

i——参数的个数。

由于 f 为光滑的连续函数，故可以将广义力表示为广义位势的梯度：

$$f = -\frac{\partial V}{\partial x} \qquad (10\text{-}2)$$

式中 V——广义位势。

$$V = -\int f \mathrm{d}x \qquad (10\text{-}3)$$

由于动力系统（10-1）的定态方程为 $f=0$，比较式（10-2）可知，系统的定态对应于位势的极值位置：

$$\frac{\partial V}{\partial x} = 0 \qquad (10\text{-}4)$$

即位势的极小值对应于稳定的定态，而极大值对应于不稳定的定态。这比用在定态附近作扰动的方法研究定态的稳定更为直观和方便。此外，从系统的能量出发研究稳定性也反映了系统的全局结构。从势能的极大到极小或从极小到极大，必定有一临界点，即拐点：

$$\frac{\partial^2 V}{\partial x^2} = 0 \qquad (10\text{-}5)$$

在分岔理论里，定态的稳定性是由特征值来判断的，如：

$$\frac{\partial f}{\partial x} \begin{cases} > 0 \\ = 0 \\ < 0 \end{cases} \qquad (10\text{-}6)$$

特征值为零对应于分岔点。分岔点意味着从一个平衡态变到另一个平衡态，所以从突变理论出发，分岔点就是突变点。事实上：

$$-\frac{\partial f}{\partial x} = \frac{\partial^2 V}{\partial x^2} \qquad (10\text{-}7)$$

可见，分岔理论和突变理论对突变点的判断是一致的。所以，突变点（集）的条件是同时满足式（10-4）和式（10-5）。

10.1.2 初等突变理论的数学模型

假定系统的动力学方程可以由一个光滑的势函数导出，托姆用拓扑学的方法证明了"可能出现性质不同的不连续构造的数目并不取决于状态变量的数目，而是取决于控制变量的数目"。按照托姆突变理论的分类定理，自然界和社会现象中的大量不连续现象，可以由某些特定的几何形状来表示。一般情况下，人们接触的突变现象都是发生在三维空间和一维时间的 4 个因子控制下的形形色色的初等突变，目前研究的初等突变模型是 Thom 归纳出的 7 个初等突变模型[1]：

折迭突变：$f(x) = x^3 + ux$

尖点突变：$f(x) = x^4 + ux^2 + vx$

燕尾突变：$f(x) = x^5 + ux^3 + vx^2 + wx$

双曲脐点型突变: $f(x) = x^3 + y^3 + wxy - ux - uy$

椭圆脐点型突变: $f(x) = x^3/3 - xy^2 + w(x^2 + y^2) - ux - vy$

抛物脐点型突变: $f(x) = y^4 + x^2y + wx^2 + ty^2 - ux - vy$

蝴蝶突变: $f(x) = x^5 + tx^4 + ux^3 + vx^2 + wx$

式中，$f(x)$ 表示一个系统的状态变量 x 的势函数；状态变量 u、v、t、w 表示状态变量的控制变量。

10.1.3　尖点突变模型

在上一节介绍的 7 种初等突变模型中，其中应用最广泛的是尖点突变模型。因为尖点突变模型控制变量只有两个，它的临界曲面是三维空间的曲面，容易构造、比较直观，并且自然界中许多事物都是三维的，故用尖点模型模拟比较合适[2]。

尖点突变模型的势函数可以表示为：

$$V = x^4 + ux^2 + vx \tag{10-8}$$

其一次导数表示为：

$$\frac{\partial V}{\partial x} = 4x^3 + 2ux + v \tag{10-9}$$

式中　x——状态变量；

　　u，v——控制变量。

势函数的二次导数是状态曲面的奇点集，也就是突变点集，可表示为：

$$\frac{\partial^2 V}{\partial x^2} = 12x^2 + 2u \tag{10-10}$$

在工程应用时关心的是由式（10-9）决定的临界点。式（10-9）是一个三次方程，它的实根个数由判别式 Δ 的符号确定：

$$\Delta = 8u^3 + 27v^2 \tag{10-11}$$

10.1.4　边坡突变预报模型

首先令 x 为时间，y 为对应的位移，然后对监测时间序列数据进行 4 次多项式拟合，得到：

$$y = a_0 + a_1x + a_2x^2 + a_3x^3 + a_4x^4 \tag{10-12}$$

利用 Tschirnhaus 变换原理对式（10-12）进行变形，具体过程如下：令 $x = z - Q$，其中 $Q = \dfrac{a_3}{4a_4}$，则式（10-12）变为：

$$y = b_0 + b_1z + b_2z^2 + b_4z^4 \tag{10-13}$$

其中，

$$\begin{Bmatrix} b_0 \\ b_1 \\ b_2 \\ b_4 \end{Bmatrix} = \begin{Bmatrix} Q^4 & -Q^3 & Q^2 & -Q & 1 \\ -4Q^3 & 3Q^2 & -2Q & 1 & 0 \\ 6Q^2 & -3Q & 1 & 0 & 0 \\ 1 & 0 & 0 & 0 & 0 \end{Bmatrix} \begin{Bmatrix} a_4 \\ a_3 \\ a_2 \\ a_1 \\ a_0 \end{Bmatrix}$$

令

$$\frac{y}{4b_4} = V, \frac{b_2}{4b_4} = u, \frac{b_1}{4b_4} = v, \frac{b_0}{4b_4} = c$$

则式（10-13）变为：

$$V = \frac{1}{4}z^4 + \frac{1}{2}uz^2 + vx + c \qquad (10\text{-}14)$$

式中　u，v——控制变量因子（多因素影响下综合指标无量纲）；

z——状态因子；

c——常数项，对突变分析无意义，可以省略。

则式（10-14）化为尖点突变势函数标准模型为：

$$V = \frac{1}{4}z^4 + \frac{1}{2}uz^2 + vx \qquad (10\text{-}15)$$

它的平衡曲面 M 为：

$$z^3 + uz + v = 0 \qquad (10\text{-}16)$$

它的分歧点集为：

$$\Delta = 8u^3 + 27v^2 \qquad (10\text{-}17)$$

根据式（10-17）计算值 Δ，然后根据 Δ 对边坡的稳定性进行判别，具体的边判别式为：

$$\begin{cases} \Delta > 0, \text{边坡处于稳定状态} \\ \Delta = 0, \text{边坡处于临界状态} \\ \Delta < 0, \text{边坡处于失稳状态} \end{cases} \qquad (10\text{-}18)$$

10.2　边坡分形预测模型

边坡体的变形破坏演化过程具有随机性、不确定性和不可逆性。从系统的角度来分析，边坡系统是一个具有众多因素、结构复杂、规模巨大的非线性动态系统。边坡系统由地质构造、地貌特征、地下水、降雨、人工活动等多个要素构成。边坡系统中的各个子系统之间具有复杂的关联特性，导致了边坡系统的变形演化过程中的复杂性。正是边坡系统的多层次性和复杂性等特征，为应用分形理论分析边坡的性质提供了可能性。

分形几何（fractal geometry）是一门由美籍法国数学家曼德布罗德（Mandelbrot）于1980 年初创立的新兴理论，虽然其创建历史不到 40 年，但其发展速度却是惊人的，从自然科学到社会科学中都可以看到分形理论在发挥着重要的作用。分形几何的最本质的核心就是要求研究的现象具有相似性（包括统计意义上的自相似），它的最基本的概念就是分形维数，一个对所研究现象的相似性进行定量化描述的量。本节通过对边坡位移值的时间序列应用分形几何理论进行研究，以分形维数为研究对象，从而为预测边坡失稳提供一条新的研究途径。

根据非线性科学的思想，边坡工程可以看成是一个复杂的动力系统，利用分形几何的理论和方法，可以依靠系统某一方面的监测数据对它的动力学特征做出分析，从而可以判断整个系统的演化状态，在很多情况下，利用分形和分维都是一种简单又实用的方法。

10.2.1　分形维数的计算

用分形理论对边坡失稳破坏进行预测，其实质就是计算出该边坡破坏过程这个运动系统的系统特征，即某一滑体系统的分形维数。确定出分形维数，就可为以后的边坡稳定性预测提供依据。分形维数的求解方法很多，根据边坡位移监测数据，本节选择较为成熟的 GP 算法[3]计算分形维数。

设 $\{x_i, i = 1, 2, \cdots, n\}$ 是边坡表面位移监测的时间序列数据，将其嵌入到 m 维欧式空间中的一个相型分布：

$$
\left\{
\begin{matrix}
x(t_1) & x(t_2) & x(t_3) & \cdots & x[t_n - (m-1)\tau] \\
x(t_1 + \tau) & x(t_2 + \tau) & x(t_3 + \tau) & \cdots & x[t_n - (m-2)\tau] \\
x(t_1 + 2\tau) & x(t_2 + 2\tau) & x(t_3 + 2\tau) & \cdots & x[t_n - (m-3)\tau] \\
\vdots & \vdots & \vdots & \ddots & \vdots \\
x[t_1 - (m-1)\tau] & x[t_2 - (m-1)\tau] & x[t_3 - (m-1)\tau] & \cdots & x(t_n)
\end{matrix}
\right\}
$$
(10-19)

这里 $\tau = k\Delta t (k = 1, 2, 3, \cdots, n)$ 为延滞时间。相空间式（10-19）里的每一列构成 m 维相空间的一个相点 $X(t_i)$，任一相点 $X(t_i)$ 有 m 个分量，即：

$$
X(t_i) = [x(t_i), x(t_i + \tau), x(t_i + 2\tau), \cdots, x(t_i + (m-1)\tau)]^{\mathrm{T}}
$$
(10-20)

这样就形成了三维空间中的 N_m 个相点在 m 维相空间里构成一个相型，用该相空间代替边坡动力系统的状态空间，其中 N_m 的计算公式为：

$$
N_m = n - (m-1)
$$
(10-21)

从这 N_m 个相点中任选 1 个参考点 X_i，计算其余 $N_m - 1$ 个相点距 X_i 的距离 r_{ij}，r_{ij} 的计算公式如下：

$$
r_{ij} = d_2(X_i, X_j) = \left[\sum_{l=0}^{m-1} (xi + l\tau - xj + l\tau)^2 \right]^{\frac{1}{2}}
$$
(10-22)

为了计算嵌入相空间吸引子的关联维数，任意给定一个 r，然后检查有多少对点 (x_i, x_j) 之间的距离 r_{ij} 小于 r。把距离小于 r 的"点对"在一切"点对"所占比例记做关联积分函数：

$$
C(r) = \frac{1}{m(m-1)} \sum_{i,j=1}^{N} H(r - r_{ij})
$$
(10-23)

式中

$$
H(x) = \begin{cases} 1, x > 0 \\ 0, x \leqslant 0 \end{cases}
$$
(10-24)

对充分小的 r，式（10-23）逼近：

$$
\ln C_m(r) = \ln C + D(m)\ln r
$$
(10-25)

则分维值为：

$$
D(m) = \lim_{r \to 0} \frac{\ln C_2(r, m)}{\ln(r)}
$$
(10-26)

当 $D(m)$ 关于相空间 m 维数达到饱和时，

$$
D_2(m) = \lim D(m)
$$
(10-27)

$D_2(m)$ 就是整个系统的分维数。显然，如果 r 取得太大，一切"点对"的距离都不会超过它，此时 $C_2(r, m) = l$，取对数后有 $\ln C_2(r, m) = 0$。适当缩小 r，可能在一段区间内有

$\ln C_2(r,m) = r^\gamma$，根据分维的定义可知 r 是一种维数，并且是对关联维 $D_2(m)$ 很好逼近。如果 r 取得太小，低于测量误差，观测中的误差就会表现出来。由于监测误差在任何一维上都起作用，m 维空间中就会测得 $\gamma = m$。因此给定 r 的一个变化范围，在此范围内，对应于每一个 r，都可以计算出相应的 $C_2(r,m)$。画出 $\ln C_2(r,m)$-$\ln r$ 曲线，看看是否有一段斜率介于 0 和 m 之间的直线段，该直线段的斜率就是对应于一定的嵌入空间维数 m 的关联维的估值，而对应于该直线段的尺度范围就称为无标度区间。随着 m 的增大，将逐渐趋于一定值 D_2^0，可以认为该值就是所求的关联维。而此时对应的嵌入空间的维数 m_0 就是合理的取值，它也称为饱和嵌入空间维数，是描述系统吸引子的最小状态空间参数的个数。吴中如[5]进一步指出，m_0 为状态空间维数的充分值，也就是建立系统状态方程时，完全描述系统所需的参数的个数，而 $INT(D_2^0+1)$ 是必要值。根据 Whitney 的嵌入定理，嵌入空间维数必须很大，它和关联维 D_2 之间要满足如下关系：

$$m = 2D_2 + 1 \tag{10-28}$$

关于根据实测时间序列数据求关联维的方法，众多学者进行了大量的研究[6~8]，认为对于不受噪声污染的时间序列，$\ln C_2(r,m)$-$\ln r$ 曲线上有明显的直线段；而当噪声存在时，该直线段会逐渐缩小以至于消失。另外，嵌入空间维数 m 和时间延迟 τ 也是影响实测数据计算关联维数结果质量的主要参数。研究表明，随着 m 和 τ 的增加，$\ln C_2(r,m)$-$\ln r$ 曲线的形态逐渐劣化，也会导致明显直线段的消失。对于第一个问题，解决的方法是对实测时间序列进行消噪处理，对于第二个问题是选择合理的 m-τ 组合，Lai 提出，对于小的 m 可以选择大的时间延迟 τ，对于大的 m 选择适当小的时间延迟 τ，或者采用固定时间窗法。

计算分维的意义在于，一个吸引子的维数是说明该吸引子上点的位置所必需的信息量，也是模拟一个系统的动力学性态所必需的基本变量的最低限数目。通过计算分维数的方法可以依靠系统某一方面的观测资料对它的动力学性态做出判断。

10.2.2 Renyi 熵及其稳定性判别原理

按照非线性动力学的理论，一个动力系统可以用 Lyapunov 特征指数来描述其演化状态。但实际中经常使用二阶 Renyi 熵 K_2，并且定义[9]：

$$K_2 = \lim_{m \to \infty} \lim_{m \to \infty} \frac{1}{k\tau} \ln \frac{C_2(r,m)}{C_2(r,m+k)} \tag{10-29}$$

τ 和 r 分别表示吸引子微元的时间尺度和空间尺度；k 为相空间维数从 m 维增加到 $m+k$ 维的量；$C_2(r,m)$ 和 $C_2(r,m+k)$ 的含义同式（10-23）。K_2 反映了不同时刻两条相距小于 r 的轨线在下一时刻 r 及其以后在 r 内的变化，也就是反映了两条轨线的发散程度。因此，K_2 可以作为系统稳定性的判据[10,11]：

$$\begin{cases} \text{若 } K_2 > 0, \text{系统处于不稳定状态} \\ \text{若 } K_2 = 0, \text{系统处于临界状态} \\ \text{若 } K_2 < 0, \text{系统处于稳定状态} \end{cases} \tag{10-30}$$

并且，K_2 的绝对值可以作为系统稳定性的度量标准，即当置 $K_2>0$ 时，$|K_2|$ 越大，系统越不稳定；当 $K_2<0$ 时，$|K_2|$ 越大则系统越稳定。并且由上面的讨论可知 K_2 的大小与 r 及 τ 有关，r 取较大数值表明安全性指标放宽，K_2 表征在该指标下的系统稳定性；τ

反应 K_2 有效的时间跨度，即在哪个时间段内基于 K_2 的判断是成立的。

10.3 边坡失稳时间预测预报模型

边坡变形失稳时间预测预报就是根据监测数据较为准确地计算出边坡失稳破坏的时间，以便为防灾减灾提供决策支持。

边坡变形失稳破坏的影响因素众多，其中很多因素都具有不确定性，边坡变形失稳破坏过程是一个灰色系统过程，于是，可将灰色理论进入边坡变形失稳破坏时间预测预报。具体方法是运用灰色系统分析方法对监测数据进行处理分析，建立边坡变形失稳破坏时间预测预报模型，实现边坡变形失稳破坏时间预报的目标。

灰色预报模型的基本原理是：设边坡位移观测数据为（观测时间间隔为 Δt）x^0 (i) $(i=1, 2, \cdots, n)$，将原始数据进行一次累加生成 AGO 处理：

$$x^1(i) = \sum_{k=1}^{i} x^0(k) \qquad (i = 1, 2, \cdots, n)$$

对 $x^1(i)$ 拟合非线性灰色模型的微分方程形式为：

$$\frac{\mathrm{d}x}{\mathrm{d}t} = ax - bx^2 \tag{10-31}$$

式中，a，b 是待定参数，由最小二乘法得：

$$\begin{bmatrix} a \\ b \end{bmatrix} = \left[(A \vdots B)^{\mathrm{T}} (A \vdots B)^{-1} \right] (A \vdots B)^{\mathrm{T}} Y \tag{10-32}$$

其中：

$$A = \begin{bmatrix} 1/2 [x^1(1) + x^1(2)] \\ 1/2 [x^1(2) + x^1(3)] \\ \vdots \\ 1/2 [x^1(n-1) + x^1(n)] \end{bmatrix}$$

$$B = \begin{bmatrix} -1/4 [x^1(1) + x^1(2)]^2 \\ -1/4 [x^1(2) + x^1(3)]^2 \\ \vdots \\ -1/4 [x^1(n-1) + x^1(n)]^2 \end{bmatrix}$$

$$Y = [x^0(2), x^0(3), \cdots, x^0(n)]^{\mathrm{T}}$$

x 为边坡观测位移，则式（10-31）中左边为位移随时间的变化率，并且位移速率在初始阶段（较小时）随位移的增大而增大，当增至某一量值时，$\mathrm{d}x/\mathrm{d}t$ 达最大值，随后 $\mathrm{d}x/\mathrm{d}t$ 减缓，采用 $\mathrm{d}x/\mathrm{d}t$ 达到极大值的时间作为滑坡发生时间的预测值。解方程（10-31）得：

$$x = \frac{a/b}{1 + (a/bx_1 - 1)\mathrm{e}^{-a(t-t_1)}} \tag{10-33}$$

x_1，t_1 为初始位移和初始时间，当 $x=a/2b$ 时，$\mathrm{d}x/\mathrm{d}t$ 达极大值，所对应的时刻 t_r 为滑坡发生时间预测值。将 $x=a/2b$ 代入式（10-33）得滑坡发生至 t_1 时刻的时间间隔为：

$$t = -\frac{1}{a}\ln\left(\frac{bx_1}{a - bx_1}\right) \tag{10-34}$$

因此，滑坡发生时间预测值为：

$$t_r = -\frac{\Delta t}{a}\ln\left(\frac{bx_1}{a - bx_1}\right) + t_1 \qquad (10\text{-}35)$$

参 考 文 献

[1] 潘岳，王志强，张勇. 突变理论在岩体系统动力失稳中的应用 [M]. 北京：科学出版社，2008.

[2] 胡晋川. 基于突变理论的黄土边坡稳定性分析方法研究 [D]. 西安：长安大学博士学位论文，2012.

[3] 郑会永，刘华强，戴冠中. 时间序列分维的改进 GP 算法 [J]. 西北工业大学学报，1998，16（1）：28-32.

[4] 吴中如，潘卫平. 分形几何理论在岩土边坡稳定性分析中的应用 [J]. 水利学报，1996，4：78-80.

[5] Eran Toledo，Sivan Toledo，Yael Almog，et al. A vectorized algorithm for correlation dimension estimation [J]. Physics Letters A，1997，229：375-378.

[6] Gerhard Keller. A new estimator for information dimension with standard errors and confidence intervals [J]. Stochastic Processes and Their Applications，1997，71：187-206.

[7] Jin X C，Ong S H，JayaOriah. A practical method for estimating fractal dimension [J]. Pattern Recognition Letter，1995，16：457-464.

[8] Lai Ying-Cheng，David Lerner. Effective scaling regime for computing the correlation dimension from chaotic time series [J]. Physica D，1998，115：1-18.

[9] 刘式达. 非线性动力学和复杂现象 [M]. 北京：气象出版社，1989.

[10] 吴中如，潘卫平. 分形几何理论在岩土边坡稳定性分析中的应用 [J]. 水利学报，1996，（4）：78-80.

[11] 吴中如，潘卫平. 利用李雅普诺夫函数分析岩土边坡的稳定性 [J]. 水利学报，1997，（8）：29-33.

11 边坡失稳灾害预警判据预报方法

边坡失稳灾害预测预报研究的核心内容包括预测预报模型研究和预测预警判据研究。

目前，国内外许多专家学者对边坡失稳预测预报潜心研究，不断探索，提出了多种边坡失稳预测预报的理论模型和预测预警判据。大量的边坡失稳预测预报实例研究表明，由于边坡体具有非常明显的个性特征，目前还没有能够准确预报边坡失稳的普适性判据，所以有必要建立具有一定适用性的边坡失稳预报判据。边坡失稳的预报模型和边坡失稳的预报判据是边坡预测预报的核心，只有建立正确的边坡失稳预测预报模型和合适的边坡失稳预报判据，才能对边坡失稳进行成功预警。目前还没有被人们广泛认同的统一的边坡失稳预报预警判据，使得边坡失稳预报预警工作带有一定盲目性。

因此，为了实现滑坡的准确预测预报，本节将预报预警判据与边坡失稳预测预报模型相结合，提出了综合预测预报的研究思路，以开展动态、综合预测预报方案。

11.1 常用预报判据及其存在的不足

11.1.1 常用预报判据

目前，国内外学者提出了十余种用于判断边坡处于临界失稳状态的预报判据，但目前应用较多的主要有以下三种。

（1）安全系数与可靠概率预报判据。安全系数可从力学平衡（即传统极限平衡安全系数）和能量守恒（即极限分析所得安全系数）两个角度进行计算。传统极限平衡安全系数法经过长期应用，积累了丰富的经验。尽管它在理论方面存在过多的简化，但由于它使用方便，至今仍受到工程界的欢迎。基于能量守恒的极限分析法，其安全系数为边坡滑动时消耗的总内功和外力功的比值。当边坡总外力功大于滑动时所消耗的内力功时，边坡处于不平衡状态，此时的安全系数小于1；当边坡总外力功小于其所消耗的内力功时，边坡处于稳定状态，安全系数大于1；当两者相等时，边坡处于临界平衡状态，安全系数等于1。此时，若在边坡上加上一个小的滑动干扰力，边坡就会出现滑动；除去干扰力后，边坡又会恢复稳定，即呈现时滑时停局面。但在大的荷载作用下，如地震和长时间暴雨等，边坡就可能出现加速滑动乃至失稳破坏。

（2）变形速率预报判据。滑坡的发生，可看成是斜坡物质沿滑移面失稳下滑的过程，以斜坡物质变形速率作为滑坡判据，边坡的变形或位移是边坡稳定状态最直观的反映，可直接用其来判断边坡的稳定状态。由于边坡的变形量监测方法比较简单，又可进行连续监测，故滑坡变形速率判据在边坡预警中经常使用。国内外的学者关于滑坡或边坡滑动前的临界变形速度也提出了一些判据，但是各个学者提出的变形速度判据差别很大，10～720mm/d 不等[1-3]，滑坡最终失稳前的变形速度存在很大差别，所提出的判据都具有一定的针对性和适用性。

（3）最大位移判据。即边坡破坏时的临界位移值 μ，由于各个岩土边坡破坏时的位移量常常非常分散，有的边坡位移量在毫米级或无任何警告的情况即已破坏，而有的边坡位移达到数米尚未破坏，因此很难选取某一总位移量的阈值作为边坡稳定与否的判据。最大位移判据通常作为边坡上的工程对其位移量的允许值使用。

李明华（1987）提出堆积层和黏土滑坡首次滑动的位移判据。他认为滑坡蠕动阶段的位移量与剪切破坏带的厚度有关，并根据滑坡实例和实验获得形成连续滑动面的位移量（L）和破坏带的厚度（H）的经验回归方程，并把它作为滑坡滑动的位移判据：

$$L = 0.698H - 0.805 \tag{11-1}$$

方程的相关系数 $R=0.954$，剩余标准差 $\sigma=1.116$。

11.1.2　常用判据的不足

滑坡是一个古老的研究课题，即使在科技飞速发展的今天，滑坡的预测预报也没有得到解决，但是由于滑坡灾害发生时间的突发性、种类的多样性、条件的恶劣性、影响因素的复杂性，对滑坡的下一个状态或者参量的下一个值的预测虽然有多种方法可以得出，但是对这些预测值的评价却非常困难。主要问题就是如何建立一种比较好的判据评价边坡是否稳定以及何时破坏，现在预测判据众多，但是很多判据都是对于特定边坡或者特定种类的边坡建立的，因此存在着许多不足或不充分性，主要包括以下方面：

（1）安全系数预报法。一般把安全系数为 1 定为临界平衡状态，但是通过工程实践，有些边坡安全系数大于 1 时发生了滑坡，而小于 1 时却处于稳定状态，因此采用传统的安全系数法对滑坡进行预报，存在许多隐患。

（2）变形速率预报法。在边坡失稳预报判据中，经常采用的是边坡位移量或变形速率判据，通过查阅大量资料发现，国内外许多学者根据实际的应用研究，提出了不同的边坡失稳的临界变形速度。但各个学者提出的边坡失稳的变形速度判据的差别很大，不同人往往对临界位移速率的界定存在很大差距。导致这种现象的原因是临界位移速率的影响因素较多。虽然位移速率判据比较简单，但确定其临界值比较困难，因此要用临界位移速率作为评判标准评价边坡稳定时，要准确考虑影响临界值的众多因素，合理确定临界位移速率值。

所有学者提出的临滑预报判据都具有一定的针对性，并不具有普适性，因此，不能将所有边坡的临界变形速度用一个统一的定值来表示，具体应用中，很难确定边坡的临界变形速度值。所以，单纯从变形速率的大小判断滑坡是否发生，难免会做出错误的预报。

（3）最大位移判据。该方法是根据滑坡实例和实验获得形成连续滑动面的位移量（L）和破坏带的厚度（H）的经验回归方程作为滑坡滑动的位移判据。实际中破坏带的厚度值很难准确测量得到。

11.2　边坡失稳破坏预报预警判据研究

11.2.1　边坡失稳破坏灾害预警级别划分

目前，边坡失稳破坏灾害预警没有统一的标准和规定，本书参照《中华人民共和国突发事件应对法》预警级别的规定，将边坡失稳破坏灾害等级按边坡变形破坏的发生概率和可能发生的时间分为注意级、警示级、警戒级、预报级四个级别。

一级预警：注意级，用蓝色来表示。边坡变形演化阶段处于匀速变形阶段，边坡体上出现变形迹象，一年内发生滑坡的可能性不大，定为蓝色预警。

二级预警：警示级，用黄色来表示。边坡变形演化阶段处于加速阶段初期，边坡体上有明显的变形特征，在数月内或一年内发生大规模滑坡的概率较大，定为黄色预警，需发布预报，引起重视。

三级预警：警戒级，用橙色来表示。边坡变形演化阶段处于加速阶段中后期，边坡体上出现一定的宏观前兆特征，在几周内或数月内发生大规模边坡失稳破坏的概率大，定为橙色预警。需及时发布预警。

四级预警：预报级，用红色来表示。边坡变形演化阶段处于临滑阶段，边坡体上各种短临前兆特征显著，在数小时或数周内发生大规模滑坡的概率很大，定为红色预警。需及时发布警报。

11.2.2　边坡失稳破坏灾害预报预警判据研究

边坡失稳破坏灾害预测预警以边坡失稳灾害为预警目标，以灾害控制为目的，建立在灾变规律研究、灾变监测信息准确分析的基础上。

边坡与自然界其他事物的发展演化一样，边坡从出现变形开始，到最终整体失稳破坏，也有其产生、发展及消亡的演化规律。从时间演化规律来说，就是要经历初始变形、等速变形、加速变形三个大的阶段；从空间演化规律来讲，伴随着潜在滑动面的孕育、形成和贯通，按照分期配套先后出现后缘拉张裂缝、侧翼剪裂缝、前缘隆胀裂缝等变形体系。正确把握斜坡的时空演化规律，是边坡失稳预测预报的基础。其中，边坡变形阶段的正确判断是成功预报边坡失稳的关键。

根据边坡变形演化规律分析，只有边坡进入加速变形阶段，边坡才会发生整体失稳破坏。在边坡变形的初始阶段和等速阶段，不管边坡变形的位移量或位移速率多大，如果没有诱发边坡失稳的外界因素（如地震、特大暴雨）影响，边坡体都不会发生整体变形失稳破坏。一旦边坡变形演化处于加速变形阶段，如果不采取治理措施，随着时间的推移，边坡必然将发生整体失稳灾害。因此，进行边坡失稳预警时，一定要正确判断边坡变形所处的演化阶段，特别要注意边坡变形从等速变形阶段发展到加速变形阶段的具体时间。

从上节分析可知，不同的滑坡变形破坏机制不同，滑坡变形曲线没有统一的特征，故很难找到一个统一的变形量或者变形速率的阈值。由于滑坡变形演化的复杂性、随机性和不确定性，很难采用滑坡单因子判据成功预报。滑坡的成功预报需建立在对滑坡类型、变形特征、变形演化机制等深入研究的基础上，以监测资料为基础，考虑宏观变形迹象等因素的综合判据。

11.2.2.1　边坡失稳破坏灾害预报预警单项判据研究

A　位移-时间过程曲线

位移-时间过程曲线的斜率发生明显变化的时间是边坡变形演化从等速变形阶段进入加速变形阶段的一个显著特点。在等速变形阶段，尽管边坡变形受外界因素的影响，位移-时间过程曲线会有所波动,但此阶段位移-时间过程曲线总体呈斜率近似相等的一条向上的直线;当边坡变形进入加速变形阶段,位移-时间过程曲线的斜率将会不断增加,位移-时间过程曲线总体上为一条倾斜度不断增大的"曲线"。根据位移-时间过程曲线图,可以通过对变形监测曲线的分析,定性判断边坡所处的演化阶段。在实际应用中,为了较为准确地判断边坡所处的变形阶段,可以根据同一边坡体中所有监测点位移-时间过程曲线的特征进行综合分析,共同判定边坡所处的演化阶段。

B 位移矢量角

边坡表层位移矢量角主要体现了边坡位移垂直空间的方向性。边坡位移矢量角序列的变化情况可以反映边坡所处的不同发育阶段的时空演化特征。结合前人研究得到如下结论:

(1) 当位移矢量角呈随机波动状态,无稳定的值,斜坡处于初始变形阶段;

(2) 当位移矢量为一个定值上下的波动,斜坡处于等速变形阶段;

(3) 当位移矢量角出现趋势性增大或减小,为初加速阶段;

(4) 当位移矢量角发生明显的趋势性增大或减小,为中加速阶段;

(5) 当位移矢量角出现突然增大或减小,为临滑阶段。

C 位移方位角

边坡表层位移方位角主要体现了边坡位移在二维平面上的方向性,边坡位移方位角序列的变化情况可以反映边坡所处的不同发育阶段的时空演化特征。得到如下结论:

(1) 当位移方位角出现趋势性增大或减小,为初加速阶段;

(2) 当位移方位角发生明显的趋势性增大或减小,为中加速阶段;

(3) 当位移方位角出现突然增大或减小,为临滑阶段。

D 边坡位移速率角

众所周知,斜坡从变形产生到最终破坏失稳其累计位移 (S)-时间 (t) 曲线 (简称 S-t 曲线) 一般会经历初始变形阶段、等速变形阶段和加速变形阶段 (见图 8-2),即所谓斜坡变形三阶段规律。从图 8-2 可以看出,在斜坡的整个发展演化过程中,位移-时间曲线的斜率是在不断变化的,尤其是斜坡变形进入加速变形阶段后,曲线斜率往往会不断增加,到最后的临滑阶段,变形曲线近于竖直,其与横坐标的夹角接近 90°。根据斜坡演化过程中的此变形特点,有学者提出根据位移速率角来进行滑坡的预测预报。

结合前人研究得到如下结论:

(1) 当 a_i 近似等于一个定值,斜坡处于等速变形阶段;

(2) 当 $70° \leqslant a_i < 80°$,为初加速阶段;

(3) 当 $80° \leqslant a_i < 85°$,为中加速阶段;

(4) 当 $a_i \geqslant 85°$,为临滑阶段。

E 边坡突变判别值

根据 6.2.1 节介绍的边坡突变的判别式,计算 Δ 值。并根据式 (10-18) 判断边坡的稳定性。

(1) 当 $\Delta > 0$,Δ 值出现缓慢减小的趋势,说明边坡进入加速变形的初始阶段;

(2) 当 $\Delta < 0$,Δ 值出现明显减小的趋势,说明边坡进入加速变形的中期阶段;

（3）当 $\Delta \approx 0$，Δ 值快速减小，说明边坡进入临滑阶段。

F　宏观变形破坏特征

实践证明，各类斜坡都有其自身形成、发展和消亡的地质历史演化过程和规律，演化过程中会表现出阶段性特征。斜坡不同发展阶段其外形和内部结构特征往往会有所变化和区别。这些特征可作为判别斜坡是否已发生变形和变形所处发展阶段的地质依据。这往往是斜坡发展演化阶段的时间和空间分析中极为重要的环节，是滑坡预测预报的重要依据。

一般而言，从宏观变形破坏迹象来讲，斜坡处于不同变形演化阶段时具有的主要特征如下：

（1）初始变形阶段。坡体表层，尤其是斜坡后缘局部出现拉张裂缝。由于此阶段裂缝宽度和长度都较小，很难在塑性松散土体中较明显地表现出来，因此，斜坡初始阶段的变形一般首先表现为变形区相对刚性的建构筑物的变形，如房屋、地坪等的开裂、错动。当变形量达到一定程度后，斜坡体地表开始出现裂缝。正常情况下，初始阶段的地表裂缝的主要特点是张开度小、长度短、分布散乱、方向性不明显。当然，如果斜坡的初始变形是由库水位变动、强降雨以及人类工程活动等强烈的外界因素诱发，也可能一次性产生较大的初始变形，如地表出现明显的开裂、错动等，但变形随后就进入相对稳定期。

（2）等速变形阶段。在初始变形的基础上，地表裂缝逐渐增多、长度逐渐增大，尤其是后缘拉张裂缝逐渐贯通，形成后缘弧形裂缝。在拉张的过程中下座，形成多级下座台坎。随着斜坡变形的逐渐增大，侧翼剪张裂缝开始产生并逐渐从后缘向前缘扩展、贯通。前缘出现鼓胀、隆起，并产生隆胀裂缝。如果前缘临空，还可见到滑坡从前缘剪出口逐渐剪出、错动迹象。但此阶段上述裂缝并未完全贯通形成圈闭的滑坡周界。

（3）加速变形阶段。在等速变形阶段产生的后缘弧形拉张裂缝、侧翼剪张裂缝、前缘隆胀裂缝的基础上，后缘拉张裂缝变形速率逐渐增大，几类裂缝逐渐扩展，相互衔接，最终形成圈闭的由裂缝构成的滑坡周界。

（4）临滑阶段。如果边坡整体滑移条件较好（如滑面较平直、滑面倾角较大、前缘临空条件好等），临滑阶段斜坡变形（表部拉裂、后缘下沉（座）、前缘隆起等）速率会陡然增加；如果斜坡整体滑移受限（如滑面后陡前缓甚至反翘、前缘临空条件差等），滑坡在整体起动下滑之前需作一些变形调整，重心后仰，故而后缘裂缝出现逐渐闭合的现象，此现象其实为临滑前兆，应引起高度重视。

11.2.2.2　边坡变形预报判据

边坡失稳破坏灾害预报判据必须能够划分边坡失稳破坏变形阶段，充分反映出边坡失稳破坏不同变形阶段的不同特点，尤其是临滑阶段。本节综合位移时间过程曲线、位移方位角、位移矢量角、位移速率角（切线角）、位移突变判别值，以及边坡失稳破坏宏观变形破坏特征，建立了四级多参数预警判据。

（1）注意级（蓝色）。注意级（蓝色）对应边坡等速变形阶段中后期，其判据如下：

1）位移-时间过程曲线。位移-时间过程曲线受外界因素影响可能会有所波动，但切线角 α 近似于恒定值，总体为一条直线。

2）位移矢量角。位移矢量角随着时间的推移，几乎不发生变化，近似等于边坡角。

3）位移方位角。在水平面上，监测点近似沿同一方向运动，位移方位角近似为恒定值。

4）位移速率角。位移速率角 α 近似为恒定值；

5）突变判别值。Δ 值近似为恒定值；

6）宏观变形破坏特征。后缘局部沉陷前缘局部隆起。

（2）警示级（黄色）。警示级（黄色）对应着边坡加速变形的初始阶段，其判据如下：

1）位移-时间过程曲线。位移-时间过程曲线逐渐显现增长趋势，切线角由恒定逐渐变陡，但增幅较小，曲线开始上弯。

2）位移矢量角。位移矢量角随着时间的推移，出现缓慢减小的趋势。

3）位移方位角。位移方位角随着时间的推移，出现缓慢减小或增大的趋势。

4）位移速率角。位移速率角 $70° \leqslant a_i < 80°$，出现缓慢增大的趋势。

5）突变判别值。突变判别值 $\Delta > 0$，出现缓慢减小的趋势。

6）宏观变形破坏特征。后缘沉陷、前缘隆起现象比较明显。

（3）警戒级（橙色）。警戒级（橙色）对应边坡加速变形中期阶段，其判据如下：

1）位移-时间过程曲线。位移-时间过程曲线持续稳定地增长，切线角明显变陡，曲线明显上弯。

2）位移矢量角。位移矢量角随时间的推移，出现明显减小的趋势。

3）位移方位角。位移方位角随时间的推移，出现明显减小或增大的趋势。

4）位移速率角。位移速率角 $80° \leqslant a_i < 85°$，出现明显增大的趋势。

5）突变判别值。突变判别值 $\Delta > 0$，出现明显减小的趋势。

6）宏观变形破坏特征。后缘沉陷、前缘隆起现象显著。

处理措施：当坡达到橙色预警级别时，要通知有关部门，增加监测频率，尤其是在降雨期间。在边坡失稳破坏影响区的道路两旁设置路标提醒过往车辆注意安全。

（4）预报级（红色）。预报级（红色）对应这段边坡临滑阶段，其判据如下：

1）位移-时间过程曲线。位移-时间过程曲线变形曲线骤然快速增长，且有不断加剧的趋势，曲线趋于陡立。

2）位移矢量角。位移矢量角随时间的推移，出现快速减小的趋势。

3）位移方位角。位移方位角随时间的推移，出现快速减小或增大的趋势。

4）位移速率角。位移速率角 $a_i \geqslant 85°$，出现快速增大的趋势，约89°下滑。

5）突变判别值。突变判别值 $\Delta \approx 0$，出现快速减小的趋势。

6）宏观变形破坏特征。滑体后部大幅沉陷，崩塌频次较高、规模较大，崩塌活动频次急剧加快。

处理措施：当边坡达到红色预警级别时，边坡可能即将发生滑动，要通知相关边坡安全管理人员，这时有必要关闭受边坡失稳破坏影响的道路，以确保安全，同时停止边坡失稳破坏影响区域的开采活动。

11.2.3 边坡失稳破坏灾害预警原则

由前述可知，边坡变形破坏的演化过程，与世界上其他事物的演化过程一样，既遵循一些普适性的规律，又表现出非常强的个性特征，是共性与个性的统一体。因此，要真正对边坡的发展演化规律作出准确地判断，对边坡失稳破坏发生具体时间作出准确地预报，必须在坚持以下原则的基础上，开展边坡变形失稳破坏预警：

（1）边坡失稳破坏预报的基本程序。对边坡体的变形分析和边坡体的宏观变形破坏迹象的分析，判断边坡所处变形破坏的演化阶段，并据此采用合适的定量与定性相结合的分析方法，分析边坡的变形破坏时空演化规律、时空变形特征、失稳模式及失稳趋势，做出预警预报。

（2）加强巡视工作，在对边坡失稳破坏进行监测时，除采用监测仪器进行各测点的专业监测外，尤其应加强对边坡失稳破坏体宏观变形破坏迹象的调查，由此掌握边坡失稳破坏体的空间变形破坏规律，判断边坡的发展演化阶段。

（3）注意边坡失稳破坏变形分区。因边坡体受地质结构、地形地貌、外界影响因素等多种因素的共同影响，同一边坡体在不同部位、不同区段变形量的大小、变形特征可能会有所差别。因此，在对边坡变形失稳破坏预警时，首先应根据专业监测资料，结合宏观变形破坏迹象以及变形时空特征，进行边坡失稳破坏变形分区。

（4）注重边坡变形破坏的时间和空间演化规律。边坡变形的时间演化规律主要是指变形曲线的三阶段演化规律。边坡变形进入加速变形阶段是边坡整体失稳发生的前提。如果边坡变形演化阶段处于等速变形阶段，再明显的宏观变形破坏迹象、再大的位移量也不能说明其即将整体下滑；相反，一旦边坡变形演化阶段处于加速变形阶段，就应引起高度重视，加强监测及预测预报工作。

（5）注意外界因素对边坡变形的影响，如人类工程活动、强降雨等。周期性的外界因素可能会使累积位移-时间过程曲线呈现出"阶跃型"的特点。对于阶跃型变形曲线，判断其变形演化阶段很困难，尤其出现阶跃后还未恢复到平稳期时，因此，建议从以下角度考虑和分析此类问题：进行边坡失稳破坏变形监测结果与外界影响因素的相关性分析，找出累积位移-时间过程曲线产生阶跃的直接原因。如果分析认为边坡突然增大的累积位移量是由降雨等原因造成，则只需加强监测，待相关外界因素的影响消除后，分析其进一步的发展趋势；反之，如果坡体变形急剧增加没有明显的外界因素，而是由自身演化过程导致，则可能说明边坡体已真正进入加速变形阶段，应引起足够的重视，加强监测预测预报工作。

（6）注意边坡失稳破坏的动态预警。边坡的变形失稳破坏是一个复杂的动态过程。在边坡监测预警过程中，应随时根据边坡的动态变化特点，进行动态预警。越到边坡体的变形演化后期，尤其是进入加速变形阶段和临滑阶段，越应加密观测，实时掌握坡体变形动态，并根据新的监测结果，及时做出新的预测和预警。

11.3　边坡失稳破坏灾害动态预测预报的研究思路

为了确保矿山的正常开采和采剥作业的人身及设备安全，矿山安全管理人员需掌握未来一段时间内边坡安全性状态，因此，结合前面几个章节的内容，提出了边坡失稳破坏灾害预测预报的研究思路，将边坡变形趋势预测、稳定性预报、失稳时间预测与边坡预报预警判据相结合进行预测预报研究，研究思路图如图 11-1 所示。

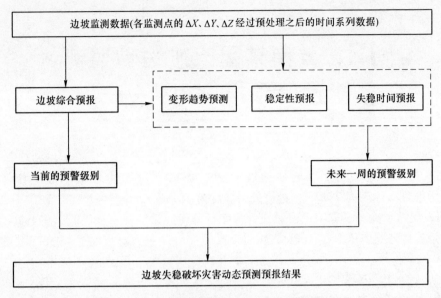

图 11-1　边坡失稳破坏灾害动态预测预报研究思路

参 考 文 献

[1] 胡高社，门玉明，刘玉海，等．新滩滑坡预报判据研究［J］．中国地质灾害与防治学报，1996
(S1)：67-72.

[2] 吴树仁，金逸民，石菊松，等．滑坡预警判据初步研究——以三峡库区为例［J］．吉林大学学
报（地球科学版），2004，34（4）：596-600.

[3] 李秀珍，许强，黄润秋，等．滑坡预报判据研究［J］．中国地质灾害与防治学报，2003，14（4）：
5-11.

12 云南某露天矿边坡监测预警预报应用实例

扫描二维码
查看本章彩图

云南某露天矿边坡为层状岩质边坡，2012年12月，该边坡采场最低开采标高至1940m，边坡最高标高为2222m，边坡最大高度为282m，边坡角42°~46°，矿山在生产过程中根据发展需求变更了原有的开采设计方案，即将原设计开采至最低标高1910m变更为1840m，该边坡还将向下开挖100m，届时该高边坡总体垂直高度将达到382m。在开采期间边坡2070m平台以下不断出现片落、塌方等现象，其中于2011年下半年和2012年初共出现两次规模较大的局部坍塌。2070m平台西段自西向东陆续出现裂纹，裂隙随时间推移不断发育。在今后的开采过程中，随着开采深度的加大，该边坡高度将逐渐增大，开采带来的破坏性作用将可能会改变该边坡的稳定状态，使该边坡发生变形，甚至导致边坡的整体失稳或局部失稳。如果该边坡发生失稳破坏灾害，将严重影响矿山的正常开采和采剥作业以及人身及设备安全，同时也将影响该边坡周围的村庄、农田、铁路、公路等的安全。该边坡的稳定性状态和危害性共同决定了该边坡必须实施安全监测和预警预报。

12.1 云南某露天矿边坡概述

12.1.1 矿区自然地理条件

12.1.1.1 地理位置

该露天矿边坡位于昆明市西山区海口镇，北至昆明市区42km，南经昆阳至玉溪50km，西至安宁市、昆钢24km，位置概图如图12-1所示。

12.1.1.2 地形地貌

该露天矿边坡地貌特征为高山地形，南缓北陡，山麓地形与岩层倾斜方向大体一致，随之起伏。该露天矿边坡上部已布置开挖形成了5个台阶，分别为2190平台、2160平台、2130平台、2100平台和2070平台，台阶高度为30m，2190平台台阶宽度4m，2070平台台阶宽度4~14m，其余平台宽度为8m，2070平台以下以一面坡的形式开采，边坡角在42°~46°之间。目前采场最低开采标高为1940m，削坡后边坡最高标高为2222m，边坡最大高差为282m。

12.1.1.3 气象水文

（1）气象特征。该露天矿边坡属亚热带半湿润季风气候，年平均气温14.9℃，极端最高气温31.5℃，极端最低气温-7.8℃。年平均降水量约为1000.5mm，月最大降雨量208.3mm，日最大降雨量153.3mm，降雨主要集中在5~9月。年日照2327.5h，年蒸发量1856.4mm。最大风速40m/s，多西南风。相对湿度76%。

年平均降雨量886.99mm，蒸发量1903.8mm。最高气温33.3℃，最低气温-4.5℃，

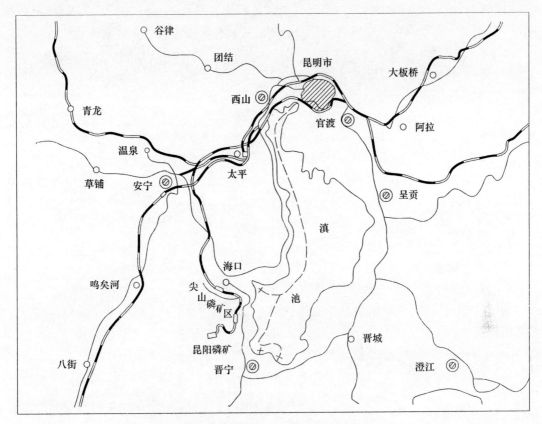

图 12-1　某露天矿边坡地理位置示意图

主导风向南西，最大风速 9m/s。年平均湿度 72%，12 月至次年 2 月有霜冻，年平均霜冻期 64~75d。

（2）水文特征。地表水系有 20 余条常年河流汇入滇池，滇池出口河流为海口河，出口流量由海口中滩街阀门控制。海口河自东向西流经矿区北缘，常年流量 5~10m²/s，最高水位 1886.86m，最低水位标高 1883.15m。该露天矿边坡为单面山坡，目前开采的水位标高为 1982m，远远高于地下水位和地表水系水位，因此采场充水主要来自大气降雨。

12.1.2　地质环境条件

12.1.2.1　地层岩性特征

矿区由北向南依次出露为泥盆系中上统、寒武系下统、震旦系上统灯影组。第四系分布于矿区边缘。下面由新到老结构依次如下。

A　泥盆系（D）

零星出露与矿区 30、14、6、11 线北部及东部马房村—山神庙一线矿区边部。

上统宰格组（D_3z）厚度 77m，上部为灰、深灰色厚层状中、粗晶白云岩。中部夹少量厚层状灰白色泥质白云岩，风化后呈褐红色。下部为深灰色厚层状白云质灰岩夹薄~中层状泥灰岩、浅紫色泥灰岩。

中统海口组（D_2h）厚 11.72m，共分为 4 段，由新至老依次是：

第四段：灰、浅黄色薄层状白云质粉砂岩夹深灰色泥岩。泥岩具球状风化，球径一般小于 10cm，厚 9.95m。

第三段：灰褐色中~厚层状细粒石英砂岩。下部呈浅紫红色，为铁染所致，岩石断口上见铁质斑点，局部具平行层理，厚 9.77m。

第二段：黄褐、深灰色粉砂质页岩，夹黄色薄层状细粒石英砂岩。砂岩呈透镜状产出，平行层理发育，厚 1.97m。

第一段：灰褐色厚层状细粒石英砂岩，底部 5~15cm 为含砾石英砂岩，砾石成分为深灰色泥质岩，砾径一般小于 5mm，次滚圆状。具交错层理、斜层理。底部凹凸不平，具冲刷面，可见波痕，厚 4.03m。

本组中主要岩石为中~细粒铁质石英砂岩，粒径在 0.1~0.3mm，均匀分布。

B　寒武系下统（$\in^1$）

寒武系下统在矿区内出露有筇竹寺组和梅树村组，梅树村组为磷矿主要赋存层位。

a　梅树村组（$\in_1m^3$）共分为三段

第三段（$\in_1m^3$）为磷矿层上覆地层，厚度为 55.1~117.77m。分布于背斜两翼。又分为两层：第二层（$\in_1m^{3-2}$）为白云质泥岩夹白云质砂岩、炭质泥岩、粉砂质泥岩；第一层（$\in_1m^{3-1}$）属于稳定岩组，为可靠的标志层，由白云质、粉砂泥质、海绿岩、燧石、锰质、磷质组合，为矿层直接顶板。岩性为灰色中厚层状粉砂泥质白云岩、粉晶白云岩、粉晶藻白云岩。风化后为白云质粉砂岩、粉砂质泥岩，十分松软。本段岩层为露天磷矿的主要剥离体。

第二段（$\in_1m^2$）为磷矿赋存层位，厚度为 21.65m，按层位结构分为三层：第三层（$\in_1m^{2-3}$）为上层矿，厚度 19.21m，一般在 11.91~14.47m 之间。由白云质粒状磷块岩、粒状磷块岩、生物水屑磷块岩组成。第二层（$\in_1m^{2-2}$）为水云母黏土层，厚度 0.58m，是上下层矿之间的夹层，为十分稳定的主要标志层。第一层（$\in_1m^{2-1}$）为下层矿，厚度 8.86m，一般在 8.34~10.37m 之间，最大厚度为 16.65m，由致密状磷块岩、条带状磷块岩组成。

第一段（$\in_1m^1$）为下层矿直接底板岩层，岩性为层纹状含磷细晶白云岩夹燧石条带，厚度均匀，层厚 46.75m，其下与震旦系上统灯影组呈整合接触。

b　筇竹寺组（$\in_1q$）

筇竹寺组（$\in_1q$）厚 50.36m，北翼之上直接被海口组砂岩覆盖。上部主要为黄绿色钙质页岩夹数层黄褐色薄~中层状白云质粉砂岩。下部主要为深灰色炭泥质页岩，夹少量薄层状白云质粉砂岩。底部偶夹约 10cm 泥质磷块岩。与梅树村组八道湾段分界为铁质泥岩。富含三叶虫、古介形虫等。

C　震旦系上统

震旦系上统（zb）是构成香条村背斜的核部地层，出露面积约占全区范围的 2/5，本区出露有上统灯影组及陡山陀组。

灯影组（zbdn）为灰、灰白色中厚层状细粉晶白云岩，夹硅质白云岩或藻白云岩，厚度大于 460m。含燧石条带、团块。中部夹紫、黄绿色粉砂页岩，但多被掩盖，产微古植物。

陡山陀组（zbd）主要为灰紫色石英砂岩夹杂白色白云岩、泥质岩等，厚度 151 ~ 250m，仅在中谊村火车站北西侧小面积出露。

12.1.2.2　地质构造

矿区位于香条村背斜北翼东段，地层倾斜北，呈单斜形态，构造较为简单，没有落差大于 30m 的断层。东部地层走向近东西，倾角较陡至直立；由 10 线向西转为 300°走向，且倾角逐渐变缓。

在矿区中段的南部发育有两条与香条村背斜轴线平行的逆断层，将深部地层向上推移，并使矿层重复，向西由于受力较东部弱，除背斜逐步展开外，逆断层也在 12 线附近消失。相应的出现一些小型的轴向沿走向和倾向的宽缓褶皱组，和垂直层面的具张性特征的裂缝、小型正断层。11 线以东则受强烈挤压影响，在 $\in_1 q$、$\in_1 m^3$ 等柔性岩层中产生一些无规律的紧密褶皱。

（1）褶皱。矿区常见褶皱一般为两种类型：一是矿区西部沿倾斜方向及走向的宽缓褶皱；二是矿区东部强烈挤压产生的牵引褶皱。

（2）断裂。区内断裂构造不太发育，仅有一走向逆断层组（F_1）及一走向正断层组（F_2）。主要表现为矿层（或地层）的重复或缺失。但因断距不大且有较多工程控制，其形态、规模均已查清。逆断层组（F_{1-1}、F_{1-2}）对该露天矿边坡东采区的北部矿体有一定的影响。

1）F_{1-1}逆断层。该露天矿边坡东采区开采地段的断裂带，F_{1-1}逆断层为矿区的主要断裂，地表出露于 12 线 ~ 6 线与 4 线之间，在 2 线 ~ 3 线之间消失，总体走向近东西，倾向 330° ~ 20°，长 1420m，断层面倾角东陡西缓，6 线以西约 30°，4 线以东 37° ~ 43°，北盘上升，将深部矿层推向浅部，造成矿层重复，重复断距小于 17m。

2）F_{1-2}逆断层。F_{1-2}逆断层为大致平行于 F_{1-1} 的逆断层，出露于 4 线以西至 3 线以东。走向东西，倾向 340° ~ 360°，倾角 49° ~ 60°，长 1020m，北盘上升，矿层重复，垂直断距近 30m。

12.1.2.3　岩体工程地质特征

该露天矿边坡为一陡倾顺层岩质边坡，且矿区处于东西走向构造带香条村背斜的北翼东段，呈单斜形式。矿体的上覆岩层由上部褐黄、紫灰色粉砂质泥岩夹杂薄层状粉砂岩、黑色泥岩与下部灰黑色中厚层粉砂质泥岩（俗称黑页岩）构成，且黑页岩是矿体的直接顶板，上述岩层开采过程中均为主要的剥离体。矿体平均厚度 21.65m。

该露天矿边坡主要由三层构成。自上而下分别为上层矿，由白云质粒状磷块岩、粒状磷块岩、生物水屑磷块岩组成，厚度一般在 11.91 ~ 14.47m 之间；中间为水云母黏土层，厚度 0.58m，是上下层矿之间的夹层；下部为下层矿，厚度 8.86m，一般在 8.34 ~ 10.37m 之间，最大厚度为 16.65m，由致密状磷块岩、条带状磷块岩组成。矿直接底板岩层，岩性为层纹状含磷细晶白云岩、含磷砂质白云岩夹砾状白云岩、燧石条带，厚度均匀，层厚 46.75m，其下与震旦系上统灯影组呈整合接触。

根据对该露天矿边坡钻探资料和现场实际地质调查研究，该露天矿边坡的地质构造分布情况如图 12-2 ~ 图 12-6 所示。

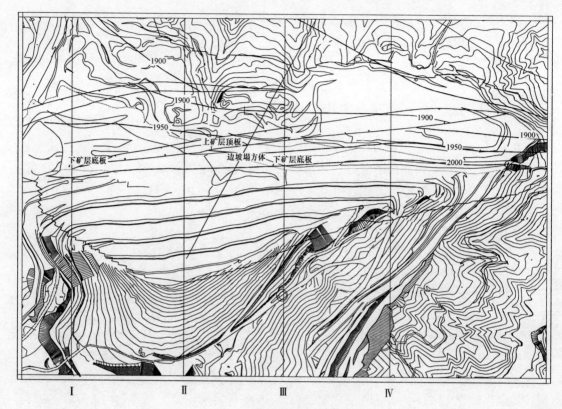

图 12-2   云南某露天矿边坡平面图

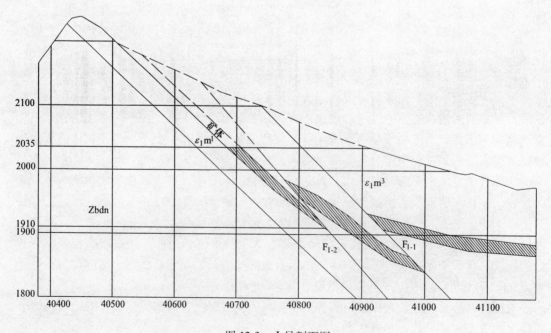

图 12-3   I 号剖面图

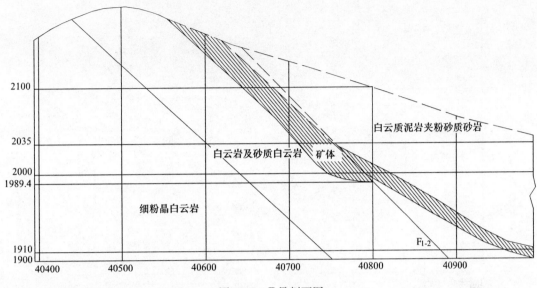

图 12-4 Ⅱ号剖面图

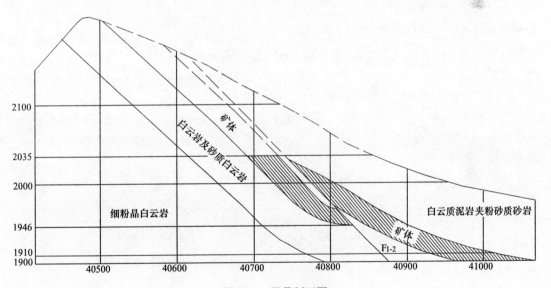

图 12-5 Ⅲ号剖面图

12.1.2.4 岩体结构类型

根据岩体工程地质条件和形成采场边坡的实际状况，边坡岩体结构可分为两个类型。

（1）层状结构。层状结构的岩体具有清楚的层面，力学性质和变形特征在平行和垂直层面方向有很大的差异性，层面呈平行分布，延伸性好，受击易沿层面方向破坏，层间结合力差，故岩体的变形破坏一般受层面或层间错动面控制。

层状结构的边坡岩体除了水云母黏土岩层，其余岩层都属于层状结构。梅树村组第三段岩性主要为粉砂质、白云质泥岩，夹有少量白云质粉砂岩、页岩。该层为薄层，由于含泥质、粉砂质物质，因此岩体抗风化能力差，层面黏结性差。梅树村第二段岩性主要为磷

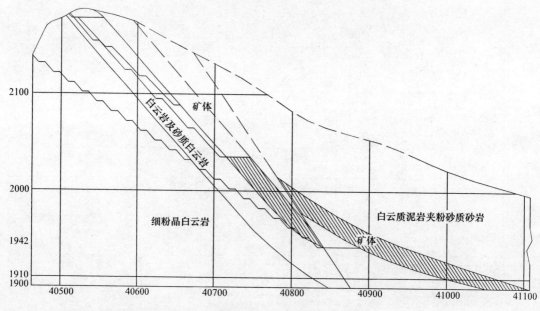

图 12-6　Ⅳ号剖面图

块岩，局部为含磷白云岩。由于磷块岩易风化，风化后呈砂糕状，岩石强度大大降低；白云岩也可见到风化、溶滤呈土状或为黏土状。梅树村组第一段岩性为白云岩、砂质白云岩，薄层。该层层间黏结力大，岩石强度高，但由于该层夹有白云质磷块岩，局部风化呈砂土状，因此该层的夹层为重要研究对象。

（2）散体结构。由于强烈的风化作用或地质构造力的作用，使原岩遭受严重破坏，致使散体结构岩体的完整性已经完全丧失，岩石呈形状不规则的小块体混杂在大量松散的土状物中，或直接由松散砂土构成。具有散体结构类型的边坡岩体有第四系残、坡、洪积物堆积松散层，水云母黏土夹层。散体结构的岩体，由于原岩结构基本破坏，多为松散土状颗粒，力学强度很低，其构成的边坡稳定性很差，容易形成弧形破坏，冲沟破坏和台阶局部坍塌。

12.1.2.5　水文地质特征

A　矿区水文地质条件

该露天矿边坡区处于滇池西侧低中山地带，地形高差大，水位埋藏较深。矿区为一山脉，走向近东西、边坡北面为临空面，最高处标高 2225.75m。山坡有南北向雨裂、冲沟切割，最低侵蚀基准面标高为 1883.15m（海口河大烟囱水文站河床）。高差为 349.6m，利于自然排水。海口河为区内主要地表水系，由东向西流经矿区北缘，流量由海口中滩街阀门控制。

B　底板岩层的富水性

（1）寒武系下统梅树村组第一段（$\in_1 m^1$）　寒武系下统梅树村组第一段（$\in_1 m^1$）是下矿层底板，为含磷砂质白云岩弱水组，呈条带状分布于分水岭地带。地表裂隙率 0.53%~3.34%，裂隙多被铁泥质、钙泥质、褐铁矿脉充填。该底板岩层中岩溶、裂隙发育较弱，富水性较弱，最高水位标高 1907.26m，为上含水层。

（2）震旦系上统灯影组（zbdn）　震旦系上统灯影组（zbdn）为下含水层，为白云岩。岩层中岩溶、裂隙发育，地下水动态稳定，最高水位标高 1906.78m。

两含水层之间互有水力联系，但地下水水位最高均在 1910m 以下，因此该露天矿边坡近期的开采不受地下充水的影响。

C　夹层（$\in_1 m^{2\text{-}2}$）的富水性

夹层（$\in_1 m^{2\text{-}2}$）是上下矿层之间分界的标志层，为薄层状水云母黏土岩，软弱夹层，未见水文地质异常现象。

D　断层带的富水性

采区内有 F_1、F_2 两组断层：

（1）F_1 逆断层　F_1 逆断层组包括 $F_{1\text{-}1}$、$F_{1\text{-}2}$ 断层带，其破碎带宽度 0.13~9.86m，断距小于 30m。两断层主要切割梅树村组地层，多在 2000m 标高以上的矿层遇断层，裂隙与溶蚀均较发育，钻孔中常漏水，在钻孔揭露断层时，其他特征不明显，破碎带局部被泥质、钙质及白云质胶结或半胶结。

（2）F_2 正断层　F_2 正断层组包括 5 条小断层，零星分布，长度及延伸较小，断距 8~17m，破碎带宽度 0.81~4.2m，主要切割梅树村组及灯影组地层，钻孔揭露断层带的水文地质情况基本与 F_1 逆断层相同，只是破碎带的胶结程度较 F_1 差，胶结物为泥质。

以上断层的富水性基本与上下盘地层富水性一致，对矿区水文地质条件无明显影响。

12.1.2.6　人类工程经济活动

该露天矿边坡的人工活动主要是坡脚开挖、爆破震动等。

（1）坡脚开挖。该露天矿边坡下部及坡脚开采形成的高边坡改变了斜坡的地形地貌和自然平衡。坡脚开挖是诱发地质灾害的重要因素。

（2）爆破震动。长期以来，该露天矿边坡的开采过程中的爆破活动对自然环境影响较大，是导致该露天矿边坡变形的主要因素。

随着开挖深度的不断增大，开采活动对该露天矿边坡的稳定性影响将越来越大，必须引起高度重视。

12.1.3　云南某露天矿边坡开采设计及边坡的几何现状

云南某露天矿边坡历史上属于集体经济开采，过去由于开采规模不大，岩体结构及岩体性质相对较好，加之当时磷矿石价值不高，在东部采区形成"一面坡"开采现状。2003年通过资源整合，之后该露天矿边坡进行规模化开采，至 2007 年 5 月，采场最低开采标高至 2035m，边坡最高标高为 2226m，边坡最大高度达 191m，边坡角 42°~46°，在重力、卸荷及风化等作用下，边坡坡顶出现一条近东西向的弧形裂缝，裂缝长度约 200m，裂缝宽度 15~500mm，边坡下部局部地段出现鼓出现象，对 2035m 标高以下采场的正常开采和生产构成严重的安全威胁。根据当时该露天矿边坡深部开采设计，计划最终开采标高至 1910m，在当时的开采条件下，边坡还将延伸 125m，总体边坡高度将达到 300 多米。为了完善开采设计，为当时边坡治理提供依据，经过对该边坡的稳定性及处置措施进行研究分析后，该边坡进行了"上部进行削坡卸载"治理。

矿山在生产过程中根据发展需求变更了原有的开采设计方案，即原设计开采的最低标高

1910m 变更 1840m。2012 年 12 月，采场最低开采标高为 1940m，削坡后边坡最高标高为 2222m，边坡最大高差为 282m，边坡全貌如图 12-7 所示，该边坡还将向下开挖 100m，届时该高边坡总体垂直高度将达到 382m。

图 12-7　2012 年云南某露天矿边坡采场全貌

12.1.4　云南某露天矿边坡变形破坏及局部失稳情况简介

2012 年 1 月 2 日该边坡发生了较为严重的局部失稳破坏，导致 1 号勘探线附近的 2070 平台完全破坏，对下部矿体的回采也造成了极大的影响。如图 12-8 所示。同时，在该边坡体上出现了多条裂缝。

图 12-8　东采区 1 号勘探线处的边坡局部失稳破坏情况

经调查东采区高边坡在现有开采技术条件下已发育裂缝 12 条，边坡岩体发生变形破坏与滑动约计 9 处。高边坡地裂缝发育和滑坡统计如图 12-9 所示。

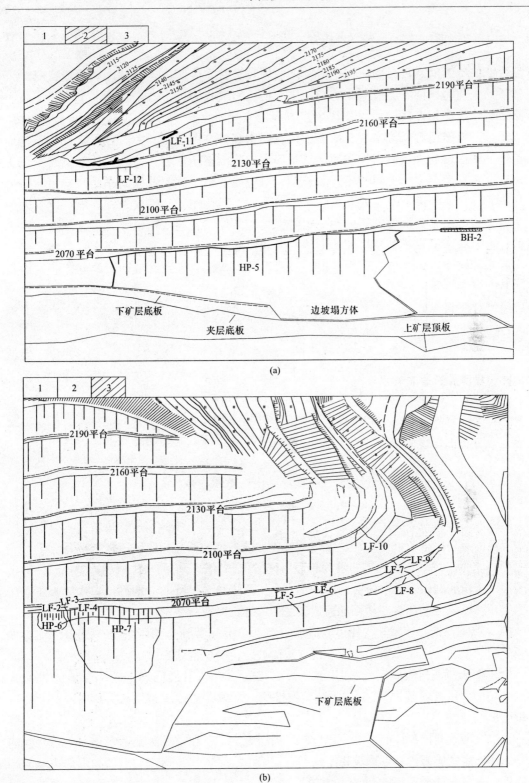

(a)

(b)

图 12-9　某露天矿边坡滑坡与地裂缝调查统计

（a）某露天矿边坡裂缝与滑坡统计；（b）某露天矿边坡裂缝与滑坡统计

12.1.5　云南某露天矿边坡稳定性因素分析

边坡地质体依其自身的属性，对开挖活动具有自适应能力，当其能够通过自身调节达到新的平衡时，便不会发生灾害；否则，便以滑坡灾害的形式寻求新的平衡。一般引起露天矿边坡失稳破坏的原因往往由多方面因素构成。影响边坡稳定性的因素有很多，也很复杂，但概括起来说主要有两类：内在因素和外在因素。其中内在因素主要是指地形条件、地层岩性、岩体结构和地质结构等。这些因素是滑坡灾害发生的基础，变化十分缓慢，它们决定边坡变形的模式和规模，对边坡的稳定性起着控制作用，是边坡变形的先决条件。而外部因素主要是指水文地质条件、风化作用、气候条件、地震以及人为因素等。这些因素为滑坡灾害的发生提供了突变条件，它们变化很快，通过改变内在因素的稳定性状态诱发或触动边坡变形的发生和发展。总的说来，边坡变形是内在因素和外在因素共同作用的结果，其中任何一个因素的改变都会导致其他因素的变化，进而引起边坡变形的发生。

通过对该露天矿边坡工程地质环境分析，认为影响该露天矿边坡稳定性的主要因素有：

（1）软弱夹层。岩性是影响该露天矿边坡变形失稳的主要因素之一。岩性决定了边坡岩土体的抗剪强度、抗压强度、抗风化的能力等特性，这些特性与边坡的稳定性之间的关系非常密切。不同类型的岩土体具有不同的内部结构，岩土体的物理力学性质除了取决于组成岩土体的物质成分外，还与岩土体的联结作用及颗粒大小密切相关。该露天矿边坡受 $\in_1 m^1$ 中的软弱层控制，在软弱层中有白云质磷块岩，该软弱夹层在水淋滤的作用下，岩石的物理力学性质大大降低，软弱层上部岩体在自重的作用下发生破坏，软弱结构层（面）的存在，是该露天矿边坡发生变形的内在地质因素。

（2）边坡体的形态。边坡体的形态指边坡的长度、高度、边坡角及边坡体的临空条件等。边坡体的形态对其稳定性有着直接的影响。该露天矿边坡的高度和边坡角度是影响边坡稳定性的重要因素。该露天矿边坡体随着边坡的高度的增高，边坡体越容易失稳。

（3）水的作用。该露天矿边坡为单面山坡露天，目前开采的水位标高为1982m，远远高于地下水位和地表水系水位，因此采场充水主要来自大气降水。雨季地表水渗水，软化岩土体，降低其力学强度，从而加速边坡变形破坏，对边坡变形影响较大。

（4）坡脚开挖。坡脚开挖使边坡形成临空面，引起沿临空面附近岩（土）内部应力重新分配，造成局部应力集中效应，是导致滑坡产生的诱因之一。

（5）爆破震动。爆破震动效应会对斜坡产生较大的附加应力，破坏岩体原生结构面（节理面、层理面等），使岩体逐渐变得松弛，爆破震动效应积累，更易促进边坡变形体裂缝扩展。

该边坡随着开挖深度的增加，边坡的坡高随之增加，在这些影响因素里，随着时间的推移，边坡高度成为影响该边坡稳定性的主要因素之一。在该边坡的西部和中部边坡的相对高差较大，东部相对高差较小，该边坡变形严重的区域主要是边坡的西部和中部，因此，将边坡的西部和中部列入相对危险区域，也就是滑坡潜在的危险区域，进行重点监测。

12.2 云南某露天矿边坡监测系统设计

12.2.1 云南某露天矿边坡监测的必要性和作用

边坡安全监测是评价边坡稳定性的重要手段之一，露天矿边坡安全监测的作用有以下几方面：

（1）评价边坡的稳定程度，及时对边坡的稳定性和安全度作出评价，保证矿山安全生产和取得较好的经济效益。

（2）为掌握边坡变形规律和特征以及滑坡预测预报研究提供可靠的第一现场监测数据，通过滑坡预测预报研究实现对边坡失稳灾害的及时预警预报，保证作业人员及设备的安全，避免重大事故的发生，将边坡失稳灾害的损失降到最低程度。

（3）在滑坡治理过程中，实时监测反馈可以为信息化施工的动态设计提供可靠的支撑材料，为安全生产提供技术支持。

（4）工程治理结束后，可根据监测数据实时动态分析边坡体的变形情况，这是评判工程治理效果好坏的一项重要而又可靠的评价分析方法。

12.2.2 云南某露天矿边坡监测方案的设计

12.2.2.1 监测方案设计的原则

监测方法和技术的选取以及监测点的布置直接关系到边坡监测工作的成败。根据边坡监测工作的经验，归纳以下 5 条监测系统优先的原则。

（1）可靠性原则。监测系统设计中最重要的原则是可靠性原则。必须选用可靠的监测仪器，保护好监测点。

（2）多层次监测原则。边坡监测系统设计中主要考虑以下几点多层次监测原则：

1）以边坡表面位移监测为主，兼顾其他监测内容；

2）以仪器监测为主，并辅以人工巡视检查。

（3）重点监测关键区的原则。不同的工程地质条件和水文地质条件稳定的标准是不同的。稳定性差的位置应重点进行监测。

（4）方便实用原则。为减少监测与开采生产之间的干扰，监测系统的安装和测量应尽量做到方便实用。

（5）经济合理原则。监测系统设计时考虑监测成本，选用实用的监测仪器。

12.2.2.2 监测技术的确定

本书结合该露天矿边坡的实际情况，对该边坡监测采用表面变形监测为主，裂缝观测以及巡视检查相结合的监测方案。

根据各种监测方法的适用性评价，GNSS 技术和测量机器人技术均适用于该露天矿边坡的表面位移监测。下面对 GNSS 技术与测量机器人技术进行比较分析，结果见表 12-1。两种监测技术成本比较见表 12-2。从监测技术以及监测成本分析，考虑到经济效益和监测效果等因素结合该边坡的实际情况，最终确定采用 TM30+GeoMos 软件构成自动监测系统，对该边坡进行实时安全监测，并采用定期人工方式监测该边坡的地面裂缝。

表 12-1　两种实时监测技术的比较

监测技术	主要优点	通视情况	主要设备
GNSS 技术	自动化程度高，无需通视，精度为 5mm±1×10⁻⁶	无需通视	GNSS 接收机，通信设备，控制中心、控制计算软件、电脑等
测量机器人技术	自动化程度高，精度高、维护方便、监测点增加灵活	要求通视	全自动全站仪、棱镜、控制软件、通信设备、电脑等

表 12-2　两种方案监测仪器的费用估算（按 40 个监测点进行预算）

监测技术	总价/万元	备　注
GNSS 技术	约 100	国内在边坡监测中有很多成功案例
测量机器人技术	约 50	国内在边坡监测中有很多成功的案例，精度高

注：全自动全站仪建议采用 Leica TS30/TM30 全站仪。

12.2.3　监测点的布设

依据边坡监测点布设的原则，根据边坡的实际情况，确定边坡的主要监测范围，在地表裂缝边界之内的边坡为主要监测对象；边坡西部的风化带为次要监测对象。为了满足边坡变形监测的需要、降低监测成本，该露天矿边坡监测点的布设采用等间距布置方法。该露天矿边坡变形较为严重的区域为边坡体的中部和西部，建议重点监测。监测点布置如图 12-10 所示，共布设 8 条剖面监测线，分别为 1、2、3、5、6、7、8、9，共设置变形监测点 40 个，如图 12-10 所示。

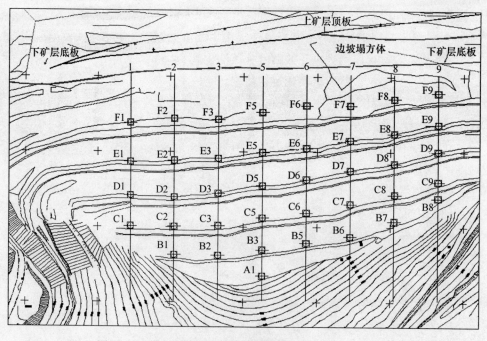

图 12-10　表面变形监测点布设平面图（比例尺 1∶5000）

12.2.4 监测站的选址

边坡监测站的设计一般应遵循的原则为：监测站的控制点要设在边坡变形范围以外，且埋设要牢固。

根据监测站设计的原则，需考虑爆破震动对监测站的影响。下面计算爆破震动对设备、建筑物以及人员的安全允许距离。

12.2.4.1 爆破飞石距离计算及安全允许距离

A 爆破震动安全允许距离

采场生活设施建筑分级为Ⅲ级，允许振速为3cm/s，依据萨道夫斯基公式，参照国内许多矿山的实际经验，依据爆源到接收点的距离不同，其允许单响药量的值如表12-3所示。

表 12-3 爆源到接收点的距离不同允许单响药量值

R/m	30	50	80	100	150	200
Q/kg	12	55	230	450	1500	3500

或按式（12-1）计算爆破震动安全允许距离：

$$R_s = Q^{\frac{1}{3}\alpha}\sqrt{K/V} \qquad (12\text{-}1)$$

式中 Q——炸药量，齐发爆破为总药量，延时爆破为最大一段药量，kg；

R_s——爆破震动安全允许距离，m；

V——保护对象所在地质点振动安全允许速度，cm/s；

K,α——爆破点至计算保护对象间的地质地形有关的系数和衰减指数。

该露天矿边坡岩性属于中硬岩石，采用逐孔爆破，单孔炸药量为 $50 \sim 80\mathrm{kg}$，可按表12-4选取为 $k=250$，$\alpha=1.8$，$Q=80\mathrm{kg}$，采场生活设施建筑分级为Ⅲ级，允许振速为3cm/s，根据式（12-1）计算得爆破震动对设备及建筑物安全允许距离为50.4m。

表 12-4 不同岩性的 K、α 值

岩 性	K	α
坚硬岩石	50~150	1.3~1.5
中硬岩石	150~250	1.5~1.8
软岩石	250~350	1.8~2.0

B 爆破飞石安全距离计算

考虑到气象、地形、爆破参数等因素，依据最小抵抗线原理，依据不同的抵抗线，R 的取值见表12-5。

表 12-5 中深孔爆破不同的抵抗线所允许的爆破飞石对人员的安全距离

W/m	2.5	3.0	3.5	4.0	4.5
R/m	54	65	75	86	97

或按式（12-2）计算：

$$R_f = 20K_f n^2 W \tag{12-2}$$

式中　R_f——爆破飞石对人员的安全距离，m；

　　　n——爆破作用指数，取值 0.85；

　　　W——最小抵抗线，m；

　　　K_f——安全系数，参照国内同类矿山中深孔爆破取值为 1.5。

根据该露天矿边坡的实际情况，选取三组不同数值用式（12-2）计算，计算结果见表 12-6。爆破飞石对不同的抵抗线所允许的爆破飞石对人员的安全距离见表 12-6，选取离爆破点的距离不小于 98m 的地方建立监测站，可以保证监测设备的安全。

表 12-6　爆破飞石对不同的抵抗线所允许的爆破飞石对人员的安全距离

取值方法	n	K_f	W/m	R_f/m
方法一	0.85	1.5	3.5	76
方法二	0.85	1.5	4	87
方法三	0.85	1.5	4.5	98

12.2.4.2　监测站位置的选定

根据表 12-6 的计算数据，监测站应设置在爆破飞石对设备及建筑物允许的安全距离范围外。根据边坡周围的地形地貌，只能把监测站设在该高陡边坡对面，并定期对监测站的观测点进行校核。监测站设置如图 12-11 所示。图中监测站离采场爆破自由面最近平直距离为 380m，属于爆破对设备及构筑物的安全范围。

图 12-11　监测站布置示意图

12.2.5　监测设备及配件的选型

为保证工程埋设的观测仪器、设备能够稳定可靠运行，使其真正起到工程的耳目作用，所选仪器设备不仅要有多个类似工程成功运行的实践经验，而且必须是公认的成熟、可靠的品牌产品。

12.2.5.1　测量机器人的选择

测量机器人（自动全站仪）的生产厂家有 Trimble（美国天宝）、Leica（瑞士徕卡）、Topcon（日本拓普康）等。

建议选取 Leica 公司的高精度测量机器人（全站仪），是因为 Leica 作为全球最著名的专业测量设备公司，其各类测量仪器均有世界最高水平的质量、精度、稳定性、系统兼容性、软件通用性和数据格式统一性，可极大减低二次开发工作量和开发成本。

各徕卡高精度测量机器人（全站仪）的比较见表 12-7，根据比较，建议选用徕卡 TM30 作为本次边坡表面变形监测的主要仪器。

徕卡 TM30 高精度、高速度，全自动化设计，确保全天候无间断工作，即使是被监测物发生最细微的结构变化，也能被及时发现。

TM30 综合了长距离的自动精确照准、小视场、数字影像采集等先进技术，使得 TM30 全站仪监测半径大大增加，可满足各种监测技术要求。

TM30 所具备的坚实、可靠、低维护成本和低能耗的特点，使其完全胜任全年 365 天、每天 24h 不间断自动化监测，且确保采集数据的高质量和高可靠性，即使在无人值守的恶劣环境，也无所畏惧。

表 12-7　徕卡高精度测量机器人（全站仪）比较

比较内容	TCA2003/TCA1800	TS30 超高精度全站仪	TM30 精密监测机器人
测角精度	1s/0.5s	0.5s	1s/0.5s
角度测量方法	绝对编码，连续、对径测量	绝对编码，连续、四重角度探测，比对径测量精度提高 30%	绝对编码，连续、四重角度探测，比对径测量精度提高 30%
测距精度	1mm+10^{-6}D	0.6mm+10^{-6}D	0.6mm+10^{-6}D
无棱镜测距	没有此功能	测程 1000m、精度 2mm+10^{-6}D、测量时间 3s	测程 1000m、精度 2mm+10^{-6}D、测量时间 3s
ATR 作业距离	最大 1000m，一般天气及环境 700m，恶劣天气及环境仅 100~300m 左右	最大 1000m，一般天气及环境达 700m，恶劣天气及环境仅可测 100~300m 左右	最大可达 3000m，一般天气及环境 2000m 以上，恶劣天气环境仍可测 600~1200m 左右
ATR 精度	基本精度 1mm，1000m 精度 2~3mm	基本精度 1mm，1000m 精度 2mm	基本精度 1mm，1km 精度 2mm，2km 为 4mm
小视场技术	9.6′，100m 分辨棱镜最小距离 0.3m，1000m 分辨距离为 3m	9.6′，100m 分辨棱镜最小距离 0.3m，1000m 分辨距离为 3m	5.3′，100m 分辨棱镜最小距离 0.15m，1000m 分辨距离为 1.5m
马达驱动技术	传统马达驱动、噪声大	压电陶瓷驱动技术，无噪声	压电陶瓷驱动技术，无噪声
马达转动速度	最大速度 45°/s	最大速度 180°/s，加速度可达 360°/s	最大速度 180°/s，加速度可达 360°/s
马达无故障周期	连续转动 4000h	可连续转动 8000h	可连续转动 8000h

比较内容	TCA2003/TCA1800	TS30 超高精度全站仪	TM30 精密监测机器人
旋转 180°定位	用时 5.4s	仅用 2.3s	仅用 2.3s
数字影像功能	无	有，但必须单独购买	有，可摄像并可远程传输
监测软件配置	有	无，尤其全自动远程控制不具备相应控制软件及系统	有，配备徕卡最新的机载监测及控制软件，并具有全自动远程控制测量系统
超级搜索功能	无	300m 范围自动搜索棱镜	目镜范围内自动搜索棱镜
操作界面	黑白屏、英文界面	彩色触摸屏、全中文界面操作、无线蓝牙	彩色触摸屏、全中文界面操作、无线蓝牙
电源功耗	功耗高、镍氢电池，测距 400 次	功耗低、锂电池，可测距 4000 次	功耗低、锂电池，可测距 4000 次

A　徕卡 TM30 精密监测机器人的特点

徕卡 TM30 测量机器人是目前市场上具有最高精度和最大测程的自动全站仪，它通过发射红外光束，并利用自准直原理和 CCD 图形处理功能，无论在白天还是黑夜，都能实现目标的自动识别、照准与跟踪，保证了监测工程能够 24h 连续运行。其特点如下：

（1）测角精度 0.5″，测距精度 0.6mm+1×10^{-6}。0.5″的测角精度满足最高精度的测量要求，凭借徕卡 PinPoint EDM 技术，有棱镜测距精度 0.6mm+1ppm，1000m 的无棱镜测距精度，也可达到 2mm+2×10^{-6}。

（2）自动照准（ATR）范围可达 3000m，比原来 1000m 提高了 2 倍。运用徕卡独创的 ATR 技术，TM30 更适用于远距离、全天候的自动化监测。长距离自动精确照准（目标识别）在搜索和测量棱镜时测程可到达市场无与伦比的 3000m 且精度可达到毫米级，最大限度地提高了监测半径及大大降低了对仪器设站间隔的要求，避开危险站点，确保仪器安全，尤其在大型项目中显著降低了投入和使用成本。

（3）小视场技术。小视场技术有效提高了 ATR 对棱镜的识别分辨力，在测量过程中，当小视场内存在多个棱镜时，仪器可自动缩小目标可视范围，能够快速准确识别到正确的目标棱镜，1000m 棱镜分辨率间隙为 1.5m。

（4）目标可视功能，数字影像采集功能。在测量点时，数字影像采集功能可以拍摄监测点的影像信息并保存及传输，在远程控制的同时，实时了解监测区域的通视情况和潜在风险。

（5）优异的自动跟踪性能，最高驱动速度 180°/s，最大加速度 360°/s。徕卡将压电陶瓷驱动技术与异型抛物镜面传输技术运用于 TM30 全站仪，以市场无与伦比的速度（180°/s）来搜索目标，智能识别系统确保即使在高速旋转状态下，仍能够保证测量达到最佳精度，从而保证高效、可靠。测量数据实时显示并保存，也可同时通过数据电缆，电台，移动电话以及因特网进行数据传输。

（6）低噪声、更长免维护期，更低维护成本，更低能耗。TM30 使用压电陶瓷驱动技术，使仪器不仅转速快而且噪声低，更抗磨损而经久耐用，即使在极端恶劣的环境下，TM30 仍能正常工作。智能配电管理系统以及压电陶瓷驱动技术共同确保仪器在实现高精度的同时，也可达到低更能耗、更长的免维护期、更低维护成本，有效提高生产效率。

（7）全天候工作无间歇。TM30 全站仪满足 24h×7d 每周不间断的监测任务要求：不受野外较大温差和风雨、沙尘天气的影响，更不受白天黑夜的限制—完全适应各种恶劣环境。

（8）TM30 与 GeoMos 结合提供完整监测系统。徕卡 TM30 与徕卡 GeoMos 软件无缝连接成为完整监测系统，可完成任何监测任务。

B TM30 性能参数

TM30 性能参数见表 12-8。

表 12-8 TM30 性能参数

角度测量 1		
精度	0.5″(0.15mgon)，1″(0.3mgon)	
原理	绝对编码，连续，四重角度探测	
距离测量（棱镜）		
测程	圆棱镜（GPR1）	3500m
精度 2/测量时间	精密 3，4	0.6mm+1×10⁻⁶D /一般为 7s
	标准	1mm+1×10⁻⁶D /一般为 2.4s
距离测量（无棱镜）		
测程 5	—	1000m
精度 2，6/测量时间		2mm+2×10⁻⁶D/一般为 3s
驱动		
最大加速度和转速	最大加速度	360°(400gon)/s²
	转速	180°(200gon)/s
	倒镜时间	2.9s
	旋转 180°(200gon) 定位时间	2.3s
原理	压电陶瓷驱动技术	
自动目标识别（ATR）		
有效范围 3	圆棱镜（GPR1）	3000m
精度/测量时间（GPR1）	基本定位精度	±1mm
	3000m 处点位精度	±7mm
200m 处最小棱镜分辨	0.3m	—
原理	数字影像技术	
基本参数		
望远镜放大倍数/调焦范围	30×/1.7m 到无穷远	
键盘以及显示屏	1/4 VGA，彩色触摸屏，双面 / 34 键，带屏幕，键盘照明	
数据存储	256M 内存，256M 或 1G CF 卡	
接口	RS232，无线蓝牙	
操作	3 个无限位微动螺旋，可进行单手或双手操作	
	自定义键可进行快速手动测量	
	激光对中	

$$2mm+2\times10^{-6}D$$

基本参数	
标准功耗	一般 5.9W
安全	密码保护以及键盘锁
工作温度	−20~+50℃（−4℉至 +122℉）
防水防尘标准	防水防尘标准（IEC60529）
湿度	95%，无冷凝

注：1. 标准偏差符合 ISO-17123-3；

　　2. 标准偏差符合 ISO-17123-4；

　　3. 阴天，无雾，能见度达 40km，无热流闪烁；

　　4. 测程达 1000m，配合 GPH1P 棱镜；

　　5. 物体处于阴影中，阴天，柯达灰度板（90%反射率）；

　　6. 距离>500m，4mm+2pp。

12.2.5.2　棱镜的选择

建议选用 Leica GPR1 圆棱镜，其技术指标见表 12-9。

表 12-9　Leica GPR1 圆棱镜技术指标

参数/型号	GPR1 型
有效直径	φ65mm（镀红膜）
综合角精度	<±5″

12.2.5.3　雨量计的选择

建议采用 SRY-1 型容栅式雨量计。下面介绍 RY-1 型容栅式雨量计的特点。

SRY-1 型容栅式雨量计是通过容栅位移传感器检测降雨量的，由于容栅传感器的分辨率是 0.01，所以容栅式雨量计的计量非常精确。采用上下电动阀控制进水和排水，使得容栅式雨量计在记录降水过程中雨量不流失，从而保证了计量过程的准确性。

SRY-1 型容栅式雨量计的数字化电路设计，不但具有计量精度高、操作方便、可靠性好等优点，与传统的雨量计相比较，该雨量计具有多项目前国内唯一的性能特点：

（1）精度最高。分辨率 0.01mm，比传统的翻斗式雨量计的精度高出 10 倍，所以在测量细雨和毛毛雨方面也不含糊。

（2）容许测量的降雨强度范围最大。国家标准是 0.1~4mm/min，而容栅式雨量计的最大降雨强度测量可以高达 9mm/min，大大超过国家标准，不管多大的暴雨都不漏计，从而解决了以往其他遥测雨量计大雨时计量严重失准的弊病。

（3）计量误差最小。无论遇大雨暴雨，容栅式雨量计的误差始终小于±2%，远低于国家标准±4%，完全符合国际气象组织的检测标准，更让遇大雨暴雨计量严重失准（有时误差超过 30%）的翻斗式雨量计望尘莫及。

（4）人工比对最准确。与人工测量比对，非常精确，是迄今为止，国内唯一可作为真实降雨记录和历史依据的测量设备。

（5）安装维护最方便。由于容栅式雨量计内部采用数字电路设计，因此无需像其他普通雨量计那样使用前、和使用一段时间后要派人去现场先进行麻烦的精度校准，实现真正的无人值守。

（6）其他技术参数：

功耗：静态 0.16W，动态 1.8W。

工作电压：DC9~15V。

工作环境温度：0~60℃。

12.2.5.4　主要监测设备

该边坡监测中使用的主要监测设备见表 12-10。

表 12-10　主要监测设备

序号	设备描述	数量
	TM30 全自动全站仪包括：（瑞士徕卡品牌）	1
1	TM30 主机	1
2	PCMCIA 卡	1
3	GEB241 电池	1
4	GDF21 基座	1
5	电池的快速充电器（含充电座）	1
6	GEV220，Y 型数据电源电缆，RS232-全站仪/气象仪-电池	1
7	GEV208，徕卡全站仪 220V 电源适配器	2
8	220V 电源线	2
9	GPR112 监测棱镜	33
10	徕卡数字温度气压仪	1
11	GEV222，连接气象传感器 667726 的电缆，长 3m	1
12	GEV187　Y 型数据线	1

综上所述，从测量设备的质量、精度、稳定性、系统兼容性、软件通用性和数据格式统一性等考虑，最终选用目前市场上具有最高精度和最大测程的自动全站仪——徕卡 TM30 测量机器人作为该边坡表面变形监测的仪器，监测点上设置的棱镜选用 Leica GPR1 圆棱镜，降雨量监测选用 SRY-1 型容栅式雨量计。

该边坡自动监测系统中主要用到的监测设备按功能分为数据采集设备、通信与控制设备及其配件、监测及分析软件。

（1）数据采集设备。徕卡 TM30 测量机器人一台，测量机器人供电设备一套，数据电缆一套，徕卡 GPR112 监测棱镜 33 个，棱镜安装支架 33，棱镜保护罩 33 个，徕卡数字温度气压仪及配套设备一套，强制对中盘 3 个。

（2）通信与控制设备及其配件。GPRS 模块及电源适配器 2 套，移动手机 GPRS 2 套，防雷插排（每个 6 孔以上）2 个，空气开关（断路器）1 个，带路由功能的防火墙 1 套，D-Link 网络交换机（8 口）1 台，山特 UPS 1 套，思科 C210 服务器 1 台，木质气象百叶箱（40cm×40cm×20cm）1 个，不锈钢配电箱（60cm×40cm×20cm）1 个，室外超五类通信线 1 箱，电源线 100m，19 英寸（1in = 2.54cm）显示器 1 台，维护工具及配套设备 1 套。

（3）监测软件。徕卡 GeoMos 监测软件专业版一套。

12.3　云南某露天矿边坡自动监测系统的实施

云南某露天矿边坡自动监测系统主要由观测传感器（TM30 自动全站仪，气象传感器，雨量计）、控制参考点和变形监测点（棱镜）、现场及室内控制系统（监测软件和网络设备）三部分组成。

12.3.1　云南某露天矿边坡监测系统的建立

云南某露天矿边坡整个监测系统是主要由测量机器人、监测棱镜、监测软件、通信设备等组成。测量机器人选用徕卡 TM30 自动全站仪，该设备是目前市场上具有最高精度和最大测程的自动全站仪；监测棱镜选用的是徕卡 GPR112 棱镜；监测软件是徕卡 GeoMos 监测软件专业版。

12.3.1.1　设计、建造监测房

A　设计监测房

根据 12.2.5 节介绍的监测站的选址，为了仪器防护和观测方便，专门设计监测房。根据以下国家规范、规程及标准对监测房的结构和监测房的配电进行了设计。

（1）《建筑结构可靠度设计统一标准》（GB 50068—2001）；

（2）《建筑抗震设防分类标准》（GB 50223—2008）；

（3）《建筑结构荷载规范》（GB 50009—2001）（2006 年版）；

（4）《建筑地基基础设计规范》（GB 50007—2002）；

（5）《混凝土结构设计规范》（GB 50010—2002）；

（6）《建筑抗震设计规范》（GB 50011—2010）；

（7）《砌体结构设计规范》（GB 50003—2001）。

B　建造监测房

根据现场条件和监测房的设计图纸，于 2011 年 10 月开始建立监测房，并于 2012 年 2 月完工。建立好的监测房如图 12-12 所示。以强制对中的方式安置 TM30 测量机器人。

12.3.1.2　监测系统的安装

A　TM30 自动全站仪的安装

在监测房内的观测墩上安装强制对中盘，以强制对中的方式安置 TM30 测量机器人。安装完成后的情况如图 12-13 所示。

B　气象传感器的安装

图 12-12　监测房

将徕卡数字温度气压仪及其配套设备安装于监测房内的木质气象百叶箱中，如图 12-14 所示。以实现对区域气象环境的实时采集，实现对监测数据的实时修正。

图 12-13　TM30 监测站

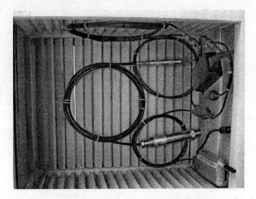

图 12-14　数字气象仪观测站

C　电源设备及通信设备的安装

在监测房内安装不锈钢配电箱，并把电源和通信设备安装于配电箱内。为了解决室内电源断电问题，采用山特 UPS 作为后备电源，当出现断电时可以持续供电 7~8h。连接 TM30 全站仪和气象数据传感器，并最终连接到用来传输数据的 GPRS 模块上，见图 12-15 所示。

D　棱镜的安装

考虑到施工的便利性，监测点布置具体为每个平台下高差 5m，要求同一平台监测点的高程相等（除 2070m 平台下，监测点的高程为 2070m 减去 2m 为 2068m，其余等于平台的高程减去 5m 即可），保证在同一平台坡面上保证高程相等，在同一剖面保证 y 值相等。

根据设计的监测点布置图，完成棱镜的安装，如图12-16 所示。由于边坡体的东下部受通视条件的影响，有部分监测点上的棱镜没有安装，棱镜安装完成后的平面图如图 12-17所示。

图 12-15　供电及通信设备

图 12-16　监测棱镜

E　控制中心仪器及软件的安装

在采矿车间专门利用一间办公室作为监测控制中心。将网络交换机、服务器、显示器安装于控制室，并在服务器上安装 GeoMoS 软件，通过 GeoMoS 软件设定测量机器人的观

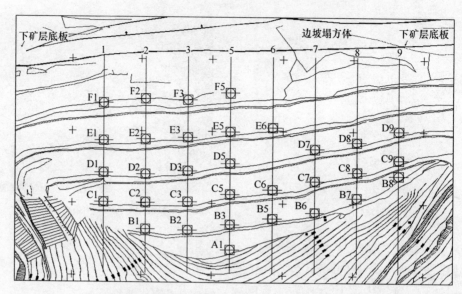

图 12-17　棱镜安装平面示意图（比例尺 1∶5000）

测程序。全站仪和气象传感器采集到的数据通过手机 GPRS 模块传输到指定的服务器中，由 GeoMoS 软件进行接收并进行后期处理。

12.3.2　云南某露天矿边坡监测系统运行模式

云南某露天矿边坡监测系统运行模式如下：该露天矿边坡监测系统由 TM30 测量机器人对位于参考控制点和监测点上的所有棱镜按照设定的周期进行自动观测，实时把变形点的三维坐标通过 GPRS 通信方式传到矿区的控制中心。

12.3.2.1　监测数据的采集

将测量机器人安置在测站上，在各固定监测点处设置永久反射棱镜，获得各固定监测点的初始三维坐标，利用各固定监测点的初始三维坐标对测量机器人进行学习训练，同时，通过 GeoMoS 软件中的监测模块设定监测参数（如测量次数、正倒镜、时间间隔、通信参数、限差，等等）。然后，启动自动测量功能，测量机器人自动按设置的时间间隔和设定的程序进行各固定监测点的三维坐标循环测量。

12.3.2.2　监测数据的传输

监测数据传输采用 GPRS 手机模块进行远程传输，首先全站仪传出的 RS 232 信号都传输到 GPRS 模块中，GPRS 模块将 RS 232 数据信号转换成 TCP/IP 信号并传输到指定的 IP 地址中，在控制室服务器通过连接互联网接收 TCP/IP 数据，利用虚拟串口将 TCP/IP 数据转换成 GeoMos 监测软件可以识别的 RS 232 型号数据，并存储于矿区的控制中心的服务器上。

12.3.2.3　监测数据的分析

矿区控制中心的工作人员通过运用徕卡 GeoMos 软件，可以实时进行数据处理、数据分析、报表输出、图形显示等。

12.3.3 云南某露天矿边坡监测目前监测点的基本情况

边坡在 2013 年 2 月发出橙色预警级别，立即采取治理措施，治理措施是削坡卸载和底部压脚，通过治理，边坡处于稳定阶段，削坡卸载之后，重新对边坡进行监测点安装。2014 年 1 月 13 日安装监测点。之后根据边坡的变形情况以及监测棱镜的损坏等，不定期更换或新增部分监测点。目前监测点的基本情况见表 12-11。

表 12-11 2014 年 1 月 13 日~2020 年 3 月 9 日监测点的基本情况

监测点名	安装的日期	摘除或损坏的日期	目前是否存在	监测点所在的平台
A1	2014 年 1 月 13 日		存在	2180m 平台
A2	2014 年 1 月 13 日		存在	2180m 平台
A3	2014 年 1 月 13 日		存在	2180m 平台
B1	2019 年 1 月 15 日		存在	2160m 平台
B2	2014 年 1 月 13 日	2020 年 1 月 6 日		2160m 平台
B3	2014 年 1 月 13 日		存在	2160m 平台
B4	2014 年 1 月 13 日		存在	2160m 平台
C1	2014 年 1 月 13 日		存在	2130m 平台
C2	2014 年 1 月 13 日		存在	2130m 平台
C3	2018 年 11 月 19 日		存在	2130m 平台
C4	2014 年 1 月 13 日		存在	2130m 平台
C5	2014 年 1 月 13 日		存在	2130m 平台
C6	2018 年 11 月 18 日		存在	2130m 平台
C7	2014 年 1 月 13 日		存在	2130m 平台
C8	2014 年 1 月 13 日		存在	2130m 平台
C9	2014 年 1 月 13 日		存在	2130m 平台
C10	2018 年 11 月 19 日		存在	2130m 平台
C11	2018 年 11 月 19 日		存在	2130m 平台
C12	2018 年 11 月 19 日		存在	2130m 平台
C13	2018 年 11 月 19 日		存在	2130m 平台
C14	2018 年 11 月 19 日		存在	2130m 平台
C15	2018 年 11 月 19 日		存在	2130m 平台
D1	2014 年 1 月 13 日		存在	2000m 平台
D2	2014 年 1 月 13 日		存在	2000m 平台
D5	2014 年 1 月 13 日		存在	2000m 平台
D9	2018 年 11 月 19 日		存在	2000m 平台
D11	2018 年 11 月 19 日	2019 年 4 月 2 日		2000m 平台
D12	2018 年 11 月 19 日		存在	2000m 平台

监测点名	安装的日期	摘除或损坏的日期	目前是否存在	监测点所在的平台
D13	2018 年 11 月 19 日		存在	2000m 平台
D14	2018 年 11 月 19 日		存在	2000m 平台
D15	2018 年 11 月 19 日		存在	2000m 平台
D16	2018 年 11 月 19 日		存在	2000m 平台
D17	2018 年 11 月 19 日		存在	2000m 平台
D18	2018 年 11 月 19 日		存在	2000m 平台
D19	2019 年 1 月 15 日		存在	2000m 平台
D20	2019 年 1 月 15 日		存在	2070m 平台
E1	2014 年 1 月 13 日		存在	2070m 平台
E2	2014 年 1 月 13 日		存在	2070m 平台
E3	2014 年 1 月 13 日		存在	2070m 平台
E4	2014 年 1 月 13 日		存在	2070m 平台
E5	2014 年 1 月 13 日		存在	2070m 平台
E6	2014 年 1 月 13 日		存在	2070m 平台
E7	2014 年 1 月 13 日		存在	2070m 平台
E8	2014 年 1 月 13 日	2019 年 7 月 3 日		2070m 平台
E9	2014 年 1 月 13 日		存在	2070m 平台
E10	2018 年 11 月 19 日		存在	2070m 平台
E11	2018 年 11 月 19 日		存在	2070m 平台
E12	2019 年 3 月 23 日		存在	2070m 平台
E13	2019 年 3 月 23 日		存在	2070m 平台
F1	2014 年 1 月 13 日		存在	2035m 平台
F2	2014 年 1 月 13 日	2019 年 5 月 7 日		2035m 平台
F3	2014 年 1 月 13 日		存在	2035m 平台
F4	2018 年 10 月 16 日	2019 年 2 月 27 日		2035m 平台
F5	2014 年 1 月 13 日		存在	2035m 平台
F6	2018 年 11 月 19 日		存在	2035m 平台
F7	2018 年 11 月 19 日	2019 年 4 月 4 日		2035m 平台
F8	2018 年 11 月 19 日	2019 年 4 月 30 日		2035m 平台
F9	2018 年 11 月 19 日		存在	2035m 平台
F10	2018 年 11 月 19 日		存在	2035m 平台
F11	2018 年 11 月 19 日	2019 年 2 月 6 日		2035m 平台
F12	2018 年 11 月 19 日	2019 年 4 月 14 日		2035m 平台
F13	2018 年 11 月 19 日		存在	2035m 平台

监测点名	安装的日期	摘除或损坏的日期	目前是否存在	监测点所在的平台
F14	2018 年 11 月 19 日		存在	2035m 平台
G1	2018 年 9 月 11 日	2019 年 4 月 14 日		2000m 平台
G2	2018 年 9 月 11 日		存在	2000m 平台
G3	2018 年 9 月 11 日		存在	2000m 平台
G4	2018 年 9 月 11 日		存在	2000m 平台
G5	2018 年 9 月 11 日	2020 年 2 月 25 日	拆除	2000m 平台
G6	2018 年 9 月 11 日	2019 年 12 月 6 日	拆除	2000m 平台
G7	2018 年 9 月 11 日	2019 年 11 月 27 日	拆除	2000m 平台
G8	2018 年 9 月 11 日	2019 年 11 月 16 日	拆除	2000m 平台
G9	2018 年 9 月 11 日	2019 年 11 月 5 日	拆除	2000m 平台
G10	2018 年 9 月 11 日	2019 年 11 月 5 日	拆除	2000m 平台
G11	2018 年 9 月 11 日	2019 年 10 月 30 日	拆除	2000m 平台
G12	2018 年 9 月 11 日	2019 年 9 月 26 日	拆除	2000m 平台
G13	2018 年 9 月 11 日	2019 年 5 月 15 日	拆除	2000m 平台
G14	2018 年 9 月 11 日	2019 年 2 月 25 日	拆除	2000m 平台
G15	2018 年 9 月 11 日	2019 年 1 月 3 日	拆除	2000m 平台
G16	2018 年 9 月 11 日	2018 年 12 月 25 日	拆除	2000m 平台
G17	2018 年 9 月 11 日	2018 年 12 月 25 日	拆除	2000m 平台
G18	2018 年 9 月 11 日	2018 年 9 月 30 日	拆除	2000m 平台
G19	2018 年 9 月 11 日	2018 年 9 月 30 日	拆除	2000m 平台
G20	2018 年 9 月 11 日	2018 年 9 月 29 日	拆除	2000m 平台

12.3.4　云南某露天矿边坡监测系统适用性分析

12.3.4.1　云南某露天矿边坡监测系统

该露天矿边坡采用 TM30+GeoMos 软件构成自动监测系统，对该边坡进行自动监测。

GeoMos 全自动监测软件综合了 GPS 最新 PTK 技术、GPS 参考站技术、现代大型数据库技术、网络通信技术和多种传感器技术等技术，是一套集 GPS、TPS、倾斜传感器、各种气象和地质传感器等多种传感器于一体的现代化综合监测系统，其系统组成如图 12-18 所示。

GeoMos 软件由监测模块（GeoMos Monitor）和分析模块（GeoMos Analyzer）组成。

1）监测模块的功能。对测量、计算、限差检测进行自定义，进行监测数据采集的自动采集并实时传输。

2）分析模块的功能。对所采集到的监测数据以图形或数字的方式显示。

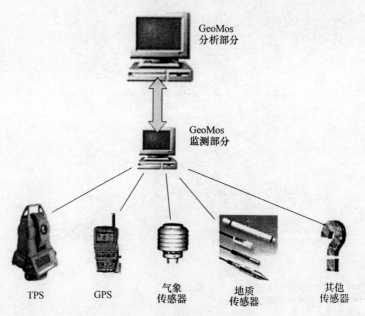

图 12-18 GeoMos 系统组成

GeoMos 软件的特点如下：

1）使用标准数据交换技术保证实时数据传输和数据安全；

2）精确管理复杂的测量流程；

3）测量区域的气象网络建模（气象模型）；

4）强大的 Analyzer Toolbox，提供可视化和数字分析手段；

5）对于历史数据的编辑和后处理。

12.3.4.2　TM30+GeoMos 自动监测系统的优点

根据云南某露天矿边坡工程的实际情况，结合测量机器人自动监测技术，建立了 TM30+GeoMos 边坡变形自动化监测系统，实现了高效、实时、在线、全自动化的露天矿边坡变形监测。

与常规方法相比，该露天矿边坡监测系统具有以下优点：

（1）效率高。该边坡自动化监测系统，能实现自动监测，使得监测工作省时、省力，监测数据准确、及时获取，大幅度降低劳动强度，提高劳动效率。

（2）精度高。能自动搜索、识别和精确照准目标、测量并记录观测数据，消除了人为观测误差。

（3）自动化程度高。该监测系统能顺利实现数据采集、传输、处理、分析、显示、存储过程的自动化，有利于矿山的现代化管理。

（4）维护方便、运行成本低。该监测系统构成相对简单，主要由 TM30 测量机器人、棱镜、计算机、GeoMos 软件、通信、供电设备等组成。

12.3.4.3　TM30+GeoMos 自动监测系统的缺点

云南某露天矿边坡监测系统存在以下缺点。

（1）监测数据的精度受多因素影响。监测数据的精度受气候条件、爆破震动、基准点的稳定性、监测棱镜的质量等因素的影响。例如雨雾天气测量得到的数据精度较低；爆破震动对基准点的稳定性有影响，基准点不稳定的情况下，监测得到的数据不可靠等。

（2）受通视条件和测程限制。只能在3km测程内对满足通视条件的监测点进行测量。目前该露天矿边坡只能在距离边坡3km内，爆破震动影响较小的地方建立监测站，对2060m高程以上的监测点进行监测。

（3）变形分析方法不够全面。在GeoMos软件中，变形分析方法采用时间系列曲线分析法和二维位移矢量分析法；只能最多对18个测点绘制时间系列曲线图；采用二维的位移矢量分析法，不能直观、准确分析整个边坡体上各监测点的变形特征。

（4）预警理论不够完善。GeoMos软件采用边坡位移速率的大小作为预报边坡失稳破坏的主要判据。但就某一指定边坡失稳破坏而言，具体确定出位移速率为多大时才算进入滑动阶段和临滑状态仍有很大困难，仅以滑体位移速率或位移量大小来表达边坡运动特征显然是不足的。

12.3.4.4 云南某露天矿边坡监测系统适用性分析

综合TM30+GeoMos边坡监测系统的优缺点，就云南某露天矿边坡而言，该监测系统是适宜的，主要表现在该监测系统实现了高效、实时、在线、全自动化的露天矿边坡监测，是传统监测方法无法比拟的。对其缺点可通过多增设棱镜、勤校正基点、在通视条件好时及时观测、通过研究增加预警预报功能等措施来改进。该监测系统自投入使用以来，系统工作正常，能真实反映边坡的变形情况。

该边坡自建立监测系统以来，出现过2次险情，一次是2013年3月，一次是2018年10月，由于及时发布预警信息，及时采取相关措施，该边坡没有发生过边坡变形失稳灾害事故。

近8年的应用表明，该监测系统为该边坡失稳灾害预测预报提供了可靠的监测数据，为矿山的安全生产及边坡治理赢得了时间。

12.4 云南某露天矿边坡变形监测数据预处理

12.4.1 监测数据来源

本节重点对测量机器人采集到的各个监测点在不同时刻的三维坐标值进行分析研究。下面对监测数据的存储位置以及数据提取进行简单介绍。

12.4.1.1 测数据存储位置

云南某露天矿边坡自动监测系统的所有监测设置、测量数据、计算结果等数据均存储于名为JIANSHAN的数据库中，该数据库由JIANSHAN.mdf和JIANSHAN_Log.ldf两个文件共同组成。该数据库由45个表组成，表名分别是ActionHistory、Actions、AdditionalInfos、Aliases、Cameras、ComBoxConfig、Conditions、Coordinates、CoordinateSystems、CycleHistory、DBInfos、DigitalIO、Events、GenericSensorParams、GenericSensors、GenericSensors、GenericSetups、LimitChecks、LimitClass、Limits、MapImages、MapPoints、MapRefPoints、Messages、MessageType2Action、MessageTypes、MonitoringSystems、NullMeasurements、ObservationType2GenericSensor、ObservationTypes、Pictures、PointGroupItems、PointGroupParams、PointGroups、Points、Profiles、Result2TPSMeasurement、Results、ResultsEx、Settings、TPSMeasurements、TPSSensorParams、TPSSensorParams2、TPSSensors、PSSetups。

　　把监测数据库中的数据分为原始监测数据、模式数据和相关设置的数据。原始监测数据是指数字气象仪按指定频率采集的温度、气压、湿度等数据和测量机器人按指定的频率测量得到的各个监测点的垂直角、水平角、斜距等。原始监测数据通过无线网络设备传输到监测数据库里的 TPSMeasurements 表中，该表的设计见表 12-12。模式数据是指按照极坐标原理以及气象改正公式，在原始监测数据基础上计算出各个监测时刻各个监测点的三维坐标，计算出来的三维坐标值存储于 Results 表中。本书中用到的各监测点的三维坐标数据数据库中的 Results 表中的三维坐标值分别用 Easting、Northing、Height来表示。

表 12-12　**TPSMeasurements** 的设计

列　名	数据类型	是否为空
ID	int	否
TPSSetup_ID	int	否
Point_ID	int	否
Epoch	datetime	否
HzAngle	float	是
VAngle	float	是
SlopeDistance	float	是
StdDevHzAngle	float	是
StdDevVAngle	float	是
StdDevSlopeDistance	float	是
ReflectorHeight	float	是
ReflectorConstant	float	是
Temperature	float	是
Pressure	float	是
Humidity	float	是
WetTemperature	float	是
AtmosPPM	float	是
ReductionFlag	int	是
EditFlag	int	是
Face	smallint	是

续表 12-12

列　名	数据类型	是否为空
CustomInteger1	int	是
Type	smallint	是
CompensatorState	smallint	是
PointGroup_ID	int	是
AnalyzerColumnBitMask	int	是
EDMMode	smallint	是
State	int	是

12.4.1.2　数据获取

本书用到的边坡监测数据是云南某露天矿边坡监测数据库文件 JIANSHAN. mdf 和 JIANSHAN_Log. ldf 通过网络发送给作者的，作者通过 Microsoft SQL Server 2005 软件，实现对监测数据库中各监测点的不同时刻三维坐标值的提取。

具体的步骤如下：

（1）附加数据库。打开"Microsoft SQL Server 2005"软件，然后在对象资源管理器中选择数据库，之后选择附加，在附加数据库对话框里选择 JIANSHAN. mdf 和 JIANSHAN_Log. ldf 文件，实现监测数据库的附加。

（2）提取各监测点的三维坐标值。各监测点的原始监测数据由 GeoMos 软件自动计算之后，存储于 Results 表中，三维坐标值分别用 Easting、Northing、Height 来表示监测日期以及监测点号。

把具体某一天边坡上监测点的监测数据作为参考数据，把这一天所有监测点的变形量定为 0，将之后的监测数据与这一天的数据相减作为累积位移量。北坐标方向上的累积位移量用 ΔX 表示，向北为正；东坐标方向上的累积位移量用 ΔY，向东为正；高程方向上的累积位移量用 ΔZ 来表示，向下为正。

通过 SQL 查询语句提取所需分析的数据（监测日期，监测点名，ΔX，ΔY，ΔZ）并以后缀名 . xls 的格式保存。

12.4.2　云南某露天矿边坡监测缺失数据插值

2012 年 3 月，该露天矿边坡开始建立边坡自动监测系统，由于前期安装后系统、通信等方面问题，监测系统未能持续正常运行，经技术人员多次处理后，自 2012 年 12 月边坡监测系统保持正常。

由于线性插值计算简单，该露天矿边坡监测数据序列局部具有线性趋势，因此，对于缺失数据采用线性插补的方法获取。按 7.3.1 节介绍的方法对云南该露天矿边坡变形数据进行插值计算。

由于监测点个数较多，本节仅列出 B1 点在 2012 年 12 月 6 日~2013 年 2 月 16 日期间的监测数据，见表 12-13，采用线性插值，监测缺失数据插补后用加粗字体来表示，见表 12-13，监测点 B1 的监测数据缺失情况及缺失数据插补结果如图 12-19 所示。

表 12-13 B1 点在 2012 年 12 月 6 日~2013 年 2 月 16 日期间的监测数据及缺失数据插值

监测日期	ΔX	ΔY	ΔZ	监测日期	ΔX	ΔY	ΔZ
2012-12-07	0.51	5.13	1.51	2013-01-12	58.09	75.09	80.49
2012-12-08	3.65	6.56	7.86	2013-01-13	59.11	78.03	83.96
2012-12-09	10.68	7.37	14.17	2013-01-14	57.46	80.41	72.60
2012-12-10	11.17	10.38	12.43	2013-01-15	58.84	80.46	81.22
2012-12-11	10.31	12.67	16.24	2013-01-16	67.80	81.10	86.74
2012-12-12	11.81	15.50	16.08	2013-01-17	51.35	82.72	84.29
2012-12-13	8.69	18.20	20.77	2013-01-18	68.42	84.39	96.90
2012-12-14	7.59	21.46	23.14	2013-01-19	65.07	87.32	91.78
2012-12-15	10.09	24.60	21.40	2013-01-20	66.84	88.59	92.36
2012-12-16	11.12	27.01	24.36	2013-01-21	65.26	90.76	91.32
2012-12-17	19.31	28.95	29.46	2013-01-22	65.56	94.09	93.79
2012-12-18	17.31	28.70	30.27	2013-01-23	65.85	97.41	96.25
2012-12-19	23.53	32.52	35.92	2013-01-24	66.15	100.74	98.72
2012-12-20	26.75	36.00	33.91	2013-01-25	66.44	104.06	101.19
2012-12-21	27.43	38.64	28.84	2013-01-26	64.80	103.89	104.91
2012-12-22	29.76	39.38	38.12	2013-01-27	66.13	103.72	108.62
2012-12-23	17.66	40.15	41.34	2013-01-28	69.46	108.01	117.19
2012-12-24	25.91	44.65	42.37	2013-01-29	67.28	111.34	119.66
2012-12-25	26.24	47.18	45.08	2013-01-30	70.50	114.66	122.12
2012-12-26	29.73	47.84	49.38	2013-01-31	68.31	117.98	124.59
2012-12-27	33.21	48.49	53.68	2013-02-01	71.53	121.31	127.06
2012-12-28	28.19	51.23	55.97	2013-02-02	69.76	124.24	128.09
2012-12-29	29.41	51.18	54.95	2013-02-03	67.98	127.17	129.11
2012-12-30	32.40	52.85	54.44	2013-02-04	71.72	129.39	133.72
2012-12-31	35.30	57.63	54.04	2013-02-05	81.37	133.65	139.03
2013-01-01	37.40	60.36	59.09	2013-02-06	91.01	137.91	144.33
2013-01-02	34.42	62.82	58.18	2013-02-07	89.77	140.21	145.11
2013-01-03	31.90	64.17	61.33	2013-02-08	92.79	143.25	149.28
2013-01-04	33.70	66.28	61.58	2013-02-09	95.81	146.29	153.46
2013-01-05	39.00	65.81	64.06	2013-02-10	98.83	149.32	157.63
2013-01-06	40.46	66.97	66.15	2013-02-11	101.86	152.36	161.80
2013-01-07	41.08	68.07	67.57	2013-02-12	104.88	155.40	165.97
2013-01-08	41.69	69.17	68.99	2013-02-13	107.90	158.44	170.15
2013-01-09	39.36	68.71	73.39	2013-02-14	110.92	161.47	174.32
2013-01-10	45.63	72.94	73.26	2013-02-15	113.94	164.51	178.49
2013-01-11	51.86	74.02	76.88	2013-02-16	113.61	167.26	177.93

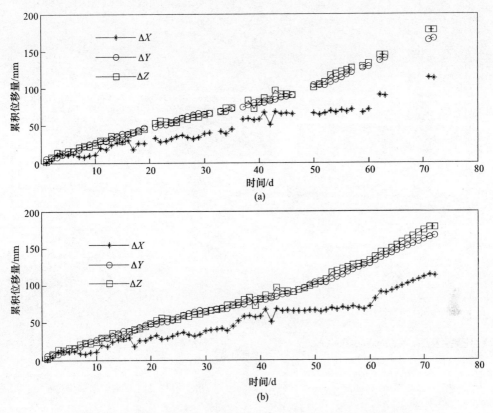

图 12-19 监测点 B1 的监测数据的缺失情况及缺失数据的插补结果

（a）监测点 B1 的监测数据的缺失情况；（b）监测点 B1 的监测缺失数据插值

所有监测点均采用同样的方法进行插值，此处插值的监测数据见表 12-13。所有监测点在北坐标方向上（ΔX）的累积位移量的监测数据缺失情况如图 12-20 所示，所有监测点在北坐标方向上（ΔX）累积位移量缺失数据插值结果如图 12-21 所示；所有监测点在东坐标方向上（ΔY）的累积位移量的监测数据缺失情况如图 12-22 所示，所有监测点在东坐标方向上（ΔY）累积位移量缺失数据插值结果如图 12-23 所示，所有监测点在高程方向上（ΔZ）的累积位移量的监测数据缺失情况如图 12-24 所示，所有监测点在高程方向上（ΔZ）的累积位移量缺失数据插值结果如图 12-25 所示。

12.4.3 云南某露天矿边坡监测数据奇异值检验

利用 Matlab 数理统计语言计算监测序列数据变化特征值 d、统计均值和均方差，并找出偏差的绝对值与均方差的比值大于 3 的数值。根据奇异值检验方法，利用 Matlab 编写代码，对所有监测点的累积变形量进行奇异值检验，检验的结果如图 12-26~图 12-28 所示。

根据检验结果判断监测数据序列中是否存在奇异值，从图 12-26~图 12-28 中可以看出 $q_j > 3$，认为 x_j 是奇异值，应予以剔除。为了保证监测数据序列的连续性，当删除了奇异值后，采用 4.2.1 节介绍的方法补上一个较为近似的值，本书编写代码进行自动插值，监测

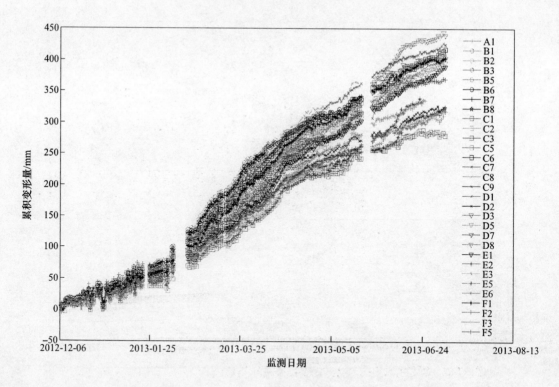

图 12-20　所有监测点在北坐标方向上（ΔX）的累积位移量的监测数据缺失情况

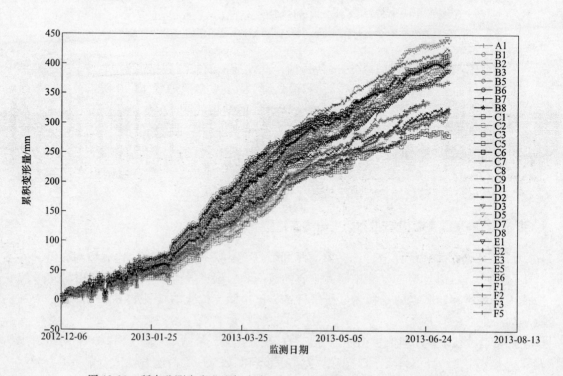

图 12-21　所有监测点在北坐标方向上（ΔX）累积位移量缺失数据插值结果

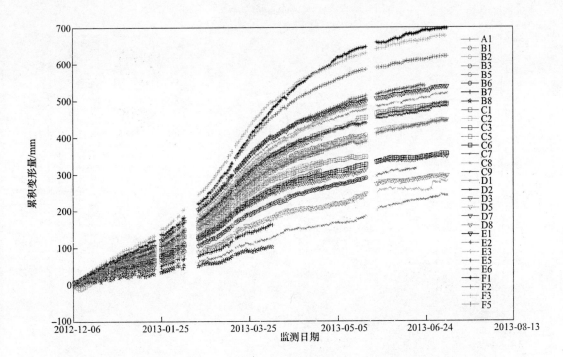

图 12-22 所有监测点在东坐标方向上（ΔY）的累积位移量的监测数据缺失情况

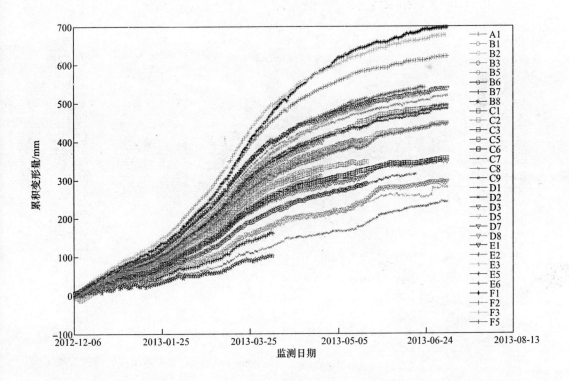

图 12-23 所有监测点在东坐标方向上（ΔY）累积位移量缺失数据插值结果

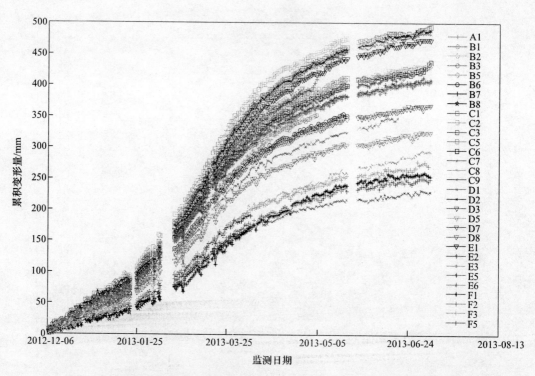

图 12-24　所有监测点在高程方向上（ΔZ）的累积位移量的监测数据缺失情况

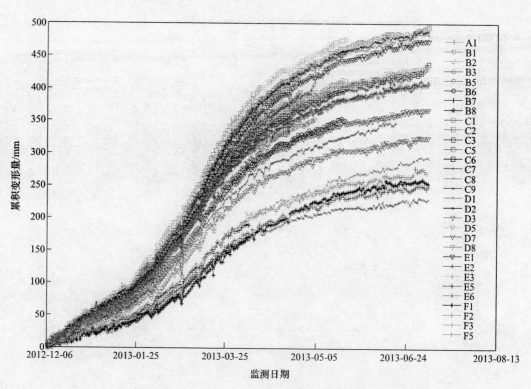

图 12-25　所有监测点在高程方向上（ΔZ）的累积位移量缺失数据插值结果

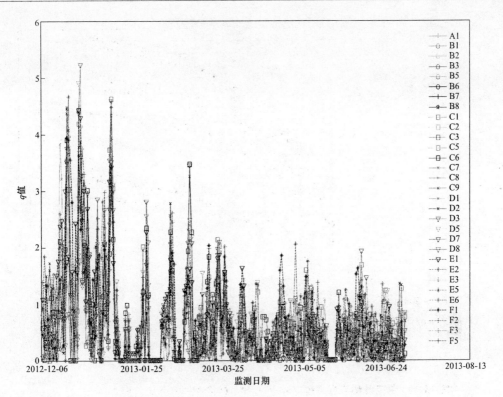

图 12-26 基于 3σ 规则所有监测 ΔX 的奇异值检验结果

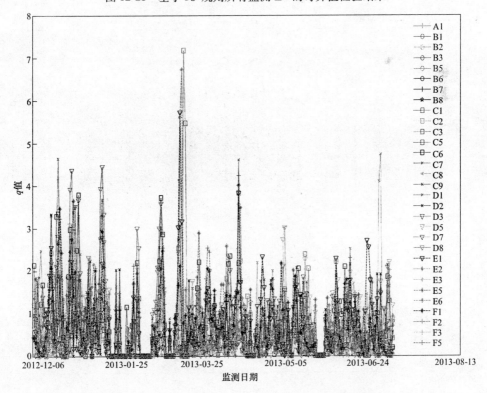

图 12-27 基于 3σ 规则所有监测 ΔY 的奇异值检验结果

数据奇异值检验之后删除的数据插补情况如图 12-29~图 12-31 所示。

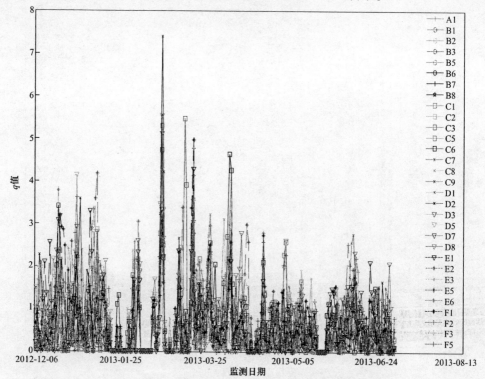

图 12-28　基于 3σ 规则所有监测 ΔZ 的奇异值检验结果

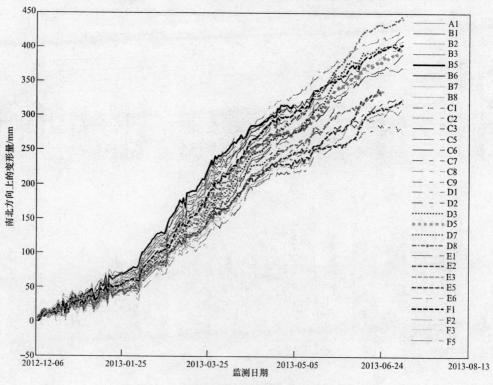

图 12-29　所有监测点 ΔX 的奇异值删除后的插补

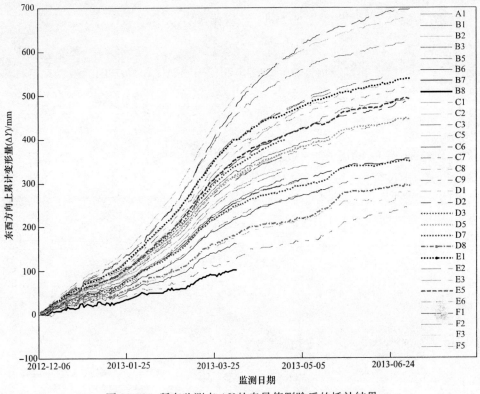

图 12-30　所有监测点 ΔY 的奇异值删除后的插补结果

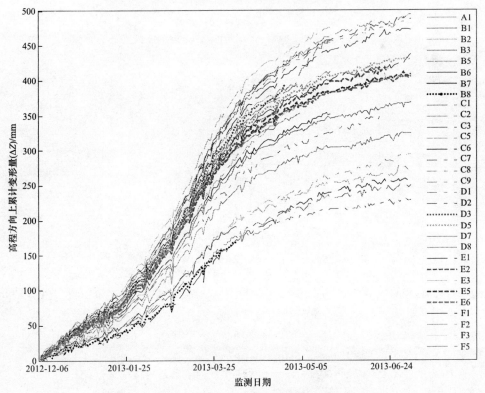

图 12-31　所有监测点 ΔZ 的奇异值删除后的插补结果

12.5　云南某露天矿边坡变形破坏时空演化规律分析

　　该边坡从 2012 年开始实施监测以来，一共出现过 2 次橙色预警。本节选取比较有代表性的两个不同时间段的监测数据进行分析。2012 年 12 月 6 日~2013 年 7 月 6 日为第一个时间段，2018 年 9 月 11 日~2019 年 6 月 11 日为第二个时间段。

12.5.1　边坡变形位移-时间过程曲线分析方法

12.5.1.1　2012 年 12 月 6 日~2013 年 7 月 6 日期间的边坡变形位移-时间过程曲线

　　根据边坡体上设置的 31 个监测点从 2012 年 12 月 6 日~2013 年 7 月 6 日的监测数据，在第 4 章的监测数据预处理的基础上，采用位移时间过程曲线分析法进行分析，绘制的累积位移量-时间过程曲线如图 12-32 所示。

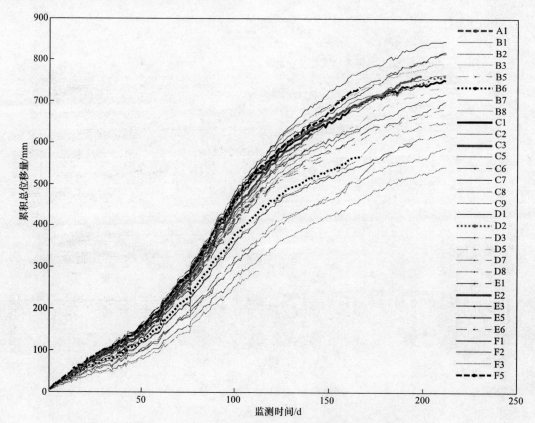

图 12-32　边坡体上监测点的累积总位移-时间过程曲线

　　边坡体上不同部位监测点的变形数据，能够反映各部位边坡体之间的相互作用。弄清楚它们之间的相互关系有助于定性分析边坡体的发展过程及演化趋势。

　　为了便于分析边坡体上各部分监测点之间的相互关系，根据监测棱镜的安装平面图（图 12-17），按监测线和监测点的高程进行分组，具体的分组如下：

　　（1）该边坡共设置 8 条监测线，按照监测线把监测点分为 8 个组，即：

　　1 号监测线：由 C1、D1、E1、F1 四个监测点自上而下组成；

2 号监测线：由 B1、C2、D2、E2、F2 五个监测点自上而下组成；

3 号监测线：由 B2、C3、D5、E3、F3 五个监测点自上而下组成；

4 号监测线：由 A1、B3、C5、E5、F5 五个监测点自上而下组成；

5 号监测线：由 B5、C6、E6 三个监测点自上而下组成；

6 号监测线：由 B6、C7、D7 三个监测点自上而下组成；

7 号监测线：由 B7、C8、D8 三个监测点自上而下组成；

8 号监测线：由 B8、C9 两个监测点自上而下组成。

（2）监测点 A1：高程为 2215m；按照监测点距离边坡平台的位置，分为 5 个组，即：

B 组监测点：高程为 2185m，由 B1、B2、B3、B5、B6、B7、B8 七个监测点自西向东组成；

C 组监测点：高程为 2155m，C1、C2、C3、C5、C6、C7、C8、C9 八个监测点自西向东组成；

D 组监测点：高程为 2125m，D1、D2、D3、D5、D7、D8 六个监测点自西向东组成；

E 组监测点：高程为 2095m，E1、E2、E3、E5、E6 五个监测点自西向东组成；

F 组监测点：高程为 2075m，F1、F2、F3、F5 四个监测点自西向东组成。

根据分组方法对边坡体上各监测点的变形值绘制时间过程曲线，如图 12-33～图 12-42 所示。

从图 12-33～图 12-42 可以分析得出，该边坡体上各个位移监测点的位移动态位移时序在大时间尺度内呈递增趋势，在小时间尺度内却表现为随机震荡型。该边坡体的变形自上而下呈逐步增大的规律，自西向东呈逐步增大的规律。该边坡变形量最大的区域为边坡的西部和底部，次之是中部，变形量最小的是东部。根据分析，云南某露天矿边坡体的变形情况为整体滑移，危害巨大。

该边坡随着削坡治理工程的开展，边坡体的累积变形量随时间的增长逐渐趋于收敛，表明通过削坡治理使边坡体的下滑力明显减小，边坡体的稳定性有所提高，边坡体的变形速率有所减缓。

12.5.1.2 2018 年 9 月 11 日～2019 年 6 月 11 日期间的边坡变形累计位移-时间过程曲线

边坡第二次出现险情是 2018 年 10 月，所以选取 2018 年 9 月 11 日～2019 年 6 月 11 日的监测数据进行分析。监测数据的基本情况见表 12-11，按照监测点距离边坡平台的位置，分为 7 个组，分别是：

A 组监测点：高程为 2180m；由 A1、A2、A3 共计 3 个监测点自西向东组成；

B 组监测点：高程为 2160m，由 B1、B2、B3、B4 共计 4 个监测点自西向东组成；

C 组监测点：高程为 2130m，C1、C2、C3、C5、C6、C7、C8、C9、C10、C11、C12、C13、C14、C14 共计 14 个监测点自西向东组成；

D 组监测点：高程为 2100m，D1、D2、D5、D9、D11、D12、D13、D14、D15、D16、D17、D18、D19、D20 共 14 个监测点自西向东组成；

E 组监测点：高程为 2070m，E1、E2、E3、E4、E5、E6、E7、E8、E9、E10、E11、E12、E13 共 13 个监测点自西向东组成。

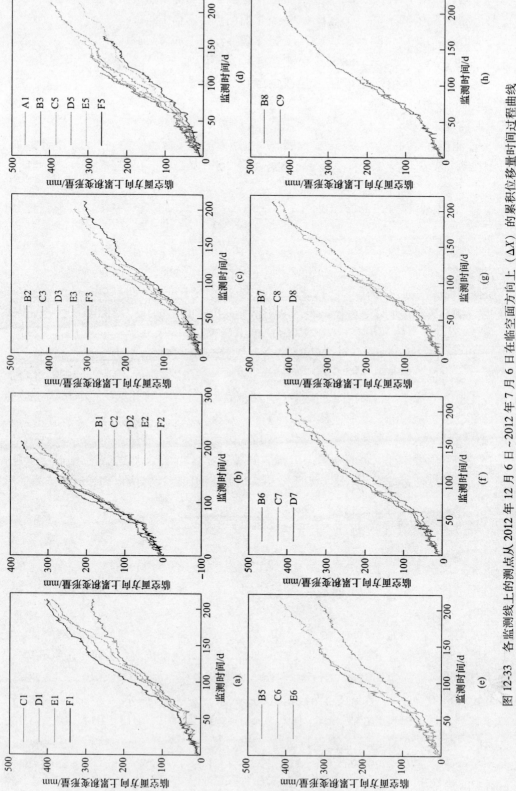

图 12-33　各监测线上的测点从 2012 年 12 月 6 日 ~2012 年 7 月 6 日在临空面方向上（ΔX）的累积位移量时间过程曲线

(a) 1 号监测线；(b) 2 号监测线；(c) 3 号监测线；(d) 4 号监测线；(e) 5 号监测线；(f) 6 号监测线；(g) 7 号监测线；(h) 8 号监测线

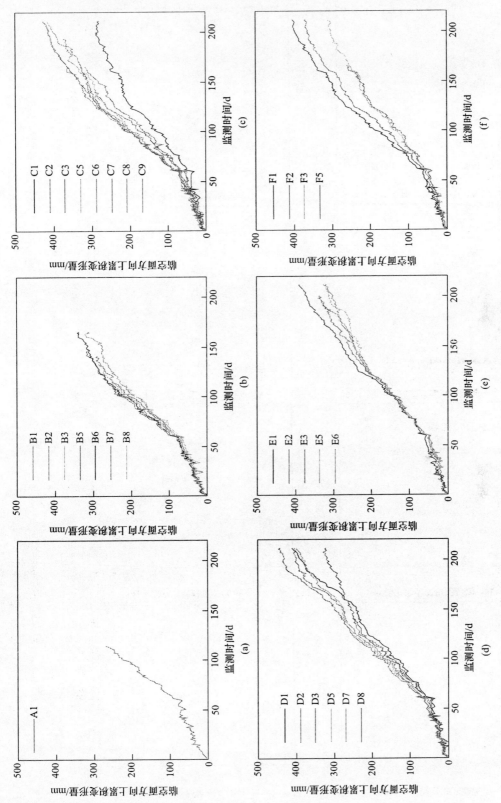

图 12-34 各组监测点从 2012 年 12 月 6 日～2012 年 7 月 6 日在临空面方向上（ΔX）的累积位移量时间过程曲线

(a) 监测点 A1；(b) B 组监测点；(c) C 组监测点；(d) D 组监测点；(e) E 组监测点；(f) F 组监测点

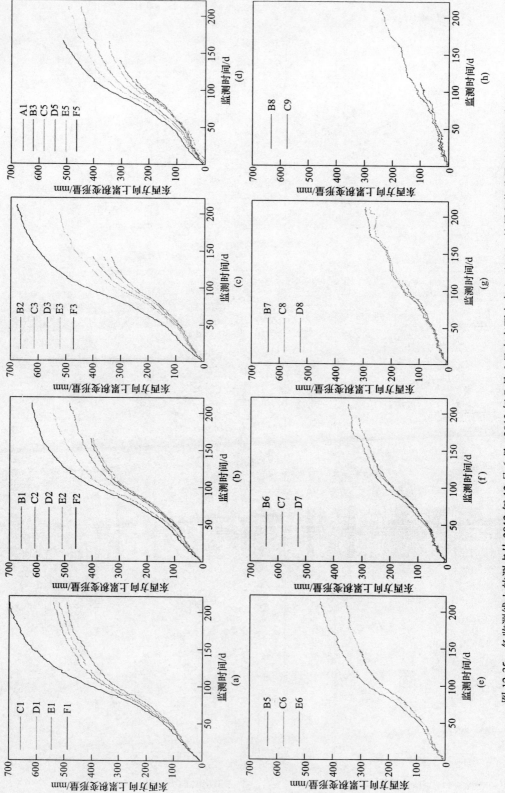

图 12-35 各监测线上的测点从 2012 年 12 月 6 日~2012 年 7 月 6 日在东西方向上（ΔY）的累积位移量时间过程曲线

(a) 1 号监测线；(b) 2 号监测线；(c) 3 号监测线；(d) 4 号监测线；(e) 5 号监测线；(f) 6 号监测线；(g) 7 号监测线；(h) 8 号监测线

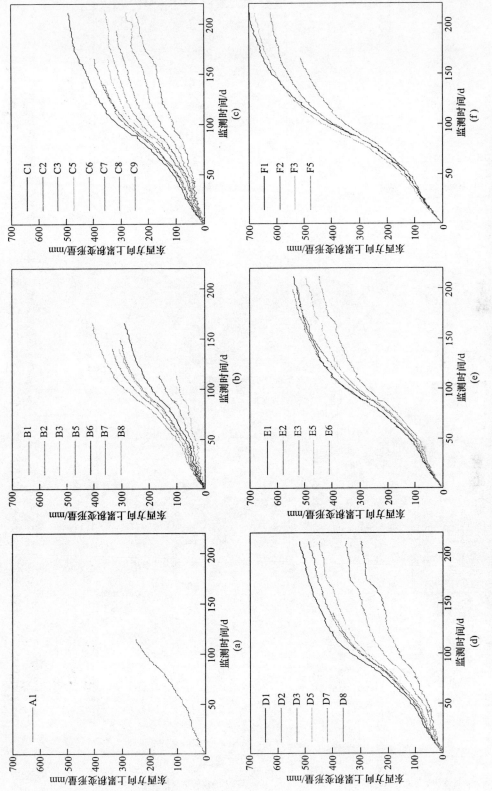

图 12-36　各组监测点从 2012 年 12 月 6 日～2012 年 7 月 6 日在东西方向上（ΔY）的累积位移量时间过程曲线

(a) 监测点 A1；(b) B 组监测点；(c) C 组监测点；(d) D 组监测点；(e) E 组监测点；(f) F 组监测点

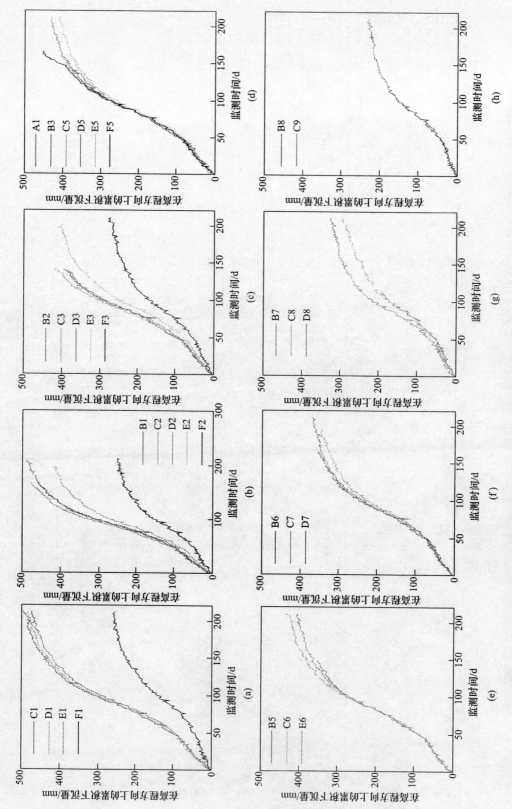

图 12-37 各监测线上的测点从 2012 年 12 月 6 日 ~2012 年 7 月 6 日在高程方向上（ΔZ）的累积位移时间过程曲线

(a) 1 号监测线；(b) 2 号监测线；(c) 3 号监测线；(d) 4 号监测线；(e) 5 号监测线；(f) 6 号监测线；(g) 7 号监测线；(h) 8 号监测线

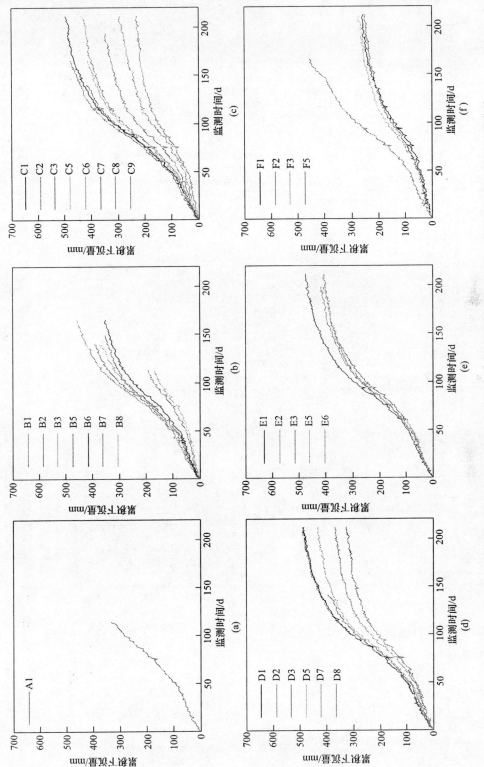

图 12-38　各组监测点从 2012 年 12 月 6 日~2012 年 7 月 6 日在高程方向上 (ΔZ) 的累积下沉量时间过程曲线

(a) 监测点 A1；(b) B 组监测点；(c) C 组监测点；(d) D 组监测点；(e) E 组监测点；(f) F 组监测点

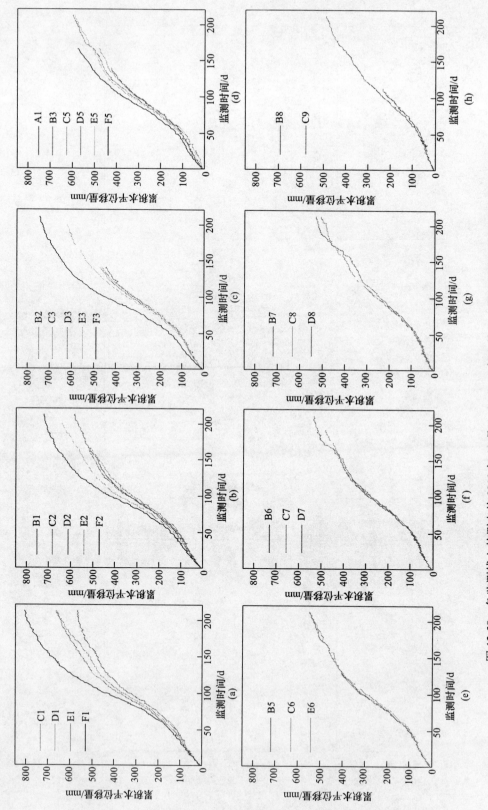

图 12-39　各监测线上的测点从 2012 年 12 月 6 日～2012 年 7 月 6 日累积水平位移量时间过程曲线

(a) 1 号监测线；(b) 2 号监测线；(c) 3 号监测线；(d) 4 号监测线；(e) 5 号监测线；(f) 6 号监测线；(g) 7 号监测线；(h) 8 号监测线

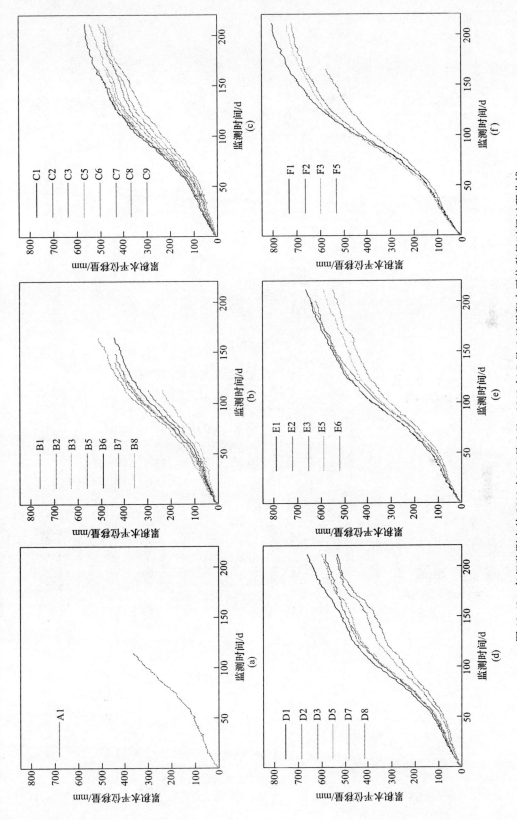

图 12-40 各组监测点从 2012 年 12 月 6 日～2012 年 7 月 6 日累积水平位移量时间过程曲线

(a) 监测点 A1; (b) B 组监测点; (c) C 组监测点; (d) D 组监测点; (e) E 组监测点; (f) F 组监测点

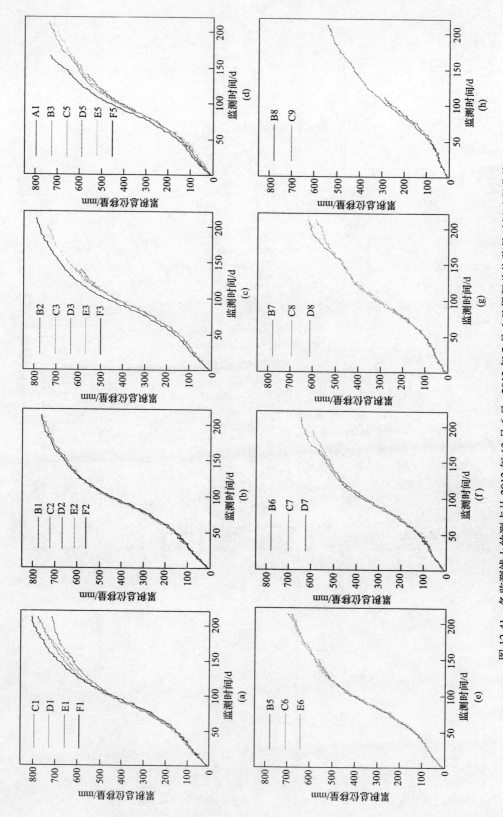

图 12-41 各监测线上的测点从 2012 年 12 月 6 日~2012 年 7 月 6 日累积总位移量时间过程曲线

(a) 1 号监测线；(b) 2 号监测线；(c) 3 号监测线；(d) 4 号监测线；(e) 5 号监测线；(f) 6 号监测线；(g) 7 号监测线；(h) 8 号监测线

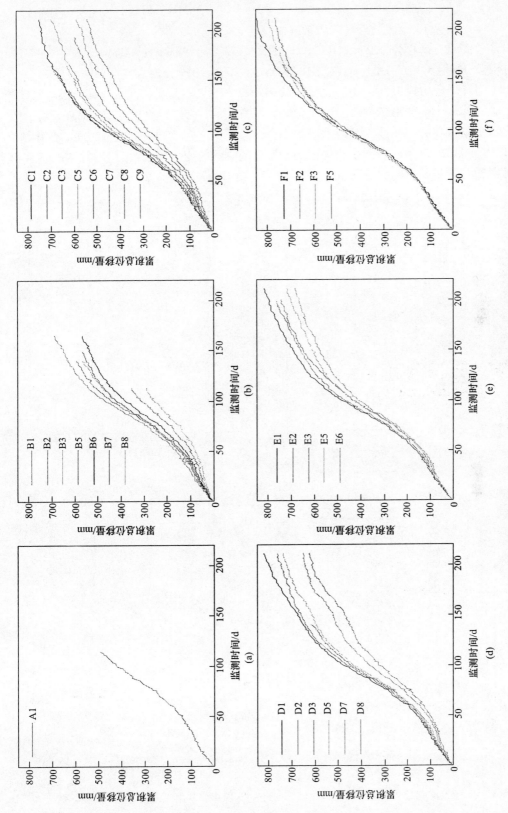

图 12-42　各监测点组的测点从 2012 年 12 月 6 日~2012 年 7 月 6 日累积总位移量时间过程曲线

(a) 监测点 A1; (b) B 组监测点; (c) C 组监测点; (d) D 组监测点; (e) E 组监测点; (f) F 组监测点

F 组监测点：高程为 2035m，F1、F2、F3、F4、F5、F6、F7、F8、F9、F10、F11、F12、F13、F14 共 14 个监测点自西向东组成。

G 组监测点：高程为 2000m，G1、G2、G3、G4、G5、G6、G7、G8、G9、G10、G11、G12、G13、G14、G15、G16、G17、G18、G19、G20 共 20 个监测点自西向东组成。

根据 2018 年 9 月 11 日~2019 年 6 月 11 日一共 273 天的监测数据，依据分组情况计算绘图，南北方向上的变形量随时间的变化情况如图 12-43~图 12-49 所示，东西方向上的变形量随时间的变化情况如图 12-50~图 12-56 所示，高程方向上的变形量随时间的变化情况如图 12-57~图 12-63 所示，水平方向上的变形量随时间的变化情况如图 12-64~图 12-70 所示，累计总位移量随时间的变化情况如图 12-71~图 12-77 所示。

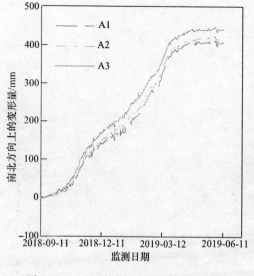

图 12-43　A 组在南北方向上的变化情况

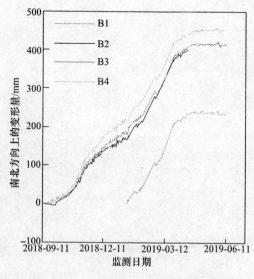

图 12-44　B 组在南北方向上的变化情况

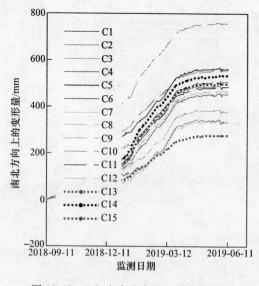

图 12-45　C 组在南北方向上的变化情况

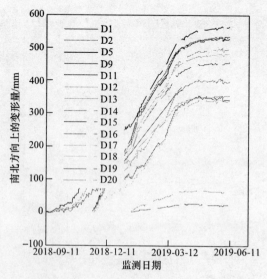

图 12-46　D 组在南北方向上的变化情况

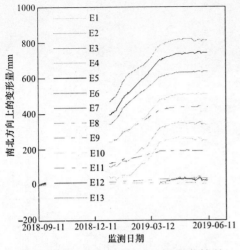

图 12-47 E 组在南北方向上的变化情况

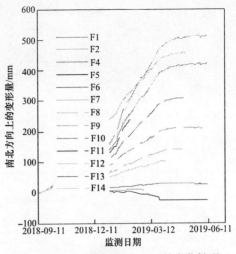

图 12-48 F 组在南北方向上的变化情况

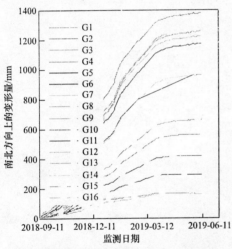

图 12-49 G 组在南北方向上的变化情况

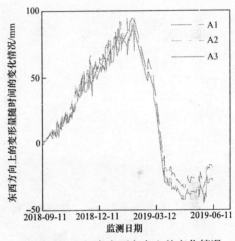

图 12-50 A 组在东西方向上的变化情况

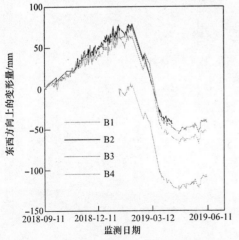

图 12-51 B 组在东西方向上的变化情况

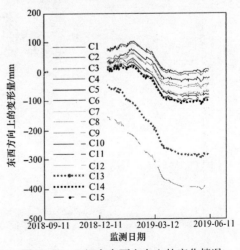

图 12-52 C 组在东西方向上的变化情况

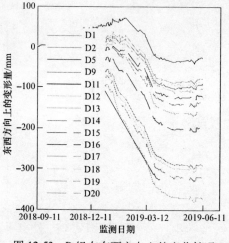

图 12-53   D 组在东西方向上的变化情况

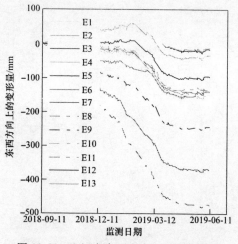

图 12-54   E 组在东西方向上的变化情况

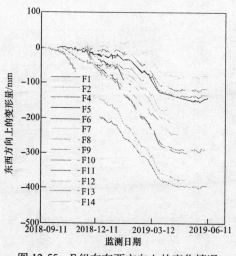

图 12-55   F 组在东西方向上的变化情况

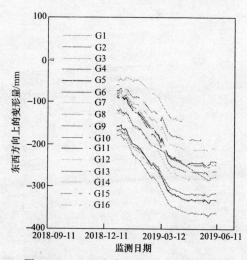

图 12-56   G 组在东西方向上的变化情况

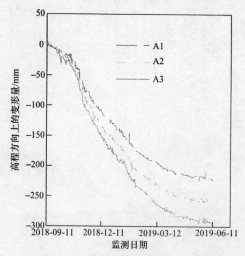

图 12-57   A 组在高程方向上的变化情况

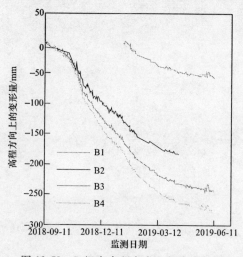

图 12-58   B 组在高程方向上的变化情况

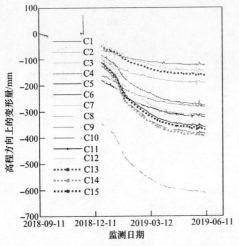

图 12-59 C 组在高程方向上的变化情况

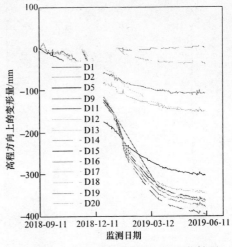

图 12-60 D 组在高程方向上的变化情况

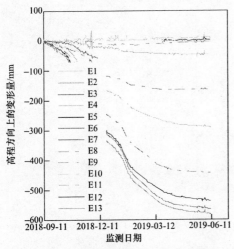

图 12-61 E 组在高程方向上的变化情况

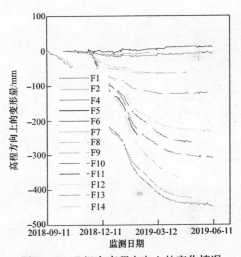

图 12-62 F 组在高程方向上的变化情况

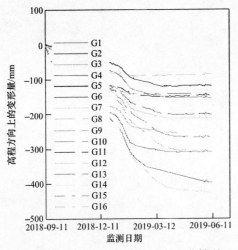

图 12-63 G 组在高程方向上的变化情况

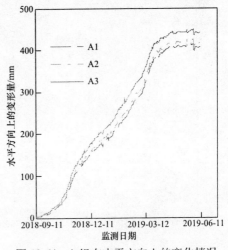

图 12-64 A 组在水平方向上的变化情况

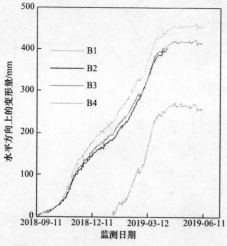

图 12-65　B 组在水平方向上的变化情况

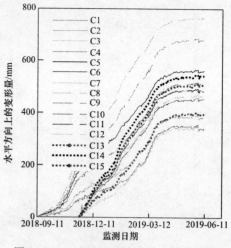

图 12-66　C 组在水平方向上的变化情况

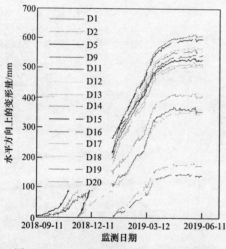

图 12-67　D 组在水平方向上的变化情况

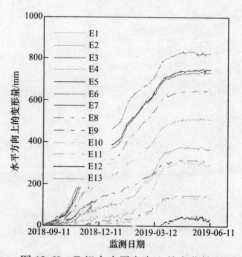

图 12-68　E 组在水平方向上的变化情况

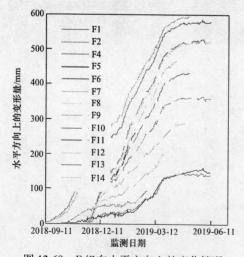

图 12-69　F 组在水平方向上的变化情况

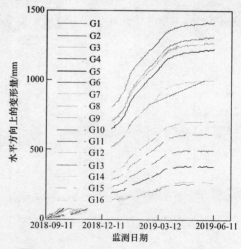

图 12-70　G 组在水平方向上的变化情况

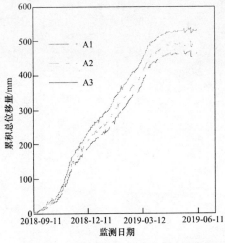

图 12-71 A 组累积总位移量的变化情况

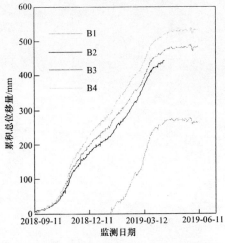

图 12-72 B 组累积总位移量的变化情况

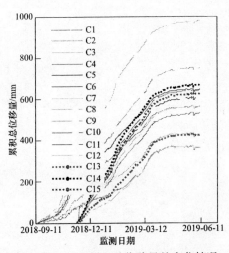

图 12-73 C 组累积总位移量的变化情况

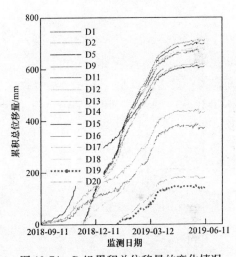

图 12-74 D 组累积总位移量的变化情况

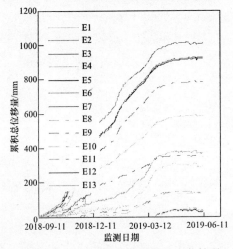

图 12-75 E 组累积总位移量的变化情况

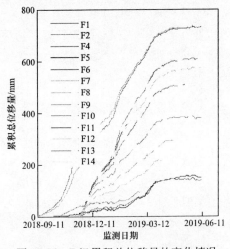

图 12-76 F 组累积总位移量的变化情况

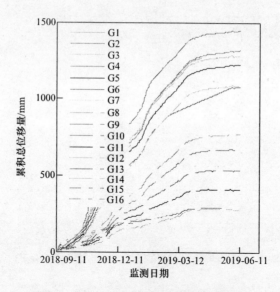

图 12-77　G 组累积总位移量的变化情况

从图 12-43~图 12-49 可以分析得出，边坡在南北方向上整体向北滑移，即边坡整体向临空面滑移。最大滑移量 1.37m，是监测点 G2。

从图 12-50~图 12-56 可以分析得出，边坡在东西方向上开始是向东滑移，之后出现向西滑移，随着边坡采取内排压脚措施，边坡在东西方向基本不动。

从图 12-57~图 12-63 可以分析得出，边坡在高程方向上整体下沉。

从图 12-64~图 12-70 可以分析得出，边坡在水平方向上最大滑移量 1.41m，是监测点 G2。

从图 12-71~图 12-77 可以分析得出，累积总位移量最大值是 1.47m。

综上分析，该边坡体上各个位移监测点的位移动态位移时序在大时间尺度内呈递增趋势，在小时间尺度内表现为随机震荡型。该边坡体的变形自上而下呈逐步增大的规律，自西向东呈逐步增大的规律。该边坡变形量最大的区域为边坡的西部和底部，次之的是中部，变形量最小的是东部。根据分析，该露天矿边坡体的变形情况为整体滑移，危害巨大。

该边坡随着内排压脚工程的开展，边坡体的累积变形量随时间的增长逐渐趋于收敛，表明通过内排压脚使边坡体的抗滑力明显增大，边坡高度降低，边坡体的稳定性提高，边坡体的变形速率减缓。

12.5.2　云南某露天矿边坡变形阶段的判别

12.5.2.1　2012 年 12 月 6 日~2013 年 2 月 2 日该边坡变形阶段的判别

根据边坡体上各监测点的累积总位移时间过程曲线，在对边坡体的变形特征进行系统研究和分析的基础上，将该露天矿边坡的变形监测数据分为三段。第一段：2012 年 12 月6 日~2013 年 2 月 2 日；第二段：2013 年 2 月 3 日~2013 年 3 月 31 日；第三段：2013 年 4月 1 日~2013 年 7 月 6 日。根据 8.2.3 节边坡变形阶段的判别方法，及该露天矿边坡 31 个监测点的监测数据，利用式（8-6）~式（8-9）计算各监测点在各时间段内的 A 值，计算得到的 A 值见表 12-14。

表 12-14 该露天矿边坡所有监测点计算得到 A 值

监测点	2012-12-06~2013-02-02（共计 58 天）	2012-12-06~2013-03-31（共计 115 天）	2012-12-06~2013-07-06（共计 212 天）	测点损坏或拆除时间	监测总时间 /d
A1	0.0032	0.0129		2013-03-31	115
B1	0.0034	0.0137	-0.0159	2013-05-21	166
B2	0.0047	0.0189	-0.0211	2013-04-26	141
B3	0.0055	0.0220	-0.0157	2013-04-25	140
B5	0.0060	0.0240	-0.0183	2013-05-04	149
B6	0.0065	0.0260	-0.0158	2013-05-21	166
B7	0.0070	0.0280		2013-03-29	113
B8	0.0075	0.0301		2013-03-29	113
C1	0.0017	0.0069	-0.0182		212
C2	0.0053	0.0211	-0.0200	2013-05-21	166
C3	0.0061	0.0245	-0.0370	2013-04-26	141
C5	0.0065	0.0260	-0.0210	2013-05-21	166
C6	0.0057	0.0229	-0.0099		212
C7	0.0017	0.0067	-0.0090	2013-06-18	194
C8	0.0083	0.0332	-0.0092		212
C9	0.0092	0.0369	-0.0103		212
D1	0.0002	0.0009	-0.0096		212
D2	0.0013	0.0053	-0.0160		212
D3	0.0015	0.0061	-0.0177	2013-04-26	141
D5	0.0056	0.0222	-0.0114		212
D7	0.0037	0.0147	-0.0121		212
D8	0.0083	0.0331	-0.0074		212
E1	0.0035	0.0139	-0.0132		212
E2	0.0029	0.0115	-0.0126	2013-06-23	199
E3	0.0015	0.0060	-0.0185	2013-06-25	201
E5	0.0039	0.0155	-0.0102		212
E6	0.0056	0.0223	-0.0131		212
F1	0.0001	0.0004	-0.0183		212
F2	0.0001	0.0006	-0.0182		212
F3	0.0022	0.0087	-0.0161	2013-07-05	211
F5	0.0007	0.0027	-0.0052	2013-05-21	166

根据表 12-14 中该露天矿边坡所有监测点的 A 值，根据式（8-10）对该露天矿边坡的变形演化阶段进行判别。在第一段时间内，所有监测点的 A 值均大于 0，说明边坡处于加速变形阶段，因此，把该露天矿边坡的演化阶段判定为初始加速阶段；在第二段时间内所有监测点 A 值均大于 0，且大于每个监测点的 A 值均大于第一段时间内的 A 值，因此，把该露天矿边坡的演化阶段判定为加速阶段中期。该露天矿边坡于 2013 年 4 月 1 日开始削坡治理，在第三段时间内所有监测点的 A 值均小于 0，均小于第二段时间内的 A 值，说明边坡从加速阶段向初始变形阶段演化，因此，把该露天矿边坡的演化阶段判定为减速阶段。据此，将判别的结果绘制成图形，如图 12-78 所示。根据图 12-78 可知，2012 年 12 月 6 日~2013 年 2 月 2 日边坡处于初始加速变形阶段；2013 年 2 月 3 日~2013 年 3 月 31 日边坡处于加速变形阶段的中期阶段；2013 年 4 月 1 日~2013 年 7 月 6 日，通过削坡卸载使边坡体的下滑力明显降低，稳定性显著提高，变形从快速向慢速发展，此阶段定为边坡减速阶段。

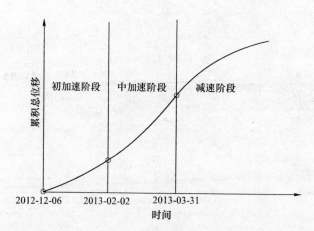

图 12-78　2012 年 12 月 6 日~2013 年 2 月 2 日云南某露天矿边坡变形阶段划分

12.5.2.2　2018 年 9 月 11 日~2019 年 6 月 11 日该边坡变形阶段的判别

根据边坡体上各监测点的累积总位移时间过程曲线图 12-71~图 12-77，在对边坡体的变形特征进行系统研究和分析的基础上，将该露天矿边坡的变形监测数据分为三段。第一段：2018 年 9 月 11 日~2018 年 10 月 14 日；第二段：2018 年 10 月 15 日~2019 年 1 月 31 日；第三段：2019 年 1 月 1 日~2019 年 6 月 11 日。根据 8.2.3 节边坡变形阶段的判别方法，根据该露天矿边坡 83 个监测点的监测数据，并利用式（8-6）~式（8-9）计算各监测点在各时间段内的 A 值，计算得到的 A 值见表 12-15。

根据表 12-15 中该露天矿边坡所有监测点的 A 值，根据式（8-10）对该露天矿边坡的变形演化阶段进行判别。在第一段时间内，边坡中部监测点的 A 值均大于 0，说明边坡处于加速变形阶段，因此，把该露天矿边坡的演化阶段判定为初始加速阶段；在第二段时间内边坡中部监测点 A 值均大于 0，因此，把该露天矿边坡的演化阶段判定为加速变形阶段。该露天矿边坡于 2019 年 1 月 31 日开始内排土压脚，在第三段时间内所有监测点的 A 值均小于 0，均小于第二段时间内的 A 值，说明边坡从加速阶段向初始变形阶段演化，因此，把该露天矿边坡的演化阶段判定为减速变形阶段。据此，将判别的结果绘制成图形，如图 12-79 所示。根据图 12-79 可知，2018 年 9 月 11 日~2018 年 10 月 14 日边坡处于初始变形阶段；2018 年 10 月 15 日~2019 年 1 月 31 日边坡处于加速变形阶段；2019 年 1 月 1 日~2019 年 6 月 11 日，通过内排土压脚使边坡体的抗滑力明显增大，稳定性显著提高，变形从快速向慢速发展，此阶段定为边坡减速阶段。

表 12-15 某露天矿边坡所有监测点计算得到的 A 值

监测点	2018-09-11~2018-10-14（共计 33 天）	2018-09-11~2019-01-31（共计 142 天）	2018-09-11~2019-06-11（共计 273 天）	监测点安装的时间	测点损坏或拆除时间	监测总时间/d
A1	0.006	0.0008	−0.0011			273
A2	0.0032	0.0016	−0.0013			273
A3	0.0078	0.0006	−0.0015			273
B1	0.0130	0.0714	−0.0063	2019-01-15		147
B2	0.0186	0.0014			2019-04-14	215
B3	−0.004	0.0011	−0.0009			273
B4	0.0054	0.0015	−0.0012			273
C1	−0.0112	0.001	0.0002			273
C2	−0.0176	0.0025	0.0003			273
C3	0.0017	0.0017	−0.0023	2018-11-19		204
C4	0.0062	0.0017	−0.0011			273
C5	0.0047	0.0019	−0.0017			273
C6	−0.0009	0.0006	−0.004	2018-11-18		205
C7	0.0122	0.0122		2018-09-25	2018-11-22	58
C8	0.0096	0.0027	−0.0024			273
C9	0.0038	0.0014	−0.0016			273
C10	−0.0008	0.0008	−0.0047	2018-11-19		204
C11	−0.0006	0.0006	−0.0045	2018-11-19		204
C12	−0.0002	0.0002	−0.0045	2018-11-19		204
C13	0.0027	0.0027	−0.0028	2018-11-19		204
C14	−0.0014	−0.0014	−0.0052	2018-11-19		204
C15	−0.0008	−0.0008	−0.0048	2018-11-19		204
D1	−0.0112	0.0004	0.0005			273
D2	0.0107	0.0001	−0.0002			273
D5	0.0153	0.0253	−0.0016			273
D9	−0.0054	−0.0019	−0.0049	2018-11-19		204
D11	−0.0006	−0.0006	−0.0012	2018-11-19	2019-04-02	134
D12	−0.0046	−0.0046	−0.0046	2018-11-19		204

监测点	2018-09-11～2018-10-14（共计33天）	2018-09-11～2019-01-31（共计142天）	2018-09-11～2019-06-11（共计273天）	监测点安装的时间	测点损坏或拆除时间	监测总时间/d
D13	-0.0003	-0.0003	-0.0046	2018-11-19		204
D14	-0.0007	-0.0007	-0.0047	2018-11-19		204
D15	-0.0008	-0.0008	-0.0047	2018-11-19		204
D16	-0.001	-0.001	-0.0049	2018-11-19		204
D17	-0.0004	-0.0004	-0.0046	2018-11-19		204
D18	0.005	0.005	-0.0016	2018-11-19		204
D19	-0.0059	-0.0059	-0.0063	2019-01-15		204
D20	0.0035	0.0035	-0.0074	2019-01-15		204
E1	0.0056	0.0003	0.0015			273
E2	-0.0066	0.002	0.0009			273
E3	0.006	0.006	0.006			273
E4	0.0081	0.0013	-0.0012			273
E5	0.0113	0.0026	-0.0021			273
E6	0.0088	0.0027	-0.0023			273
E7	0.0124	0.0032	-0.0022			273
E8	0.0051	0.0037	-0.0018			273
E9	-0.0073	0.0014	-0.0017			273
E10	0.0068	0.0068	-0.0006	2018-11-19		204
E11	0.0059	0.0059	-0.0005	2018-11-19		204
E12	0.0028	0.0028	-0.0069	2019-03-23		80
E13	0.0086	0.0086	-0.0083	2019-03-23		80
F1	0.0092	0.003	-0.002			273
F2	0.0084	0.0036	-0.0007		2019-05-07	238
F3	-0.0099	0.0038	-0.0007			273
F4	-0.0024	-0.0114	-0.0024	2018-10-16	2019-02-27	273
F5	-0.0027	0.0056	0.0018			273
F6	0.0058	0.0058	-0.0003	2018-11-19		204
F7	-0.0013	-0.0013	-0.0006	2018-11-19	2019-04-04	136
F8	-0.0014	-0.0014	-0.0017	2018-11-19	2019-04-30	162
F9	-0.0023	-0.0023	-0.0048	2018-11-19		204
F10	-0.0007	-0.0007	-0.0042	2018-11-19		204
F11	0.0004	0.0004	0.0004	2018-11-19	2019-02-06	79
F12	-0.0001	-0.0001	-0.0022	2018-11-19	2019-04-14	146
F13	-0.0002	-0.0002	-0.0048	2018-11-19		204

续表 12-15

监测点	2018-09-11~2018-10-14（共计 33 天）	2018-09-11~2019-01-31（共计 142 天）	2018-09-11~2019-06-11（共计 273 天）	监测点安装的时间	测点损坏或拆除时间	监测总时间/d
F14	0.0002	0.0002	-0.0046	2018-11-19		204
G1	-0.0007	-0.0007	-0.0007		2019-04-14	215
G2	0.0078	0.0023	-0.003			273
G3	0.0141	0.0024	-0.0026			273
G4	0.0159	0.0028	-0.0026			273
G5	0.0135	0.0029	-0.0025			273
G6	0.0165	0.0033	-0.0018			273
G7	0.0158	0.0039	-0.0022			273
G8	0.0104	0.0042	-0.0019			273
G9	0.0092	0.0045	-0.0016			273
G10	0.0053	0.0041	-0.0017			273
G11	0.0015	0.0025	-0.002			273
G12	-0.0025	0.0004	-0.0018			273
G13	-0.0012	-0.0027	-0.0029		2019-05-15	246
G14	-0.0037	-0.0052	-0.0037		2019-02-25	167
G15	-0.0064	-0.0064			2019-01-03	114
G16	-0.0084	-0.0084			2018-12-25	105
G17	-0.01	-0.01			2018-12-25	105
G18	-0.0788				2018-09-30	19
G19	-0.0633				2018-09-30	19
G20	-0.0653				2018-09-29	18

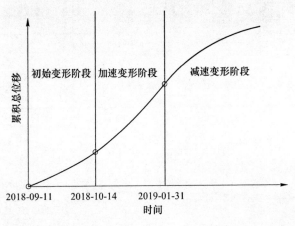

图 12-79 2018 年 9 月 11 日~2019 年 6 月 11 日云南某露天矿边坡变形阶段划分

12.5.3　云南某露天矿边坡位移速率角（切线角）变化情况分析

12.5.3.1　2012 年 12 月 6 日~2013 年 2 月 2 日该边坡位移速率角（切线角）变化情况分析

根据上面对该露天矿边坡变形演化阶段的判别，选取该露天矿边坡体上所有监测点的累积位移量见表 12-16，根据式（8-5），计算得出在各变形阶段内边坡体上各监测点的位移速率角，见表 12-17。

表 12-16　监测点的累积总位移量　　　　　　　　　　（mm）

监测点	2012-12-06~ 2013-02-02 （共计 58 天）	2012-12-06~ 2013-03-31 （共计 115 天）	2012-12-06~ 2013-07-06 （共计 212 天）	测点损坏或 拆除时间	监测总时间 /d
A1	168.7	493.8		2013-03-31	115
B1	191.6	545.6	687.9	2013-05-21	166
B2	177.6	519.4	590.5	2013-04-26	141
B3	171.2	486.6	566.5	2013-04-25	140
B5	168.6	478.2	564.3	2013-05-04	149
B6	148.8	449.1	566.4	2013-05-21	166
B7	119.2	352.6		2013-03-29	113
B8	94.3	289.3		2013-03-29	113
C1	186.6	538.4	750.2		212
C2	188.5	541.8	695.0	2013-05-21	166
C3	179.1	528.9	621.8	2013-04-26	141
C5	159.5	493.8	632.4	2013-05-21	166
C6	158.8	479.9	701.0		212
C7	138.8	428.6	599.0	2013-06-18	194
C8	115.2	375.1	587.2		212
C9	103.9	330.0	540.6		212
D1	190.7	560.4	818.7		212
D2	181.5	543.3	759.4		212
D3	175.6	522.9	615.3	2013-04-26	141
D5	169.8	506.1	737.1		212
D7	141.1	427.4	647.6		212
D8	124.7	383.6	621.1		212
E1	198.4	567.7	815.1		212
E2	188.5	541.0	759.8	2013-06-23	199
E3	169.2	508.6	740.2	2013-06-25	201
E5	172.3	505.4	718.4		212
E6	165.5	474.5	681.7		212
F1	177.9	565.0	844.6		212
F2	181.5	537.0	764.7		212
F3	197.2	564.7	790.9	2013-07-05	211
F5	189.3	545.9	733.6	2013-05-21	166

表 12-17　各变形阶段内边坡体上各监测点的位移速率角　　　　（°）

监测点	2012-12-06~2013-02-02（共计58天）	2012-02-03~2013-03-31（共计57天）	2012-12-06~2013-07-06（共计97天）	监测点损坏或拆除时间
A1	71.0	80.0		2013-03-31
B1	73.1	80.9	70.3	2013-05-21
B2	71.9	80.5	69.9	2013-04-26
B3	71.3	79.8	72.6	2013-04-25
B5	71.0	79.6	68.4	2013-05-04
B6	68.7	79.3	66.5	2013-05-21
B7	64.0	76.3		2013-03-29
B8	58.5	73.7		2013-03-29
C1	72.7	80.8	65.4	
C2	72.9	80.8	71.6	2013-05-21
C3	72.1	80.8	74.4	2013-04-26
C5	70.0	80.3	69.8	2013-05-21
C6	70.0	79.9	66.3	
C7	67.3	78.9	65.2	2013-06-18
C8	63.3	77.6	65.5	
C9	60.8	75.9	65.3	
D1	73.1	81.2	69.4	
D2	72.3	81.1	65.8	
D3	71.7	80.7	74.3	2013-04-26
D5	71.2	80.4	67.2	
D7	67.6	78.7	66.2	
D8	65.1	77.6	67.8	
E1	73.7	81.2	68.6	
E2	72.9	80.8	69.0	2013-06-23
E3	71.1	80.5	69.6	2013-06-25
E5	71.4	80.3	65.6	
E6	70.7	79.5	65.0	
F1	72.0	81.6	70.9	
F2	72.3	80.9	66.9	
F3	73.6	81.2	67.0	2013-07-05

从表 12-17、图 12-80 和图 12-81 该露天矿边坡位移速率角（切线角）的变化情况可以看出，在 2012 年 12 月 6 日~2013 年 2 月 2 日，各监测点的位移速率角在 58.5°~73.7°之

间，在 2012 年 2 月 3 日~2013 年 3 月 31 日，各监测点的位移速率角在 73.7°~81.6°之间，表明该露天矿边坡体在从变形阶段一演化到变形阶段二的演化过程中，边坡体上所有监测点的位移速率角均呈增大的趋势，从 4 月 1 日开始，随着削坡削载工程的开展，边坡的变形速率逐渐减小。表明边坡监测点的位移速率角能准确地刻画边坡的变形演化过程。

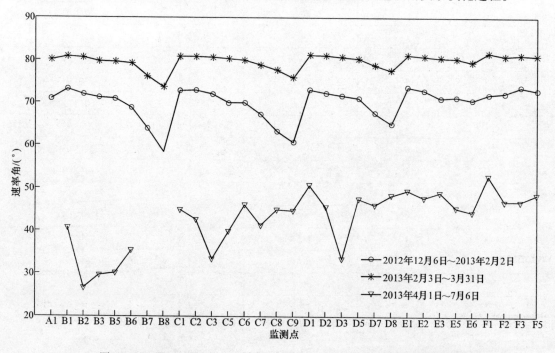

图 12-80　监测点在 2012 年 12 月 6 日~2013 年 7 月 6 日期间分时间段

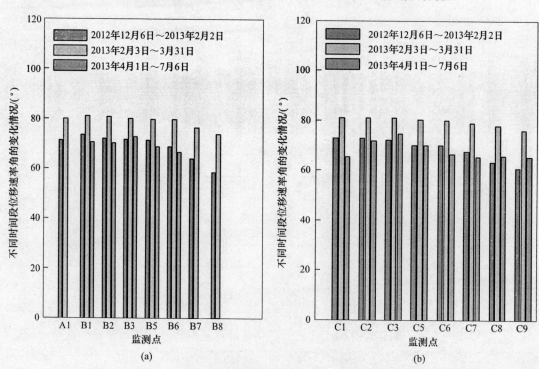

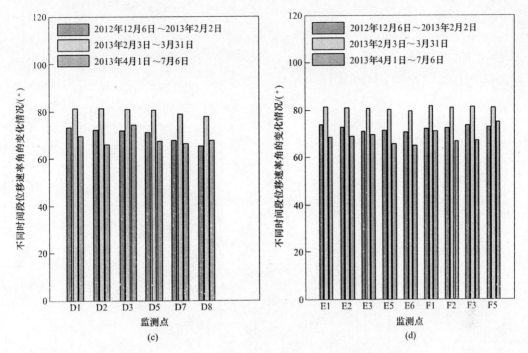

图 12-81　监测点在不同时间段上的位移速率角的变化情况

12.5.3.2　2018 年 9 月 11 日～2019 年 6 月 11 日该边坡位移速率角（切线角）变化情况分析

根据上面对该露天矿边坡的变形演化阶段的判别，选取该露天矿边坡体上所有监测点的累积位移量（表 12-18），根据式（8-5），计算得出在各变形阶段内边坡体上各监测点的位移速率角（表 12-19）。

表 12-18　监测点的累积总位移量　　　　　　　　　　　　　　　（mm）

监测点	2018-09-11～2018-10-14（共计 33 天）	2018-09-11～2019-01-31（共计 142 天）	2018-09-11～2019-06-11（共计 273 天）	监测点安装的时间	测点损坏或拆除时间	监测总时间/d
A1	27.8	279.7	464.9			273
A2	31.9	306.8	491.8			273
A3	42.9	344.6	532.0			273
B1		29.6	264.7	2019-01-15		147
B2	26.0	256.7	442.3		2019-04-14	215
B3	29.7	290.7	485.0			273
B4	33.8	331.5	532.9			273
C1	15.8	162.6	362.1			273
C2	22.1	231.2	426.6			273
C3		148.9	368.0	2018-11-19		204
C4	34.7	356.5	563.7			273

监测点	2018-09-11~ 2018-10-14 （共计 33 天）	2018-09-11~ 2019-01-31 （共计 142 天）	2018-09-11~ 2019-06-11 （共计 273 天）	监测点安装 的时间	测点损坏或 拆除时间	监测总时间 /d
C5	40.0	426.2	647.6			273
C6		288.3	531.2	2018-11-18		205
C7	39.8	301.3		2018-09-25	2018-11-22	58
C8	64.9	711.4	979.4			273
C9	50.5	487.7	751.4			273
C10		374.0	642.9	2018-11-19		204
C11		345.9	606.8	2018-11-19		204
C12		314.7	565.8	2018-11-19		204
C13		192.5	428.1	2018-11-19		204
C14		397.5	669.0	2018-11-19		204
C15		359.5	627.7	2018-11-19		204
D1	14.1	159.6	370.1			273
D2	18.5	215.1	431.9			273
D5		210.2	608.9			273
D9		407.5	711.6	2018-11-19		204
D11		348.3	597.7	2018-11-19	2019-04-02	134
D12		394.8	682.7	2018-11-19		204
D13		353.2	621.1	2018-11-19		204
D14		388.4	674.5	2018-11-19		204
D15		401.6	699.7	2018-11-19		204
D16		392.9	672.7	2018-11-19		204
D17		349.1	622.4	2018-11-19		204
D18		151.4	380.9	2018-11-19		204
D19		16.2	139.6	2019-01-15		204
D20		31.9	177.3	2019-01-15		204
E1	2.8	59.9	293.7			273
E2	8.3	134.4	372.4			273
E3	14.8	138.5	138.5			273
E4	33.5	370.7	586.6			273
E5	58.1	653.7	921.7			273
E6	70.3	756.1	1010.0			273
E7	56.5	657.1	927.7			273
E8	44.7	540.8	784.4			273
E9	31.9	238.0	350.9			273
E10		17.8	132.7	2018-11-19		204
E11		33.8	140.9	2018-11-19		204

监测点	2018-09-11~2018-10-14（共计 33 天）	2018-09-11~2019-01-31（共计 142 天）	2018-09-11~2019-06-11（共计 273 天）	监测点安装的时间	测点损坏或拆除时间	监测总时间/d
E12			29.3	2019-03-23		80
E13			38.7	2019-03-23		80
F1	51.7	486.7	731.5			273
F2	40.0	500.3	725.5		2019-05-07	238
F3	32.1	134.8	139.9			273
F4		58.7	92.2	2018-10-16	2019-02-27	273
F5		72.3	149.1			273
F6		40.9	138.9	2018-11-19		204
F7		119.1	212.9	2018-11-19	2019-04-04	136
F8		161.0	292.1	2018-11-19	2019-04-30	162
F9		217.8	379.4	2018-11-19		204
F10		284.8	508.0	2018-11-19		204
F11		328.4	355.4	2018-11-19	2019-02-06	79
F12		354.6	590.1	2018-11-19	2019-04-14	146
F13		355.6	609.9	2018-11-19		204
F14		318.5	572.3	2018-11-19		204
G1	89.8	966.1	1269.2		2019-04-14	215
G2	109.1	1116.3	1446.9			273
G3	86.3	949.8	1285.2			273
G4	91.6	960.1	1320.2			273
G5	83.1	878.6	1226.8			273
G6	66.7	773.2	1078.4			273
G7	60.9	772.4	1090.2			273
G8	39.6	509.9	770.7			273
G9	33.5	439.0	670.6			273
G10	31.8	357.8	534.1			273
G11	31.3	285.3	408.0			273
G12	28.0	183.0	279.8			273
G13	56.7	215.4	287.6		2019-05-15	246
G14	87.3	218.5	240.1		2019-02-25	167
G15	100.1	187.8			2019-01-03	114
G16	112.3	174.2			2018-12-25	105
G17	70.1	93.7			2018-12-25	105
G18	35.4				2018-09-30	19
G19	14.7				2018-09-30	19
G20	4.5				2018-09-29	18

表 12-19　各变形阶段内边坡体上各监测点的位移速率角　　　　　　　（°）

监测点	2018-09-11~ 2018-10-14（共计 33 天）	2018-10-15~ 2019-01-31（共计 109 天）	2019-01-01~ 2019-06-11（共计 131 天）	监测点安装的时间	测点损坏或拆除时间	监测总时间/d
A1	40.1	66.6	43.3			273
A2	44.0	68.4	43.3			273
A3	52.4	70.1	43.6			273
B1		61.6	50.1	2019-01-15		147
B2	38.2	64.7	43.4		2019-04-14	215
B3	42.0	67.3	44.7			273
B4	45.7	69.9	45.7			273
C1	25.6	53.4	45.4			273
C2	33.8	62.5	44.8			273
C3		63.9	48.1	2018-11-19		204
C4	46.4	71.3	46.5			273
C5	50.5	74.2	48.4			273
C6		75.6	51.0	2018-11-18		205
C7	64.5	67.4		2018-09-25	2018-11-22	58
C8	63.1	80.4	53.8			273
C9	56.8	76.0	53.3			273
C10		79.0	53.8	2018-11-19		204
C11		78.1	53.0	2018-11-19		204
C12		76.9	52.0	2018-11-19		204
C13		69.2	50.2	2018-11-19		204
C14		79.6	54.1	2018-11-19		204
C15		78.5	53.8	2018-11-19		204
D1	23.1	53.2	47.0			273
D2	29.2	61.0	47.8			273
D5		62.6	63.8			273
D9		79.8	57.1	2018-11-19		204
D11		78.2	51.8	2018-11-19	2019-04-02	134
D12		79.5	55.7	2018-11-19		204
D13		78.3	53.7	2018-11-19		204
D14		79.4	55.5	2018-11-19		204
D15		79.7	56.6	2018-11-19		204
D16		79.5	54.9	2018-11-19		204
D17		78.2	54.3	2018-11-19		204
D18		64.3	49.4	2018-11-19		204

监测点	2018-09-11~ 2018-10-14 （共计 33 天）	2018-10-15~ 2019-01-31 （共计 109 天）	2019-01-01~ 2019-06-11 （共计 131 天）	监测点安装 的时间	测点损坏或 拆除时间	监测总时间 /d
D19		45.3	32.1	2019-01-15		204
D20		63.4	36.5	2019-01-15		204
E1	3.2	27.7	49.9			273
E2	9.5	49.2	50.5			273
E3	16.7	48.6				273
E4	34.1	72.1	47.7			273
E5	49.5	79.6	53.7			273
E6	54.8	81.0	52.3			273
E7	48.8	79.7	54.0			273
E8	42.1	77.6	51.1			273
E9	32.8	62.1	29.9			273
E10		9.3	30.3	2018-11-19		204
E11		17.2	28.6	2018-11-19		204
E12			20.1	2019-03-23		80
E13			25.8	2019-03-23		80
F1	46.2	75.9	51.2			273
F2	38.9	76.7	48.9		2019-05-07	238
F3	33.0	43.3	1.5			273
F4		28.3	9.7	2018-10-16	2019-02-27	273
F5		33.5	21.3			273
F6		20.6	26.5	2018-11-19		204
F7		47.5	25.5	2018-11-19	2019-04-04	136
F8		55.9	33.7	2018-11-19	2019-04-30	162
F9		63.4	39.4	2018-11-19		204
F10		69.1	48.6	2018-11-19		204
F11		71.6	23.5	2018-11-19	2019-02-06	79
F12		72.9	50.2	2018-11-19	2019-04-14	146
F13		73.0	52.3	2018-11-19		204
F14		71.1	52.3	2018-11-19		204
G1	61.1	82.9	57.0		2019-04-14	215
G2	65.6	83.8	59.3			273
G3	60.2	82.8	59.6			273
G4	61.6	82.8	61.4			273
G5	59.2	82.2	60.6			273

监测点	2018-09-11~2018-10-14（共计 33 天）	2018-10-15~2019-01-31（共计 109 天）	2019-01-01~2019-06-11（共计 131 天）	监测点安装的时间	测点损坏或拆除时间	监测总时间/d
G6	53.4	81.2	57.2			273
G7	50.9	81.3	58.3			273
G8	38.6	77.0	53.0			273
G9	34.1	75.0	49.7			273
G10	32.7	71.5	41.9			273
G11	32.3	66.8	32.0			273
G12	29.5	54.9	26.2			273
G13	48.9	55.5	24.8		2019-05-15	246
G14	60.5	50.3	29.9		2019-02-25	167
G15	63.7	46.9			2019-01-03	114
G16	66.2	40.3			2018-12-25	105
G17	54.8	18.1			2018-12-25	105
G18	51.2				2018-09-30	19
G19	27.2				2018-09-30	19
G20	8.9				2018-09-29	18

从图 12-82~图 12-87 该露天矿边坡位移速率角（切线角）的变化情况可以看出，第一

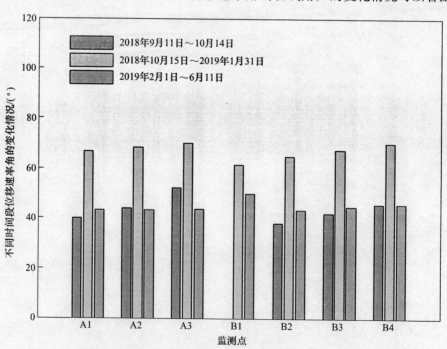

图 12-82　A、B 两组监测点在不同时间段位移速率的变化情况

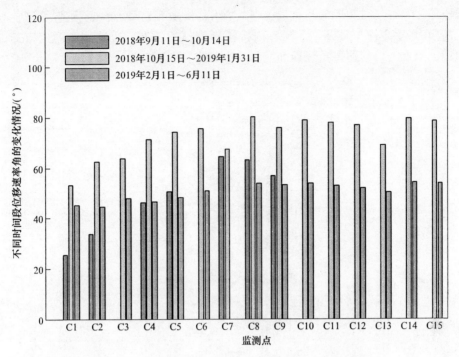

图 12-83　C 组监测点在不同时间段位移速率的变化情况

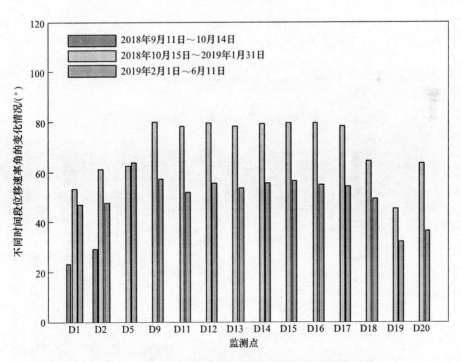

图 12-84　D 组监测点在不同时间段位移速率的变化情况

时间段（2018 年 9 月 11 日～2018 年 10 月 14 日）发展到第二时间段（2019 年 10 月 15 日～2019 年 1 月 31 日）各监测点的位移速率角呈增大的趋势，表明该露天矿边坡体从第一时间段演化到第二时间段的演化过程中，边坡体上所有监测点的位移速率角均呈增大的趋势，从 2019 年 2 月 1 日开始，随着内排压脚措施的开展，边坡的变形速率逐渐减小。表明边坡监测点的位移速率角能准确地刻画边坡的变形演化过程。

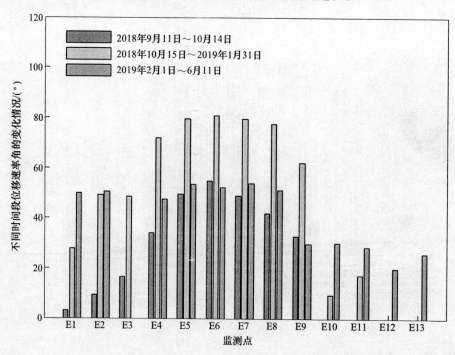

图 12-85　E 组监测点在不同时间段位移速率的变化情况

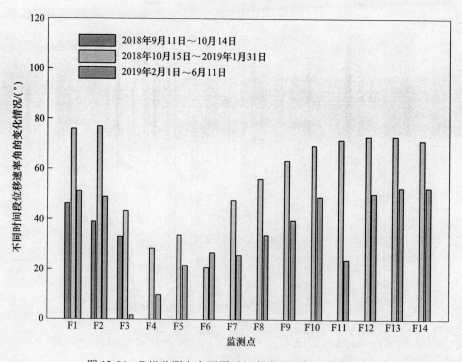

图 12-86　F 组监测点在不同时间段位移速率的变化情况

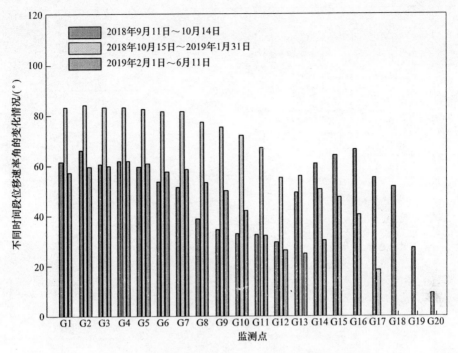

图 12-87 F 组监测点在不同时间段位移速率的变化情况

12.5.4 云南某露天矿边坡变形时空特征分析

12.5.4.1 2012 年 12 月 6 日~2013 年 2 月 2 日该边坡变形时空特性分析

根据上一节对该露天矿边坡的变形演化阶段的划分，和 8.3.1 节介绍的边坡位移矢量角计算公式（8-11）和式（8-12），选取各变形阶段累积水平位移和累积下沉量（表 12-20 和表 12-21），计算得出在各变形阶段内边坡体上各监测点的位移矢量角（表 12-22）。

表 12-20 监测点的累积水平位移量　　　　　　　　　　　（mm）

监测点	2012-12-06~ 2013-02-02 （共计 58 天）	2012-12-06~ 2013-03-31 （共计 115 天）	2012-12-06~ 2013-07-06 （共计 212 天）	测点损坏或 拆除时间	监测总时间 /d
A1	119.5	365.5		2013-03-31	115
B1	142.5	399.2	513.8	2013-05-21	166
B2	126.1	385.6	440.7	2013-04-26	141
B3	121.9	360.0	425.9	2013-04-25	140
B5	124.7	367.8	440.6	2013-05-04	149
B6	111.6	343.3	444.3	2013-05-21	166
B7	99.9	296.9		2013-03-29	113
B8	77.9	235.6		2013-03-29	113
C1	135.8	388.4	564.6		212

监测点	2012-12-06~ 2013-02-02 （共计 58 天）	2012-12-06~ 2013-03-31 （共计 115 天）	2012-12-06~ 2013-07-06 （共计 212 天）	测点损坏或 拆除时间	监测总时间 /d
C2	128. 3	375. 5	507. 5	2013-05-21	166
C3	126. 2	381. 1	461. 2	2013-04-26	141
C5	113. 5	364. 4	479. 6	2013-05-21	166
C6	115. 5	349. 5	547. 4		212
C7	108. 1	333. 8	487. 8	2013-06-18	194
C8	97. 1	310. 4	508. 3		212
C9	87. 5	278. 4	489. 5		212
D1	146. 4	426. 5	661. 1		212
D2	137. 3	399. 9	582. 0		212
D3	133. 5	395. 8	471. 9	2013-04-26	141
D5	131. 4	386. 9	597. 6		212
D7	109. 8	323. 4	532. 9		212
D8	95. 3	290. 5	529. 5		212
E1	161. 7	442. 9	664. 3		212
E2	154. 8	442. 5	635. 5	2013-06-23	199
E3	141. 0	415. 5	622. 6	2013-06-25	201
E5	137. 7	401. 1	590. 6		212
E6	124. 8	360. 4	547. 3		212
F1	170. 5	537. 2	805. 5		212
F2	171. 2	504. 7	722. 8		212
F3	185. 9	527. 5	743. 2	2013-07-05	211
F5	155. 8	431. 5	576. 2	2013-05-21	166

表 12-21　监测点的累积下沉量　　　　　　　　　　（mm）

监测点	2012-12-06~ 2013-02-02	2012-12-06~ 2013-03-31	2012-12-06~ 2013-07-06	测点损坏或 拆除时间	监测总时间 /d
A1	119. 2	332. 1		2013-03-31	115
B1	128. 1	372. 0	457. 4	2013-05-21	166
B2	125. 0	348. 1	393. 0	2013-04-26	141
B3	120. 2	327. 3	373. 5	2013-04-25	140
B5	113. 4	305. 7	352. 6	2013-05-04	149
B6	98. 5	289. 5	351. 3	2013-05-21	166
B7	65. 0	190. 1		2013-03-29	113

监测点	2012-12-06~2013-02-02	2012-12-06~2013-03-31	2012-12-06~2013-07-06	测点损坏或拆除时间	监测总时间/d
B8	53.1	167.9		2013-03-29	113
C1	128.0	372.9	494.0		212
C2	138.1	390.6	474.9	2013-05-21	166
C3	127.0	366.7	417.1	2013-04-26	141
C5	112.0	333.4	412.2	2013-05-21	166
C6	109.0	328.9	437.9		212
C7	87.1	268.9	347.7	2013-06-18	194
C8	61.9	210.5	294.0		212
C9	56.0	177.2	229.5		212
D1	122.2	363.6	482.8		212
D2	118.8	367.7	487.9		212
D3	114.0	341.8	394.9	2013-04-26	141
D5	107.6	326.2	431.5		212
D7	88.6	279.5	368.0		212
D8	80.3	250.5	324.6		212
E1	115.0	355.1	472.4		212
E2	108.0	311.2	416.5	2013-06-23	199
E3	93.6	293.3	400.4	2013-06-25	201
E5	103.6	307.5	409.0		212
E6	108.7	308.6	406.3		212
F1	50.8	175.0	254.1		212
F2	60.3	183.5	249.6		212
F3	65.9	202.2	270.4	2013-07-05	211
F5	107.5	334.4	454.0	2013-05-21	166

表 12-22 各变形阶段内边坡体上各监测点的位移矢量角　　　　　（°）

监测点	2012-12-06~2013-02-02	2012-12-06~2013-03-31	2012-12-06~2013-07-06	监测点损坏或拆除时间
A1	45.0	42.3		2013-03-31
B1	42.0	42.9	41.7	2013-05-21
B2	44.7	42.0	41.7	2013-04-26
B3	44.7	42.3	41.3	2013-04-25
B5	42.3	39.7	38.7	2013-05-04

监测点	2012-12-06~ 2013-02-02	2012-12-06~ 2013-03-31	2012-12-06~ 2013-07-06	监测点损坏或 拆除时间
B6	41.3	40.0	38.3	2013-05-21
B7	33.0	32.6		2013-03-29
B8	34.2	35.4		2013-03-29
C1	43.2	43.8	41.0	
C2	47.2	46.1	43.2	2013-05-21
C3	45.3	43.8	42.0	2013-04-26
C5	44.7	42.3	40.7	2013-05-21
C6	43.2	43.2	38.7	
C7	39.0	39.0	35.4	2013-06-18
C8	32.6	34.2	30.1	
C9	32.6	32.6	25.2	
D1	39.7	40.4	36.1	
D2	41.0	42.6	40.0	
D3	40.4	40.7	40.0	2013-04-26
D5	39.4	40.0	35.8	
D7	39.0	40.7	34.6	
D8	40.0	40.7	31.4	
E1	35.4	38.7	35.4	
E2	35.0	35.0	33.4	2013-06-23
E3	33.4	35.4	32.6	2013-06-25
E5	36.9	37.6	34.6	
E6	41.0	40.7	36.5	
F1	18.7	18.3	17.7	
F2	20.3	19.8	19.3	
F3	21.2	20.8	19.8	2013-07-05
F5	34.6	38.0	38.3	2013-05-21

根据表 12-22 和图 12-88~图 12-90，以及该露天矿边坡的坡度（该露天矿边坡的坡度在 42°~46°之间），分析该露天矿边坡的空间变形特征，可以得出，该边坡体上坡顶的监测点的位移矢量角近似等于边坡角，说明边坡顶部沿边坡面发生滑动，但边坡西边底部的监测点（F1、F2、F3）的位移矢量角较小，在 20°左右，该部位为边坡鼓出最为严重的部位，边坡体的东上部分的监测点的位移矢量角在 20°~35°之间，说明该部位也出现鼓出现

象，在边坡的中部，监测点位移矢量角在 35°~42° 之间，说明该部位出现轻微的鼓出现象，是由边坡体西边底部溃屈破坏引起的。随着时间的推移，该露天矿边坡体上的所有监测点的位移矢量角呈整体减小的趋势，表明该露天矿边坡的变形时间特征为整体缓慢向外鼓出。

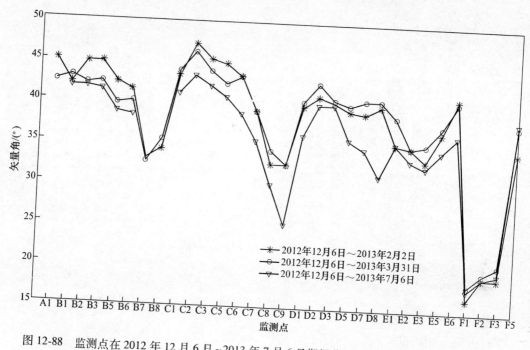

图 12-88 监测点在 2012 年 12 月 6 日~2013 年 7 月 6 日期间分时间段位移矢量角的变化情况

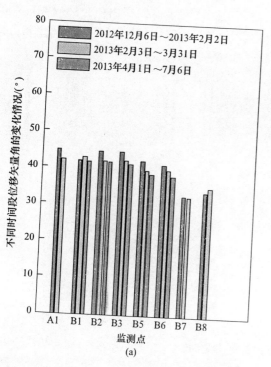

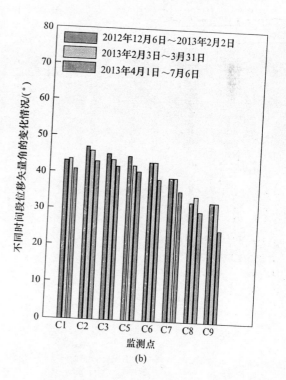

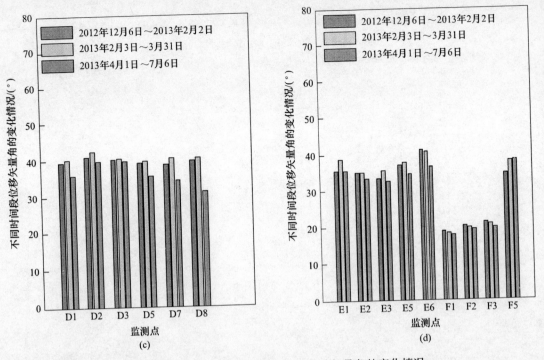

图 12-89　监测点在不同时间段上的位移矢量角的变化情况

选取 5 号监测线上的 6 个监测点，它们自上而下分别是 A1、B3、C5、D5、E5、F5，并对它们的位移矢量角的空间变形特征进行分析，其分析结果如图 12-90 所示，为了能直观分析位移矢量角与边坡角之间的关系，本书将边坡监测点的位移量扩大 1000 表示，这样能明显看出边坡位移矢量角的空间变化特征。从图中可以得出，边坡的变形空间特征为：（1）在边坡体的中上部，边坡体沿边坡面向下滑移；（2）在边坡体的底部，边坡体沿边坡向外鼓出。

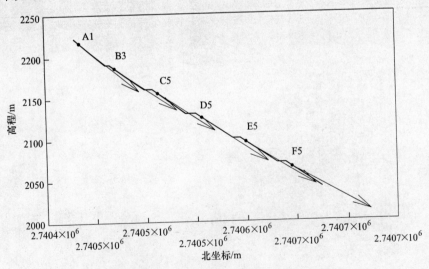

图 12-90　5 号监测线上的监测点的位移矢量角的空间变化特征

根据上一节对该露天矿边坡的变形演化阶段的划分，和 8.3.1 节介绍的边坡位移方位角的计算公式（8-13），选取各变形阶段在南北方向和东西方向上的累积变形量（表 12-23 和表 12-24），计算得出在各变形阶段内边坡体上各监测点的运动方位角（表 12-25）。

表 12-23　在临空面（南北）方向上累积变形量　　　　　　　　　　（mm）

监测点	2012-12-06~ 2013-02-02 （共计 58 天）	2013-12-06~ 2013-03-31 （共计 115 天）	2013-12-06~ 2013-07-06 （共计 212 天）	测点损坏或 拆除时间	监测总时间 /d
A1	71.5	267.4		2013-03-31	115
B1	69.8	228.4	313.99	2013-05-21	166
B2	65.7	249.8	288.53	2013-04-26	141
B3	70.7	245.0	293.73	2013-04-25	140
B5	78.6	261.5	317.21	2013-05-04	149
B6	74.2	261.6	336.76	2013-05-21	166
B7	75.3	249.5		2013-03-29	113
B8	62.0	212.5		2013-03-29	113
C1	35.5	157.1	280.13		212
C2	50.6	201.1	315.33	2013-05-21	166
C3	54.0	214.9	287.05	2013-04-26	141
C5	65.5	223.2	331.6	2013-05-21	166
C6	63.3	234.9	416.97		212
C7	68.5	243.5	373.16	2013-06-18	194
C8	67.5	253.4	424.31		212
C9	68.6	244.9	425.5		212
D1	42.6	174.2	409.48		212
D2	44.7	188.9	321.91		212
D3	45.7	195.9	252.26	2013-04-26	141
D5	59.9	216.6	396.67		212
D7	53.4	205.7	403.21		212
D8	62.7	222.3	440.08		212
E1	57.8	185.9	389.42		212
E2	47.7	179.5	333.24	2013-06-23	199
E3	47.8	174.7	335.22	2013-06-25	201
E5	50.3	177.6	324.75		212
E6	47.3	175.7	317.93		212
F1	60.7	227.8	403.64		212
F2	54.5	203.1	369.34		212
F3	48.2	168.1	310.79	2013-07-05	211
F5	43.4	155.2	261.78	2013-05-21	166

表 12-24　在沿边坡走向（东西）方向上累积变形量　　　　（mm）

监测点	2012-12-06~ 2013-02-02 （共计 58 天）	2013-12-06~ 2013-03-31 （共计 115 天）	2013-12-06~ 2013-07-06 （共计 212 天）	测点损坏或 拆除时间	监测总时间 /d
A1	95.7	249.1		2013-03-03	115
B1	124.2	327.4	406.6	2013-05-02	166
B2	107.7	293.7	333.2	2013-04-02	141
B3	99.3	263.8	308.4	2013-04-02	140
B5	96.8	258.6	305.7	2013-05-04	149
B6	83.3	222.3	289.8	2013-05-02	166
B7	65.6	161.0		2013-03-02	113
B8	47.2	101.8		2013-03-02	113
C1	131.0	355.2	490.2		212
C2	117.9	317.1	397.6	2013-05-02	166
C3	114.1	314.7	361.0	2013-04-02	141
C5	92.7	288.0	346.5	2013-05-02	166
C6	96.7	258.8	354.7		212
C7	83.6	228.3	314.2	2013-06-01	194
C8	69.8	179.3	279.8		212
C9	54.4	132.4	242.0		212
D1	140.1	389.3	519.0		212
D2	129.8	352.5	484.8		212
D3	125.4	343.9	398.8	2013-04-02	141
D5	116.9	320.6	447.0		212
D7	96.0	249.5	348.5		212
D8	71.8	187.0	294.4		212
E1	151.0	402.0	538.2		212
E2	147.3	404.5	541.1	2013-06-02	199
E3	132.6	377.1	524.6	2013-06-02	201
E5	128.2	359.6	493.3		212
E6	115.5	314.7	445.5		212
F1	159.3	486.5	697.1		212
F2	162.3	462.0	621.2		212
F3	179.5	499.7	675.1	2013-07-05	211
F5	149.7	402.6	513.3	2013-05-02	166

　　从表 12-25、图 12-91 和图 12-92 可以得出，在 2012 年 12 月 6 日~2013 年 2 月 2 日，监测点 B7、B8、C9 的方位角小于 45°，其余监测点的方位角均大于 45°，表明边坡体所有监测点（除监测点 B7、B8、C9 外）在沿边坡走向（东西）方向上的变形量大于在临空面

方向上的变形量；边坡体东部的监测点在沿边坡走向（东西）方向上的变形量小于在临空面方向上的变形量，边坡体中部和西部的监测点在沿边坡走向（东西）方向上的变形量大于在临空面方向上的变形量。随着时间的推移，各监测点的运动方位角呈整体减小的趋势，表明边坡体的变形随着时间的推移，边坡体整体出现逐步向偏北方向（临空面方向）运动的特征。

表 12-25　边坡体上各监测点在以下三段时间内的运动方位角　　　　（°）

监测点	2012-12-06~ 2013-02-02 （共计 58 天）	2013-12-06~ 2013-03-31 （共计 115 天）	2013-12-06~ 2013-07-06 （共计 212 天）	测点损坏或拆除时间	监测总时间 /d
A1	53.2	43.0		2013-03-31	115
B1	60.7	55.1	52.3	2013-05-21	166
B2	58.6	49.6	49.1	2013-04-26	141
B3	54.6	47.1	46.4	2013-04-25	140
B5	50.9	44.7	43.9	2013-05-04	149
B6	48.3	40.3	40.7	2013-05-21	166
B7	41.0	32.8		2013-03-29	113
B8	37.3	25.6		2013-03-29	113
C1	74.8	66.1	60.3		212
C2	66.8	57.6	51.6	2013-05-21	166
C3	64.7	55.7	51.5	2013-04-26	141
C5	54.8	52.2	46.3	2013-05-21	166
C6	56.8	47.8	40.4		212
C7	50.7	43.2	40.1	2013-06-18	194
C8	45.9	35.3	33.4		212
C9	38.4	28.4	29.6		212
D1	73.1	65.9	51.7		212
D2	71.0	61.8	56.4		212
D3	70.0	60.3	57.7	2013-04-26	141
D5	62.9	56.0	48.4		212
D7	60.9	50.5	40.8		212
D8	48.9	40.1	33.8		212
E1	69.0	65.2	54.1		212
E2	72.1	66.1	58.4	2013-06-23	199
E3	70.2	65.1	57.4	2013-06-25	201
E5	68.6	63.7	56.6		212
E6	67.7	60.8	54.5		212
F1	69.2	64.9	59.9		212
F2	71.4	66.3	59.3		212
F3	75.0	71.4	65.3	2013-07-05	211
F5	73.8	68.9	63.0	2013-05-21	166

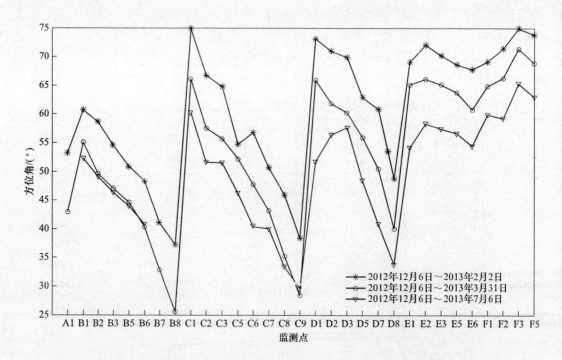

图 12-91　监测点在 2012 年 12 月 6 日~2013 年 7 月 6 日期间分时间段
运动方位角的变化情况

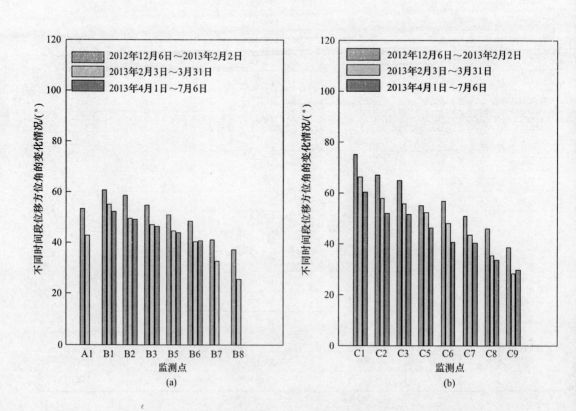

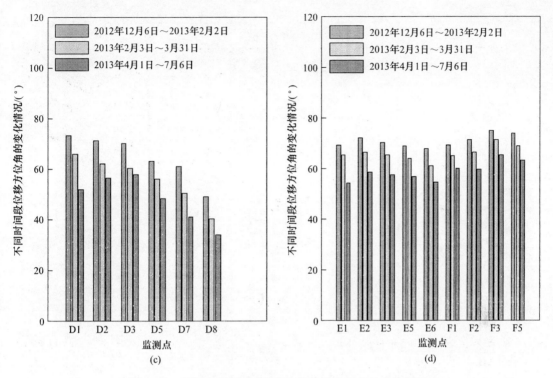

图 12-92 监测点在不同时间段上的位移方位角的变化情况

12.5.4.2 2018年9月11日~2019年6月11日该边坡变形时空特性分析

根据上一节对该露天矿边坡的变形演化阶段的划分和 8.3.1 节介绍的边坡位移矢量角计算公式（8-11）和式（8-12），选取各变形阶段累积水平位移和累积下沉量（表 12-26 和表 12-27），计算得出在各变形阶段内边坡体上各监测点的位移矢量角（表 12-28）。

表 12-26 监测点的累积水平位移量 （mm）

监测点	2018-09-11~ 2018-10-14 （共计 33 天）	2018-09-11~ 2019-01-31 （共计 142 天）	2018-09-11~ 2019-06-11 （共计 273 天）	监测点安装 的时间	测点损坏或 拆除时间	监测总时间 /d
A1	21.8	224.6	407.5			273
A2	23.6	236.3	416.8			273
A3	26.5	261.8	442.0			273
B1		26.3	258.5	2019-01-15		147
B2	21.7	212.6	402.0		2019-04-14	215
B3	22.1	227.4	418.1			273
B4	26.2	259.6	455.0			273
C1	11.5	135.0	340.9			273
C2	14.6	180.6	381.7			273
C3		119.9	337.3	2018-11-19		204
C4	26.5	286.2	486.2			273

监测点	2018-09-11~ 2018-10-14 （共计 33 天）	2018-09-11~ 2019-01-31 （共计 142 天）	2018-09-11~ 2019-06-11 （共计 273 天）	监测点安装 的时间	测点损坏或 拆除时间	监测总时间 /d
C5	32.1	351.5	561.0			273
C6		231.2	453.0	2018-11-18		205
C7		222.9	222.9	2018-09-25	2018-11-22	58
C8	47.6	527.2	763.4			273
C9	41.1	422.9	681.0			273
C10		274.6	513.7	2018-11-19		204
C11		254.4	488.2	2018-11-19		204
C12		239.9	466.4	2018-11-19		204
C13		165.0	395.8	2018-11-19		204
C14		302.5	541.0	2018-11-19		204
C15		268.1	506.4	2018-11-19		204
D1	9.7	136.4	353.7			273
D2	13.8	184.0	404.9			273
D5		169.2	527.3			273
D9		325.9	609.1	2018-11-19		204
D11		283.0	494.2	2018-11-19	2019-04-02	134
D12		304.2	568.2	2018-11-19		204
D13		265.3	514.6	2018-11-19		204
D14		295.8	558.4	2018-11-19		204
D15		324.8	597.9	2018-11-19		204
D16		296.5	543.1	2018-11-19		204
D17		256.9	505.1	2018-11-19		204
D18		120.3	349.8	2018-11-19		204
D19		16.0	139.6	2019-01-15		204
D20		28.3	173.6	2019-01-15		204
E1	2.7	59.9	293.6			273
E2	7.3	128.6	369.0			273
E3	12.9	127.0	127.0			273
E4	26.8	296.8	508.3			273
E5	42.9	499.2	747.8			273
E6	51.1	601.8	825.2			273
E7	40.1	490.9	734.6			273
E8	32.4	419.7	645.7			273
E9	21.5	186.3	309.0			273

监测点	2018-09-11~ 2018-10-14 （共计33天）	2018-09-11~ 2019-01-31 （共计142天）	2018-09-11~ 2019-06-11 （共计273天）	监测点安装 的时间	测点损坏或 拆除时间	监测总时间 /d
E10		17.7	132.5	2018-11-19		204
E11		30.9	140.7	2018-11-19		204
E12			29.2	2019-03-23		80
E13			38.4	2019-03-23		80
F1	38.1	351.2	577.9			273
F2	29.2	382.8	589.8		2019-05-7	238
F3	30.3	134.5	139.8			273
F4		58.1	92.0	2018-10-16	2019-02-27	273
F5		72.1	148.7			273
F6		38.1	138.8	2018-11-19		204
F7		103.5	203.4	2018-11-19	2019-04-04	136
F8		148.3	285.1	2018-11-19	2019-04-30	162
F9		189.6	359.1	2018-11-19		204
F10		223.3	434.8	2018-11-19		204
F11		239.2	259.8	2018-11-19	2019-02-06	79
F12		249.0	465.1	2018-11-19	2019-04-14	146
F13		285.1	525.7	2018-11-19		204
F14		274.3	522.3	2018-11-19		204
G1	87.4	937.2	1243.3		2019-04-14	215
G2	106.4	1079.7	1413.5			273
G3	85.0	931.8	1267.2			273
G4	90.5	951.7	1310.9			273
G5	82.9	873.2	1220.7			273
G6	64.1	705.7	1002.0			273
G7	59.7	702.1	1002.2			273
G8	38.3	458.8	705.9			273
G9	31.6	392.1	614.2			273
G10	28.0	315.0	494.1			273
G11	25.6	246.7	379.8			273
G12	20.9	159.4	265.5			273
G13	36.3	161.9	250.7		2019-05-15	246
G14	57.5	166.4	194.8		2019-02-25	167
G15	67.6	141.6	141.6		2019-01-03	114
G16	78.0	130.5	130.5		2018-12-25	105

监测点	2018-09-11~ 2018-10-14 （共计 33 天）	2018-09-11~ 2019-01-31 （共计 142 天）	2018-09-11~ 2019-06-11 （共计 273 天）	监测点安装 的时间	测点损坏或 拆除时间	监测总时间 /d
G17	43.2	66.1	66.1		2018-12-25	105
G18	25.8		25.8		2018-09-30	19
G19	10.3		10.3		2018-09-30	19
G20	3.6		3.6		2018-09-29	18

表 12-27　监测点的累积下沉量　　　　　　　　　　（mm）

监测点	2018-09-11~ 2018-10-14 （共计 33 天）	2018-09-11~ 2019-01-31 （共计 142 天）	2018-09-11~ 2019-06-11 （共计 273 天）	监测点安装 的时间	测点损坏或 拆除时间	监测总时间 /d
A1	-17.3	-166.8	-223.7			273
A2	-21.4	-195.6	-261.0			273
A3	-33.7	-224.1	-296.1			273
B1		-13.7	-57.1	2019-01-15		147
B2	-14.4	-143.8	-184.5		2019-04-14	215
B3	-19.9	-181.1	-245.8			273
B4	-21.4	-206.1	-277.6			273
C1	-10.9	-90.5	-121.9			273
C2	-16.6	-144.3	-190.4			273
C3		-88.2	-147.1	2018-11-19		204
C4	-22.4	-212.5	-285.2			273
C5	-23.9	-241.1	-323.7			273
C6		-172.3	-277.5	2018-11-18		205
C7		-202.7	-202.7	2018-09-25	2018-11-22	58
C8	-44.2	-477.6	-613.6			273
C9	-29.3	-243.0	-317.4			273
C10		-253.9	-386.5	2018-11-19		204
C11		-234.4	-360.3	2018-11-19		204
C12		-203.7	-320.4	2018-11-19		204
C13		-99.1	-163.2	2018-11-19		204
C14		-257.9	-393.7	2018-11-19		204
C15		-239.5	-370.9	2018-11-19		204
D1	-10.3	-83.0	-109.0			273
D2	-12.2	-111.4	-150.3			273
D5		-124.8	-304.6			273
D9		-244.7	-368.0	2018-11-19		204

监测点	2018-09-11~ 2018-10-14 （共计 33 天）	2018-09-11~ 2019-01-31 （共计 142 天）	2018-09-11~ 2019-06-11 （共计 273 天）	监测点安装 的时间	测点损坏或 拆除时间	监测总时间 /d
D11		−203.1	−336.3	2018-11-19	2019-04-02	134
D12		−251.7	−378.5	2018-11-19		204
D13		−233.2	−347.7	2018-11-19		204
D14		−251.7	−378.4	2018-11-19		204
D15		−236.3	−363.5	2018-11-19		204
D16		−257.8	−396.9	2018-11-19		204
D17		−236.4	−363.7	2018-11-19		204
D18		−92.0	−150.7	2018-11-19		204
D19		−2.7	2.7	2019-01-15		204
D20		−14.7	−36.2	2019-01-15		204
E1	−0.3	1.6	5.6			273
E2	−3.9	−39.2	−50.1			273
E3	−7.3	−55.3	−55.3			273
E4	−2	−222.2	−292.8			273
E5	−39.1	−422.0	−538.8			273
E6	−48.2	−457.7	−582.4			273
E7	−39.9	−436.7	−566.6			273
E8	−30.8	−341.0	−445.3			273
E9	−23.6	−148.1	−166.2			273
E10		2.0	8.4	2018-11-19		204
E11		−13.8	−7.0	2018-11-19		204
E12			0.7	2019-03-23		80
E13			−5.2	2019-03-23		80
F1	−34.9	−337.0	−448.5			273
F2	−27.3	−322.1	−422.5		2019-05-07	238
F3	−10.8	−8.0	−5.9			273
F4		−8.2	−5.7	2018-10-16	2019-02-27	273
F5		4.5	10.9			273
F6		−15.0	−7.1	2018-11-19		204
F7		−59.1	−62.9	2018-11-19	2019-04-04	136
F8		−62.8	−63.1	2018-11-19	2019-04-30	162
F9		−107.2	−122.7	2018-11-19		204
F10		−176.8	−262.7	2018-11-19		204
F11		−225.0	−242.6	2018-11-19	2019-02-06	79

监测点	2018-09-11~2018-10-14（共计 33 天）	2018-09-11~2019-01-31（共计 142 天）	2018-09-11~2019-06-11（共计 273 天）	监测点安装的时间	测点损坏或拆除时间	监测总时间/d
F12		−252.5	−363.2	2018-11-19	2019-04-14	146
F13		−212.6	−309.3	2018-11-19		204
F14		−161.8	−233.9	2018-11-19		204
G1	−20.8	−234.5	−255.0		2019-04-14	215
G2	−24.3	−283.6	−309.1			273
G3	−14.9	−184.1	−214.4			273
G4	−14.4	−126.3	−156.6			273
G5	−6.0	−97.4	−122.2			273
G6	−18.4	−316.0	−398.7			273
G7	−11.7	−321.9	−429.1			273
G8	−1	−222.6	−309.5			273
G9	−11.1	−197.6	−269.2			273
G10	−15.0	−169.7	−202.6			273
G11	−18.1	−143.3	−149.1			273
G12	−18.6	−89.9	−88.4			273
G13	−43.5	−142.1	−141.0		2019-05-15	246
G14	−65.7	−141.7	−140.5		2019-02-25	167
G15	−73.8	−123.4	−123.4		2019-01-03	114
G16	−80.8	−115.4	−115.4		2018-12-25	105
G17	−55.2	−66.4	−66.4		2018-12-25	105
G18	−24.3		−24.3		2018-09-30	19
G19	−10.5		−10.5		2018-09-30	19
G20	−2.7		−2.7		2018-09-29	18

根据表 12-28 和图 12-93~图 12-98，以及该露天矿边坡的坡度（该露天矿边坡的坡度在 42°~46°之间），分析该露天矿边坡的空间变形特征，可以得出，该边坡体上底部的监测点（G1~G5）的位移矢量角在 15°以下，该部位为边坡鼓出最为严重的部位，由该边坡底部溃屈破坏引起的。随着时间的推移，该露天矿边坡体上的所有监测点的位移矢量角呈整体减小的趋势，表明该露天矿边坡的变形时间特征为整体缓慢向外鼓出。

表 12-28　边坡体上各监测点在以下三段时间内的运动矢量角　　　　（°）

监测点	2018-09-11~2018-10-14（共计 33 天）	2018-09-11~2019-01-31（共计 142 天）	2018-09-11~2019-06-11（共计 273 天）	监测点安装的时间	测点损坏或拆除时间	监测总时间/d
A1	35.9	35.8	28.8			273
A2	45.0	39.4	32.1			273

监测点	2018-09-11~ 2018-10-14 （共计 33 天）	2018-09-11~ 2019-01-31 （共计 142 天）	2018-09-11~ 2019-06-11 （共计 273 天）	监测点安装 的时间	测点损坏或 拆除时间	监测总时间 /d
A3	51.7	4	33.8			273
B1		12.5	12.5	2019-01-15		147
B2	34.2	33.9	24.7		2019-04-14	215
B3	34.1	38.3	30.4			273
B4	38.8	38.1	31.4			273
C1	20.5	33.2	19.7			273
C2	32.9	37.6	26.5			273
C3		23.6	23.6	2018-11-19		204
C4	37.4	36.4	30.4			273
C5	36.1	34.5	3			273
C6		31.5	31.5	2018-11-18		205
C7		42.3	42.3	2018-09-25	2018-11-22	58
C8	40.7	42.0	38.8			273
C9	34.6	29.4	25.0			273
C10		42.2	37.0	2018-11-19		204
C11		42.0	36.4	2018-11-19		204
C12		40.1	34.5	2018-11-19		204
C13		30.1	22.4	2018-11-19		204
C14		40.1	36.0	2018-11-19		204
C15		41.3	36.2	2018-11-19		204
D1	32.8	30.7	17.1			273
D2	46.6	30.8	20.4			273
D5		35.6	3			273
D9		36.7	31.1	2018-11-19		204
D11		35.7	34.2	2018-11-19	2019-04-02	134
D12		39.4	33.7	2018-11-19		204
D13		40.7	34.0	2018-11-19		204
D14		40.2	34.1	2018-11-19		204
D15		35.6	31.3	2018-11-19		204
D16		40.7	36.2	2018-11-19		204
D17		42.1	35.8	2018-11-19		204
D18		35.9	23.3	2018-11-19		204

监测点	2018-09-11~ 2018-10-14（共计 33 天）	2018-09-11~ 2019-01-31（共计 142 天）	2018-09-11~ 2019-06-11（共计 273 天）	监测点安装的时间	测点损坏或拆除时间	监测总时间 /d
D19		1.1	1.1	2019-01-15		204
D20		11.8	11.8	2019-01-15		204
E1	47.7	1.1	1.1			273
E2	29.0	15.6	7.7			273
E3	32.7	23.5	23.5			273
E4	48.6	36.4	29.9			273
E5	42.2	40.0	35.8			273
E6	42.2	37.2	35.2			273
E7	44.5	41.4	37.6			273
E8	45.9	38.9	34.6			273
E9	49.6	38.3	28.3			273
E10		6.7	3.6	2018-11-19		204
E11		25.1	2.9	2018-11-19		204
E12			1.4	2019-03-23		80
E13			7.7	2019-03-23		80
F1	45.4	43.5	37.8			273
F2	45.6	39.9	35.6		2019-05-07	238
F3	24.1	3.0	2.4			273
F4		7.2	3.6	2018-10-16	2019-02-27	273
F5		3.5	4.2			273
F6		20.4	2.9	2018-11-19		204
F7		28.8	17.2	2018-11-19	2019-04-04	136
F8		22.2	12.5	2018-11-19	2019-04-30	162
F9		29.2	18.9	2018-11-19		204
F10		38.0	31.1	2018-11-19		204
F11		43.0	43.0	2018-11-19	2019-02-06	79
F12		45.0	38.0	2018-11-19	2019-04-14	146
F13		36.2	30.5	2018-11-19		204
F14		3	24.1	2018-11-19		204
G1	14.2	14.0	11.6		2019-04-14	215
G2	13.2	14.8	12.3			273
G3	11.2	11.1	9.6			273
G4	8.6	7.5	6.8			273
G5	4.5	6.3	5.7			273

监测点	2018-09-11~ 2018-10-14 （共计 33 天）	2018-09-11~ 2019-01-31 （共计 142 天）	2018-09-11~ 2019-06-11 （共计 273 天）	监测点安装 的时间	测点损坏或 拆除时间	监测总时间 /d
G6	16.5	24.0	21.7			273
G7	11.9	24.4	23.2			273
G8	16.1	25.7	23.7			273
G9	20.5	26.6	23.7			273
G10	28.6	27.8	22.3			273
G11	34.4	29.8	21.4			273
G12	40.7	28.8	18.4			273
G13	50.9	40.9	29.4		2019-05-15	246
G14	49.4	40.2	35.8		2019-02-25	167
G15	47.9	41.1			2019-01-03	114
G16	46.4	41.5			2018-12-25	105
G17	52.4	45.1			2018-12-25	105
G18	43.2				2018-09-30	19
G19	45.6				2018-09-30	19
G20	37.2				2018-09-29	18

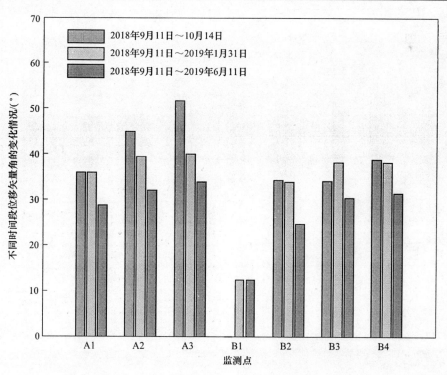

图 12-93　A、B 监测点组在不同时间段位移矢量角的变化情况

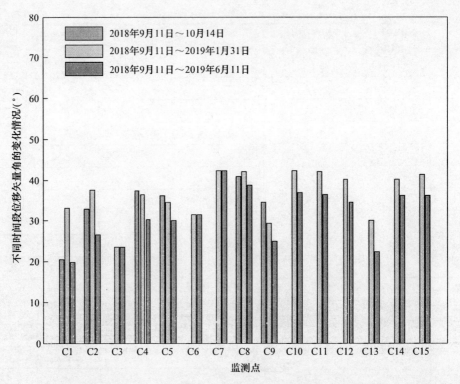

图 12-94　C 监测点组在不同时间段位移矢量角的变化情况

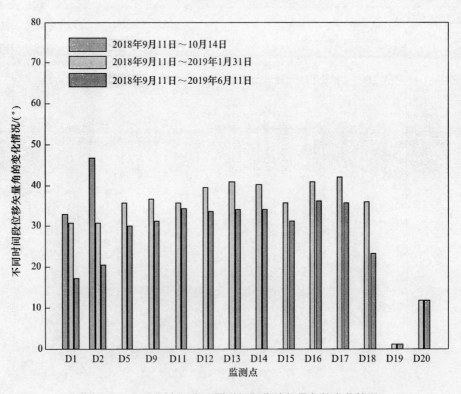

图 12-95　D 监测点组在不同时间段位移矢量角的变化情况

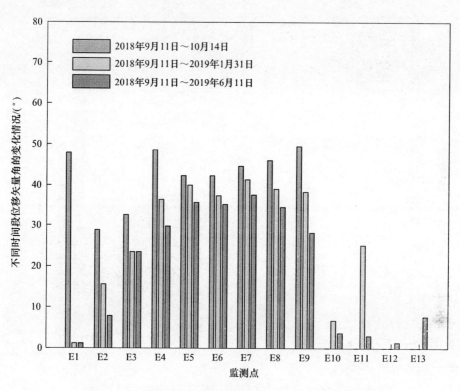

图 12-96 E 监测点组在不同时间段位移矢量角的变化情况

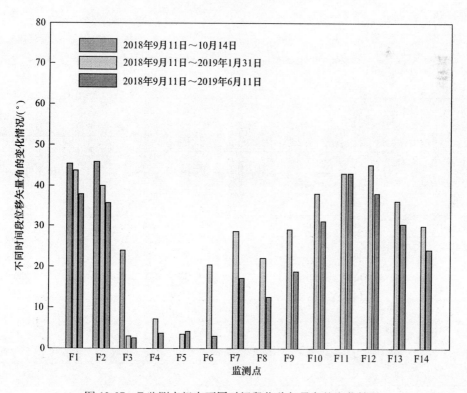

图 12-97 F 监测点组在不同时间段位移矢量角的变化情况

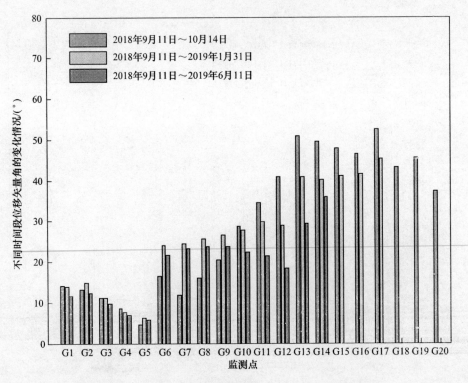

图 12-98　G 监测点组在不同时间段位移矢量角的变化情况

根据该露天矿边坡的变形演化阶段的划分，和 8.3.1 节介绍的边坡位移方位角的计算公式（8-13），选取各变形阶段在南北方向和东西方向上的累积变形量（表 12-29 和表 12-30），计算得出在各变形阶段内边坡体上各监测点的运动方位角（表 12-31）。

表 12-29　在临空面（南北）方向上累积变形量　　　　　　　　　（mm）

监测点	2018-09-11~ 2018-10-14 （共计 33 天）	2018-09-11~ 2019-01-31 （共计 142 天）	2018-09-11~ 2019-06-11 （共计 273 天）	监测点安装 的时间	测点损坏或 拆除时间	监测总时间 /d
A1	17.2	204.6	407.1			273
A2	17.3	219.4	415.9			273
A3	16.7	248.0	441.1			273
B1	0.0	26.2	234.1	2019-01-15		147
B2	14.5	198.5	399.7		2019-04-14	215
B3	18.4	215.6	415.9			273
B4	24.1	251.6	451.7			273
C1	9.5	128.9	333.8			273
C2	13.4	170.7	379.2			273
C3	0.0	114.7	330.7	2018-11-19		204
C4	21.0	270.2	486.2			273
C5	28.3	336.7	560.9			273

监测点	2018-09-11~2018-10-14（共计33天）	2018-09-11~2019-01-31（共计142天）	2018-09-11~2019-06-11（共计273天）	监测点安装的时间	测点损坏或拆除时间	监测总时间/d
C6	0.0	218.5	452.4	2018-11-18		205
C7	0.0	221.1	221.1	2018-09-25	2018-11-22	58
C8	47.4	526.9	756.8			273
C9	37.0	367.2	555.7			273
C10	0.0	273.8	505.0	2018-11-19		204
C11	0.0	252.3	481.7	2018-11-19		204
C12	0.0	232.6	464.5	2018-11-19		204
C13	0.0	131.5	274.6	2018-11-19		204
C14	0.0	302.0	532.0	2018-11-19		204
C15	0.0	267.1	498.2	2018-11-19		204
D1	7.8	135.5	341.5			273
D2	12.5	182.2	397.2			273
D5	0.0	164.9	526.6			273
D9	0.0	304.3	534.4	2018-11-19		204
D11	0.0	218.3	372.0	2018-11-19	2019-04-02	134
D12	0.0	274.6	482.3	2018-11-19		204
D13	0.0	201.3	354.1	2018-11-19		204
D14	0.0	259.2	455.5	2018-11-19		204
D15	0.0	319.8	563.1	2018-11-19		204
D16	0.0	296.5	529.5	2018-11-19		204
D17	0.0	256.7	494.4	2018-11-19		204
D18	0.0	119.1	338.9	2018-11-19		204
D19	0.0	4.6	21.1	2019-01-15		204
D20	0.0	18.1	62.5	2019-01-15		204
E1	2.5	50.8	250.1			273
E2	6.9	126.3	340.9			273
E3	11.7	126.9	126.9			273
E4	25.3	291.1	507.1			273
E5	42.6	499.2	741.4			273
E6	51.0	598.0	812.7			273
E7	38.0	442.9	633.6			273
E8	27.5	300.1	436.0			273
E9	20.2	142.5	187.2			273
E10	0.0	5.6	1.5	2018-11-19		204

监测点	2018-09-11~ 2018-10-14 （共计 33 天）	2018-09-11~ 2019-01-31 （共计 142 天）	2018-09-11~ 2019-06-11 （共计 273 天）	监测点安装的时间	测点损坏或拆除时间	监测总时间 /d
E11	0.0	17.6	24.9	2018-11-19		204
E12	0.0	0.0	23.9	2019-03-23		80
E13	0.0	0.0	36.0	2019-03-23		80
F1	34.7	237.6	421.3			273
F2	26.7	311.5	455.7		2019-05-07	238
F3	15.0	29.8	27.3			273
F4		8.4	8.8	2018-10-16	2019-02-27	273
F5		−5.1	−24.9			273
F6		19.3	26.9	2018-11-19		204
F7		70.0	101.8	2018-11-19	2019-04-04	136
F8		89.2	142.4	2018-11-19	2019-04-30	162
F9		129.4	210.6	2018-11-19		204
F10		174.5	310.9	2018-11-19		204
F11		219.2	237.5	2018-11-19	2019-02-06	79
F12		234.0	413.4	2018-11-19	2019-04-14	146
F13		284.6	512.1	2018-11-19		204
F14		273.9	516.1	2018-11-19		204
G1	87.3	936.1	1235.0		2019-04-14	215
G2	105.4	1059.8	1377.4			273
G3	83.6	907.0	1222.5			273
G4	88.9	923.4	1259.2			273
G5	81.1	849.8	1174.5			273
G6	62.5	688.2	962.4			273
G7	58.5	683.6	962.1			273
G8	38.3	444.2	660.0			273
G9	31.6	375.2	561.8			273
G10	28.0	289.6	417.1			273
G11	25.6	214.7	292.4			273
G12	20.8	120.8	162.0			273
G13	36.3	136.6	164.9		2019-05-15	246
G14	57.4	140.6	150.3		2019-02-25	167
G15	67.4	129.0			2019-01-03	114
G16	77.6	123.2			2018-12-25	105
G17	40.6	52.4			2018-12-25	105

监测点	2018-09-11~ 2018-10-14 （共计 33 天）	2018-09-11~ 2019-01-31 （共计 142 天）	2018-09-11~ 2019-06-11 （共计 273 天）	监测点安装 的时间	测点损坏或 拆除时间	监测总时间 /d
G18	24.2				2018-09-30	19
G19	9.1				2018-09-30	19
G20	3.5				2018-09-29	18

表 12-30　在沿边坡走向（东西）方向上累积变形量　　　　　　　　　（mm）

监测点	2018-09-11~ 2018-10-14 （共计 33 天）	2018-09-11~ 2019-01-31 （共计 142 天）	2018-09-11~ 2019-06-11 （共计 273 天）	监测点安装 的时间	测点损坏或 拆除时间	监测总时间 /d
A1	13.3	92.5	-18.5			273
A2	16.1	87.9	-27.3			273
A3	20.6	83.8	-28.3			273
B1		2.2	-109.6	2019-01-15		147
B2	16.1	76.0	-43.5		2019-04-14	215
B3	12.3	72.2	-42.8			273
B4	10.3	64.2	-54.2			273
C1	6.5	40.3	-69.4			273
C2	5.7	59.0	-43.9			273
C3		35.0	-66.3	2018-11-19		204
C4	16.2	94.3	-1.7			273
C5	15.2	100.9	6.3			273
C6		75.6	-22.9	2018-11-18		205
C7		27.9	27.9	2018-09-25	2018-11-22	58
C8	4.2	18.8	-100.4			273
C9	-17.8	-209.8	-393.8			273
C10		20.9	-94.5	2018-11-19		204
C11		31.9	-79.7	2018-11-19		204
C12		58.5	-41.7	2018-11-19		204
C13		-99.7	-285.0	2018-11-19		204
C14		17.9	-98.1	2018-11-19		204
C15		23.6	-90.7	2018-11-19		204
D1	5.7	15.5	-91.9			273
D2	5.9	26.0	-78.5			273
D5		37.7	-26.7			273
D9		-116.6	-292.3	2018-11-19		204
D11		-180.1	-325.3	2018-11-19	2019-04-02	134

监测点	2018-09-11～2018-10-14（共计 33 天）	2018-09-11～2019-01-31（共计 142 天）	2018-09-11～2019-06-11（共计 273 天）	监测点安装的时间	测点损坏或拆除时间	监测总时间/d
D12		-130.7	-300.4	2018-11-19		204
D13		-172.9	-373.4	2018-11-19		204
D14		-142.6	-323.0	2018-11-19		204
D15		-56.9	-201.0	2018-11-19		204
D16		-6.0	-120.9	2018-11-19		204
D17		9.7	-103.4	2018-11-19		204
D18		17.2	-86.7	2018-11-19		204
D19		-15.3	-138.0	2019-01-15		204
D20		-21.7	-161.9	2019-01-15		204
E1	1.0	-31.7	-153.7			273
E2	2.1	-23.9	-141.1			273
E3	5.3	4.9	4.9			273
E4	9.0	58.1	-34.3			273
E5	5.3	9.8	-97.8			273
E6	-3.3	-68.1	-143.0			273
E7	-12.7	-211.9	-371.6			273
E8	-17.1	-293.4	-476.3			273
E9	-7.4	-12	-245.8			273
E10		-16.8	-132.4	2018-11-19		204
E11		-25.4	-138.5	2018-11-19		204
E12			-16.9	2019-03-23		80
E13			-13.3	2019-03-23		80
F1	-15.7	-258.7	-395.5			273
F2	-11.8	-222.6	-374.5		2019-05-07	238
F3	-26.3	-131.2	-137.1			273
F4		-57.5	-91.6	2018-10-16	2019-02-27	273
F5		-71.9	-146.6			273
F6		-32.8	-136.1	2018-11-19		204
F7		-76.2	-176.1	2018-11-19	2019-04-04	136
F8		-118.4	-247.0	2018-11-19	2019-04-30	162
F9		-138.6	-290.8	2018-11-19		204
F10		-139.3	-304.0	2018-11-19		204
F11		-95.8	-105.3	2018-11-19	2019-02-06	79
F12		-85.2	-213.1	2018-11-19	2019-04-14	146

监测点	2018-09-11~ 2018-10-14 （共计 33 天）	2018-09-11~ 2019-01-31 （共计 142 天）	2018-09-11~ 2019-06-11 （共计 273 天）	监测点安装 的时间	测点损坏或 拆除时间	监测总时间 /d
F13		-16.1	-118.4	2018-11-19		204
F14		15.3	-80.6	2018-11-19		204
G1	-3.4	-46.7	-144.0		2019-04-14	215
G2	-14.4	-206.5	-317.6			273
G3	-15.4	-213.4	-333.6			273
G4	-16.9	-230.7	-364.4			273
G5	-17.4	-201.0	-332.9			273
G6	-14.4	-156.2	-279.0			273
G7	-12.0	-160.2	-280.9			273
G8	-1.3	-114.6	-250.5			273
G9	-1.2	-113.8	-248.4			273
G10	-0.1	-123.8	-264.5			273
G11	-0.7	-121.5	-242.5			273
G12	-2.5	-103.9	-210.4			273
G13	0.1	-86.9	-188.8		2019-05-15	246
G14	-3.3	-89.0	-123.9		2019-02-25	167
G15	-5.7	-58.3			2019-01-03	114
G16	-8.0	-43.3			2018-12-25	105
G17	-14.9	-40.3			2018-12-25	105
G18	-9.1				2018-09-30	19
G19	-4.7				2018-09-30	19
G20	-0.4				2018-09-29	18

表 12-31 边坡体上各监测点在以下三段时间内的运动方位角 (°)

监测点	2018-09-11~ 2018-10-14 （共计 33 天）	2018-09-11~ 2019-01-31 （共计 142 天）	2018-09-11~ 2019-06-11 （共计 273 天）	监测点安装 的时间	测点损坏或 拆除时间	监测总时间 /d
A1	37.8	24.3	92.6			273
A2	43.1	21.8	93.8			273
A3	51.0	18.7	93.7			273
B1		4.7	115.1	2019-01-15		147
B2	48.1	20.9	96.2		2019-04-14	215
B3	33.7	18.5	95.9			273
B4	23.1	14.3	96.8			273
C1	34.5	17.4	101.7			273

监测点	2018-09-11~ 2018-10-14 （共计 33 天）	2018-09-11~ 2019-01-31 （共计 142 天）	2018-09-11~ 2019-06-11 （共计 273 天）	监测点安装 的时间	测点损坏或 拆除时间	监测总时间 /d
C2	23.0	19.1	96.6			273
C3		17.0	101.3	2018-11-19		204
C4	37.6	19.2	90.2			273
C5	28.2	16.7	90.6			273
C6		19.1	92.9	2018-11-18		205
C7		7.2	97.2	2018-09-25	2018-11-22	58
C8	5.1	2.0	97.6			273
C9	115.7	119.7	125.3			273
C10		4.4	100.6	2018-11-19		204
C11		7.2	99.4	2018-11-19		204
C12		14.1	95.1	2018-11-19		204
C13		127.2	136.1	2018-11-19		204
C14		3.4	100.5	2018-11-19		204
C15		5.1	100.3	2018-11-19		204
D1	36.4	6.5	105.1			273
D2	25.3	8.1	101.2			273
D5		12.9	92.9			273
D9		111.0	118.7	2018-11-19		204
D11		129.5	131.2	2018-11-19	2019-04-02	134
D12		115.5	121.9	2018-11-19		204
D13		130.7	136.5	2018-11-19		204
D14		118.8	125.3	2018-11-19		204
D15		100.1	109.6	2018-11-19		204
D16		91.2	102.9	2018-11-19		204
D17		2.2	101.8	2018-11-19		204
D18		8.2	104.4	2018-11-19		204
D19		163.3	171.3	2019-01-15		204
D20		140.2	158.9	2019-01-15		204
E1	21.1	121.9	121.6			273
E2	17.2	100.7	112.5			273
E3	24.5	2.2	92.2			273
E4	19.6	11.3	93.9			273

监测点	2018-09-11~ 2018-10-14 （共计 33 天）	2018-09-11~ 2019-01-31 （共计 142 天）	2018-09-11~ 2019-06-11 （共计 273 天）	监测点安装 的时间	测点损坏或 拆除时间	监测总时间 /d
E5	7.1	1.1	97.5			273
E6	93.7	96.5	10			273
E7	108.5	115.6	120.4			273
E8	121.9	134.3	137.5			273
E9	110.1	130.1	142.7			273
E10		161.6	179.3	2018-11-19		204
E11		145.4	169.8	2018-11-19		204
E12			137.4	2019-03-23		80
E13			125.6	2019-03-23		80
F1	114.4	137.4	125.3			273
F2	113.9	125.6	110.2		2019-05-07	238
F3	150.3	167.2	133.2			273
F4		171.7	129.4	2018-10-16	2019-02-27	273
F5		175.9	168.7			273
F6		149.6	174.5	2018-11-19		204
F7		137.4		2018-11-19	2019-04-04	136
F8		143.0	168.8	2018-11-19	2019-04-30	162
F9		137.0	15	2018-11-19		204
F10		128.6	15	2018-11-19		204
F11		113.6	144.1	2018-11-19	2019-02-06	79
F12		11	134.4	2018-11-19	2019-04-14	146
F13		93.2	113.9	2018-11-19		204
F14		3.2	117.3	2018-11-19		204
G1	92.2	92.9	103.0		2019-04-14	215
G2	97.8	101.0	98.9			273
G3	100.4	103.2	96.7			273
G4	100.8	104.0	103.0			273
G5	102.1	103.3	105.3			273
G6	102.9	102.8	106.1			273
G7	101.6	103.2	105.8			273
G8	91.9	104.5	106.2			273

监测点	2018-09-11~ 2018-10-14 （共计 33 天）	2018-09-11~ 2019-01-31 （共计 142 天）	2018-09-11~ 2019-06-11 （共计 273 天）	监测点安装 的时间	测点损坏或 拆除时间	监测总时间 /d
G9	92.3	106.9	106.3			273
G10	90.1	113.1	110.8			273
G11	91.7	119.5	113.9			273
G12	96.8	130.7	122.4			273
G13	0.1	122.5	129.7		2019-05-15	246
G14	93.3	122.4	142.5		2019-02-25	167
G15	94.8	114.3	138.9		2019-01-03	114
G16	95.9	109.4	129.5		2018-12-25	105
G17	110.2	127.6			2018-12-25	105
G18	110.7				2018-09-30	19
G19	117.3				2018-09-30	19
G20	95.8				2018-09-29	18

从表 12-31、图 12-99~图 12-105 分析得出，A、B、C、D 监测点组在 3 个不同时间段的位移方位角均小于 90°，表明边坡体 A、B、C、D 监测点组整体是朝北偏东的方向滑移；边坡体中部的位移矢量角接近 90°，说明该区域主要是以向北（临空面）的方向滑动，边坡需重点关注的位置是边坡体上 G1~G5 监测点。

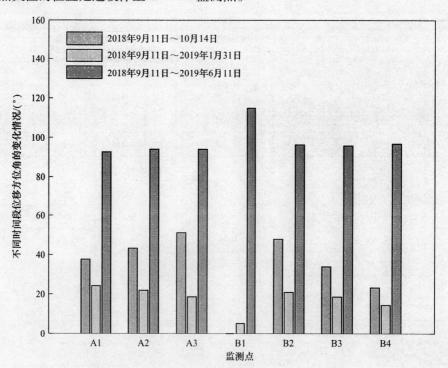

图 12-99　A、B 监测点组在不同时间段位移方位角的变化情况

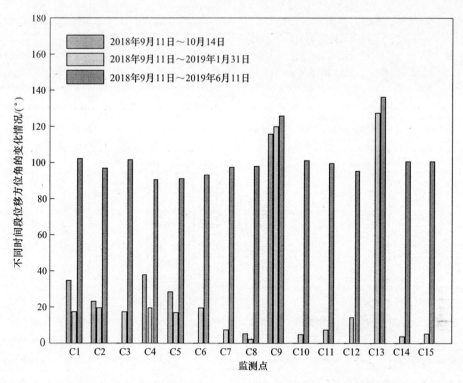

图 12-100 C 监测点组在不同时间段位移方位角的变化情况

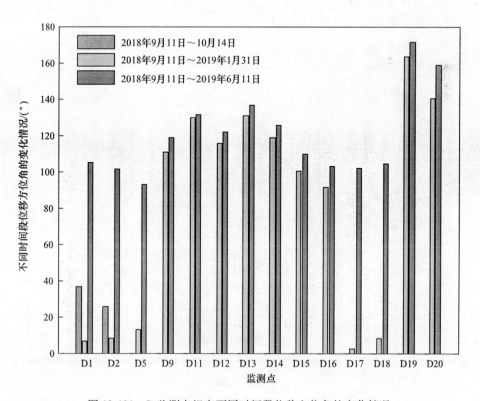

图 12-101 D 监测点组在不同时间段位移方位角的变化情况

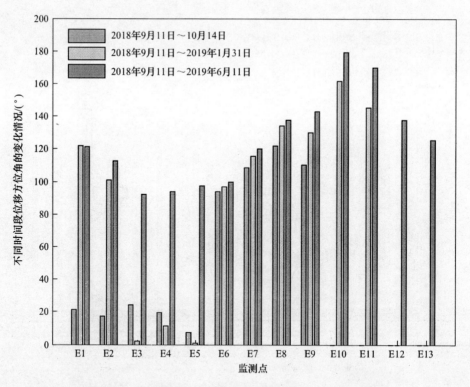

图 12-102 E 监测点组在不同时间段位移方位角的变化情况

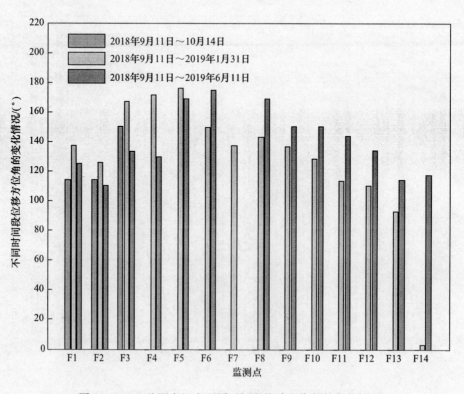

图 12-103 F 监测点组在不同时间段位移方位角的变化情况

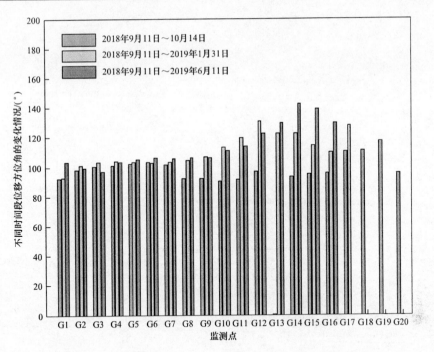

图 12-104 G 监测点组在不同时间段位移方位角的变化情况

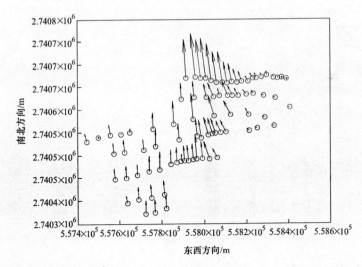

图 12-105 所有监测点从 2018 年 9 月 11 日~2019 年 6 月 11 日之间位移方位角的基本情况

12.5.5 云南某露天矿边坡失稳模式分析

利用 Matlab 软件,分别读取该露天矿边坡 2012 年 12 月 6 日和 2013 年 7 月 6 日的监测数据的三维坐标值,并计算在这段时间内在 X、Y、Z 三个方向的变形量,为了能直观看出变形量的大小,把变形量扩大了 1000 倍。调用 plot3( ) 和 quiver3( ) 三维绘图函数,绘制边坡监测点的位移矢量场,如图 12-106 所示。

采用同样的方法,读取该露天矿边坡 2012 年 12 月 6 日和 2013 年 7 月 6 日的监测数据的三维坐标值,绘制边坡监测点的位移矢量场,如图 12-107 所示。

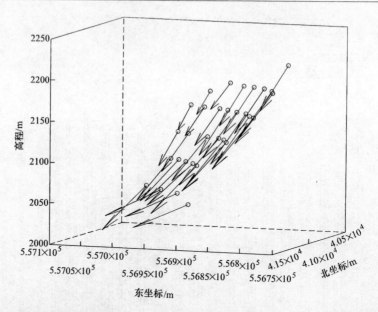

图 12-106　该露天矿边坡 2012 年 12 月 6 日和 2013 年 7 月 6 日三维位移矢量场

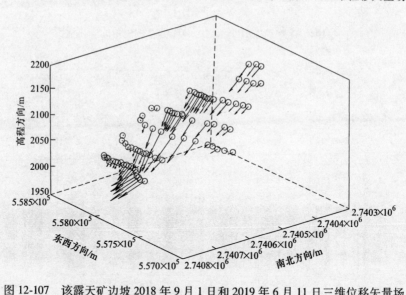

图 12-107　该露天矿边坡 2018 年 9 月 1 日和 2019 年 6 月 11 日三维位移矢量场

　　由图 12-106 可以分析得出，该露天矿边坡整体的变形模式为滑移-弯曲型，即边坡体上部呈整体下滑的趋势，监测点 F1、F2、F3 三个监测点隆起现象较为明显，边坡体在监测点 F1、F2、F3 周围的一定范围内已经发生了溃屈破坏。

　　由图 12-107 可以分析得出，该露天矿边坡整体的变形模式为滑移-弯曲型，即边坡体上部呈整体下滑的趋势，监测点 G1~G5 表现出隆起现象较为明显，边坡体在监测点 G1~G5 周围的一定范围内已经发生了溃屈破坏。

　　与文献［1］应用弹性压杆理论和弹性受压板理论所分析等到的边坡失稳破坏模式一致，应用研究表明采用三维位移矢量场图能直观、准确地分析边坡的变形失稳模式，是一种边坡变形失稳模式分析的新方法。

12.6 该露天矿边坡整体变形趋势预测模型的选取

12.6.1 灰色预测模型

在12.5.5节分析得出该露天矿边坡的失稳模式滑移-弯曲型。文献［2］提出了关于边坡失稳破坏预测预报监测点选取的方法，其中对滑移-弯曲型边坡，选择前缘弯曲隆起部位监测点的位移资料进行预报。因此，本书选取变形监测点 F1 的监测数据进行预测预报，本节讨论 $GM(1, 1)$ 模型最佳建模数据序列长度及效果。

观测数据长度 $n = 46$。其具体数值见表 12-29。

预测步骤如下。

12.6.1.1 数据检验

对观测数据序列 $X^{(0)}$ 进行级比平滑检验，以判断是否适合灰色建模，根据式（9-16）计算级比值，得到级比序列：

$$\sigma^{(0)} = \{\sigma^{(0)}(2), \sigma^{(0)}(3), \cdots, \sigma^{(0)}(46)\} = (0.99, 0.96, \cdots, 0.99) \in (0.87, 1.14)$$

根据式（9-18）计算得级比界区 $\sigma^{(0)}(k) \in (0.96, 1.04)$，监测数据的级比界区为 $\sigma^{(0)} \in (0.87, 1.14)$，部分落在界区范围内，采用落在界区外的数据进行预测，将会导致预测精度降低，为了保证预测精度，要对监测数据数列 $X^{(0)}$ 做必要的变换处理，使其落入可容覆盖范围内。

根据式（9-19）每次选取平移变量 100 来计算，若不满足级比要求，则再加平移变量再加 100，经过循环计算，当平移变量为 400 时，级比区 $\sigma^{(0)} \in (0.97, 1.03)$，全部数据均落在界区 $\sigma^{(0)}(k) \in (0.96, 1.04)$ 范围内，可采用变换后的数据进行预测，计算所得的数值减去平移变量后所得的数据为预测值。

12.6.1.2 模型精度评价

对模型拟合精度采用残差大小检验法。

12.6.1.3 $GM(1, 1)$ 动态建模及最佳建模数据序列长度的确定

采用动态建模法，建模数据序列长度分别取 $m = 4, 5, \cdots, 11$ 进行建模，每种建模数据序列长度 m 对应着 $n - m$ 个 $GM(1, 1)$ 模型，$GM(1, 1)$ 构成建模。根据式（9-42）计算每个模型群的预测值与实测值的相对误差，然后再根据式（9-43）计算每个模型群的预测值的平均相对误差，平均动态预测相对误差序列为

$$e(\text{avg})_m = (e(\text{avg})_4, e(\text{avg})_5, e(\text{avg})_6, e(\text{avg})_7, e(\text{avg})_8, e(\text{avg})_9, e(\text{avg})_{10}, e(\text{avg})_{11})$$
$$= (0.055, 0.047, 0.047, 0.041, 0.040, 0.041, 0.041, 0.042)$$

根据计算所得的平均动态预测相对误差序列，可知 $e(\text{avg})_8 = 0.040$ 为最小值，所以最佳建模数据序列长度 $m_0 = 8$，即利用前 8 个时刻的监测数据序列来预测下一个时刻的位移值是最优的动态模型。因此，对于 48 期及以后的变形值预测，动态预测模型的建模数据序列长度取 8 为最优预测模型。

12.6.1.4 $GM(1, 1)$ 动态预测模型可信度检验

根据式（9-44）计算得出最优动态预测模型具有 90% 的可信度，具有较高的预测精度。

详细预测结果见表 12-32，m 为动态建模数据序列长度。预测结果表明，参加建模数

表12-32　F1监测点位移预测值

观测日期	周期	实测值/mm	不同建模数据长度的预测值/mm								不同建模数据长度的预测值的相对误差/mm							
			m=4	m=5	m=6	m=7	m=8	m=9	m=10	m=11	m=4	m=5	m=6	m=7	m=8	m=9	m=10	m=11
2012-12-07	1	3.7																
2012-12-08	2	6.2																
2012-12-09	3	11.8																
2012-12-10	4	16.2																
2012-12-11	5	17.7	25.3								0.4283							
2012-12-12	6	21.5	21.9	24.4							0.0232	0.1159						
2012-12-13	7	25.5	23.7	25.5	27.6						-0.0722	0.0718	0.0829					
2012-12-14	8	28.1	30.5	29.0	30.1	32.0					0.0866	-0.0553	0.0409	0.0661				
2012-12-15	9	30.8	32.3	33.2	32.4	33.5	35.3				0.0470	0.0295	-0.0234	0.0350	0.0589			
2012-12-16	10	33.3	33.9	34.9	35.9	35.6	36.7	38.5			0.0160	0.0314	0.0298	-0.0085	0.0325	0.0543		
2012-12-17	11	38.0	36.3	36.5	37.5	38.5	38.5	39.6	41.4		-0.0429	0.0055	0.0247	0.0268	-0.0001	0.0293	0.4885	
2012-12-18	12	35.3	41.9	41.5	41.3	41.9	42.8	42.8	43.9	45.7	0.1862	-0.0114	-0.0043	0.0174	0.0241	0.0010	0.1466	0.0508
2012-12-19	13	43.1	37.5	39.0	39.9	40.5	41.5	42.7	43.1	44.3	-0.1309	0.0344	0.0211	0.0150	0.0237	0.0263	0.0351	0.0284
2012-12-20	14	43.6	44.5	44.7	44.8	45.1	45.4	46.1	46.2	47.4	0.0212	0.0050	0.0031	0.0058	0.0063	0.0173	0.0564	0.0085
2012-12-21	15	46.2	49.3	46.6	47.0	46.2	47.6	47.9	48.7	49.7	0.0476	-0.0577	0.0077	0.0056	0.0071	0.0074	0.0431	0.0207
2012-12-22	16	60.5	48.7	51.8	50.0	50.3	50.5	50.8	51.1	51.9	-0.1948	0.0499	-0.0284	0.0040	0.0036	0.0051	0.0158	0.0120
2012-12-23	17	49.5	70.3	64.9	65.0	62.2	61.3	60.7	60.4	60.3	0.4215	-0.1088	0.0022	-0.0572	-0.0178	-0.0120	-0.0121	-0.0028
2012-12-24	18	64.1	54.6	57.9	58.0	60.0	59.2	59.4	59.5	59.8	-0.1476	0.0520	0.0008	0.0306	-0.0122	0.0030	0.0060	0.0038
2012-12-25	19	57.9	61.9	66.0	66.2	66.4	67.6	66.6	66.5	66.4	0.0697	0.0705	0.0191	-0.0130	0.0210	-0.0173	-0.0031	-0.0010
2012-12-26	20	65.0	65.5	59.7	63.6	65.4	65.6	66.2	66.8	66.2	0.0085	-0.0896	0.0591	0.0286	0.0032	0.0242	-0.0104	0.0045
2012-12-27	21	73.0	63.3	69.6	64.9	67.5	69.0	69.2	70.6	70.4	-0.1337	0.0866	-0.0642	0.0352	0.0205	0.0029	0.0380	-0.0030
2012-12-28	22	70.9	81.9	74.3	77.6	73.0	74.5	75.5	75.4	76.6	0.1556	-0.1067	0.0460	-0.0641	0.0208	0.0135	-0.0008	0.0165
2012-12-29	23	76.2	75.6	78.9	75.3	78.4	75.3	76.7	77.7	77.9	-0.0198	0.0431	-0.0461	0.0398	-0.0407	0.0184	0.0241	0.0023

续表 12-32

观测日期	周期	实测值/mm	不同建模数据长度的预测值/mm								不同建模数据长度的预测值的相对误差							
			$m=4$	$m=5$	$m=6$	$m=7$	$m=8$	$m=9$	$m=10$	$m=11$	$m=4$	$m=5$	$m=6$	$m=7$	$m=8$	$m=9$	$m=10$	$m=11$
2012-12-30	24	70.3	77.9	80.4	82.8	80.0	82.5	79.9	81.0	82.0	0.1075	0.0355	0.0341	-0.0389	0.0353	-0.0378	0.0268	0.0131
2012-12-31	25	75.4	72.2	72.4	75.6	78.7	77.6	80.3	78.7	80.1	-0.0416	0.0016	0.0437	0.0410	-0.0149	0.0359	-0.0343	0.0188
2013-01-01	26	84.9	72.5	75.1	74.6	77.0	79.7	78.9	81.4	80.2	-0.1455	0.0306	-0.0062	0.0283	0.0317	-0.0089	0.0415	-0.0146
2013-01-02	27	86.4	92.6	84.6	84.1	82.3	83.4	85.3	84.3	86.4	0.0726	-0.0934	-0.0056	-0.0214	0.0132	0.0220	-0.0197	0.0239
2013-01-03	28	83.7	93.6	94.5	89.5	88.8	87.0	87.7	89.3	88.3	0.1180	0.0109	-0.0600	-0.0078	-0.0218	0.0084	0.0240	-0.0111
2013-01-04	29	90.1	83.9	89.2	91.7	89.1	89.1	87.9	88.7	90.3	-0.0687	0.0596	0.0278	-0.0291	0.0002	-0.0131	0.0138	0.0170
2013-01-05	30	92.3	90.5	89.6	92.8	94.8	92.7	92.6	91.5	92.1	-0.0194	-0.0104	0.0346	0.0217	-0.0227	-0.0006	-0.0170	0.0068
2013-01-06	31	98.1	97.6	94.4	93.2	95.6	96.3	95.7	95.6	94.6	-0.0054	-0.0323	-0.0116	0.0236	0.0180	-0.0169	-0.0004	-0.0100
2013-01-07	32	98.1	101.8	102.9	100.2	98.8	100.3	101.7	100.2	100.0	0.0382	0.0109	-0.0272	-0.0150	0.0157	0.0141	-0.0216	0.0013
2013-01-08	33	99.4	102.0	102.3	103.9	102.3	101.3	102.7	104.0	102.8	0.0261	0.0028	0.0158	-0.0156	-0.0105	0.0140	0.0174	-0.0122
2013-01-09	34	100.9	99.9	102.4	103.1	104.8	103.9	103.2	104.5	105.8	-0.0102	0.0247	0.0072	0.0164	-0.0089	-0.0068	0.0188	0.0133
2013-01-10	35	99.6	102.3	101.6	103.4	104.2	105.8	105.3	104.9	106.1	0.0274	-0.0072	0.0180	0.0080	0.0162	-0.0051	-0.0060	0.0128
2013-01-11	36	103.9	100.2	101.0	101.0	102.7	103.8	105.5	105.3	105.2	-0.0354	0.0082	-0.0002	0.0168	0.0098	0.0164	-0.0014	-0.0014
2013-01-12	37	108.2	104.5	104.0	104.0	103.6	104.8	105.6	106.2	106.2	-0.0344	-0.0043	-0.0004	-0.0037	0.0114	0.0076	0.0176	-0.0004
2013-01-13	38	118.8	112.7	109.9	108.7	108.1	107.4	108.1	108.7	109.9	-0.0510	-0.0240	-0.0096	-0.0051	-0.0064	0.0064	0.0066	0.0107
2013-01-14	39	116.0	126.2	124.1	120.5	118.3	116.7	115.2	115.2	115.3	0.0877	-0.0176	-0.0312	-0.0193	-0.0134	-0.0128	0.0003	0.0002
2013-01-15	40	118.8	122.2	123.8	124.2	122.3	120.9	119.7	118.5	118.4	0.0286	0.0134	0.0035	-0.0156	-0.0121	-0.0098	-0.0139	-0.0001
2013-01-16	41	125.0	117.9	122.8	124.7	125.7	124.6	123.6	122.7	121.6	-0.0572	0.0394	0.0152	0.0078	-0.0085	-0.0079	-0.0093	-0.0088
2013-01-17	42	119.0	129.3	125.2	127.8	129.1	129.9	129.0	128.1	126.2	0.0859	-0.0342	0.0216	0.0110	0.0069	-0.0074	-0.0093	-0.0075
2013-01-18	43	133.1	121.2	123.5	122.4	125.3	126.2	128.5	128.4	128.0	-0.0895	0.0177	-0.0086	0.0216	0.0142	0.0103	-0.0019	-0.0028
2013-01-19	44	132.3	134.3	133.6	133.2	130.9	132.4	133.5	134.4	134.1	0.0150	-0.0048	-0.0036	-0.0174	0.0114	0.0087	0.0091	-0.0028
2013-01-20	45	132.8	141.7	136.7	136.6	136.4	134.5	135.7	136.7	137.6	0.0669	-0.0377	-0.0007	-0.0016	-0.0141	0.0091	0.0103	0.0066
2013-01-21	46	135.8	132.4	139.5	136.3	137.7	137.9	136.5	137.7	138.8	-0.0253	0.0523	-0.0163	0.0032	0.0014	-0.0101	0.0113	0.0077
平均动态建模相对误差											0.0836	0.0390	0.0227	0.0216	0.0161	0.0141	0.0337	0.0402

据序列过短或过长,预测精度较低。一方面是因为建模数据过短,一些有用的信息利用不够,其可信度下降;另一方面是因为建模数据过长,系统受干扰的因素增多,容易导致模型预测精度降低。

图 12-108 所示为灰色动态预测法中不同建模数据序列长度对应的预测结果的比较,从图中可以直观地看出,建模数据序列长度为 8 时,预测精度最高。

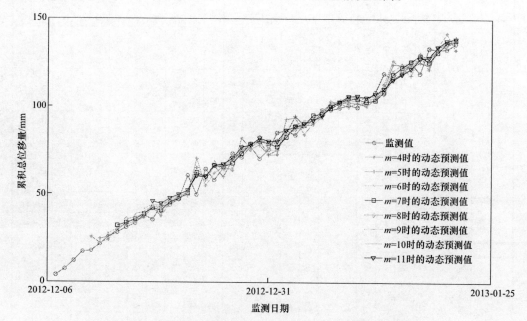

图 12-108 不同建模数据序列长度所对应的预测结果比较

采取同样的原理对其他监测点进行预测,各监测点对应的最佳建模长度见表 12-33。

表 12-33 各监测点对应的最佳建模长度及平均动态建模相对误差

监测点	最佳建模长度	平均动态建模相对误差	监测点	最佳建模长度	平均动态建模相对误差
A1	7	0.029	C9	9	0.024
B1	8	0.028	D1	8	0.029
B2	8	0.024	D2	8	0.015
B3	9	0.021	D3	8	0.020
B5	7	0.018	D5	8	0.027
B6	7	0.021	D7	8	0.025
B7	8	0.018	D8	9	0.016
B8	8	0.029	E1	8	0.023
C1	9	0.026	E2	8	0.023
C2	7	0.027	E3	9	0.014
C3	9	0.026	E5	8	0.023
C5	8	0.025	E6	7	0.011
C6	8	0.023	F2	8	0.029
C7	9	0.024	F3	8	0.022
C8	7	0.028	F5	9	0.017

由此可见，建模数据序列长度对预测精度有一定的影响，最佳建模数据序列长度的选择需要经过对不同长度的试算来确定，因为监测时间越早的变形监测数据对后期的变形趋势的影响越小，所以在把最新监测数据作为序列右端点的前提下，监测序列数据的长度不能太长，针对该露天矿边坡灰色动态预测模型的试算，最佳建模数据序列长度建模数据预测精度较高的建模时间序列长度为 7~9 之间，最终建模数据序列长度确定为 8。

12.6.2　BP 神经网络模型

本节利用 BP 神经网络模型来研究边坡变形预测问题。选取该露天矿边坡 F1 点变形监测数据作为研究对象，实测数据见表 12-34。

表 12-34　训练样本数据

训练输入向量/mm								训练输出向量/mm
3.7	6.2	11.8	16.2	17.7	21.5	25.5	28.1	30.8
6.2	11.8	16.2	17.7	21.5	25.5	28.1	30.8	33.3
11.8	16.2	17.7	21.5	25.5	28.1	30.8	33.3	38.0
16.2	17.7	21.5	25.5	28.1	30.8	33.3	38.0	35.3
17.7	21.5	25.5	28.1	30.8	33.3	38.0	35.3	43.1
21.5	25.5	28.1	30.8	33.3	38.0	35.3	43.1	43.6
25.5	28.1	30.8	33.3	38.0	35.3	43.1	43.6	46.2
28.1	30.8	33.3	38.0	35.3	43.1	43.6	46.2	60.5
30.8	33.3	38.0	35.3	43.1	43.6	46.2	60.5	49.5
33.3	38.0	35.3	43.1	43.6	46.2	60.5	49.5	64.1
38.0	35.3	43.1	43.6	46.2	60.5	49.5	64.1	57.9
35.3	43.1	43.6	46.2	60.5	49.5	64.1	57.9	65.0
43.1	43.6	46.2	60.5	49.5	64.1	57.9	65.0	73.0
43.6	46.2	60.5	49.5	64.1	57.9	65.0	73.0	70.9
46.2	60.5	49.5	64.1	57.9	65.0	73.0	70.9	76.2
60.5	49.5	64.1	57.9	65.0	73.0	70.9	76.2	70.3
49.5	64.1	57.9	65.0	73.0	70.9	76.2	70.3	75.4
64.1	57.9	65.0	73.0	70.9	76.2	70.3	75.4	84.9
57.9	65.0	73.0	70.9	76.2	70.3	75.4	84.9	86.4
65.0	73.0	70.9	76.2	70.3	75.4	84.9	86.4	83.7
73.0	70.9	76.2	70.3	75.4	84.9	86.4	83.7	90.1
70.9	76.2	70.3	75.4	84.9	86.4	83.7	90.1	92.3
76.2	70.3	75.4	84.9	86.4	83.7	90.1	92.3	98.1
70.3	75.4	84.9	86.4	83.7	90.1	92.3	98.1	98.1
75.4	84.9	86.4	83.7	90.1	92.3	98.1	98.1	99.4

（1）网络设计。根据工程特点，构造由输入层、隐含层和输出层构成的三层 BP 神经

网络结构。输入层神经单元数为 8，即输入向量设计成 8 维，隐含层的层数设计为 1，神经元数目通过试算确定为 17，输出层为 1 个神经单元，即输出向量为一维。

（2）网络样本数据及预测样本数据的准备。

1）训练样本数据，见表 12-34。取第 1 周期～第 32 周期数据构成 25 组输入向量，每组向量元素个数为 8，输出向量为 5 组，每组向量元素个数为 1。

2）预测样本数据，见表 12-35，输入向量为 12 组，每组向量元素为 8 个，输出向量为 5 组，每组向量元素为 1 个。

表 12-35　预测样本数据

预测输入向量/mm								期望输出向量/mm
84.9	86.4	83.7	90.1	92.3	98.1	98.1	99.4	100.9
86.4	83.7	90.1	92.3	98.1	98.1	99.4	100.9	99.6
83.7	90.1	92.3	98.1	98.1	99.4	100.9	99.6	103.9
90.1	92.3	98.1	98.1	99.4	100.9	99.6	103.9	108.2
92.3	98.1	98.1	99.4	100.9	99.6	103.9	108.2	118.8
98.1	98.1	99.4	100.9	99.6	103.9	108.2	118.8	116.0
98.1	99.4	100.9	99.6	103.9	108.2	118.8	116.0	118.8
99.4	100.9	99.6	103.9	108.2	118.8	116.0	118.8	125.0
100.9	99.6	103.9	108.2	118.8	116.0	118.8	125.0	119.0
99.6	103.9	108.2	118.8	116.0	118.8	125.0	119.0	133.1
103.9	108.2	118.8	116.0	118.8	125.0	119.0	133.1	132.3
108.2	118.8	116.0	118.8	125.0	119.0	133.1	132.3	132.8
118.8	116.0	118.8	125.0	119.0	133.1	132.3	132.8	135.8

（3）网络建立与训练。应用 Matlab 软件建立神经网络预测模型，并进行训练和预测，具体应用采用 M 文件编程方式实现。学习误差取 0.05mm，循环次数不超过 50000 次。网络训练后误差变化如图 12-109 所示。F1 点位移模拟值及其误差见表 12-36。

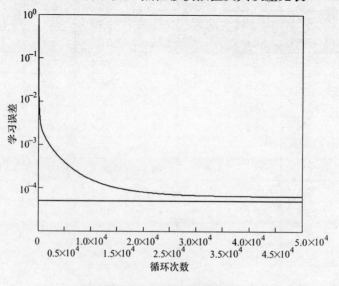

图 12-109　训练过程误差

表 12-36 F1 点位移模拟值及其误差

监测日期	观测值/mm	模拟值/mm	误差/mm	相对误差
2012-12-15	30.8	30.0	-0.8	-0.026
2012-12-16	33.3	31.5	-1.8	-0.054
2012-12-17	38.0	38.2	0.2	0.005
2012-12-18	35.3	31.7	-3.6	-0.102
2012-12-19	43.1	41.5	-1.6	-0.037
2012-12-20	43.6	40.7	-2.9	-0.067
2012-12-21	46.2	45.6	-1.5	-0.032
2012-12-22	60.5	65.6	5.1	0.084
2012-12-23	49.5	46.0	-3.5	-0.071
2012-12-24	64.1	66.2	3.0	0.047
2012-12-25	57.9	52.3	-5.6	-0.097
2012-12-26	65.0	69.4	4.4	0.068
2012-12-27	73.0	75.8	2.8	0.038
2012-12-28	70.9	69.4	-1.5	-0.021
2012-12-29	76.2	83.7	6.6	0.086
2012-12-30	70.3	65.0	-5.3	-0.075
2012-12-31	75.4	70.5	-4.9	-0.065
2013-01-01	84.9	86.7	1.8	0.021
2013-01-02	86.4	80.9	-5.5	-0.064
2013-01-03	83.7	85.0	1.3	0.016
2013-01-04	90.1	87.4	-2.7	-0.030
2013-01-05	92.3	94.9	2.6	0.028
2013-01-06	98.1	102.7	4.6	0.047
2013-01-07	98.1	96.8	-1.3	-0.013
平均相对误差				0.050

从表 12-37 中可以看到，2013 年 1 月 8 日~2013 年 1 月 15 日预测精度较高，相对误差均不超过 5%，2013 年 1 月 19 日变形预测值的相对残差为 16.1%，精度最低，随着预测步数的增多，精度迅速下降。因此神经网络适合于变形值的短期预测，长期预测慎重使用。

表 12-37 F1 点位移预测值及其误差

监测日期	观测值/mm	模拟值/mm	误差/mm	相对误差
2013-01-08	99.4	94.4	-5.0	-0.050
2013-01-09	100.9	103.6	2.7	0.026

监测日期	观测值/mm	模拟值/mm	误差/mm	相对误差
2013-01-10	99.6	94.9	-4.7	-0.047
2013-01-11	103.9	99.9	-4.0	-0.039
2013-01-12	108.2	104.1	-4.1	-0.038
2013-01-13	118.8	123.5	4.8	0.040
2013-01-14	116.0	121.1	5.1	0.044
2013-01-15	118.8	121.4	2.6	0.022
2013-01-16	125.0	132.7	7.7	0.061
2013-01-17	119.0	109.7	-9.3	-0.078
2013-01-18	133.1	143.6	10.5	0.079
2013-01-19	132.3	111.0	-21.3	-0.161
2013-01-20	132.8	120.3	-12.5	-0.094
2013-01-21	135.8	126.3	-8.5	-0.063
平均相对误差				0.060

由于使用 Matlab 的 newff（　）函数建立网络时，权值和阈值的初始化是随机的，所以网络每次运行输出结果有所不同，有时函数逼近效果会很差。解决此现象的方法是反复运行程序，进行多次试算。BP 网络隐层神经元的数目，对函数逼近效果也有一定影响，一般来说，神经元数目越多，逼近非线性函数功能越强，但网络训练时间要长一些，具体取值可以通过试算解决。

训练精度可以根据变形值大小确定，一般来说，取值在测量误差范围内就可以满足预测目的。通过网络训练研究，发现对于一定的监测数据序列，其对应的神经网络有一定的收敛精度。因此，网络训练精度若设置太小，也不会影响网络的建立。

12.6.3　ARMA 模型

以该露天矿边坡监测点 F1 点的总位移预测为例，预测步骤如下。

12.6.3.1　模型初步建立

选取 2012 年 12 月 7 日~2012 年 12 月 31 日 F1 点的累积总位移量训练数据，从阶数 $n=1$ 开始，逐渐增加模型的阶数，拟合 $ARMA(n, n-1)$ 模型，模型参数采用非线性最小二乘法估计，具体算法利用 Matlab 采用最速下降法。模型结构和系数见表 12-38。

12.6.3.2　位移预测

位移预测序列建模的主要目的是对变形值的未来取值进行预测，根据前述的预测公式，采用上一步拟合的模型，模型的结构见表 12-38，采用 6 种模型对 F1 点的累积总位移值进行预测。预测值与实测值比较如图 12-110 所示，预测结果见表 12-39。采用 $ARMA(2, 1)$ 进行预测精度为 97.9%，具有较高的预测精度。预测拟合效果较好。

表 12-38 模型结构和系数计算结果

模型结构	模型表达式	模型参数
$ARMA(1, 0)$	$A(q)y(t) = e(t)$	$A(q) = 1 - 1.062q^{-1}$
$ARMA(2, 1)$		$A(q) = 1 - 0.3763q^{-1} - 0.7026q^{-2}$
		$C(q) = 1 + 0.1099q^{-1}$
$ARMA(3, 2)$		$A(q) = 1 - 0.0165q^{-1} - 0.5283q^{-2} - 0.589q^{-3}$
		$C(q) = 1 + 0.456q^{-1} + 0.8896q^{-2}$
$ARMA(4, 3)$		$A(q) = 1 - 0.7294q^{-1} - 1.09q^{-2} - 0.05789q^{-3} + 0.9114q^{-4}$
	$A(q)y(t) = C(q)e(t)$	$C(q) = 1 - 0.4421q^{-1} - 0.1306q^{-2} - 0.4347q^{-3}$
$ARMA(5, 4)$		$A(q) = 1 + 0.1552q^{-1} - 1.182q^{-2} - 0.5633q^{-3} + 0.3237q^{-4} + 0.2093q^{-5}$
		$C(q) = 1 + 0.6853q^{-1} + 0.245q^{-2} - 0.06242q^{-3} - 0.6461q^{-4}$
$ARMA(6, 5)$		$A(q) = 1 - 1.161q^{-1} - 0.1894q^{-2} + 0.6737q^{-3} - 0.1795q^{-4} - 0.7829q^{-5} + 0.6341q^{-6}$
		$C(q) = 1 - 0.955q^{-1} + 0.7035q^{-2} + 0.02895q^{-3} - 0.2366q^{-4} + 0.6546q^{-5}$

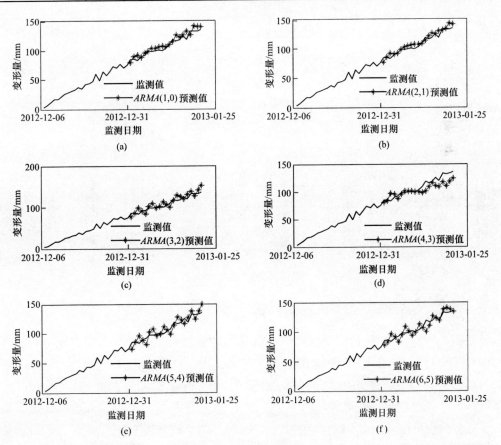

图 12-110 预测值与观测值对比

(a) ~ (f) 监测值与预测值对比分析

表 12-39   监测值与预测值比较

监测日期	监测值 /mm	预测值/mm					
		ARMA(1, 0)	ARMA(2, 1)	ARMA(3, 2)	ARMA(4, 3)	ARMA(5, 4)	ARMA(6, 5)
2013-01-01	84.9	80.1	76.3	75.7	80.3	73.9	77.6
2013-01-02	86.4	90.1	85.8	86.3	82.9	85.9	83.2
2013-01-03	83.7	91.7	92.2	98.9	96.5	97.0	96.4
2013-01-04	90.1	88.9	91.3	90.1	94.6	88.6	91.6
2013-01-05	92.3	95.7	92.6	83.0	86.7	80.9	82.6
2013-01-06	98.1	98.0	98.0	102.6	95.3	102.3	95.3
2013-01-07	98.1	104.2	101.8	109.6	101.1	107.9	108.7
2013-01-08	99.4	104.2	105.4	98.5	100.2	96.6	101.6
2013-01-09	100.9	105.5	105.7	101.4	100.5	99.5	93.3
2013-01-10	99.6	106.2	106.3	112.5	99.4	111.0	99.2
2013-01-11	103.9	105.8	107.5	106.2	99.2	106.2	112.8
2013-01-12	108.2	110.3	108.7	100.8	96.3	99.5	106.5
2013-01-13	118.8	114.9	113.7	115.3	100.5	113.3	100.8
2013-01-14	116.0	126.1	121.3	128.3	108.2	127.6	110.8
2013-01-15	118.8	123.2	126.5	125.5	115.1	123.1	127.0
2013-01-16	125.0	126.1	125.4	119.2	110.7	116.2	123.2
2013-01-17	119.0	132.7	130.5	129.8	108.9	126.2	119.1
2013-01-18	133.1	126.4	131.3	138.2	116.3	137.9	138.6
2013-01-19	132.3	141.3	133.9	126.8	110.8	124.6	140.2
2013-01-20	132.8	140.5	143.1	140.6	118.4	137.9	138.4
2013-01-21	135.8	141.0	141.8	151.9	123.8	150.0	134.2
平均相对预测精度		95.2%	97.9%	95.7%	91.2%	90.8%	94.3%

预测结果表明，该模型使用简便、变形预测精度较高，是边坡变形趋势预测中优先使用的方法。虽然该模型在一定程度上简化了 ARMA 模型预测步骤，但该模型数学基础和建模过程仍较为复杂。

12.6.4   该露天矿边坡整体变形趋势预测模型的选取

根据前 3 小节的预测结果，对采用三种不同方法预测得到的结果进行对比分析，见表 12-40 和图 12-111。根据表 12-40 和图 12-111 可知，BP 神经网络模型预测精度最低，灰色动态 GM(1, 1) 模型和 ARMA(2, 1) 模型的预测精度较高，都在 95% 以上，其中 ARMA(2, 1) 模型的预测效果较好。

前三节分别采用 GM(1, 1) 灰色模型、BP 神经网络模型以及 ARMA(2, 1) 模型建立了该露天矿边坡监测点 F1 点累积位移量与监测时间的数学模型，并进行了位移预测，预测结果以及预测精度表见表 12-40 和图 12-111。

　　根据预测结果表和预测结果图，分析可知，BP 神经网络模型预测精度最低，BP 神经网络预测的精度最低，灰色动态 $GM(1，1)$ 模型和 $ARMA(2，1)$ 模型的预测精度较高，都在 95%以上，综合分析后，灰色动态 $GM(1，1)$ 模型和 $ARMA(2，1)$ 模型均适合该露天矿边坡的变形趋势预测。

表 12-40　三种不同预测方法得到的预测值和实测值比较

监测日期	观测值/mm	预测值/mm		
		$GM(1，1)$ 模型	BP 神经网络模型	$ARMA(2，1)$ 模型
2013-01-08	99.4	102.7	94.4	105.4
2013-01-09	100.9	103.2	103.6	105.7
2013-01-10	99.6	105.3	94.9	106.3
2013-01-11	103.9	105.5	99.9	107.5
2013-01-12	108.2	105.6	104.1	108.7
2013-01-13	118.8	108.1	123.5	113.7
2013-01-14	116.0	115.2	121.1	121.3
2013-01-15	118.8	119.7	121.4	126.5
2013-01-16	125.0	123.6	132.7	125.4
2013-01-17	119.0	129.0	109.7	130.5
2013-01-18	133.1	128.5	143.6	131.3
2013-01-19	132.3	133.5	111.0	133.9
2013-01-20	132.8	135.7	120.3	143.1
2013-01-21	135.8	136.5	126.3	141.8
平均相对预测精度		96.98%	93.98%	95.54%

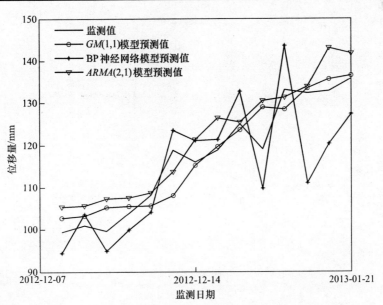

图 12-111　三种不同预测方法得到的预测值与监测值比较

综上所述，本节从边坡表面监测数据入手，在第 5 章研究的基础上，以灰色理论、BP 神经网络模型原理和时间序列分析法为基础，开展了边坡变形趋势预测模型研究，取得的研究成果有以下几个方面：

（1）边坡变形趋势灰色预测模型研究。在 $GM(1, 1)$ 模型的基础上，提出了灰色动态建模方法，并以该露天矿边坡变形监测数据为基础，得出了该露天矿边坡变形趋势预测的最佳灰色建模长度为 8，取得了较好的预测效果。

（2）BP 神经网络预测模型研究。通过 BP 神经网络预测模型在该露天矿边坡的变形预测的应用，应用结果表明随着预测步数的增多，精度迅速下降。因此神经网络适合于变形值的短期预测，边坡变形长期预测需慎重使用。

（3）ARMA 预测模型研究。本书基于传统的 ARMA 模型建模方法，提出了一种的新的建模方法——基于残差方差最小原则的建模方法，该方法使用简便、变形预测精度较高，是边坡变形趋势预测中优先使用的方法。

（4）该露天矿边坡变形趋势预测模型的选取。通过对以上 3 种不同预测模型的应用分析，得到灰色动态 $GM(1, 1)$ 模型和 $ARMA(2, 1)$ 模型均适合该露天矿边坡变形趋势预测，但由于 ARMA 模型建模过程较为复杂，因此，在综合预测预报研究中，选用灰色动态 $GM(1, 1)$ 模型对该露天矿边坡整体变形趋势进行预测研究应用。

12.7　云南某露天矿边坡稳定性预测

12.7.1　突变预报模型在云南某露天矿边坡中的应用研究

根据露天矿边坡的位移-时间监测数据，以边坡体上的关键点 F1 监测点的累积总位移值为例，建立边坡位移突变预报模型。观测时间间隔为 1 天。选取了 2012 年 12 月 6 日~2013 年 7 月 6 日共 212 天的监测数据，得到 F1 点的位移－时间过程曲线，并根据斜率值的大小，将其分为 7 个时间段，如图 12-112 及表 12-41 所示。

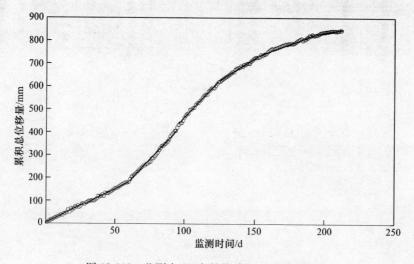

图 12-112　监测点 F1 点的位移－时间过程曲线

表 12-41 监测点 F1 时间段的分段情况

监测时间分段	监测时间段	时间间隔 t/d
1	2012-12-06 ~ 2013-01-02	27
2	2013-01-03 ~ 2013-02-04	33
3	2013-02-05 ~ 2013-03-11	35
4	2013-03-12 ~ 2013-04-09	29
5	2013-04-10 ~ 2013-05-07	28
6	2013-05-08 ~ 2013-06-16	41
7	2013-06-17 ~ 2013-06-06	20

根据表 12-41 和图 12-112 所示的监测时间分段方法，将监测点 F1 各个时间段内的监测数据采用尖点突变预报模型进行建模，具体的计算步骤：将监测数据用 y 表示，监测时间用 t 表示，依次将各时间段的监测数据与监测时间进行 4 次多项式拟合，确定待定系数 a_0、a_1、a_2、a_3、a_4，根据 a_0、a_1、a_2、a_3、a_4 值，计算 b_0、b_1、b_2、b_4、u、v、Δ 的值。4 次多项式拟合得到的时间-位移量方程如图 12-113 ~ 图 12-119 所示，计算得到的参数值见表 12-42 ~ 表 12-48。

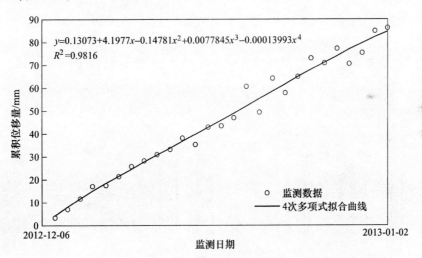

图 12-113 时间段 1 内监测点 F1 的监测数据及 4 次多项式拟合曲线

表 12-42 采用时间段 1 内监测数据建立尖点突变预报模型计算得到的参数

参数名称	参数值	参数名称	参数值	参数名称	参数值
a_0	0.13073	a_4	−0.00013993	b_4	8.9293×10^{-7}
a_1	4.1977	b_0	0.5936	u	2.2761×10^{-9}
a_2	−0.14781	b_1	0.0984	v	2.1975×10^{-8}
a_3	0.0077845	b_2	0.0102	Δ	1.3038×10^{-14}

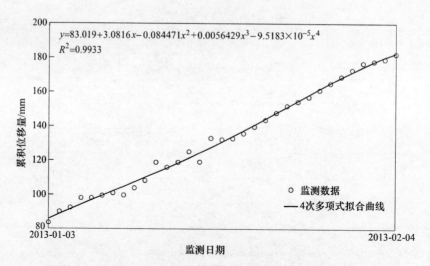

图 12-114　时间段 2 内监测点 F1 的监测数据及 4 次多项式拟合曲线

表 12-43　采用时间段 2 内监测数据建立尖点突变预报模型计算得到的参数

参数名称	参数值	参数名称	参数值	参数名称	参数值
a_0	83.019	a_4	-9.5183×10^{-5}	b_4	1.8855×10^{-7}
a_1	3.0816	b_0	0.8853	u	7.4828×10^{-10}
a_2	−0.084471	b_1	−0.8000	v	-3.7711×10^{-8}
a_3	0.0056429	b_2	0.0159	Δ	3.8397×10^{-14}

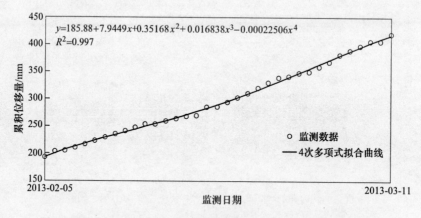

图 12-115　时间段 3 内监测点 F1 的监测数据及 4 次多项式拟合曲线

表 12-44　采用时间段 3 内监测数据建立尖点突变预报模型计算得到的参数

参数名称	参数值	参数名称	参数值	参数名称	参数值
a_0	185.88	a_4	−0.00022506	b_4	1.6637×10^{-8}
a_1	7.9449	b_0	72.6210	u	3.5826×10^{-11}
a_2	−0.35168	b_1	−1.4092	v	-5.8613×10^{-9}
a_3	0.016838	b_2	0.0086	Δ	9.2758×10^{-6}

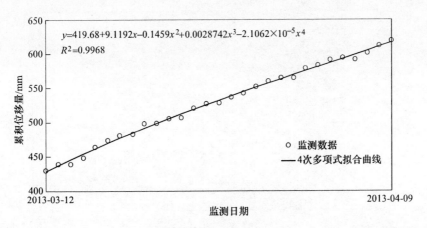

图 12-116 时间段 4 内监测点 F1 的监测数据及 4 次多项式拟合曲线

表 12-45 采用时间段 4 内监测数据建立尖点突变预报模型计算得到的参数

参数名称	参数值	参数名称	参数值	参数名称	参数值
a_0	419.68	a_4	-2.1062×10^{-5}	b_4	-1.8185×10^{-9}
a_1	9.1192	b_0	-39.0998	u	7.0462×10^{-13}
a_2	-0.1459	b_1	0.3491	v	-1.5869×10^{-10}
a_3	0.0028742	b_2	-0.0015	Δ	6.7992×10^{-19}

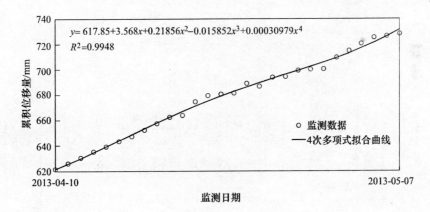

图 12-117 时间段 5 内监测点 F1 的监测数据及 4 次多项式拟合曲线

表 12-46 采用时间段 5 内监测数据建立尖点突变预报模型计算得到的参数

参数名称	参数值	参数名称	参数值	参数名称	参数值
a_0	617.85	a_4	0.00030979	b_4	-4.2229×10^{-7}
a_1	3.568	b_0	-8524.8	u	1.2041×10^{-7}
a_2	0.21856	b_1	509.3391	v	-5.3773×10^{-5}
a_3	-0.015852	b_2	-1.1406	Δ	7.8070×10^{-8}

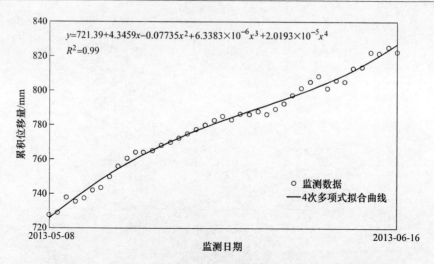

图 12-118 时间段 6 内监测点 F1 的监测数据及 4 次多项式拟合曲线

表 12-47 采用时间段 6 内监测数据建立尖点突变预报模型计算得到的参数值

参数名称	参数值	参数名称	参数值	参数名称	参数值
a_0	721. 39	a_4	2.0193×10^{-5}	b_4	-8.3780×10^{-7}
a_1	4. 3459	b_0	-2.8133×10^{5}	u	6.1149×10^{-7}
a_2	-0.07735	b_1	1480. 6	v	-3.1011×10^{-4}
a_3	6.3383×10^{-6}	b_2	-2.9195	Δ	2.5966×10^{-6}

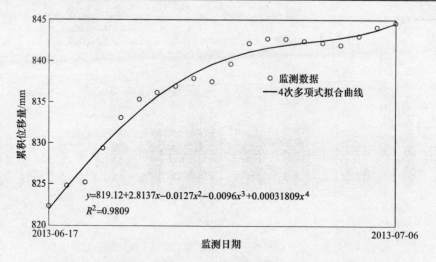

图 12-119 时间段 7 内监测点 F1 的监测数据及 4 次多项式拟合曲线

表 12-48 采用时间段 7 内监测数据建立尖点突变预报模型计算得到的参数值

参数名称	参数值	参数名称	参数值	参数名称	参数值
a_0	819. 12	a_4	0. 00031809	b_4	1.7052×10^{-6}
a_1	2. 8137	b_0	-5.7675×10^{5}	u	4.2132×10^{-7}
a_2	-0.012678	b_1	1119. 5	v	4.7724×10^{-4}
a_3	-0.0095775	b_2	0. 9883	Δ	6.1495×10^{-6}

　　将表 12-42~表 12-48 中的 Δ 值汇总到表 12-49 中，Δ 值随时间的变化情况如图 12-120 所示。

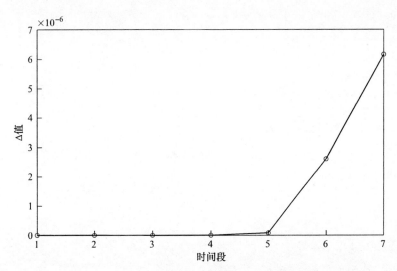

图 12-120　监测点 F1 的 Δ 值随时间的变化情况

表 12-49　监测点 F1 在各个监测时间段内所计算得到的 Δ 值

时间段	Δ 值	时间段	Δ 值
1	1.3038×10^{-14}	5	7.8070×10^{-8}
2	3.8397×10^{-14}	6	2.5966×10^{-6}
3	9.2758×10^{-16}	7	6.1495×10^{-6}
4	6.7992×10^{-19}		

　　根据以上对监测点 F1 的监测数据分析表明，在时间段 1~4 内（2012 年 12 月 6 日~ 2013 年 4 月 9 日）所计算得到 $\Delta \approx 0$，根据边坡尖点突变模型的判别式，当 $\Delta = 0$ 时，边坡处于极限平衡的状态，前 4 个时间段内所计算得到的 Δ 随着时间的增长呈逐渐减小的趋势，说明该边坡的稳定性状态越来越差，离边坡失稳的时间越来越近，边坡体处于失稳的状态，应提前发布预警信息。通过 2013 年 4 月 1 日开始修路并对该边坡进行治理，根据时间段 5~7 所计算得到的 Δ 值，可知，该边坡随着治理工程的开展，Δ 值呈增长的趋势，说明随着治理的进度该边坡的稳定性有所提高，但 Δ 值仍然很小，可以近似等于零。说明该边坡处于极限平衡状态，需进一步治理。

12.7.2　分形预报模型在某露天矿边坡中的应用研究

　　根据 12.7.1 节中表 12-41 监测点 F1 时间段的分段情况，首先按照式（10-19）将其嵌入到 $m(m=2, 3, 4, 5, 6, 7, 8, 9)$ 维欧式空间，依次构建了 $m(m=2, 3, 4, 5, 6, 7, 8, 9)$ 维相空间。然后根据式（10-22），计算每个不同维度的相空间中各相点之间的

距离 r_{ij}，如图 12-121 所示，根据每个不同维度 r_{ij} 的值，确定 r 的取值范围，并根据式（10-23）计算得出 $C_m(r)$ 的值，各个时间段内不同 m 和 r 的取值对应的 $C_m(r)$ 值并绘制 $\ln C_m(r)$-$\ln r$ 曲线，如图 12-122 所示。

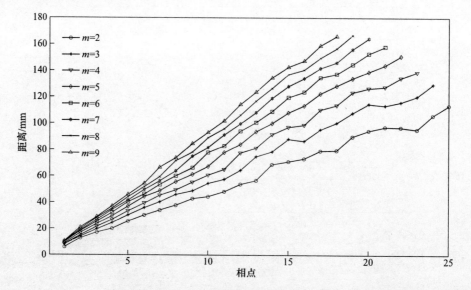

图 12-121　第一段时间段内不同潜入维度下各个相点距离第一个相点的距离

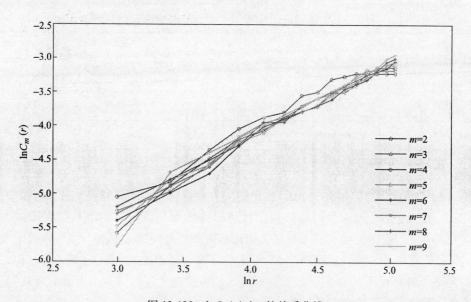

图 12-122　$\ln C_m(r)$-$\ln r$ 的关系曲线

根据图 12-122 $\ln C_m(r)$-$\ln r$ 的关系曲线，进行曲线拟合，得到不同 m 维相空间下的关联维度值的估计值 $D(m)$，见表 12-50。

表 12-50　监测点 F1 在第 1 段时间内的监测数据序列的关联维度计算值

m	2	3	4	5	6	7	8	9
$D(m)$	0.9667	1.0738	1.1297	1.0996	1.1298	1.0852	1.059	1.1288

根据表 12-50 中监测点 F1 在第 1 段时间内的监测数据序列的关联维度计算值绘制 $D(m)$-m 的关系曲线，如图 12-123 所示。

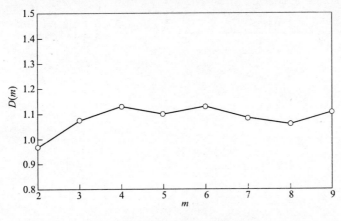

图 12-123 $D(m)$-m 的关系曲线

根据表 12-51 和图 12-123 中 $D(m)$-m 的关系，取饱和维度 $m_0 = 3$，$D_2 = D(3) = 1.1297$。根据式（10-29），取 $k = 1, 2, \cdots, 9$，Renyi 熵的计算结果见表 12-52，K_2-k 曲线如图 12-124 所示。

表 12-51　监测点 F1 在第一段时间内的监测数据序列的 K_2 的计算值

k	2	3	4	5	6	7	8	9
K_2	0.0198	0.72771	1.1313	1.3991	1.5809	1.7292	1.7385	1.7388

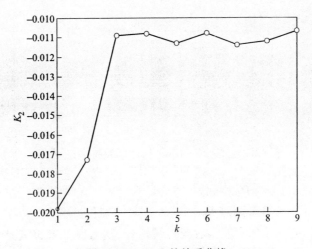

图 12-124 K_2-k 的关系曲线

采用同样的方法对时间段 2~7 进行计算，计算得到的 D_2 和 K_2 见表 12-52。当 $k \geqslant 7$ 时，K_2 趋于定值，取 $K_2 = 1.7292$。监测点 F1 的 D_2 值随时间的变化情况如图 12-125 所示，监测点 F1 的 K_2 值随时间的变化情况如图 12-126 所示。

表 12-52　监测点 F1 在各个监测时间段内所计算得到的 D_2 值和 K_2 值

时间段	1	2	3	4	5	6	7
D_2	1.1297	0.93355	0.9112	1.1206	1.1552	1.2809	1.7939
K_2	-0.0109	-0.0099	-0.0049	-0.0045	-0.0117	-0.0174	-0.0369

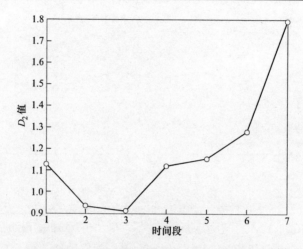

图 12-125　监测点 F1 的 D_2 值随时间的变化情况

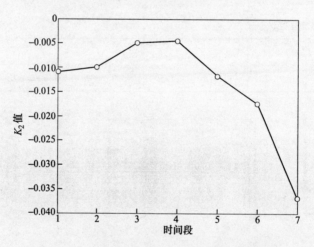

图 12-126　监测点 F1 的 K_2 值随时间的变化情况

　　根据以上对监测点 F1 的 D_2 值和 K_2 值的计算结果，在时间段 1~4 内（2012 年 12 月 6 日~2013 年 4 月 9 日）计算得到的 K_2 值随着时间的推移呈增大的趋势，说明边坡随着时间的推移稳定性越来越差，离边坡失稳的时间越来越近，边坡处于趋于失稳的状态，应采取相应的应急措施，与突变理论计算的结果相吻合。

　　自 2013 年 4 月 1 日开始修路并对该边坡进行应急治理，根据时间段 5~7 计算得到的 K_2 值，可知，该边坡随着治理工程的开展 K_2 值呈下降的趋势，说明随着治理的进度该边坡的稳定性有所提高，但 $|K_2|$ 值仍然很小，近似等于零。说明该边坡处于极限平衡状态，仍需进一步治理。

12.7.3　该露天矿边坡整体变形稳定性预报模型的选取

综上所述，本节以边坡表面监测数据为基础，运用突变理论和分形理论，开展了边坡失稳预报模型的研究，取得的研究成果有以下几个方面：

（1）边坡失稳突变预报模型应用研究。由于控制变量和状态变量需求和变形监测数据处理工作中的相同，从而为我们把这一模型应用于变形监测工作提供了可能性。本书根据边坡体现场监测的累积总位移量，运用突变理论计算监测数据序列的 Δ 值，并根据 Δ 值的变化情况判断边坡体的稳定性状态的变化情况，完全可以满足实际工程中的需要。通过实际的应用表明运用突变理论进行边坡体的失稳预报是可行的。研究结果表明运用边坡尖点突变预报模型能够初步完成边坡预报的目的，为进一步的研究工作提供了一个良好的基础和平台。

（2）边坡失稳分形预报模型应用研究。将边坡监测的位移时序在相空间中拓展，进行相空间重构，可以得到反映边坡系统特性的关联维数 D_2，表明边坡位移过程为系统状态的混沌过程，并通过该露天矿边坡变形失稳预报研究实例验证了这一理论的可行性。为研究滑坡变形机理和系统灾变过程，了解边坡系统状态混沌过程中系统动力特性，提供了新的途径。结果表明该方法具有一定的实用性，为进一步研究边坡失稳预报奠定了基础。

（3）该露天矿边坡变形趋势预测模型的选取。通过对边坡突变预报模型和边坡分形预报模型的应用分析，表明这两种预报模型均适用于该露天矿的稳定性预测，但由于边坡分形预报模型计算过程较为复杂，因此，在综合预测预报研究中，选取边坡突变预报模型对该露天矿边坡稳定性进行预测。

下面根据选取的突变预报模型对该露天矿 2018 年 9 月 11 日~2019 年 6 月 11 日监测数据进行预报。

根据该露天矿边坡的位移-时间监测数据，以边坡体上的关键点 G2 监测点的累积总位移值为例，建立了边坡位移突变预报模型。观测时间间隔为 1 天。选取 2018 年 9 月 11 日~2019 年 6 月 11 日共 273 天的监测数据，得到 G2 点的位移-时间过程曲线，并根据斜率值的大小，将其分为 7 个时间段，如图 12-127 及表 12-53 所示。

表 12-53　监测点 G2 时间段的分段情况

监测时间分段	监测时间段	时间间隔 t/d
1	2018-09-11~2018-11-12	62
2	2018-11-13~2019-01-31	80
3	2019-02-01~2019-03-28	56
4	2019-03-29~2019-04-27	30
5	2019-04-28~2019-05-21	24
6	2019-05-22~2019-06-11	21

根据表 12-53 和图 12-127 所示的监测时间分段方法，将监测点 G2 各个时间段内的监测数据采用尖点突变预报模型进行建模，具体的计算步骤如下：

将监测数据用 y 表示，监测时间用 t 表示，依次将各时间段的监测数据与监测时间进行 4 次多项式拟合，确定待定系数 a_0、a_1、a_2、a_3、a_4，根据 a_0、a_1、a_2、a_3、a_4 值，计

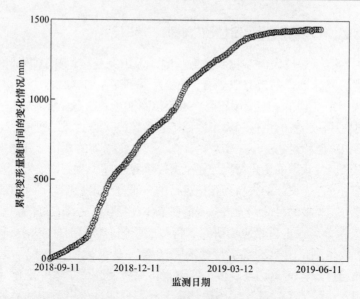

图 12-127 监测点 G2 点的位移-时间过程曲线

算 b_0、b_1、b_2、b_4、u、v、Δ 的值。4 次多项式拟合得到的时间-位移量方程如图 12-128~图 12-134 所示，所计算得到的参数值见表 12-54~表 12-59。

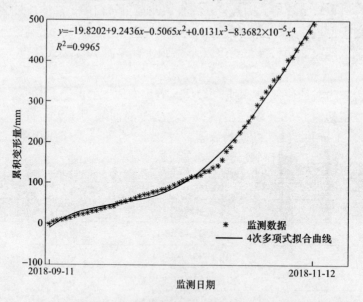

$$y=-19.8202+9.2436x-0.5065x^2+0.0131x^3-8.3682\times10^{-5}x^4$$
$$R^2=0.9965$$

图 12-128 时间段 1 内监测点 F1 的监测数据及 4 次多项式拟合曲线

表 12-54 采用时间段 1 内监测数据建立尖点突变预报模型计算得到的参数

参数名称	参数值	参数名称	参数值	参数名称	参数值
a_0	-19.8202	a_4	-8.3682×10^{-5}	b_4	-0.0001
a_1	9.2436	b_0	-19.8202	u	1.0596×10^{-5}
a_2	-0.5065	b_1	9.2436	v	-1.9338×10^{-4}
a_3	0.0131	b_2	-0.5065	Δ	1.0097×10^{-6}

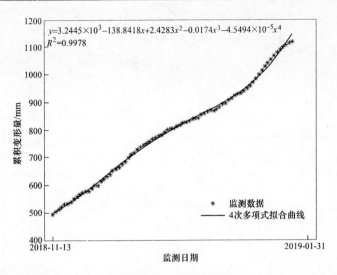

图 12-129　时间段 2 内监测点 F1 的监测数据及 4 次多项式拟合曲线

表 12-55　采用时间段 1 内监测数据建立尖点突变预报模型计算得到的参数

参数名称	参数值	参数名称	参数值	参数名称	参数值
a_0	3.2445×10^3	a_4	4.5494×10^{-5}	b_4	4.5494×10^{-5}
a_1	-138.8418	b_0	3.2445×10^3	u	2.7618×10^{-5}
a_2	2.4283	b_1	-138.8418	v	-0.0016
a_3	-0.0174	b_2	2.4283	Δ	6.7327×10^{-5}

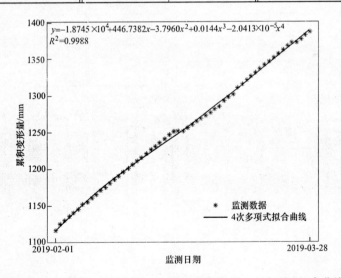

图 12-130　时间段 3 内监测点 F1 的监测数据及 4 次多项式拟合曲线

表 12-56　采用时间段 1 内监测数据建立尖点突变预报模型计算得到的参数

参数名称	参数值	参数名称	参数值	参数名称	参数值
a_0	-1.8745×10^4	a_4	-2.0413×10^{-5}	b_4	-2.0413×10^{-5}
a_1	446.7382	b_0	-1.8745×10^4	u	1.9372×10^{-5}
a_2	-3.7960	b_1	446.7382	v	-0.0023
a_3	0.0144	b_2	-3.7960	Δ	1.4034×10^{-4}

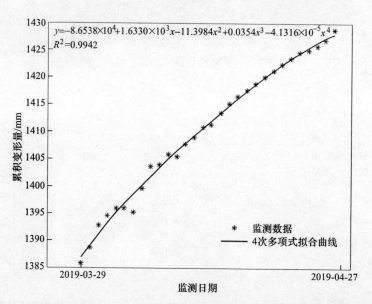

图 12-131 　时间段 4 内监测点 F1 的监测数据及 4 次多项式拟合曲线

表 12-57 　采用时间段 1 内监测数据建立尖点突变预报模型计算得到的参数

参数名称	参数值	参数名称	参数值	参数名称	参数值
a_0	-8.6538×10^4	a_4	-4.1316×10^{-5}	b_4	-4.1316×10^{-5}
a_1	1.6330×10^3	b_0	-8.6538×10^4	u	1.1773×10^{-4}
a_2	-11.3984	b_1	1.6330×10^3	v	-0.0169
a_3	0.0354	b_2	-11.3984	Δ	7.6813×10^{-3}

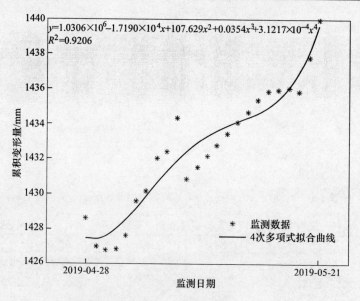

图 12-132 　时间段 5 内监测点 F1 的监测数据及 4 次多项式拟合曲线

表 12-58　采用时间段 1 内监测数据建立尖点突变预报模型计算得到的参数

参数名称	参数值	参数名称	参数值	参数名称	参数值
a_0	1.0306×10^6	a_4	3.1217×10^{-4}	b_4	3.1217×10^{-4}
a_1	-1.7190×10^4	b_0	1.0306×10^6	u	0.0084
a_2	107.6292	b_1	-1.7190×10^4	v	-1.3416
a_3	-0.2994	b_2	107.6292	Δ	48.5962

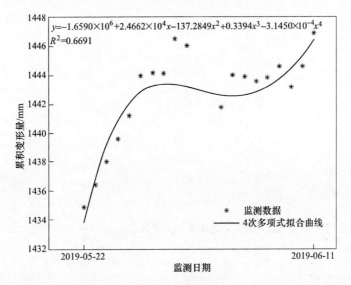

图 12-133　时间段 6 内监测点 F1 的监测数据及 4 次多项式拟合曲线

表 12-59　采用时间段 1 内监测数据建立尖点突变预报模型计算得到的参数

参数名称	参数值	参数名称	参数值	参数名称	参数值
a_0	-1.6590×10^{-6}	a_4	-3.1450×10^{-4}	b_4	-3.1450×10^{-4}
a_1	2.4662×10^4	b_0	1.6590×10^6	u	0.0108
a_2	-137.2849	b_1	2.4662×10^4	v	-1.9391
a_3	0.3394	b_2	-137.2849	Δ	101.5243

　　将表 12-54~表 12-59 中的 Δ 值汇总到表 12-60 中，绘制的 Δ 值随时间的变化情况如图 12-134 所示。

表 12-60　监测点 G2 在各个监测时间段内计算得到的 Δ 值

时间段	Δ 值	时间段	Δ 值
1	1.0097×10^{-6}	4	7.6813×10^{-3}
2	6.7327×10^{-5}	5	48.5962
3	1.4034×10^{-4}	6	101.5243

　　根据以上对监测点 G2 的监测数据分析表明，在时间段 1~4 内（2018 年 9 月 11 日~2018 年 11 月 12 日）所计算得到 Δ 值为 1.0097×10^{-6}，即 $\Delta \approx 0$，根据边坡尖点突变模型的判别式，当 $\Delta = 0$ 时，边坡处于极限平衡的状态，说明该边坡治理前处于极限平衡的状态，从 2018 年 11 月 13 日开始内排压脚，时间段 2~6 内计算得到的 Δ 随着时间的增长呈逐渐

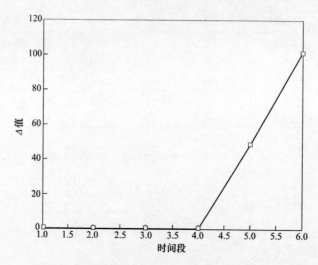

图 12-134　监测点 G2 的 Δ 值随时间的变化情况

增大的趋势，说明随着治理的进度该边坡的稳定性得到了提高，2019 年 6 月 11 日，Δ 值为 101. 5243，说明该边坡通过内排压脚之后，边坡处于稳定状态。

12.8　该露天矿边坡整体失稳破坏时间预报应用研究

根据 2012 年 12 月 6 日~2013 年 3 月 24 日该露天矿边坡表面位移监测的数据（由于数据量较大，此处不便一一列出），采用 10. 3 节的预测模型，进行建模预测，预测结果见表 12-61。

表 12-61　该露天矿边坡整体失稳破坏时间预测计算结果

监测点	破坏时间	监测点	破坏时间	监测点	破坏时间
A1	234.79	C5	227.31	E1	232.84
B1	236.16	C6	216.13	E2	231.11
B2	251.72	C7	228.7	E3	229.39
B3	220.28	C8	214.25	E5	227.8
B5	218.77	C9	208.37	E6	226.13
B6	227.54	D1	234.33	F1	247.88
B7	222.3	D2	229.62	F2	229.52
B8	205.57	D3	240.42	F3	233.27
C1	234.34	D5	221.92	F5	232.96
C2	217.82	D7	228.67	平均值	232.96
C3	220.23	D8	207.11		

根据预测结果，该露天矿边坡整体失稳初定时间确定为 205~220 天之间，所对应的日期为 2013 年 6 月 30 日~7 月 15 日。

2013 年 6 月 7 日~7 月 6 日（削坡至 2013 年 7 月 6 日，削坡高程约为 2170m）该露天矿边坡表面位移监测的数据见表 12-62，采用 10. 3 节的预测模型，进行建模预测，预测结果见表 12-63。

表 12-62　2013 年 6 月 7 日~7 月 6 日监测数据

监测时间	C1	C8	C9	D1	D2	D5	D7
2013-06-01	724.6	546.4	499.9	763.4	722.7	695.4	620.9
2013-06-02	723.4	547.1	504.0	765.9	720.8	694.3	617.3
2013-06-03	725.8	546.8	506.0	766.0	721.6	697.7	621.1
2013-06-04	720.6	549.5	505.7	767.3	719.0	695.1	617.1
2013-06-03	728.8	552.5	512.3	777.0	726.5	701.7	624.2
2013-06-06	729.6	550.8	509.6	776.4	727.5	701.9	620.7
2013-06-07	736.0	554.2	514.9	784.0	733.1	709.0	630.1
2013-06-08	735.2	553.5	513.0	781.8	732.9	707.0	627.7
2013-06-09	736.5	553.8	515.5	782.7	732.8	709.3	628.0
2013-06-10	736.6	554.6	516.5	783.3	735.5	710.3	631.7
2013-06-11	735.1	554.6	516.4	783.0	733.8	709.5	629.4
2013-06-12	735.3	556.1	518.2	786.2	735.3	709.7	630.9
2013-06-13	737.6	557.0	517.9	787.4	737.7	711.5	632.3
2013-06-14	738.5	560.8	520.2	789.3	741.1	714.4	635.2
2013-06-15	739.5	560.8	521.3	791.6	743.9	717.4	638.7
2013-06-16	739.2	562.4	526.4	794.2	742.2	717.6	641.5
2013-06-17	737.5	560.4	523.8	794.4	743.3	717.1	639.5
2013-06-18	742.6	563.1	526.5	798.3	745.9	720.9	642.2
2013-06-19	739.1	563.9	526.6	796.9	744.6	722.4	640.9
2013-06-20	738.1	562.2	523.5	798.8	742.1	721.1	641.3
2013-06-21	740.8	565.4	526.6	803.6	750.0	725.6	644.1
2013-06-22	743.5	576.7	530.3	808.2	758.2	730.2	644.8
2013-06-23	744.4	577.9	529.8	807.7	756.2	730.2	646.8
2013-06-24	746.1	578.4	530.5	809.7	757.0	730.6	646.6
2013-06-25	747.7	581.5	534.8	811.0	759.1	730.7	649.9
2013-06-26	747.0	580.9	535.1	812.0	760.9	732.1	645.5
2013-06-27	746.2	584.0	538.6	815.5	757.2	735.9	645.7
2013-06-28	749.0	586.4	540.4	817.1	758.5	735.9	646.8
2013-06-29	751.8	588.3	541.6	818.7	759.8	737.1	649.0
2013-06-30	750.2	587.2	540.6	818.7	759.4	737.1	647.6

监测时间	D8	E1	E5	E6	F1	F2
2013-06-01	577.2	769.5	668.7	644.0	808.4	736.0
2013-06-02	577.1	767.5	666.8	639.4	801.3	730.3
2013-06-03	582.2	772.8	670.5	643.8	806.1	735.9
2013-06-04	583.1	769.4	672.2	642.0	805.1	732.2
2013-06-03	591.6	776.9	680.9	644.6	812.8	738.4
2013-06-06	591.2	777.2	679.8	650.1	813.9	742.4
2013-06-07	598.7	783.3	684.2	653.0	822.3	747.5
2013-06-08	596.8	785.4	685.4	652.4	821.4	743.5
2013-06-09	599.9	787.7	689.5	653.5	825.1	748.0

监测时间	D8	E1	E5	E6	F1	F2
2013-06-10	600.4	785.3	690.3	656.3	822.7	749.0
2013-06-11	600.2	785.7	689.8	656.2	822.4	748.1
2013-06-12	601.5	786.8	691.3	657.0	824.9	749.4
2013-06-13	603.7	788.1	692.4	658.8	825.2	750.1
2013-06-14	606.1	793.5	694.9	659.7	829.4	750.2
2013-06-15	609.9	795.2	697.0	662.5	833.1	750.4
2013-06-16	611.0	792.4	699.1	665.4	835.3	752.0
2013-06-17	610.1	792.1	698.9	662.4	836.2	753.7
2013-06-18	611.8	795.7	701.2	666.4	837.0	754.5
2013-06-19	608.6	794.8	700.7	664.6	837.9	753.3
2013-06-20	606.3	796.4	701.9	664.9	837.5	753.8
2013-06-21	610.5	799.4	705.0	669.7	839.6	756.9
2013-06-22	614.8	804.1	710.1	674.1	842.2	760.4
2013-06-23	613.5	806.2	710.4	675.3	842.7	761.0
2013-06-24	615.7	806.0	709.9	675.6	842.7	761.9
2013-06-25	617.3	808.6	712.8	677.0	842.4	762.1
2013-06-26	618.9	810.4	717.2	677.2	842.2	762.2
2013-06-27	620.0	812.3	714.5	680.0	841.9	762.4
2013-06-28	621.5	813.7	715.0	680.4	843.0	763.1
2013-06-29	623.1	815.1	715.5	680.9	844.1	763.9
2013-06-30	621.1	815.1	718.4	681.7	844.6	764.7

表 12-63　该露天矿边坡削坡之后整体失稳破坏时间预测计算结果

监测点	破坏时间	监测点	破坏时间	监测点	破坏时间
C1	332	D5	337	E6	337
C8	344	D7	333	F1	332
C9	339	D8	335	F2	332
D1	338	E1	336	平均值	336
D2	336	E5	337		

根据预测结果，该露天矿边坡削坡后（削坡至 2170 高程时）整体失稳预测时间确定为在 2013 年 6 月 7 日之后的第 332~336 天之间，对应的日期为 2014 年 5 月 5 日~5 月 9 日。

根据从尖山磷矿边坡整体失稳时间预测结果进行分析，治理之前边坡整体失稳时间预测结果为 2013 年 6 月 30 日~7 月 15 日，治理进行 3 个多月，边坡整体失稳时间预测结果为 2014 年 5 月 5 日~5 月 9 日，边坡失稳时间延长了 10 个多月，说明边坡削坡治理取得一定的成效，但还需进一步治理。

以非线性灰色时间预测预报模型为基础开展了该边坡整体失稳时间预测预报模型应用研究，应用研究结果可为矿山安全生产及边坡处治提供决策依据。

12.9 云南某露天矿边坡动态预测预报实例

在上述研究思路指导下，开展了该露天矿边坡动态预测预报研究，在理论和方法研究的基础上编制了边坡失稳破坏灾害预测预报程序。利用该程序实现了对该露天矿边坡的动态综合预测预报。

在边坡体变形演化进入中期加速变形阶段以前，每周进行一次预测预报，在进入中期加速变形阶段之后每天进行一次预测预报。

12.9.1 当前边坡预警级别

12.9.1.1 边坡变形阶段的划分

根据12.5.2节判定的该露天矿边坡的变形阶段，根据图12-78该露天矿边坡变形阶段划分图将该露天矿边坡变形阶段分为三个阶段，见表12-64。

表 12-64 变形阶段划分情况表

时 间 段	变 形 阶 段
2012-12-06～2013-02-02	加速变形阶段初期
2013-02-03～2019-03-31	加速变形阶段中期
2013-04-01～2013-07-06	减速变形阶段

12.9.1.2 位移速率角预警图

根据位移速率角的计算公式，选取时间间隔为1天的位移量，计算边坡体上监测点F1的位移速率角（图12-135）。分析图12-135可知边坡位移速率角呈随机波动，原因为于边坡体上监测点的累积位移量在大的时间尺度上具有趋势性，而在小的时间尺度上具有随机波动性，因此，选取F1点，采用时间间隔分别为1～10天，对其位移速率角进行计算，计算得出的图形如图12-136所示。

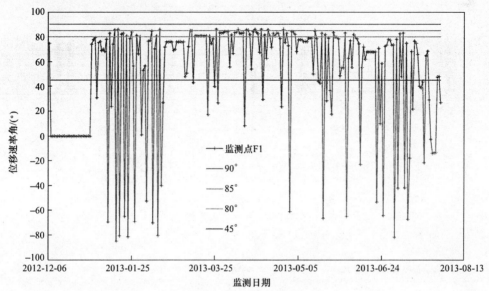

图 12-135 监测点 F1 时间间隔为 1 天的位移速率角

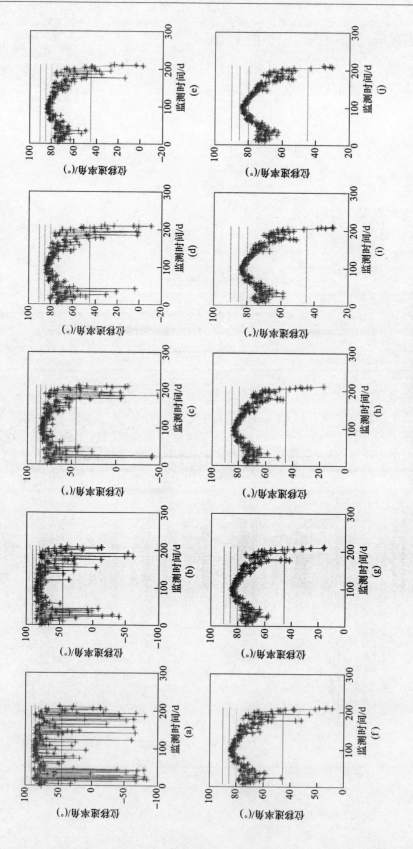

图 12-136　不同时间间隔计算得出的位移速率角与监测时间曲线图

(a) 时间间隔 1 天；(b) 时间间隔 2 天；(c) 时间间隔 3 天；(d) 时间间隔 4 天；(e) 时间间隔 5 天；
(f) 时间间隔 6 天；(g) 时间间隔 7 天；(h) 时间间隔 8 天；(i) 时间间隔 9 天；(j) 时间间隔 10 天

从图 12-136 可以看出，选用的时间间隔不等，计算得出的位移速率角也不相同，因此在计算边坡位移速率角时应该选取较能反映边坡变形趋势的时间段来计算边坡的位移速率角。时间间隔为 7 天时计算得到的位移速率规律性较为明显。

本书作者编写了预测预报程序，其中含有位移速率角预警模块。模块具有以下功能，可以同时查看所有监测点的位移速率角预警图（图 12-137），查看所有监测点的在某段时间内的位移速率角预警图（图 12-138）。各监测点分组位移速率角预警图如图 12-139 所示。

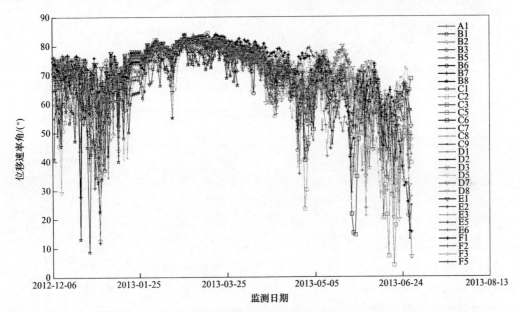

图 12-137 所有监测的位移速率预警

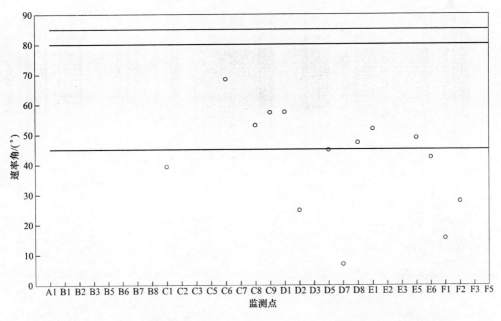

图 12-138 所有监测点在 2013 年 6 月 30 日~7 月 6 日这段时间内的位移速率角

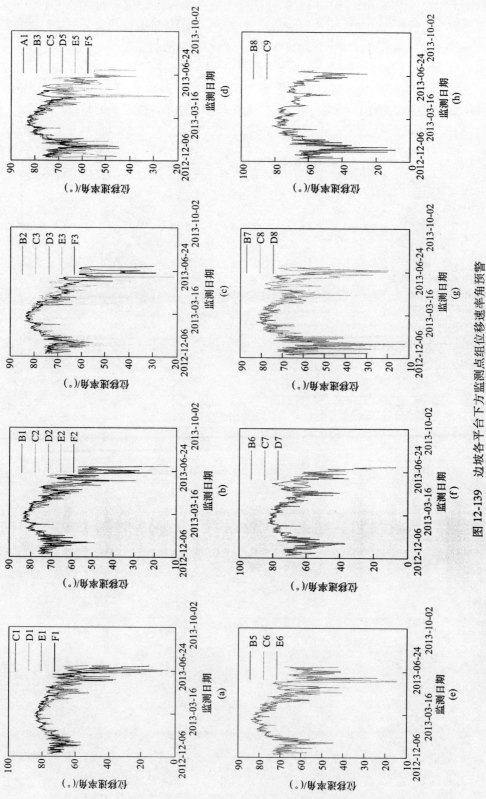

图 12-139　边坡各平台下方监测点组位移速率角预警

(a) 1 号监测线；(b) 2 号监测线；(c) 3 号监测线；(d) 5 号监测线；(e) 6 号监测线；(f) 7 号监测线；(g) 8 号监测线；(h) 9 号监测线

通过查看预警图形，能直观、准确地判断该边坡的安全性状况，根据安全状态及时采区应对措施。

12.9.1.3 位移矢量角预警图

本书作者编写了预测预报程序，其中含有位移矢量角预警模块。位移矢量角预警模块能同时查看所有监测位移矢量角随时间的变化情况（图12-140），各监测点分组位移矢量角预警图（图12-141和图12-142）。

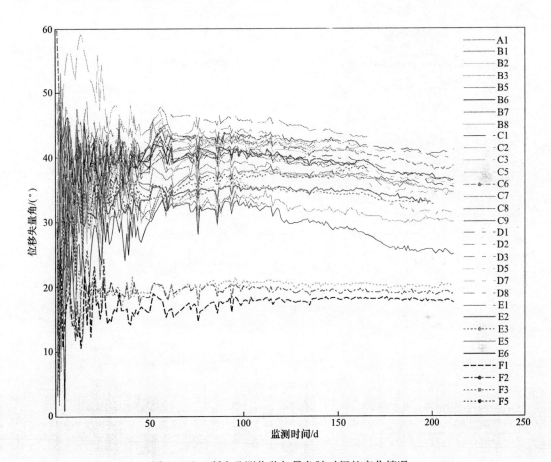

图 12-140　所有监测位移矢量角随时间的变化情况

通过查看位移矢量角预警图形，根据位移矢量角预警判据能直观、准确地判断该边坡的安全状态。

12.9.1.4 位移方位角预警图

本书作者编写了预测预报程序，其中含有位移方位角预警模块。位移方位角预警模块能同时查看所有监测位移方位角随时间的变化情况（图12-143），各监测点分组位移矢量角预警图（图12-144和图12-145）。根据该露天矿边坡位移方位角预警图形可以看出在2013年2月2日~3月25日之间所有监测点的位移方位角呈现整体明显的减小趋势，说明边坡在二维平面上出现以临空面滑移为主的特征，根据预报预警判据，边坡处于橙色预警级别。

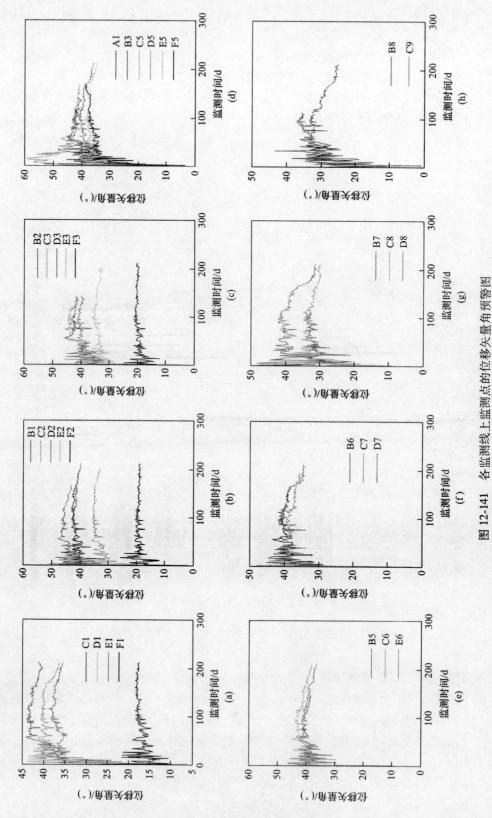

图 12-141 各监测线上监测点的位移矢量角预警图

(a) 1 号监测线；(b) 2 号监测线；(c) 3 号监测线；(d) 5 号监测线；(e) 6 号监测线；(f) 7 号监测线；(g) 8 号监测线；(h) 9 号监测线

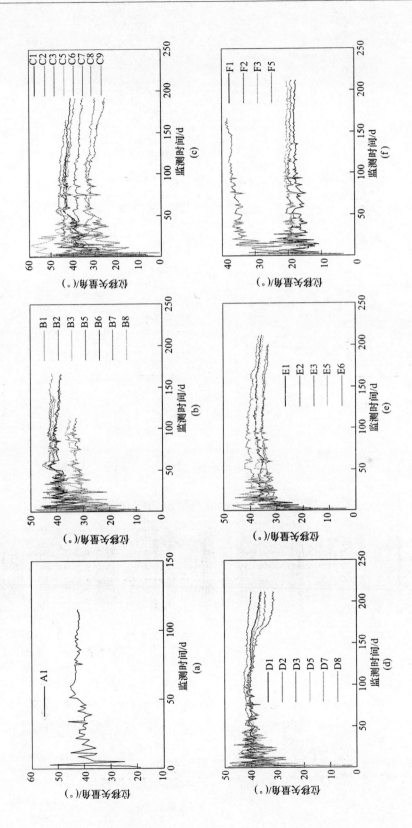

图 12-142 各平台下方监测点组的位移矢量角预警图

(a) 监测点 A1; (b) B 组监测点; (c) C 组监测点; (d) D 组监测点; (e) E 组监测点; (f) F 组监测点

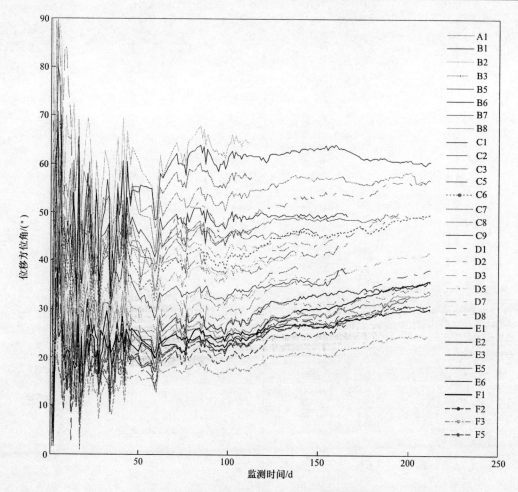

图 12-143　所有监测位移方位角随时间的变化情况

12.9.1.5　边坡稳定判别

根据 12.7.1 节计算得到的突变辨别值 Δ 值，在 2013 年 3 月 25 日之前，Δ 值随着时间的推移越来越小，近似等于零，可知该露天矿边坡的稳定性越来越差，有整体失稳的趋势，根据预报预警判据，可知该露天矿边坡 2013 年 3 月处于橙色预警阶段。

12.9.1.6　边坡宏观变形特征预警分析

2013 年 2 月下旬，及时将该露天矿边坡监测数据分析结果向矿方进行了汇报，之后，矿方组织人员对该露天矿边坡体的后缘进行巡视检查，检测后发现边坡体后缘的裂缝基本贯穿 1~4 号勘探线，水平宽度 210m，裂缝北盘有下沉迹象。裂缝宽度在 0.5~80cm 之间，交替出现，全长约 420m，裂缝平面图如图 12-146 所示。该露天矿边坡体后缘拉裂缝如图 12-147 和图 12-148 所示。现场发现的裂缝与之前监测数据分析的结果相吻合，说明监测数据能准确地反映边坡体的变形情况。

从该露天矿边坡体后缘的裂缝发育情况，分析得到该露天矿边坡体后缘的裂缝发育明显，且随着时间的推移，裂缝出现延长、加宽，后延裂缝基本贯通，2070 平台西部的裂缝进一步扩张，2070 平台西部下方一定范围出现鼓出现象，通过该露天矿边坡体的宏观变形破坏特征，可以定性地判断边坡处于加速变形阶段。

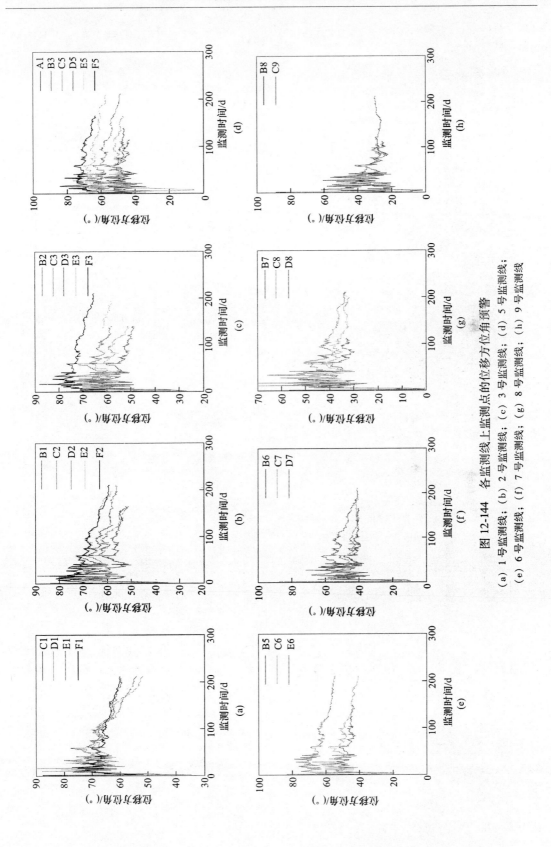

图 12-144 各监测线上监测点的位移方位角预警

(a) 1 号监测线；(b) 2 号监测线；(c) 3 号监测线；(d) 5 号监测线；
(e) 6 号监测线；(f) 7 号监测线；(g) 8 号监测线；(h) 9 号监测线

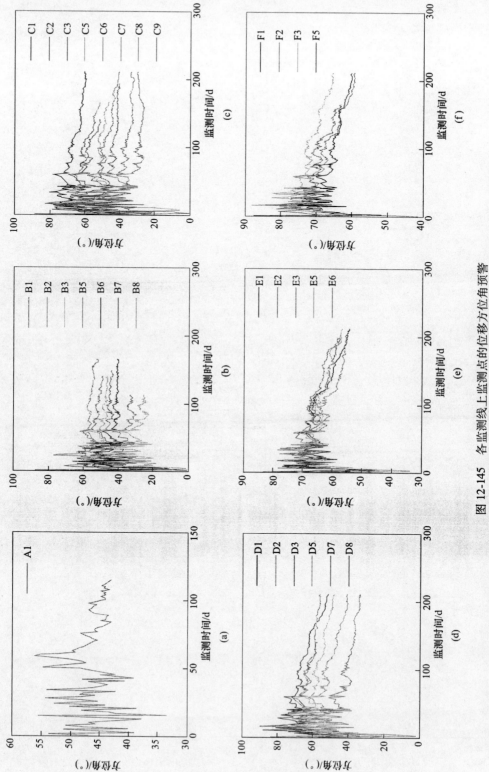

图 12-145　各监测线上监测点的位移方位角预警

(a) 监测点 A1; (b) B 组监测点; (c) C 组监测点; (d) D 组监测点; (e) E 组监测点; (f) F 组监测点

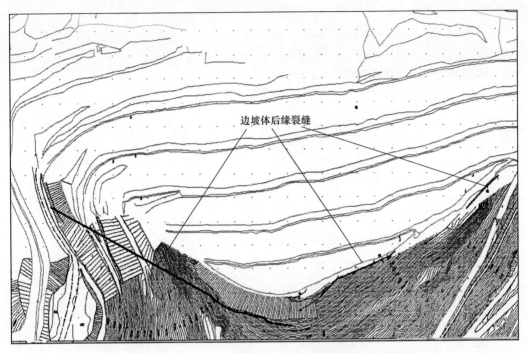

图 12-146 2013 年该露天矿边坡后缘拉裂缝平面图

图 12-147 2013 年该露天矿边坡后缘拉裂缝照片　　　图 12-148 2013 年该露天矿边坡后缘裂缝照片

综上分析，该露天矿边坡自 2013 年 2 月 2 日处于加速变形阶段中期，且自 2013 年 3 月 20 日出现快速变形的趋势，并且整个边坡体的变形演化阶段正朝着临滑阶段发展。

12.9.2　未来边坡的预警级别

本书作者通过计算分析得出该边坡未来一天的变形量与之前 8 天的变形量相关，因此，下面以各监测点的 2013 年 3 月 18 日~3 月 25 日的监测数据为例，采用灰色新陈代谢方法预测 2013 年 3 月 26 日~4 月 1 日的变形量。具体的预测的方法是用 2013 年 3 月 18 日~3 月 25 日的这 8 天的监测数据，预测 2013 年 3 月 26 日的变形量，然后将 2013 年 3 月 19 日~3 月 25 日的实测数据和 2013 年 3 月 26 日的预测数据，预测 2013 年 3 月 27 日的数据。依次类推，预测 2013 年 3 月 28 日~4 月 1 日的变形量。

本书利用作者编制的预测程序，以各监测点的 2013 年 3 月 18 日~3 月 25 日的监测数据（包括 ΔX、ΔY、ΔH、累积水平位移量、累积总位移量）为例，分别对未来 7 天的变形值进行预测。预测的结果如图 12-149~图 12-153 所示。

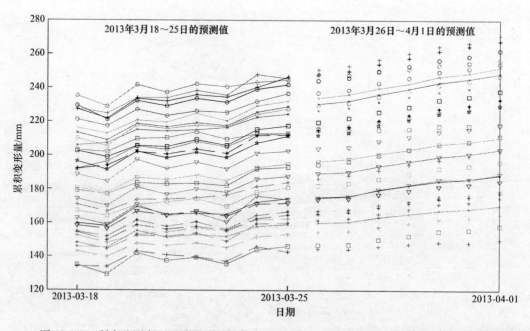

图 12-149   所有监测点 2013 年 3 月 18 日~3 月 25 日 ΔX 的监测数据及未来 7 天的预测值

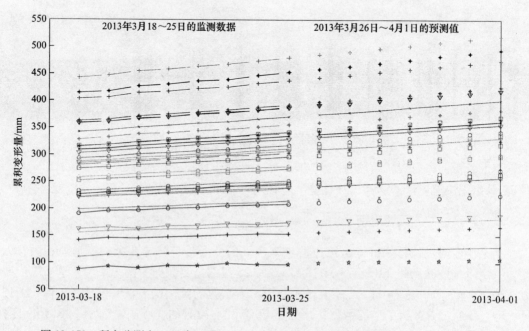

图 12-150   所有监测点 2013 年 3 月 18 日~3 月 25 日 ΔY 的监测数据及未来 7 天的预测值

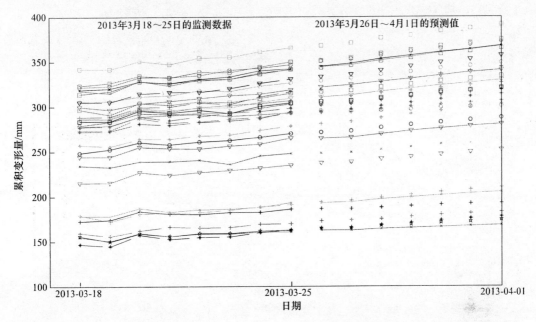

图 12-151 所有监测点 2013 年 3 月 18 日~3 月 25 日 ΔH 的监测数据及未来 7 天的预测值

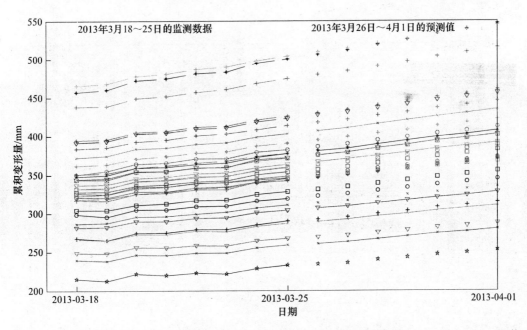

图 12-152 所有监测点 2013 年 3 月 18 日~3 月 25 日累积水平位移量的监测数据及未来 7 天的预测值

根据 2013 年 3 月 25 日所有监测点的 ΔX、ΔY 值，计算当前的位移方位角，同样由所有监测点 2013 年 4 月 1 日的 ΔX、ΔY 的预测值可以计算得到 7 天后所有监测点的方位角，并将当前位移方位角和 7 天后的位移方位角进行比较，比较结果如图 12-154 所示。从图 12-154 中可以看出，大部分监测点当前的位移方位角均比 7 天后的位移方位角大，表明随着时间的推移，方位角出现减小的现象，根据位移方位角预警判据，可知边坡未来处于橙

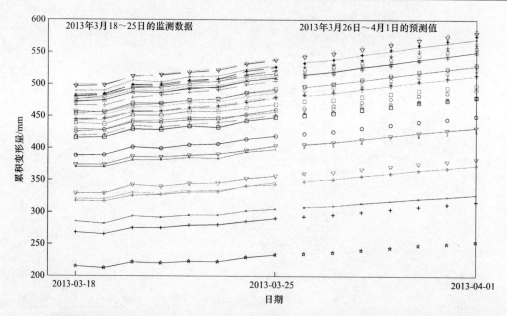

图 12-153　所有监测点 2013 年 3 月 18 日~3 月 25 日累积总位移量的监测数据及未来 7 天的预测值

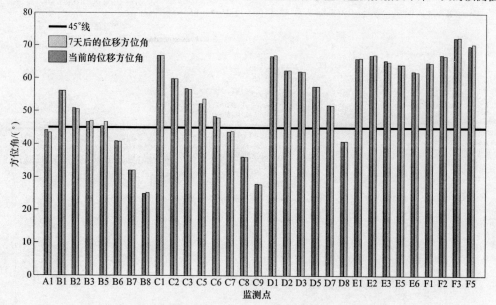

图 12-154　所有监测点当前和 7 天后的位移方位角比较

色预警阶段，并且有向红色预警阶段快速发展的趋势。

　　根据 2013 年 3 月 25 日所有监测点的 ΔH、累积水平位移量值，计算当前的位移矢量角，同样由所有监测点 2013 年 4 月 1 日的 ΔH、累积水平位移量值的预测值可以计算得到 7 天后所有监测点的位移矢量角，并将当前位移矢量角和 7 天后的位移矢量角进行比较，比较结果如图 12-155 所示。从图 12-155 中可以看出，大部分监测点当前的位移矢量角均比 7 天后的位移矢量角大，表明随着时间的推移，位移矢量角出现减小的现象，边坡体上大部分监测点出现沿坡面向外鼓出的现象，其中监测点 F1、F2、F3 监测点的鼓出现象最为严重。根据位移矢量角预警判据，可知边坡目前处于橙色预警阶段，并且有向红色预警阶段快速发展的趋势。

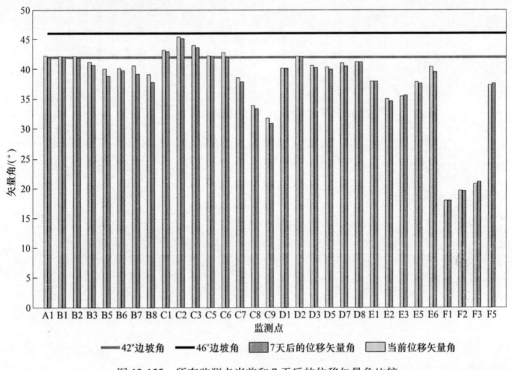

图 12-155　所有监测点当前和 7 天后的位移矢量角比较

根据 2013 年 3 月 18 日~3 月 25 日所有监测点累积总位移量值，计算当前的位移速率角，同样由所有监测点 2013 年 3 月 26 日~4 月 1 日的累积总位移量值的预测值可以计算得到 7 天后所有监测点的位移速率角，并将当前位移速率角和 7 天后的位移速率角进行比较，比较结果如图 12-156 所示。从图 12-156 中可以看出，边坡体上所有监测点当前的位移速率角均比 7 天后的位移速率角小，表明随着时间的推移，边坡体上所有监测点的变形更加明显，且位移速率角出现整体增大的现象，根据位移速率角预警判据，大部分监测点均处于橙色预警和红色预警之间，可知边坡目前处于橙色预警阶段。并且有向红色预警阶段快速发展的趋势。

根据 2013 年 3 月 18 日~2013 年 3 月 25 日所有监测点累积总位移量值，以及边坡尖点突变预报模型计算当前的 Δ 值，同样由所有监测点 2013 年 3 月 26 日~2013 年 4 月 1 日的累积总位移量值的预测值可以计算得到 7 天后所有监测点的 Δ 值，并将当前 Δ 值和 7 天后的 Δ 值进行比较，比较结果如图 12-157 所示。从图 12-157 中可以看出，边坡体上大部分监测点当前的 Δ 值均比 7 天后的 Δ 值大，表明随着时间的推移，边坡体上所有监测点的 Δ 值出现整体减小的现象，根据 Δ 值的预警判据，目前尖山边坡处于极限平衡状态，并且稳定性越来越差，该边坡有整体失稳的趋势。

综上所述，该露天矿边坡于 2013 年 3 月 26 日~2013 年 4 月 1 日处于橙色预警级别，并且正朝着红色预警级别发展。

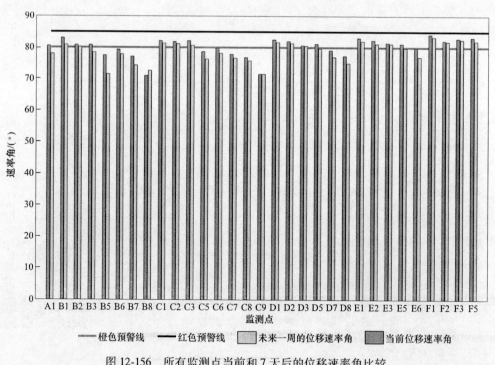

图 12-156　所有监测点当前和 7 天后的位移速率角比较

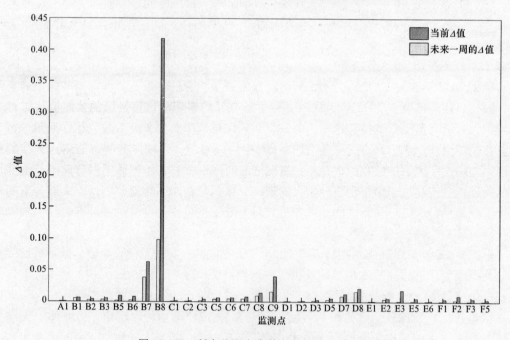

图 12-157　所有监测点当前和 7 天的 Δ 值比较

12.9.3　该露天矿边坡整体失稳时间预测结果

根据 12.7.3 节该露天矿边坡整体失稳时间预测结果，得到该边坡在不采取任何治理措施的前提下，将于 2013 年 6 月 30 日~7 月 15 日发生滑坡。

12.9.4 该露天矿边坡动态预测预报结果

综合前三节的预测预警结果，得到 2013 年 3 月 25 日该露天矿边坡的预警级别为橙色预警，并且有向红色预警级别发展的趋势，该露天矿边坡有整体失稳的趋势，应该及时发出预报。但根据该露天矿边坡整体失稳时间预测的结果是 2013 年 6 月 30~7 月 15 日。距离滑坡时间有将近 3 个月的时间，边坡还有一定的整体稳定性，可以积极主动地采取应急处置措施。具体内容如下：

（1）建议矿山暂停上层矿、下层矿的开采。该露天矿边坡的预警级别目前定为橙色预警，并且有向红色预警阶段发展的趋势，该露天矿边坡有整体失稳的趋势，我们认为，边坡的危险程度正在增加。因此，建议建议矿山暂停上层矿、下层矿的开采，建议在外围剥离。持续加强观测。

（2）对裂缝的处理措施。雨季来临，降水会加快边坡的变形破坏，为了减小或避免降雨对边坡变形的影响，建议采用防水土工布覆盖坡面的裂缝。

（3）每天进行一次预测预报分析。根据边坡监测数据，每天进行一次预警预报分析。

（4）出现异常情况，及时联系。当边坡进入橙色预警，相关人员及时与矿山安全管理人员联系，并针对具体的情况给出相关的建议以及应对措施。

（5）应急治理措施——削坡卸载。边坡进入橙色预警级别，为了矿山的安全生产以及经济效益，相关人员建议矿山尽快开展削坡的工作，在削坡的过程应保护好监测点的棱镜。

12.9.5 该露天矿边坡动态预警的应用情况

该露天矿边坡从 2012~2020 年一直采用 12.9.1 节的动态预警方法，该边坡第二次出现橙色预警的时间是 2018 年 11 月 12 日，具体的预警图形如图 12-158~图 12-164 所示。目前该边坡处于蓝色预警级别，即该边坡处于稳定状态。

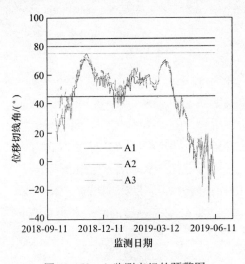

图 12-158 A 监测点组的预警图

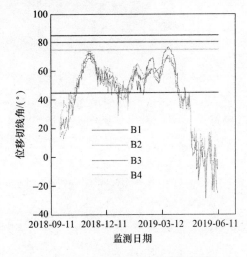

图 12-159 B 监测点组的预警情况图

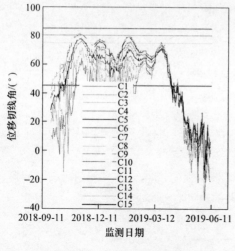

图 12-160　C 监测点组的预警图

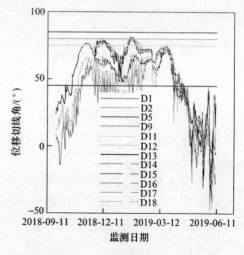

图 12-161　D 监测点组的预警情况图

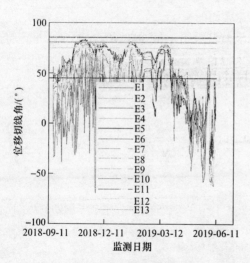

图 12-162　E 监测点组的预警图

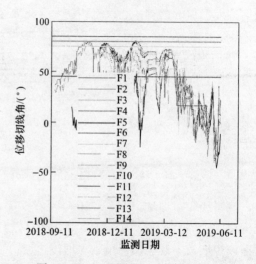

图 12-163　F 监测点组的预警情况图

12.9.6　云南某露天矿边坡预测预报效果评价

　　本书提出的综合预警预报方法及研发的预测预报程序，在露天矿边坡安全管理中发挥了重要的指导作用，于 2012 年，云南某露天矿边坡体上发现多条裂缝，2013 年 1 月该边坡体 2070 平台下方鼓出现象明显，边坡体上的多处裂缝正快速加宽。在对边坡预测预报模型研究以及边坡失稳破坏预测预报方法研究的基础上，编写了边坡失稳破坏灾害预测预报程序，并于 2013 年 2 月底开始正式投入使用，每周进行一次预测预报分析，至 2013 年 3 月 25 日该边坡根据该边坡失稳破坏灾害的预测预报研究，确定该边坡的预警级别为橙色预警，并有向红色预警级别发展的趋势，该露天矿边坡有整体失稳的趋势，但根据该露天矿边坡整体失稳时间预测的结果是 2013 年 6 月 30 日~7 月 15 日。距离滑坡时间有将近 3 个月的时间，边坡还有一定的整体稳定性，因此及时向矿方汇报了预测预报结论及应急措施。

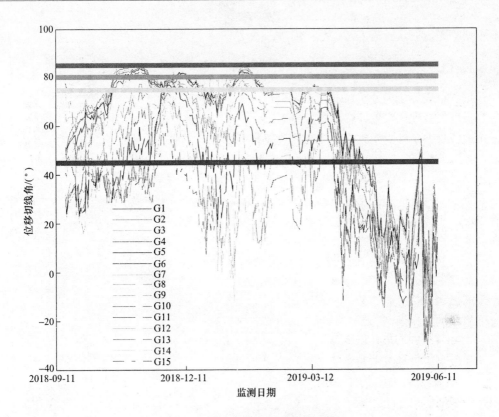

图 12-164　G 监测点组的预警情况图

该边坡于 2013 年 4 月 1 日开始修路并进行削坡减载工作，至 2013 年 7 月 6 日，根据预警研究，边坡变形缓慢，该边坡在临空面方向上变形出现减缓现象，高程方向的下沉量和边坡临空面方向上的变形趋于收敛。根据预测判据，预警级别定为黄色，并且整个边坡的变形出现了减速的现象。

在削坡的过程中，每天进行预报预警情况查看，该预报预警模块为削坡减载工程提供了安全保障。

自削坡开展至 2014 年 9 月以来，这 5 个多月矿山开采矿石 100 多万吨，为矿山带来了较好的经济效益。

综上所述，由本书所研发的预测预报程序在某露天矿边坡的应用达到以下目的：

（1）降低了采矿人员的人身伤害风险；

（2）降低矿山的财产和设备损害风险；

（3）提高生产率；

（4）降低了开采成本。

当该露天矿第二次出现险情时，及时发布预警信息，及时采取内派压脚措施，从 2012 年至今边坡没有发生过与监测预警有关的安全事故。

应用研究表明，该预测预报程序发挥了保证某露天矿边坡采场安全、高效生产的作用，并可在类似条件的边坡监测工程中加以推广应用。

12. 10　云南某露天矿边坡处置措施

12. 10. 1　概述

　　边坡失稳破坏应急处置应抓住三个重点环节，即监测预警、应急治理、应急指挥。监测预警是边坡失稳破坏应急处置的基础性工作，是科学处置的前提；应急治理是通过工程措施改变边坡体受力条件，或改变坡体结构，控制边坡体的变形，止滑保稳，阻止边坡失稳进一步对人类造成伤害；应急指挥是边坡失稳破坏应急处置的总体协调，一是保障各项应急处置措施科学合理，二是保障各项措施得以及时顺利实施。三者的关系是相互作用、相互影响、相互配合。工程技术人员与管理部门在行动上互动，在工作上互补、相互交叉，实行方案的动态设计、信息化施工。在应急处置露天矿边坡整体失稳破坏灾害过程中，应急治理是三个重要环节中的关键，其目的在于采取各种有效的工程技术控制滑坡的变形。

　　根据边坡体不同部位在边坡整体稳定中所起的作用可以将边坡体分为滑动段和抗滑段。主滑段的剩余下滑力大于零，是边坡失稳的主要动力；抗滑段稳定性好，其剩余下滑力小于零，可为边坡稳定提供抗滑力。

　　下滑段的剩余下滑力为：

$$F_{滑} = T_{滑} - N'_{滑}\tan\phi - CL_{滑} \tag{12-3}$$

　　抗滑段可提供的最大抗滑力为：

$$F_{抗} = N_{抗}\tan\phi - T_{抗} + CL_{抗} \tag{12-4}$$

式中　C——滑面处的黏聚力；

　　　L——滑面的长度；

　　　ϕ——滑面处的摩擦角；

　　其余符号如图 12-165 所示。

　　当滑坡主滑段的下滑力 $F_{滑}$ 能克服抗滑段的抗滑力 $F_{抗}$ 时，滑坡就将失稳破坏。

　　因此，滑坡应急治理时可以通过提高抗滑力 $F_{抗}$ 或降低下滑力 $F_{滑}$ 两种手段提高滑坡的稳定性。主要工程措施有减载、堆载、支挡、锚固、固体、排水六种措施，其中减载、固体、排水三类工程措施属于提高抗滑力 $F_{抗}$ 的方法，堆载、支挡、锚固三类工程措施属于降低下滑力 $F_{滑}$ 的方法。

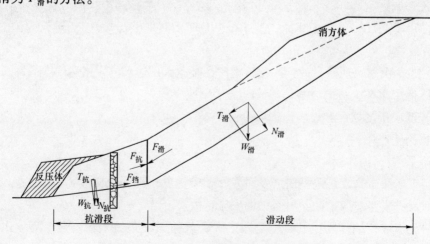

图 12-165　滑坡形成机理与应急治理措施

12.10.2 边坡失稳破坏常见的应急治理措施

边坡失稳破坏应急治理可归纳为六种措施：砍头、压脚、挡腿（足）、束腰、固体、排水。其主要作用及效果见表12-61。

表12-61 边坡失稳破坏应急治理类型、措施、主要作用及效果

类型	措施	主要作用	施工特点	施工难度	应急效果	长期效果
砍头	削坡减载	减少下滑力	土石方开挖	简易	好	好
压脚	堆载压脚	提高抗滑力	土石方堆压	简易	好	一般
挡腿	钢管桩	提高抗滑力	梅花形成孔、注浆、钢筋混凝土联系梁	一般	较好	一般
	挡土墙		跳槽开挖、及时砌筑、留置泄水孔、墙后夯实	复杂	差	好
	抗滑桩		人工挖孔、爆破、钢筋笼、混凝土大容量浇注	复杂	差	好
束腰	锚索（杆）加固	提高抗滑力	造孔、预应力锁定、注浆高标号混凝土施工	复杂	一般	好
固体	注浆	增强岩土强度	造孔、灌浆	复杂	一般	好
排水	地下、地上排水防渗	解除诱发因素	浆砌石为主、裂缝覆盖封填	简易	好	一般

砍头就是改变坡体结构，使滑坡体由不稳定变成稳定；压脚、挡腿、束腰、固体就是采取支挡结构对滑坡体进行加固处置；排水就是采取工程措施将滑坡体内的地表水与地下水排出坡体之外。对于中小型边坡由于其规模小，可能用一种处置措施就能解决问题；对于大型边坡在使用某一主要处治技术时，还要配合其他辅助措施来治理滑坡。

12.10.3 边坡应急治理措施的确定

2013年3月中旬，云南某露天矿边坡监测预警级别从黄色预警进入了橙色预警，于2013年3月25日停止开采。根据边坡监测数据预测边坡发生整体失稳的时间初步定为2013年6月30日~7月15日。

边坡险情的出现影响矿山的安全生产，必须采取应急措施，消除险情。

（1）禁止闲杂人员进入矿区，紧急封闭边坡体裂缝，以防雨水入渗恶化边坡体稳定状态，并增加10个监测点，监测跟踪坡体变形发展动态，以指导相关抢险工作安排；（2）边坡体顶部削坡减载，以减小下滑力，提高边坡的稳定性。

2018年11月，根据监测数据分析，该露天矿开始滑动，处于橙色预警级别，由于该露天矿出现溃曲破坏，底部已经开采达到设计标高，因此，为保证露天矿正常的生产作业，避免发生滑坡灾害，应尽快提出切实可行的露天矿边坡治理措施。通过对滑坡区域实际情况的综合分析，提出压脚滑坡防治措施，因此确立了内排压脚回填技术为本次边坡治理的主要应用技术手段。

12.10.4　云南某露天矿边坡治理技术简介

12.10.4.1　削方减载工程技术

削方减载工程技术即后缘削方减载（俗称"砍头"），就是把边坡体中后部主滑段的岩土体挖去，是滑坡应急治理经常采用的一种简便方法。

基本原理：通过对下滑段进行削方处理，可以有效降低下滑段的剩余下滑力 $F_滑$，使其不能克服抗滑段的抗滑力 $F_抗$，从而提高滑坡的稳定性，如图 12-165 所示。

适用条件：主要适用于推移式滑坡的应急处治，有时也适用于渐进后退式滑坡。由于推移式滑坡的推力主要来自于边坡体的中后部，并具有上陡下缓的滑动面，采取后部主滑地段减重的治理方法就是削掉推动滑坡下滑的推力，可起到阻止滑坡进一步滑动的作用。对于渐进后退式滑坡有时也采取削方减载措施分级削坡，以降低边坡坡度角，达到稳定边坡的目的。

主要优点：与其他工程措施相比，具有施工方法简单、工程造价低廉、可机械施工、工作面大、工期短、收效快等优点。

注意事项：（1）削坡时，应查明边坡体发展的范围和土石方数量。（2）注意施工顺序，严禁先挖坡脚，以免坡顶开裂变形，必须从上往下清刷开挖。（3）尽量不切断断层面或其他发育的结构面，以免导致岩体新的滑动。（4）边坡失稳处不要横切山坡大面积开挖，可顺边坡倾斜方向，跳跃式分段开挖，挖一段挡一段，这样使山体的平衡条件破坏不大。（5）削坡减载必须和防护相结合，避免形成新的隐患。（6）对于减载，一般应在下滑力最大的后部，且以不引起后缘及两侧岩土体丧失稳定性为度。（7）对推移式滑坡可采用削方减载措施为主。

12.10.4.2　内排压脚技术

内排压脚技术就是把露天矿采场剥离的废石堆排到边坡底部，是目前运用最广泛、最简单、最经济的一种露天矿边坡治理方法。

基本原理：通过对抗滑段的压脚处理，增加边坡下部区域的自重，可以有效地提高抗滑段的抗滑力 $F_抗$，从而提高滑坡的稳定性，如图 12-165 所示。

适用条件：主要适用采场边坡底部矿产资源已经开采完毕的露天矿边坡，可起到阻止滑坡进一步滑动的作用。可以降低边坡高度，提高边坡的抗滑力，达到稳定边坡的目的。

12.10.5　治理效果评价

根据监测数据动态分析，削坡治理至 2018 年 11 月，该边坡的变形情况为在高程方向上的累积下沉量和在沿边坡走向方向的累积位移量的时间过程趋向逐渐向收敛，在临空面方向上的累积位移量时间过程曲线逐步变缓，表明该边坡在削坡后变形逐渐变缓，逐步向稳定阶段变化，在高程方向和沿边坡走向方向上的变形逐渐变缓，变形速率较小，有趋于静止的运动趋势。在临空面方向上，该边坡的变形速率有所减缓，目前仍没有趋于静止的运动趋势，表明削坡治理对减缓边坡的变形有一定的作用。

2018 年 11 月，该边坡再次出现变形，采用内排压脚治理后，该边坡目前处于稳定状态。

参 考 文 献

[1] 杨时业. 尖山磷矿东采区边坡失稳破坏模式研究 [D]. 昆明：昆明理工大学，2011.
[2] 李天斌，陈明东. 滑坡预报的几个基本问题 [J]. 工程地质学报，1999，7 (3)：200-206.